CAX工程应用丛书

AutoCAD
2018中文版
从入门到精通

CAX应用联盟 编著

清华大学出版社
北京

内 容 简 介

本书由一线资深工程师根据 CAD 职业需求精心编写，全面讲解了 AutoCAD 2018 软件的知识，涵盖了一般用户需要使用的各种功能。全书共 21 章，介绍了 AutoCAD 2018 的基础知识、操作界面、文件管理、基本设置、对象选取、二维绘图、鼠标操作、坐标系、二维编辑、几何约束、尺寸标注、尺寸公差和形位公差、面域和图案填充、辅助绘图和查询工具、文字和表格、图块操作、图层管理和视图控制、三维基础和实体、实体编辑、三维曲面和曲面编辑、三维操作和渲染等，最后给出了 AutoCAD 在机械设计、电气设计、建筑设计中的应用。

本书配有语音视频教学，播放时长超过 10 小时，读者观看视频即可轻松学习，从而大幅提高学习效率。

本书以精通为目标，以实例作引导，深入浅出，讲解详尽，既可作为理工科大中专院校和各类培训学校的教学用书，也可作为 AutoCAD 初中级读者、广大科研工程技术人员的参考用书。

图书在版编目（CIP）数据

AutoCAD 2018 中文版从入门到精通/CAX 应用联盟编著. —北京：清华大学出版社, 2018
（CAX 工程应用丛书）
ISBN 978-7-302-51006-2

Ⅰ. ①A… Ⅱ. ①C… Ⅲ. ①AutoCAD 软件 Ⅳ. ①TP391.72

中国版本图书馆 CIP 数据核字(2018)第 191826 号

责任编辑：王金柱
封面设计：王　翔
责任校对：闫秀华
责任印制：丛怀宇

出版发行：清华大学出版社
　　　　　网　　　址：http://www.tup.com.cn，http://www.wqbook.com
　　　　　地　　　址：北京清华大学学研大厦 A 座　　　　　　邮　　编：100084
　　　　　社 总 机：010-62770175　　　　　　　　　　　　　邮　　购：010-62786544
　　　　　投稿与读者服务：010-62776969，c-service@tup.tsinghua.edu.cn
　　　　　质量反馈：010-62772015，zhiliang@tup.tsinghua.edu.cn
印 装 者：三河市铭诚印务有限公司
经　　销：全国新华书店
开　　本：203mm×260mm　　　　　印　　张：28.5　　　　字　　数：730 千字
版　　次：2018 年 10 月第 1 版　　　　　　　　　　　　　　印　　次：2018 年 10 月第 1 次印刷
定　　价：89.00 元

产品编号：074643-01

[前言]
Preface

AutoCAD是计算机辅助设计软件之一，在机械、建筑、造船、纺织、轻工、地质、气象等设计领域中，有 92.8%以上的二维绘图任务是通过AutoCAD来完成的。

AutoCAD 2018 是目前 20 多个CAD版本中的最新版本，Autodesk公司一直在不断地革新和推出优化版本，突出其建模和动态块功能，并在使设计师的伟大构想变成现实的过程中起到了极为重要的作用。

本系列书即是为满足广大读者学习CAD绘图与设计需求而编写。

一、本书的主要特色

1. 根据 CAD 工程师需求量身打造

针对CAD制图的职业需求精心编写，囊括CAD制图的所有知识点，专业、标准、规范，知识讲解从零开始并辅之以案例，任何想进入行业的新手或CAD爱好者，可以从本书的学习中获得正确的方法，少走弯路，快速应对职业需求。

2. 实战范例教学，强化应用技能培养

提供实际工程案例，以培养读者的应用能力。

3. 实力作者，技术服务解答您的困惑

本书作者是具备多年实践经验的一线工程师，保证了本书的正确、专业和实用性。此外，读者如果在学习本书的过程中遇到疑难问题，可以发邮件至comshu@126.com，编者会尽快给予解答。

二、视频教学和案例源文件

为了让广大读者更快捷地学习和使用本书，本书提供了视频教学和案例源文件。

读者可以从以下地址下载本书的视频教学和案例源文件（注意区分数字和英文字母大小写），也可扫描二维码进行下载。

源文件：https://pan.baidu.com/s/1bP5lLy0LnHPHdTDcGWC_SQ
视频文件 01：https://pan.baidu.com/s/1j_T75HMMiIUHFhoRm2uWGw
视频文件 02：https://pan.baidu.com/s/1_oKzpW-FpiFxQV7FyoxW3w

源文件 视频文件 01 视频文件 02

如果下载有问题，请发送电子邮件至booksaga@126.com获得帮助，邮件标题为"AutoCAD 2018 中文版从入门到精通配书文件"。

三、读者对象

本书适合于AutoCAD 2018 初学者和期望提高AutoCAD设计应用能力的读者，具体如下：

★ CAD设计领域从业人员 ★ 初学AutoCAD 2018 的技术人员

★ 大、中专院校的教师和在校生 ★ 相关培训机构的教师和学员

★ 参加工作实习的"菜鸟" ★ AutoCAD爱好者

★ 广大科研工作人员 ★ 初、中级AutoCAD从业人员

四、读者服务

本书主要由CAX应用联盟编著，同时高玉山、张樱枝、丁伟、王广、孔玲军、高飞、张迪妮、丁金滨、李战芬、郭海霞、王君、唐家鹏、乔建军、刘冰也参与了本书的编写。虽然作者在本书的编写过程中力求叙述准确、完善，但由于水平有限，书中欠妥之处在所难免，希望读者和同仁能够及时指出，共同促进提高本书的质量。

为了方便解决本书疑难问题，读者在学习过程中遇到与本书有关的技术问题，可以发邮件至3113088@qq.com或comshu@126.com，编者会尽快给予解答。最后，在此与大家共勉！

编　者
2018 年 8 月

第1章
AutoCAD 2018 软件基础入门

AutoCAD是由美国Autodesk公司开发的通用计算机辅助设计软件包，目前新版本是AutoCAD 2018版。AutoCAD具有强大的图形设计和图形编辑功能，广泛应用于建筑、机械、造船、纺织、轻工、地质、气象等多个领域。

本章主要讲解AutoCAD基本的操作，包括界面的认识、鼠标操作、平移、旋转、捕捉、选取等基本功能。

学习目标

- 掌握AutoCAD 2018 软件的启动和退出
- 熟悉软件操作界面
- 掌握文件保存和打开操作
- 掌握系统配置选项的设置

1.1 AutoCAD 2018 的启动与退出

AutoCAD 2018 软件的启动和退出是用来启动软件或完成任务退出软件，操作方式有多种，下面将详细讲解。

1.1.1 AutoCAD 2018 的启动

AutoCAD 2018 安装成功后，会在桌面和开始菜单创建快捷方式，因此启动方式有以下两种。

- 双击Windows桌面上的快捷方式图标，即可快速启动AutoCAD 2018 应用程序。
- 单击"开始"→"所有程序"→"Autodesk"→"AutoCAD 2018-简体中文版"命令，即可启动应用程序。

1.1.2 AutoCAD 2018 的退出

AutoCAD 2018 启动后，有 3 种方式可以快速退出应用程序。

- 单击窗口右上角的"×"按钮，即可关闭软件。
- 单击软件左上角菜单浏览器 A 按钮，在弹出的菜单中单击 退出 Autodesk AutoCAD 2018 按钮，即可退出应用程序。
- 按Alt + F4 组合键可快速退出当前软件。

1.2 AutoCAD 2018 操作界面

启动AutoCAD 2018 软件后，即可进入AutoCAD 2018 默认的操作界面，该操作界面主要由开始按钮（又称菜单浏览器） 、快速访问工具栏、标题栏、命令面板、绘图区、命令提示行、状态栏等组成，如图 1-1 所示。

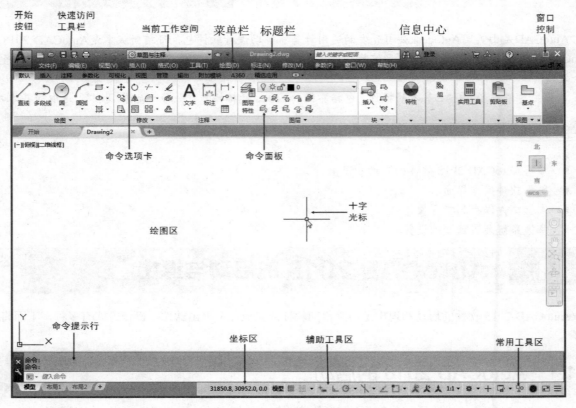

图 1-1 默认的操作界面

1.2.1 工作空间

工作空间工具条在界面上方的快速访问工具栏上和下方的状态栏上，用户可以方便、快捷地切换不同的工作模式。

AutoCAD 2018 提供了三种不同的工作空间，分别是"草图与注释""三维基础"和"三维建模"，用户可以根据自己的需求选择适合的工作模式。

（1）"草图与注释"工作空间主要由菜单浏览器按钮、快速访问工具栏、绘图区、命令行、状态栏等组成。"草图与注释"也是系统默认的操作界面。

在该工作中空间可以使用"默认"选项卡中的"绘图""修改""图层""注释""块""特性"等面板进行二维图形的绘制。

（2）"三维基础"工作空间主要方便用户创建三维模型，在功能区中集成了"绘图""修改""坐标"等面板，如图 1-2 所示。

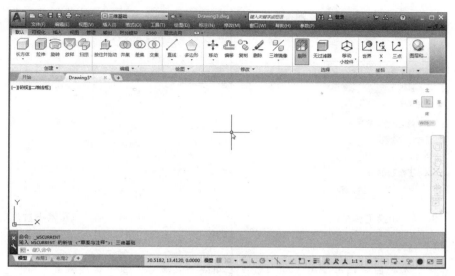

图 1-2　"三维基础"工作空间

（3）"三维建模"工作空间主要方便用户创建三维模型，默认选项卡中集成了大量的实体编辑、修改等命令，如图 1-3 所示。

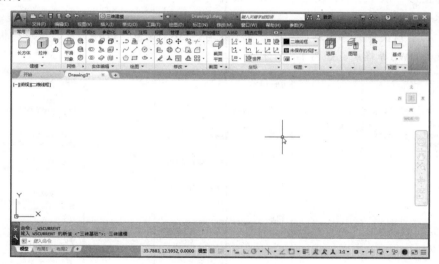

图 1-3　"三维建模"工作空间

在状态栏中单击"切换工作空间" ✿ ▼ 按钮，在弹出的"切换工作空间"菜单中即可切换工作空间，如图 1-4 所示。

1.2.2　菜单浏览器

在软件界面的左上角单击菜单浏览器 Ａ 按钮，弹出菜单浏览器下拉列表，如图 1-5 所示。该列表显示了默认文件的新建、打开、保存、打印等初始的命令操作。

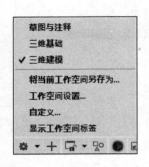

图 1-4　切换工作空间　　　　　　　　　　图 1-5　菜单浏览器下拉列表

各选项含义如下。

- 新建：新建一个空白文档或模板文件。单击右侧的三角符号，弹出新建菜单，可以新建图形和图纸集，如图 1-6 所示。
- 打开：打开已有的 AutoCAD 文件或者其他类型的转档文件。单击右侧的三角符号，弹出打开菜单，可以打开图形、从云绘制、图纸集、DGN 及样例文件，如图 1-7 所示。
- 保存：保存当前文件。
- 另存为：将当前文件另存副本，可以另存为异名的 DWG 文件、DXF 文件、图形样板文件 DWT、图形标准文件 DWS 等格式，如图 1-8 所示。

图 1-6　新建菜单　　　　　　　图 1-7　打开　　　　　　　图 1-8　另存为

- 输入：将另一种格式文件输入到当前图形中，包括 PDF、DGN、FBX 及其他格式的文件，如图 1-9 所示。
- 输出：将当前的文档输出为其他格式的文件，包括 DWF、DWFx、三维 DWF、PDF、DGN、FBX 等，如图 1-10 所示。

- 发布: 发布共享文件, 包括发送到三维打印服务、归档、电子传递、电子邮件及设计视图, 如图 1-11 所示。
- 打印: 用来打印或设置打印参数, 包括打印、批处理打印、打印预览、查看打印和发布详细信息、页面设置、管理绘图仪及三维打印等, 如图 1-12 所示。

图 1-9 输入

图 1-10 输出

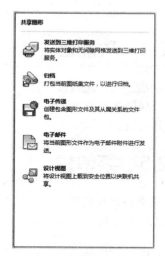

图 1-11 发布

- 图形实用工具: 集成了一些默认的快捷工具, 包括图形特性、单位、核查、状态、清理、修复等, 如图 1-13 所示。
- 关闭: 用来快速关闭当前窗口或所有窗口, 如图 1-14 所示。

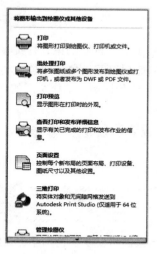

图 1-12 打印

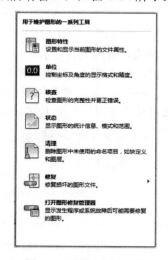

图 1-13 图形实用工具

图 1-14 关闭

1.2.3 快速访问工具栏

快速访问工具栏在屏幕的正上方, 用来快速调取软件默认的工具按钮, 如新建、保存、另存为、打印等, 如图 1-15 所示。

此外，除系统默认的快速访问工具外，用户也可以通过自定义工具栏自行添加默认工具，以提升工作效率。

图 1-15　快速访问工具栏

1.2.4　功能区

功能区在快速访问工具栏下方和绘图窗口上方，由一个个的功能区面板组成，每一个功能区面板又包括多个子功能区，子功能区中包括多个工具按钮。与工具栏类似，用户可以通过切换功能区快速找到自己需要的工具按钮。

1.2.5　菜单栏

菜单栏是经典窗口中的主菜单窗口，放置了所有的命令菜单，用户可以通过选择菜单栏中的选项来调取命令，前提是将工作空间切换到AutoCAD经典模式。

1.2.6　工具栏

工具栏在绘图窗口的左侧和右侧，新版AutoCAD已经将工具栏整合到功能区，不过用户也可以通过在工具栏上单击鼠标右键来定义工具栏的显示。

1.2.7　状态栏

状态栏在绘图窗口的正下方，用来显示或设置图形的显示状态，包括显示坐标、推断约束、捕捉模式、栅格显示、正交模式、极轴模式、对象捕捉、极轴追踪、三维对象捕捉、对象捕捉追踪、允许或禁止动态、显示隐藏线宽、显示隐藏透明、快捷特性、选择循环、模型和图纸空间的转换、注释比例、工作空间的切换、窗口工具栏位置的锁定、硬件加速、隔离对象等选项。如图 1-16 所示。

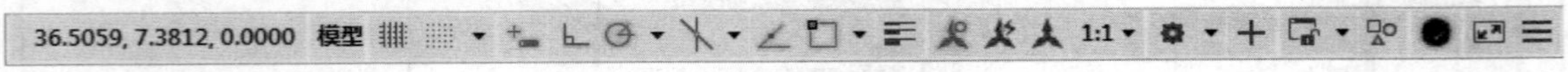

36.5059, 7.3812, 0.0000　模型　1:1

图 1-16　状态栏

1.2.8　绘图区

绘图区是屏幕中间的区域，也就是用户进行绘图的工作区域，所有绘图结果都将反映在窗口中。在绘图窗口中除了显示当前的结果，还显示使用的坐标系、视图控件、模型显示控件等。

1.2.9　命令窗口

命令窗口在绘图窗口下方，用来执行快捷命令，如图 1-17 所示。

使用F2 功能键可以将命令窗口打开，以文本的方式显示，如图 1-18 所示，所有的操作过程都记录在文本窗口中。

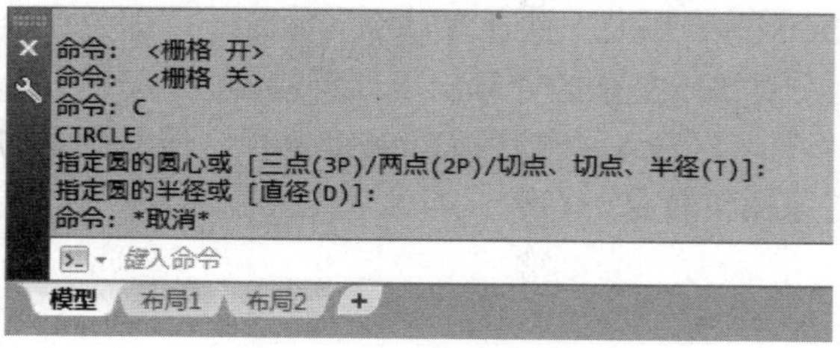

图 1-17　命令窗口

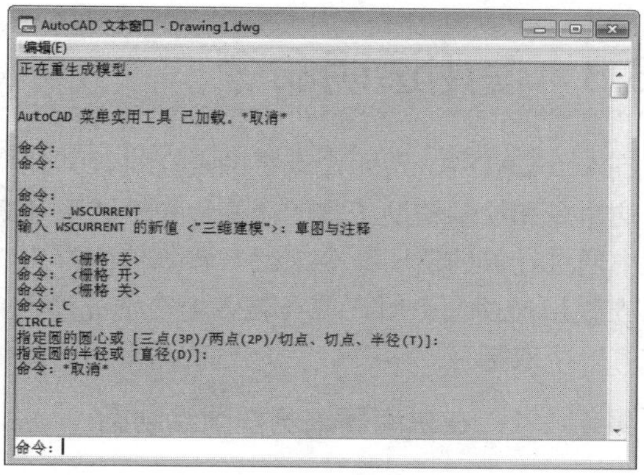

图 1-18　文本窗口

1.3　AutoCAD 执行命令方式

在AutoCAD 2018 中，可以通过多种方式来调取命令，除了采用经典模式的菜单执行命令外，还可以通过工具栏中的工具按钮及快捷命令等方式来执行。下面将分别进行讲解。

1.3.1　通过工具栏执行

AutoCAD系统要进行操作，必须先执行命令，可以在功能区单击工具面板中的按钮来执行，如需要绘制圆，可以在"默认"选项卡的"绘图"面板中单击"圆"按钮，如图 1-19 所示。

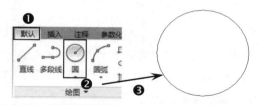

图 1-19　通过工具栏执行命令

1.3.2　使用命令行执行

每一个按钮都可以找到与之对应的命令，可以输入该命令的英文全拼，也可以采用英文缩写，比如"圆"命令可以输入CIRCLE按Enter键执行，也可以直接输入命令缩写C来执行，一般情况下都采用命令缩写。使用命令行执行绘圆的操作步骤如图 1-20 所示。

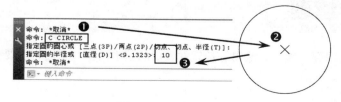

图 1-20　命令行执行

1.3.3 使用透明命令

在AutoCAD中，透明命令指的是在执行其他命令过程中可以执行的命令，默认的透明命令多为修改图形设置的命令和绘制辅助工具的命令，如SNAP、GRID、ZOOM等，以及一些计算命令（如cal），即是在绘图过程中通过计算的透明命令来代替输入值的方式，方便用户对比较复杂的计算出现计算错误。

在使用透明命令时，应在输入命令前先输入单引号"'"，再输入命令后按Enter键执行，透明命令的提示前有一个双折号">>"，完成透明命令后，将继续执行原操作命令。

案例 1-1：在东南等轴测视图绘制圆

在东南等轴测视图绘制标高和厚度都为 1 的半径为 10 的圆。如图 1-21 所示。操作步骤如下：

步骤 1 切换视角到东南等轴测视图。在屏幕左上侧单击视角控件，在弹出的菜单中选择"东南等轴测"视图，操作步骤如图 1-22 所示。

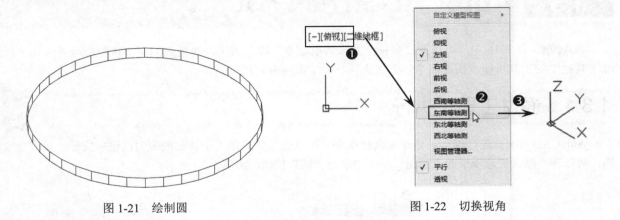

图 1-21　绘制圆　　　　　　　　　图 1-22　切换视角

步骤 2 绘制圆。在命令行输入C→空格，选取绘图区任意点为圆心，再在命令行输入透明命令"'elev"后，系统提示输入标高和厚度，均输入 1，然后输入半径 10，命令行操作如图 1-23 所示。

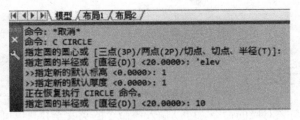

图 1-23　命令行操作

1.4　文件管理

文件的新建、打开、保存、输入、输出等是软件入门的基本操作，下面将主要介绍文件的管理操作。

1.4.1 新建文件【NEW】

在命令行输入NEW→空格，系统弹出"选择样板"对话框，该对话框主要用来选取新建文件的模板文件，如图 1-24 所示。在"选择样板"对话框中，acad.dwt是标准的公制模板。

1.4.2 保存文件【SAVE】

保存文件是将绘制的图形进行保存，直接按Ctrl+S组合键即可启动保存文件命令，在首次保存时，系统会弹出"图形另存为"对话框，如图 1-25 所示。

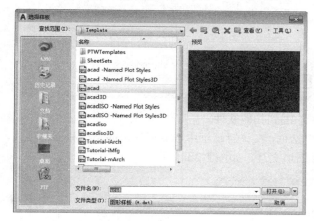

图 1-24 新建文件

图 1-25 "图形另存为"对话框

1.4.3 另存文件【SAVEAS】

当图形已经保存过，再次进行保存时，系统会默认以相同的名字和路径进行保存。如果想以其他的文件名和路径保存文件，可采用另存为命令进行保存。

在命令行输入SAVEAS→空格，系统弹出和保存时一样的"图形另存为"对话框，在该对话框中修改文件名和路径即可。

1.4.4 打开图形文件【OPEN】

如果需要打开已经保存在计算机中的图形文件，可以在命令行输入OPEN→空格，系统会弹出"选择文件"对话框，如图 1-26 所示，在该对话框中选择需要的文件打开即可。

1.4.5 输入图形文件【IMPORT(IMP)】

输入文件主要是用来导入其他软件绘制的 2D 或 3D图形，在命令行输入IMP→空格，系统弹出"输入文件"对话框，在该对话框中选择要导入的文件格式路径后，单击【打开】按钮即可输入图形文件，如图 1-27 所示。

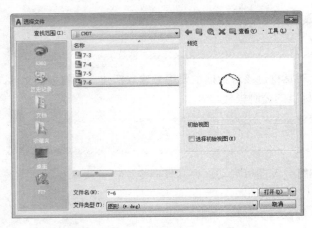

图 1-26　"选择文件"对话框

图 1-27　"输入文件"对话框

1.4.6　输出图形文件【EXPORT(EXP)】

输出文件主要用来将AutoCAD绘制的图形导出 2D 或 3D到其他软件。

在命令行输入EXP→空格，系统弹出"输出数据"对话框，在该对话框中选取要导出的路径和文件格式，然后单击"保存"按钮即可输出文件到其他的软件进行图形交互，如图 1-28 所示。

1.4.7　关闭图形文件【CLOSE】

如果想要关闭当前打开的文件，且不退出AutoCAD程序，可以在命令行输入CLOSE→空格，系统将弹出AutoCAD提示对话框，如图 1-29 所示。

图 1-28　"输出数据"对话框

图 1-29　询问是否保存

1.5　捕捉

捕捉分为自动对象捕捉和手动捕捉两种，自动对象捕捉是系统根据鼠标所在点的位置自动侦测到附近的特殊点，手动捕捉是用户手动通过输入命令去捕捉自己需要的特殊点。

一般情况下，自动捕捉可以提高绘图速度，但是在特殊复杂的情况下，自动对象捕捉往往不能捕捉到我们需要的捕捉点，因此，手动捕捉在比较复杂的情况下比较实用。

1.5.1　对象捕捉【OSNAP(OS)】

在命令行输入OS→空格，系统弹出"草图设置-对象捕捉"选项卡，该选项卡主要用来设置需要进行自动捕捉的点，如图 1-30 所示。

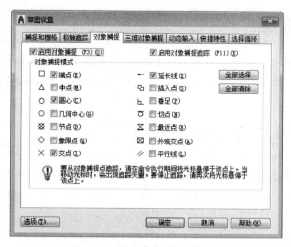

图 1-30　"对象捕捉"选项卡

选中需要捕捉的点前面的复选框，在绘图时即可自动捕捉到相应的点。

1.5.2　手动捕捉

手动捕捉是在绘图过程中利用手动输入捕捉命令进行精确捕捉的方式来捕捉需要的特殊点。各点的快捷键如下：

- TT——临时追踪点
- FRO——from捕捉自基点
- M2P——两点之间的中点
- END——端点
- MID——中点
- INT——交点
- APPINT——外观交点
- CEN——圆心点
- QUA——象限点
- TAN——切点
- PER——垂直
- PAR——平行

将以上各种捕捉点熟记在心，在复杂绘图时，屏幕中的点比较多，手动捕捉反而会更方便。

1.6 对象的选择

　　随着工作的不断继续，图形越来越复杂，图素也越来越多，大量的图素混在一起，选中图素的难度就增加了，因此，正确、快捷地选取图素是关键。

　　AutoCAD提供了鼠标直接选择、窗口选择、交叉选择、快速选择及其他选择等多种图素选择方式。

1.6.1 鼠标直接选择

　　直接选择对象是直接利用鼠标单击进行选取，如果需要选取多个，则多次单击鼠标左键即可。

　　选取后，如果发现选到不需要的图素，只需按住Shift键并点选不需要的图素，即可将选取的图素清除在选择集外。

1.6.2 窗口选择【WINDOW(W)】

　　窗口选择是利用鼠标从左向右拉出一个矩形窗口进行选择，只有矩形窗口内的图形才被选中，与窗口相交和窗口外的图形都不被选中，相当于窗口过滤的效果。在选取图素不多的情况下，这种选取方式往往效率很高。

1.6.3 交叉选择【CROSSING(C)】

　　交叉选择与窗口选择类似，采用从右向左拉出矩形窗口进行选择，选择方式必须从右向左框选才是交叉选择，否则就是窗口选择了。

　　交叉选择的效果是所有窗口内的图素及与窗口相交的图素都被选中，而窗口外的图素不被选中。

1.6.4 快速选择【QSELECT】

　　快速选择是单击鼠标右键，在弹出的快捷键菜单中选择"快速选择"选项，系统弹出"快速选择"对话框，该对话框用来设置过滤选择的类型，可以一次选择画面中某一类图素，如图1-31所示。

　　"快速选择"对话框中主要选项的含义如下：

- 应用到：确定是否在整个绘图区应用选择过滤器。
- 对象类型：确定用于过滤的实体类型。
- 特性：确定用于过滤的实体属性。
- 运算符：控制过滤器值的范围。根据选择到的属性，过滤值的范围为"等于"和"不等于"两种类型。
- 值：确定过滤的属性值，可在列表中选择一项或输入新值，根据不同属性显示不同的内容。
- 如何应用：确定选择符合过滤条件的实体还是不符合条件的实体。

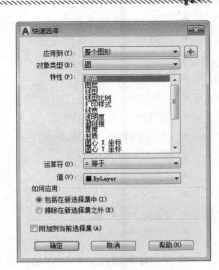

图1-31　"快速选择"对话框

> 包括在新选择集中：选择绘图区中所有符合过滤条件的实体。
> 排除在新选择集之外：选择所有不符合条件的实体。

● 附加到当前选择集：确定当前的选择设置是否保存在"快速选择"对话框中，作为"快速选择"对话框设置选项。

1.6.5 连续选择【MULTIPLE(M)】

连续选择对象是在编辑图形过程中，用于连续选取多个图形对象。在编辑过程中输入M→空格，再连续选择所要的实体，选择完毕后按Enter键，选定的目标才会变成虚线，并提示找到和选择的数目。

1.6.6 栏选对象【F】

栏选对象是在编辑过程中，输入F→空格，单击鼠标任意绘制折线，所有与此折线相交的图素都被选取。此选择方式在比较复杂的选取中经常会用到，比较方便。

1.7 系统配置

AutoCAD提供了很多的设置配置选项，用户根据自己的需要进行选择设置即可，非常方便。下面将详细讲解默认的选项设置。

1.7.1 "文件"选项卡

在命令行输入op→空格，即可弹出"选项"对话框，默认显示"文件"选项卡，如图1-32所示。

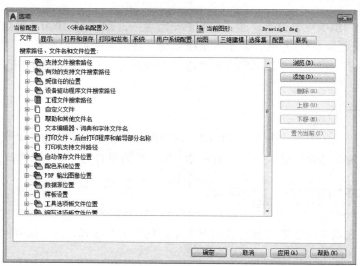

图 1-32 "文件"选项卡

"文件"选项卡一般保持其默认设置即可，在进行安装外挂或其他的辅助工具时可以对其进行相应地设置。

1.7.2 "显示"选项卡

"显示"选项卡是用来设置AutoCAD窗口显示效果的,主要包括"窗口元素""显示精度"和"十字光标大小",如图 1-33 所示。

1．设置颜色

单击颜色 颜色(C)... 按钮,打开"图形窗口颜色"对话框,如图 1-34 所示,在该对话框中可以为对象指定一些个性颜色,使工作更加舒适。

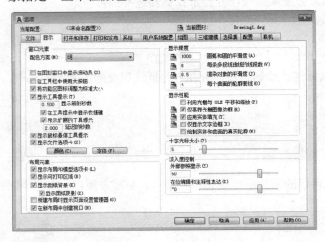

图 1-33 "显示"选项卡

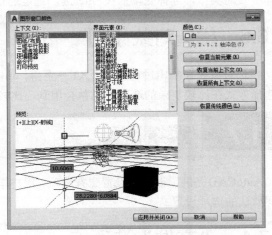

图 1-34 背景颜色设置

2．设置显示精度

在"显示精度"选项组中可以设置"圆弧和圆的平滑度",默认为 1000。若想提高显示精度,可以将"圆弧和圆的平滑度"设置为 6000 左右,显示效果越光滑,显示速度越慢。

如果想要更快的显示,可以将"圆弧和圆的平滑度"设置为 200,这样显示精度不高,平弧度差,但显示速度快捷。

3．设置十字光标大小

在"十字光标大小"选项组中,用户可以根据自己的操作习惯将光标十字线的大小进行调整,甚至可以将十字光标线延伸整个屏幕边缘。建议绘图设置在 20~30,看图设置为 100(取值范围为 1~100)。

1.7.3 "打开和保存"选项卡

在"打开和保存"选项卡中需要设置的选项有 4 个,包括保存格式、自动保存间隔时间、备份文件和显示最近使用的文件数,如图 1-35 所示。

1．设置保存格式

由于每个软件都有多个版本,而且软件版本只向下兼容,低版本不能打开高版本软件。而在实际工作中,很多的设计人员使用的版本较低,这样就导致低版本和高版本之间信息交流不畅。

图 1-35　"打开和保存"选项卡

因此，在使用高版本的软件时，保存格式尽量使用低版本格式，这样低版本也可以打开高版本数据。

2．设置自动保存时间

在"文件安全措施"选项组中有"自动保存"选项，在"保存间隔分钟数"中输入数值，系统即在设置的时间进行自动保存一次。

在实际操作过程中，由于突然断电、机器故障、操作不当等导致文档没有保存，从而浪费了大量的时间。如果有自动保存的文档就可以恢复最近一次的自动保存数据。

3．设置备份文件

选中"每次保存时均创建备份副本"复选框，可以在保存文件时，自动创建一份副本文件，在系统自动保存时也将创建一份副本文件。

保存后的备份文件名为ac$，当出现意外需要使用备份文件时，只需将扩展名.ac$修改为.dwg，即可将其打开。

4．设置显示最近使用的文件数

在"应用程序菜单"下的文本框中可以设置最近使用的文件数，默认显示 9 个。

1.7.4　"用户系统配置"选项卡

在"用户系统配置"选项卡中需要进行设置的是"Windows标准操作"选项组，该选项组用于设置双击和快捷菜单功能，如图 1-36 所示。

各主要选项的含义如下。

- 双击进行编辑：选中该复选框，将在绘图区中启用双击操作进行编辑功能。
- 自定义右键单击：单击"自定义右键单击"按钮，系统弹出"自定义右键单击"对话框，选中"打开计时右键单击"复选框，"慢速单击期限"默认为 250 毫秒，如图 1-37 所示。此项选中意义为当快速单击鼠标右键相当于按Enter键，当按住鼠标右键不放即可弹出右键快捷菜单。

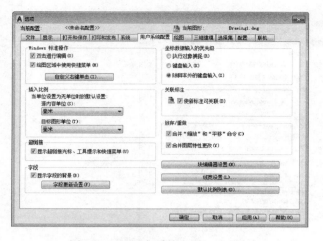

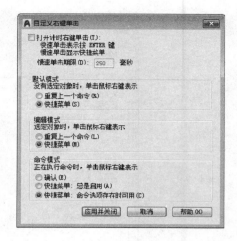

图 1-36　"用户系统配置"选项卡　　　　　　图 1-37　"自定义右键单击"对话框

- 绘图区域中使用快捷菜单：选中该复选框，在绘图区域中单击鼠标右键时显示快捷菜单。如果取消该复选框，单击鼠标右键即是确定。

1.7.5　"绘图"选项卡

在"绘图"选项卡中需要设置的选项有两个：自动捕捉标记大小和靶框大小，如图 1-38 所示。

- 自动捕捉标记大小：在绘图区进行绘图捕捉点时显示的大小，可根据自己喜好来设置。
- 靶框大小：显示鼠标在自然情况下靶框的大小。此项可以稍大，但不能太大，否则会影响看图。

1.7.6　"选择集"选项卡

在"选择集"选项卡中需要进行设置的选项有两个：拾取框大小和夹点尺寸，如图 1-39 所示。

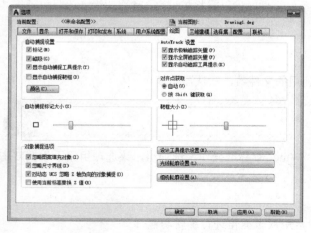

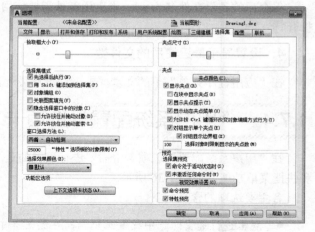

图 1-38　"绘图"选项卡　　　　　　　　图 1-39　"选择集"选项卡

- 拾取框大小：是在进行编辑命令时光标变成正方形的大小。拾取框过小，选取时不容易准确地选取需要的对象；拾取框过大，则很容易误选。

● 夹点尺寸：夹点是选择对象后，在对象的节点上显示的正方形图标，用户可以通过拖动夹点的方式
改变图形的形状和大小。

案例 1-2：绘图入门

采用基本操作命令绘制如图 1-40 所示的图形。操作步骤如下：

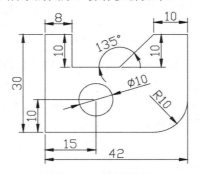

图 1-40　绘制图形

步骤 1 绘制矩形。在命令行输入 REC→空格，选取绘图区任意点为起点，然后输入 D，再输入长为 42、宽为 30，单击鼠标确定矩形，结果如图 1-41 所示。

步骤 2 修剪矩形。在命令行输入 TR→空格→空格，选取矩形上面的线，修剪结果如图 1-42 所示。

```
命令: REC RECTANG
指定第一个角点或 [倒角(C)/标高(E)/圆角(F)/厚度(T)/宽度(W)]:
指定另一个角点或 [面积(A)/尺寸(D)/旋转(R)]: d
指定矩形的长度 <10.0000>: 42
指定矩形的宽度 <10.0000>: 30
指定另一个角点或 [面积(A)/尺寸(D)/旋转(R)]:
```

键入命令

图 1-41　绘制矩形　　　　　　　　　　　　　　　　　　图 1-42　修剪矩形

步骤 3 绘制线。在命令行输入 L→空格，选取矩形断开的端点，绘制步骤如图 1-43 所示。

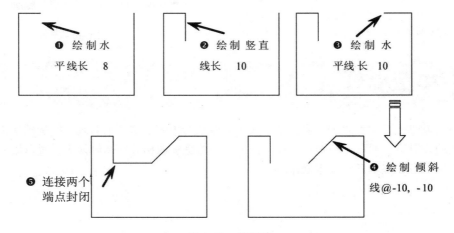

图 1-43　绘制线

步骤 4 绘制圆。在命令行输入 C→空格，然后输入 from，手动捕捉左下角点，再输入（@15,10）即是相对左下角向右 15 向上 10 的点为圆心，输入直径为 10，操作步骤如图 1-44 所示。

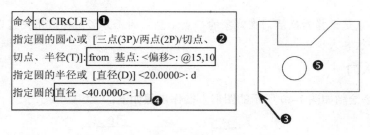

图 1-44 绘制圆

步骤 5 倒圆角。在命令行输入F→空格，输入R，设置半径为 10，选取右下角两直线进行倒圆角，结果如图 1-45 所示。

步骤 6 标注图形。在命令行输入DLI对图形进行线性标注，再输入DDI和DRA对图形进行直接和半径标注，最后输入DAN对图形进行角度标注，如图 1-46 所示。

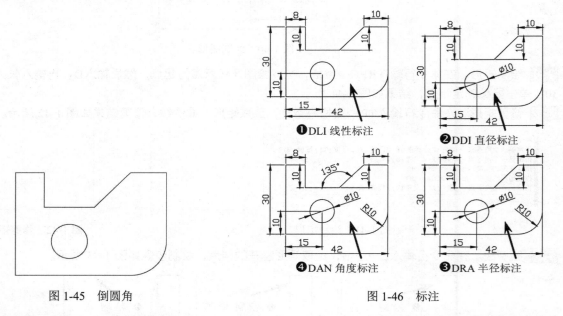

图 1-45 倒圆角

图 1-46 标注

1.8 本章小节

本章主要讲解软件的启动和退出、界面的认识、命令执行方式、文件的管理、捕捉的应用、对象的选取及系统配置选项的设置等。本章是基础知识章节，了解并熟练掌握相关的基础知识，对以后的绘图及学习都有莫大的帮助，用户应掌握本章的基本操作。

第2章
AutoCAD 2018 绘图基础

本章开始接触到基本的绘图命令，主要讲解一些基础的操作，包括鼠标的操作、单位和图形界限的设置、坐标系等知识，为后续绘图章节做铺垫。

学习目标

- 掌握鼠标的灵活运用
- 掌握单位和精度及图形界限的设置
- 掌握对象特性如线型、线宽、颜色等特性的设置和修改
- 理解世界坐标系和用户坐标系的概念和用法
- 理解相对坐标和绝对坐标概念，掌握其操作方法
- 理解直角坐标和极坐标在AutoCAD绘图中的运用技巧

2.1 鼠标的基本操作

目前绘图工作使用的鼠标一般为三键光学鼠标，分别为左键、中键、右键。下面将分别介绍三键鼠标在AutoCAD中的应用。

2.1.1 鼠标左键操作

在AutoCAD中，一般鼠标左键的主要用途是选取图素，分别为单击和双击。

- 单击：单个图素、框选图素、配合功能键选取、命令按钮的选取、图形选项的设置都是依靠鼠标左键来完成。另外，在绘制图形时，对图形的操控也是利用左键来完成。
- 双击：双击是左键在短时间内进行两次单击，双击默认在选取或编辑图形中，比如需要对直线的夹点进行编辑，可以双击直线，即可出现夹点；要对尺寸进行编辑，即可对尺寸进行双击，进入编辑模式。

2.1.2 鼠标中键操作

鼠标中键的作用有3种：平移、缩放（放大或缩小）、显示全部图形。

- 平移：按住鼠标中键，鼠标指针将变为手的形状 🖑，然后移动鼠标，画面即可随鼠标移动。
- 缩放：通常情况下，鼠标中键向前滚动，将放大画面，向后滚动，将缩小画面。缩放的基点是鼠标所在的位置。

● 显示全部：如果没有显示所有的图形，只需双击鼠标中键，即可实现显示画面所有图形。

2.1.3　鼠标右键操作

鼠标右键有 3 种功能：确认、弹出快捷菜单和重复上一次命令。下面分别讲解鼠标右键不同的操作方式。

首先必须设置配置选项，在命令行输入OP→空格，系统弹出"选项"对话框，单击"用户系统配置"选项卡，然后单击"自定义右键单击"按钮并进行相关设置，如图 2-1 所示。

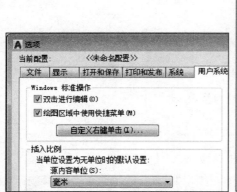
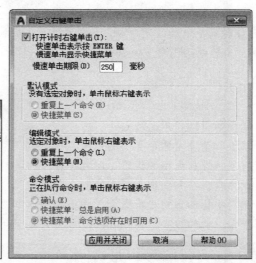

图 2-1　用户系统配置

设置"用户系统配置"选项卡后，鼠标右键的功能如下：

● 快速单击：在执行命令时相当于按Enter键确认；命令执行完毕，则是重复上一次命令。

● 慢速单击按住右键：按住右键会弹出快捷菜单，不同模式下出现的菜单会有所不同，如图 2-2 所示是 3 种不同模式下的右键快捷菜单。

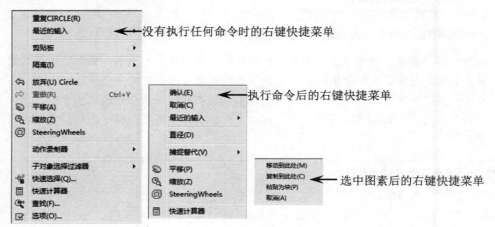

图 2-2　右键快捷菜单

2.2　设置单位【UNITS（UN）】

图形单位主要用来控制坐标和角度的显示格式和精度。默认情况下，AutoCAD的图形单位为十进制，可以根据工作需要设置单位类型和数据精度。

命令启动方式如下：

图 2-3　图形单位

- 菜单："格式"菜单→"单位 0.0"
- 命令条目：'units（用于透明使用）

在命令行输入UNITS→空格，系统弹出"图形单位"对话框，该对话框用来设置长度和角度的类型及精度参数，如图 2-3 所示。

各主要选项的含义如下：

（1）长度：指定测量的当前单位及当前单位的精度。

- 类型：设置测量单位的当前格式，包括"建筑""小数""工程""分数"和"科学"。其中，"工程"和"建筑"格式提供英尺和英寸显示并假定每个图形单位表示一英寸，其他格式可表示任何真实世界单位。
  - ➤ 分数：用于分数单位，小数部分用分数表示。
  - ➤ 工程：用于工程单位，数值单位为英尺、英寸。英寸用小数表示。
  - ➤ 建筑：用于建筑单位，数值单位为英尺、英寸。英寸用小数表示。
  - ➤ 科学：用于科学计数。
  - ➤ 小数：用于十进制单位，这是系统默认的设置。
- 精度：设置线性测量值显示的小数位数或分数大小。

（2）角度：指定当前角度格式和当前角度显示的精度。

- 类型：设置当前角度格式。有百分度、度/分/秒、弧度、勘测单位、十进制度数等类型。
  - ➤ 百分度：在 AutoCAD 规定百分度格式中，直角为 100°，因此整个圆周为 400°。
  - ➤ 度/分/秒：按 60 进制划分。
  - ➤ 弧度：用于弧度角度，180° =π，即 3.14 个弧度。
  - ➤ 勘测单位：N 表示正北，S 表示正南，度/分/秒表示从正北或正南开始的偏角大小，E 表示正东，W 表示正西，此形式只使用度/分/秒格式来表示角度大小，且角度值始终小于 90°。如果角度正好是正北、正南、正东或正西，则只显示表示方向的单个字母。
  - ➤ 十进制度数：以十进制数表示度数。

（3）顺时针：以顺时针方向计算正的角度值。默认的正角度方向是逆时针方向。当提示用户输入角度时，可以点击所需方向或输入角度，而不必考虑"顺时针"设置。

（4）光源：控制当前图形中光度控制光源的强度测量单位。

为创建和使用光度控制光源，必须从选项列表中指定非"常规"的单位。如果"插入比例"设置为"无单位"，则将显示警告信息，通知用户渲染输出可能不正确。

（5）方向：单击该按钮，弹出"方向控制"对话框。

2.3 设置图形界限【LIMITS（LIMI）】

绘图界限就是在当前的"模型"或命名布局上，设置并控制栅格显示的界限。设置图形界限可以避免用户绘图超出此边界。

命令启动方式如下：

- 菜单："格式" → "图形界限"
- 命令条目：'LIMITS（用于透明使用）

操作步骤如下：

```
命令：LIMITS                              \\命令
重新设置模型空间界限：
指定左下角点或 ［开(ON) /
关(OFF)］ <0.0000,0.0000>：               \\指定左下角点
指定右上角点 <420.0000,297.0000>：        \\指定右上角点
```

2.4 设置对象特性

对象的特性主要是指图素的颜色、点型、线型、线宽等。在绘图时，一般需要将不同类型的图形对象设置为不同的线型、不同的线宽和不同的颜色，便于清晰地看图和区分图形。下面将分别讲解图素属性的设置操作。

2.4.1 设置点型【DDPTYPE（DDPT）】

点型是用来设置点的样式，由于默认的点型是实心小圆点，因此通常在屏幕上是看不见的，有时为了辅助绘图，要使点可见，就需要将点型进行修改。

其命令启动方式如下：

- 命令行：DDPTYPE（DDPT）
- 功能区："默认"选项卡 → "实用工具"面板下拉菜单 → "点样式 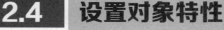"
- 菜单："格式" → "点样式 "
- 命令条目：'ddptype（用于透明使用）

在命令行输入DDPT→空格，系统打开"点样式"对话框，该对话框中罗列了 20 种点样式供用户进行选择，包括点的大小和形状，如图 2-4 所示。

对话框中主要选项的含义如下。

- 点大小：设置点的显示大小，可以相对屏幕尺寸设置点的大小，也可以设置点的绝对大小。
- 相对于屏幕设置大小：按屏幕比例设置点的大小，当屏幕缩放后，点大小不会改变；将屏幕刷新后，点的大小又会按新的屏幕比例显示大小。
- 按绝对单位设置大小：按输入的绝对值大小设置点，屏幕缩放时点的显示也会跟随变化，但本身大小值不变，只是显示随屏幕缩放。

例如，要将圆心显示为"×"形式，其步骤如图 2-5 所示。

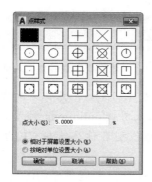

图 2-4　"点样式"对话框

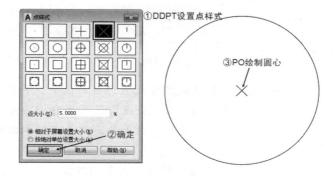

图 2-5　绘制圆心

2.4.2　设置线型【LINETYPE（LT）】

在绘制复杂的AutoCAD图形时，往往需要不同的线型来表示不同的构件，除了固有的连续线之外，AutoCAD还提供了 45 种特殊的线型。

默认情况下，在对象特性"线型"下拉列表框中显示的是ByLayer层。通常也只有Continuous连续线，如果需要其他线型，则进行加载。

命令加载方式如下：

- 功能区："默认"选项卡→"特性"选项板→"线型▦"
- 菜单："格式"→"线型"
- 命令条目：'LINETYPE（用于透明使用）

在命令行输入LT→空格，系统弹出"线型管理器"对话框，该管理器是用来加载线型和设置当前线型的，如图 2-6 所示。

各主要选项的含义如下。

- 线型过滤器：确定在线型列表框中显示哪些线型。可以根据以下两方面过滤线型：是否依赖外部参照或是否被对象参照。
  - ➤ 反转过滤器：根据与选定的过滤条件相反的条件显示线型。符合反向过滤条件的线型显示在线型列表中。
  - ➤ 加载：单击该按钮，"加载或重载线型"对话框，可以将从 acad.lin 或 acadlt.lin 文件中选定的线型加载到图形并添加到线型列表，如图 2-7 所示。

图 2-6 "线型管理器"对话框   图 2-7 "加载或重载线型"对话框

- ➢ 当前：将选定线型设置为当前线型。将当前线型设置为 ByLayer，意味着对象采用指定给特定图层的线型。将线型设置为 ByBlock，意味着对象采用 Continuous 线型，直到它被编组为块。无论何时插入块，对象都继承该块的线型。该线型名称存储在 CELTYPE 系统变量中。
- ➢ 删除：从图形中删除选定的线型。只能删除未使用的线型，不能删除 ByLayer、ByBlock 和 Continuous 线型。

点拨

如果处理的是共享工程中的图形或是基于一系列图层标准的图形，则删除线型时要特别小心。已删除的线型定义仍存储在acad.lin或acadlt.lin文件（AutoCAD）或acadiso.linacadltiso.lin文件（AutoCAD LT）中，可以对其进行重载。

- 隐藏细节：控制是否显示"详细信息"部分。
- 当前线型：显示当前线型的名称。
- 线型列表：在"线型过滤器"中，根据指定的选项显示已加载的线型。要迅速选定或清除所有线型，请在"线型"列表中单击鼠标右键以显示快捷菜单。
- 线型：显示已加载的线型名称。要重命名线型，请选择线型，然后单击两次该线型并输入新的名称。不能重命名 ByLayer、ByBlock、Continuous和依赖外部参照的线型。
- 外观：显示选定线型的样例。
- 说明：显示线型的说明，可以在"详细信息"选项组中进行编辑。
- 详细信息：提供访问特性和附加设置的其他途径。
  - ➢ 名称：显示选定线型的名称，可以编辑该名称。
  - ➢ 说明：显示选定线型的说明，可以编辑该说明。
  - ➢ 缩放时使用图纸空间单位：按相同的比例在图纸空间和模型空间缩放线型。当使用多个视口时，该选项很有用。（PSLTSCALE 系统变量）
  - ➢ 全局比例因子：显示用于所有线型的全局缩放比例因子。（LTSCALE 系统变量）
  - ➢ 当前对象缩放比例：设置新建对象的线型比例。生成的比例是全局比例因子与该对象的比例因子的乘积。（CELTSCALE 系统变量）
  - ➢ ISO 笔宽：将线型比例设置为标准 ISO 值列表中的一个。生成的比例是全局比例因子与该对象比例因子的乘积。

点拨

设置线型命令LINETYPE（LT）还可以作为透明命令'LT使用。

案例 2-1：绘制零件图

采用基本绘图命令和设置命令绘制如图 2-8 所示的图形。操作步骤如下：

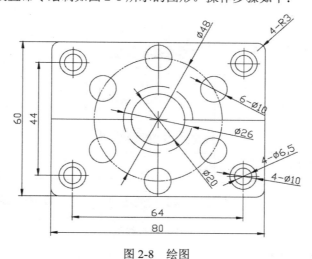

图 2-8　绘图

步骤 1 设置线型为中心线。在命令行输入LT→空格，系统弹出"线型管理器"对话框，选取CENTER为当前线型，如图 2-9 所示。

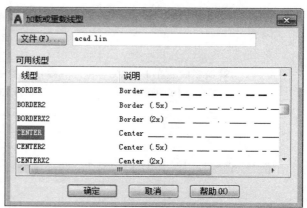

图 2-9　设置线型

步骤 2 绘制中心线。在命令行输入L→空格，选取任意点为起点，绘制水平线长 80、竖直线长 60 中心线，如图 2-10 所示。

步骤 3 绘制偏移线。在命令行输入O→空格，将水平线和竖直线分别偏移 30 和 40，结果如图 2-11 所示。

步骤 4 修改线型。在绘图区将刚偏移的线选中，然后单击"默认"选项卡→"特性"选项板→"线型▦"，选取要修改的线型为连续线Continuous，并将连续线Continuous设为当前线型，结果如图 2-12 所示。

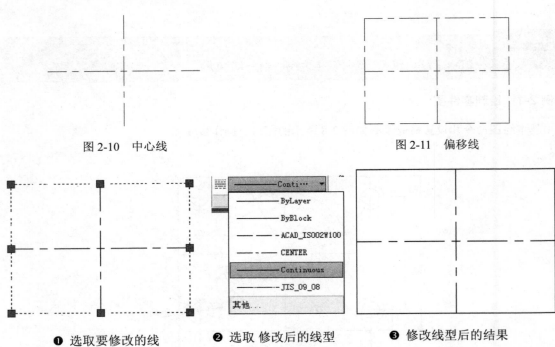

图 2-10　中心线　　　　　　　　　　　　　图 2-11　偏移线

❶ 选取要修改的线　　　　❷ 选取 修改后的线型　　　　❸ 修改线型后的结果

图 2-12　修改线型

步骤 5 绘制圆。在命令行输入C→空格，选取十字交点为圆心，输入相应的半径值，绘制结果如图 2-13 所示。

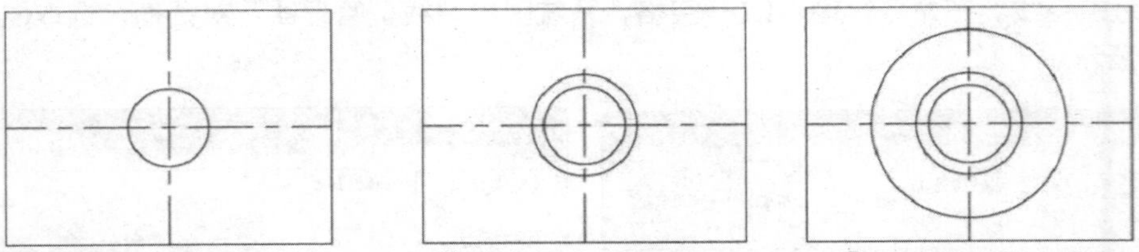

❶绘制圆心在十字交点半径为 10 的圆　　　　❷绘制圆心在十字交点半径为 13 的圆　　　　❸绘制圆心在十字交点半径为 24 的圆

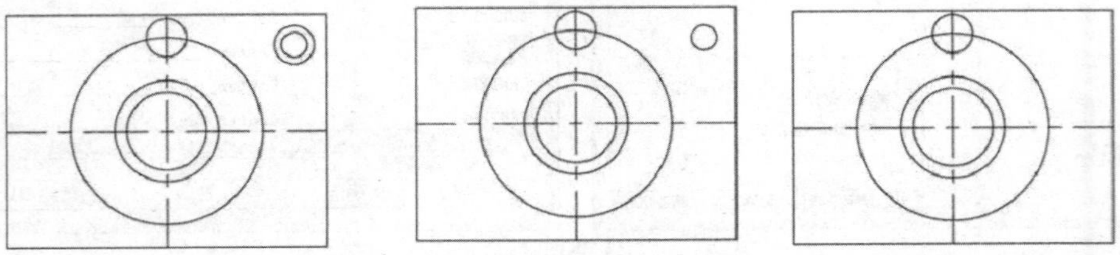

❻绘制圆心在刚绘制的圆的圆心上半径为 5 的圆　　　　❺绘制圆心在十字交点偏移 @64/2,44/2 点直径为 6.5 的圆　　　　❹绘制圆心在 90° 现象限点半径为 5 的圆

图 2-13　绘制圆

步骤 6 极轴阵列。在命令行输入AR→空格，选取圆形为阵列对象，然后输入PO→空格，启动极轴阵列，再选取阵列基点为圆心，设置阵列参数，操作如图 2-14 所示。

步骤 7 矩形阵列。在命令行输入AR→空格，选取两圆为阵列对象，再输入R→空格，启动矩形阵列，设置阵列参数，操作如图 2-15 所示。

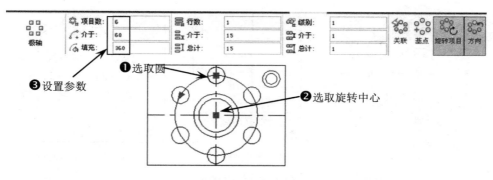

图 2-14　极轴阵列

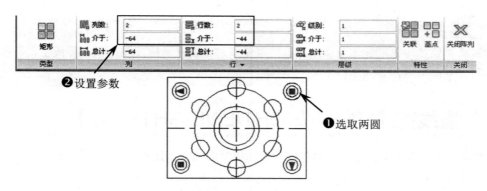

图 2-15　矩形阵列

步骤 8 倒圆角。在命令行输入F→空格，输入R修改半径为 3，再单击要倒圆角的边，结果如图 2-16 所示。

步骤 9 修改线型为虚线。在绘图区选取圆，在线型栏选中虚线，即可将线型修改为虚线，修改结果如图 2-17 所示。

步骤 10 修改线型为双点画线。在绘图区选取圆，再在线型栏选中双点画线，即可将线型修改为双点画线，修改结果如图 2-18 所示。

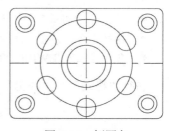

图 2-16　倒圆角

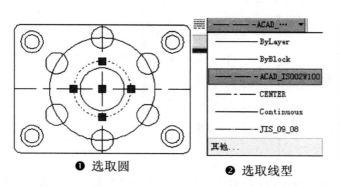

❶ 选取圆　　　　❷ 选取线型

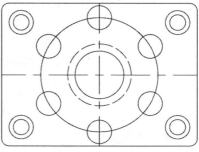

❸ 修改结果

图 2-17　修改线型

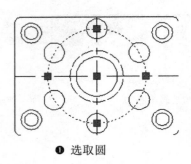

❶ 选取圆

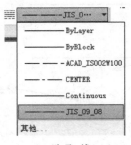

❷ 选取线

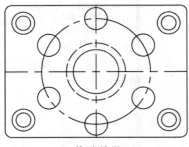

❸ 修改结果

图 2-18　修改点画线

点拨

　　如果双点画线显示效果和连续线一样，则需要修改双点画线的线型比例，将线型比例放大，如设置为 10，就会显示为双点画线了。

2.4.3　设置线宽【LINEWEIGHT/LWEIGHT（LW）】

设置线宽是用来设置当前线宽、线宽单位、控制线宽的显示和比例，以及设置图层的默认线宽值。其命令启动方式如下：

- 功能区："默认"选项卡→"特性"选项板→"线宽"下拉列表→"线宽设置"
- 菜单："格式"→"线宽"
- 快捷菜单：在状态栏中的"显示/隐藏线宽"上单击鼠标右键，在弹出的快捷菜单中选择"设置"
- 命令条目：'LWEIGHT（用于透明使用）

执行"格式"→"线宽"命令，弹出"线宽设置"对话框，如图 2-19 所示。

图 2-19　"线宽设置"对话框

各主要选项的含义如下。

- 线宽：显示可用线宽值。线宽值由ByLayer、ByBlock和"默认"在内的标准设置组成。"默认"值由 LWDEFAULT 系统变量进行设置，初始值为 0.01 英寸或 0.25 毫米。所有新图层中的线宽都使用默认设置。值为 0 的线宽以指定打印设备上可打印的最细线进行打印，在模型空间中则以一个像素的宽度显示。
- 当前线宽：显示当前线宽。

- 列出单位：指定线宽是以毫米显示还是以英寸显示。也可以使用 LWUNITS 系统变量设置"列出单位"。
  - ➢ 毫米：以毫米为单位指定线宽值。
  - ➢ 英寸：以英寸为单位指定线宽值。
- 显示线宽：控制线宽是否在当前图形中显示。如果选中该复选框，线宽将在模型空间和图纸空间中显示。也可以使用系统变量 LWDISPLAY 设置"显示线宽"。当线宽以大于一个像素的宽度显示时，重生成时间会加长。当图形的线宽处于打开状态时，如果发现性能下降，请取消"显示线宽"复选框。此选项不影响对象打印的方式。
- 默认：控制图层的默认线宽。初始的默认线宽是 0.01 英寸或 0.25（LWDEFAULT 系统变量）毫米。
- 调整显示比例：控制"模型"选项卡上线宽的显示比例。在"模型"选项卡上，线宽以像素为单位显示。用以显示线宽的像素宽度与打印所用的实际单位数值成比例。如果使用高分辨率的显示器，则可以调整线宽的显示比例，从而更好地显示不同的线宽。"线宽"列表列出了当前线宽显示比例。

点拨

对象的线宽以一个以上的像素宽度显示时，可能会增加重生成时间。在"模型"选项卡上操作时，如果要优化性能，请将线宽的显示比例设置为最小值或完全关闭线宽显示。

2.4.4 设置颜色【COLOR（COL）】

设置颜色命令用来设置新对象的颜色或修改对象显示的颜色。直接在命令行输入 COLOR，弹出"选择颜色"对话框。

其命令启动方式如下：

- 功能区："默认"选项卡→"特性"选项板→"对象颜色"下拉列表→"设置颜色"选项
- 菜单："格式"→"颜色"
- 命令条目：'COLOR（用于透明使用）

执行"格式"→"颜色"命令，系统弹出"选择颜色"对话框，如图 2-20 所示。该对话框用来选取对象的颜色，包括索引颜色、真彩色、配色系统 3 个选项卡。可以从 255 种 AutoCAD 颜色索引（ACI）颜色、真彩色和配色系统颜色中选择颜色。

各主要选项的含义如下。

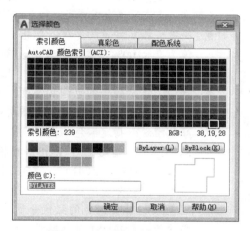

图 2-20　"选择颜色"对话框

- AutoCAD 颜色索引（ACI）：从 AutoCAD 颜色索引中指定颜色。如果将光标悬停在某种颜色上，该颜色的编号及其红、绿、蓝值将显示在调色板下面。单击一种颜色以选中它，或者在"颜色"文本框中输入该颜色的编号或名称。大的调色板显示编号从 10～249 的颜色。第二个调色板显示编号从 1～9 的颜色，这些颜色既有编号也有名称。第三个调色板显示编号从 250～255 的颜色，这些颜色表示灰度级。
- 索引颜色：将光标悬停在某种颜色上时，指示其 ACI 颜色编号。
- 红、绿、蓝：将光标悬停在某种颜色上时，指示其 RGB 颜色值。
- ByLayer：指定新对象采用创建该对象时所在图层的指定颜色。单击 ByLayer 按钮时，当前图层的颜色将显示在"旧颜色和新颜色"颜色样例中。

- **ByBLock**：指定新对象的颜色为默认颜色（白色或黑色，取决于背景色），直到将对象编组到块并插入块。当把块插入图形时，块中的对象继承当前颜色设置。
- **颜色**：指定颜色名称，BYLAYER或BYBLOCK颜色，或者一个 1~255 之间的AutoCAD颜色索引（ACI）编号。
- **"旧颜色" 颜色样例**：显示以前选择的颜色。
- **"新颜色" 颜色样例**：显示当前选择的颜色。

在"选择颜色"对话框中单击"真彩色"选项卡，如图 2-21 所示，该选项卡是使用真彩色指定颜色设置。使用真彩色（24 位颜色）指定颜色设置（使用色调、饱和度和亮度[HSL]颜色模式或红、绿、蓝 [RGB]颜色模式）。

使用真彩色时，可以指定 1600 多万种颜色。"真彩色"选项卡中的可用选项取决于指定的颜色模式（HSL或RGB）。

各主要选项的含义如下。

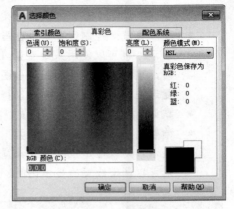

图 2-21　"真彩色"选项卡

- **HSL颜色模式**：指定使用 HSL颜色模式来选择颜色。色调、饱和度、亮度是颜色的特性。通过设置这些特性值，用户可以指定一个很宽的颜色范围。
- **色调**：指定颜色的色调。色调表示可见色谱内光的特定波长。要指定色调，请使用色谱或在"色调"框中指定值。调整该值会影响 RGB值。色调的有效值为 0~360°。
- **饱和度**：指定颜色的饱和度。高饱和度会使颜色较纯，而低饱和度则使颜色褪色。要指定颜色饱和度，请使用色谱或在"饱和度"框中指定值。调整该值会影响 RGB值。饱和度的有效值为 0~100%。
- **亮度**：指定颜色的亮度。要指定颜色亮度，请使用颜色滑块或在"亮度"框中指定值。亮度的有效值为 0~100%。值 0% 表示最暗（黑），100% 表示最亮（白），而 50%表示颜色的最佳亮度。调整该值也会影响 RGB值。
- **色谱**：指定颜色的色调和纯度。要指定色调，请将十字光标从色谱的一侧移到另一侧。要指定颜色饱和度，请将十字光标从色谱顶部移到底部。
- **颜色滑块**：指定颜色的亮度。要指定颜色亮度，请调整颜色滑块或在"亮度"框中指定值。
- **RGB颜色**：指定使用 RGB颜色模式来选择颜色。"真彩色"选项卡中的可用选项取决于指定的颜色模式（HSL或RGB）。颜色可以分解成红、绿和蓝 3 个分量。为每个分量指定的值分别表示红、绿和蓝颜色分量的强度，这些值的组合可以创建一个很宽的颜色范围。
- **红色(R)**：指定颜色的红色分量。调整颜色滑块或在"红色"框中指定从 1~255 之间的值。如果调整该值，会在HSL颜色模式值中反映出来。
- **绿色(G)**：指定颜色的绿色分量。调整颜色滑块或在"绿色"框中指定从 1~255 之间的值。如果调整该值，会在HSL颜色模式值中反映出来。
- **蓝色(B)**：指定颜色的蓝色分量。调整颜色滑块或在"蓝色"框中指定从 1~255 之间的值。如果调整该值，会在HSL颜色模式值中反映出来。
- **颜色**：指定RGB颜色值。修改HSL或RGB选项时，此选项会更新。也可以按照以下格式直接编辑RGB值：000,000,000。
- **真彩色保存为RGB**：指示每个 RGB颜色分量的值。
- **"旧颜色" 颜色样例**：显示以前选择的颜色。
- **"新颜色" 颜色样例**：显示当前选择的颜色。

在"选择颜色"对话框中单击"配色系统"选项卡,如图 2-22 所示。该选项卡使用第三方配色系统或用户定义的配色系统指定颜色。选择配色系统后,"配色系统"选项卡将显示选定配色系统的名称。

各主要选项的含义如下。

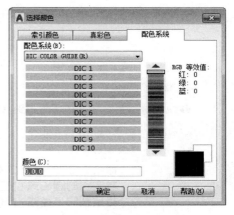

图 2-22 "配色系统"选项卡

- 配色系统:指定用于选择颜色的配色系统。列表中包括在"配色系统位置"(在"选项"对话框的"文件"选项卡上指定)找到的所有配色系统。显示选定配色系统的页及每页上的颜色和颜色名称。程序支持每页最多包含 10 种颜色的配色系统。如果配色系统没有分页,程序按每页 7 种颜色的方式将颜色分页。要查看配色系统页,请在颜色滑块上选择一个区域或用上下箭头进行浏览。
- RGB 等效值:指示每个 RGB 颜色分量的值。
- 颜色:指示当前选定的配色系统颜色。要在配色系统中搜索特定的颜色,可以输入该颜色样例的编号并按Tab键。此操作将用所请求的颜色编号更新"新颜色"颜色样例。如果没有在配色系统中找到指定的颜色,将显示最接近的颜色编号。
- "旧颜色"颜色样例:显示以前选择的颜色。
- "新颜色"颜色样例:显示当前选择的颜色。

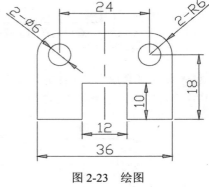

图 2-23 绘图

案例 2-2:设置对象特性

采用基本命令和设置对象特性命令绘制如图 2-23 所示的图形。操作步骤如下:

步骤 1 绘制线。在命令行输入L→空格,采用如图 2-24 所示的步骤绘制线。

❶绘制矩形

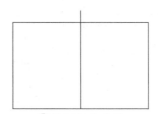

❷绘制竖直中线

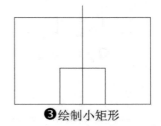

❸绘制小矩形

图 2-24 绘制线

步骤 2 修剪和删除。在命令行输入TR→空格,选取要修剪的部分线,修剪不掉的线,在命令行输入E→空格后进行删除,结果如图 2-25 所示。

步骤 3 倒圆角。在命令行输入F→空格,再输入R后输入半径为 6 进行倒圆角,如图 2-26 所示。

步骤 4 绘制圆。在命令行输入C→空格,选取倒圆角的圆心,输入半径为 3,如图 2-27 所示。

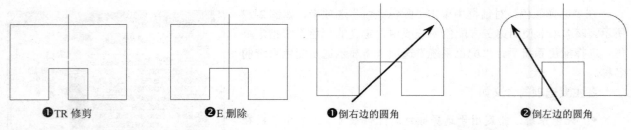

❶TR 修剪　　　　　　❷E 删除　　　　　　❶倒右边的圆角　　　　　　❷倒左边的圆角

图 2-25　修剪和删除　　　　　　　　　　　　　　图 2-26　倒圆角

命令：C　　　　　　　❶ 执行命令
指定圆的圆心或 [三点(3P)/两点(2P)/切点、切点、半径(T)]：
指定圆的半径或 [直径(D)] <3.0000>：3 ❸ 输入半径 3

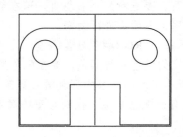

❹以同样的步骤绘制圆

图 2-27　绘制圆

步骤 5 修改竖直线为中心线并设置颜色为红色。在绘图区选中竖直线，然后在线型栏中选取中心线，在颜色栏中选取红色，结果如图 2-28 所示。

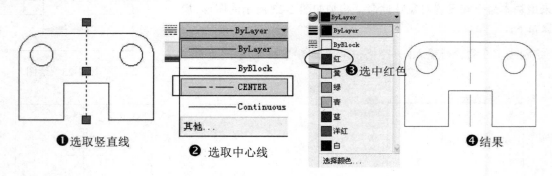

❶选取竖直线　　　　　　❷ 选取中心线　　　　　　❸选中红色　　　　　　❹结果

图 2-28　修改颜色

步骤 6 设置当前颜色为青色。在命令行输入COL→空格，系统弹出"选取颜色"对话框，在颜色索引中单击青色，并单击"确定"按钮，结果如图 2-29 所示。

步骤 7 标注图形。在命令行输入DLI→空格，选取要标注的图形进行线性标注。标注完毕后再输入DRA→空格，选取倒圆角进行标注，最后输入DDI→空格，选取圆进行标注，如图 2-30 所示。

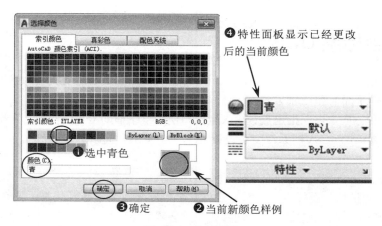

④特性面板显示已经更改
后的当前颜色

❶选中青色

❷当前新颜色样例

❸确定

图 2-29　选择颜色

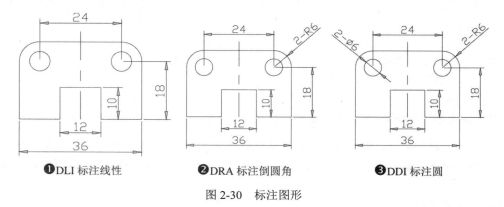

❶DLI 标注线性　　　　❷DRA 标注倒圆角　　　　❸DDI 标注圆

图 2-30　标注图形

2.5　AutoCAD 坐标系

　　坐标系是最基本的定位手段，任何物体在空间中的位置都是通过一个坐标系来定位的。要想正确、高效地绘图，首先必须理解各种坐标系的概念，掌握坐标系的正确输入方法。根据指定对象不同，AutoCAD中的坐标系可分为世界坐标系和用户坐标系。

2.5.1　世界坐标系 WCS

　　AutoCAD默认的坐标系是世界坐标系WCS，它是一个固定不变的坐标系，其规定：水平向右为X轴正方向，沿X轴正方向向右为水平距离增加的方向，竖直向上为Y轴正方向，沿Y轴正方向向上为竖直距离增加的方向，Z轴垂直于XY平面，沿Z轴垂直于屏幕向外为距离增加的方向。

提示

　　世界坐标系总是存在于一个设计图形中，并且不可更改。如图 2-31
所示为世界坐标系。

图 2-31　世界坐标系

2.5.2 用户坐标系 UCS

用户坐标系UCS是用来设置当前 UCS的原点和方向。UCS 是处于活动状态的坐标系，用于建立图形和建模的XY 平面（工作平面）和 Z轴方向。

控制 UCS 原点和方向，以在指定点、输入坐标和使用绘图辅助工具（例如，正交模式和栅格）时更便捷地处理图形。如果视口的UCSVP 系统变量设置为1，则UCS可与视口一起存储。

点拨

默认情况下，"坐标"面板在"草图与注释"工作空间中处于隐藏状态。要显示"坐标"面板，请单击"视图"选项卡，然后单击鼠标右键并选择"显示面板"选项，然后单击"坐标"。在三维工作空间中（在AutoCAD LT 中不可用），"坐标"面板位于"默认"选项卡中。

用户坐标系的启动方式如下：

- 功能区："视图"选项卡→"视口工具"面板→"UCS图标└"
- 菜单："工具"→"新建 UCS└"
- 工具栏：UCS└
- 右键快捷菜单：在UCS 图标上单击鼠标右键，然后在快捷菜单中选择某个选项

在坐标系上单击鼠标右键，弹出右键快捷菜单，如图 2-32 所示。或者在命令行输入UCS→空格，系统提示如下："指定UCS的原点或 [面(F)/命名(NA)/对象(OB)/上一个(P)/视图(V)/世界(W)/X/Y/Z/Z轴(ZA)] <世界>:"

各选项的含义如下。

- 指定UCS的原点：使用一点、两点或三点定义一个新的UCS。如果指定单个点，当前 UCS的原点将会移动而不会更改X、Y和Z轴的方向。如果指定第二个点，则 UCS 旋转以将正 X轴通过该点。如果指定第三个点，则UCS绕新的X轴旋转来定义正 Y轴。这三点可以指定原点、正 X轴上的点及正XY平面上的点，如图 2-33 所示。

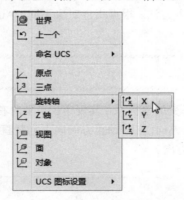

图 2-32　右键快捷菜单

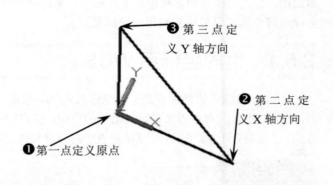

图 2-33　定义 UCS

- 面：也可以选择并拖动UCS图标（或者从原点夹点菜单选择"移动和对齐"）来将UCS与面动态对齐。将UCS动态对齐到三维对象的面。将光标移到面上以查看UCS如何对齐。

点拨

　　如果第一点原点、第二点X轴点和第三点Y轴点组成的线在原点相互垂直，则第三点定义的就是Y轴。如果第三点不在垂直于X轴的直线上，则系统会在确定原点和X轴后，根据第三点确定大概的方向，Y轴必须与X轴保持垂直关系。如果在输入坐标时未指定Z 坐标值，则使用当前 Z值。

- 命名：保存或恢复命名UCS定义。也可以在该UCS图标上单击鼠标右键并选择命名 UCS来保存或恢复命名UCS定义。
- 对象：将UCS与选定的二维或三维对象对齐。UCS可与任何对象类型对齐（除了参照线和三维多段线）。将光标移到对象上，以查看UCS如何对齐，并单击以放置UCS。大多数情况下，UCS的原点位于离指定点最近的端点，X轴将与边对齐或与曲线相切，并且 Z轴垂直于对象对齐。
- 上一个：恢复上一个UCS。可以在当前任务中逐步返回最后 10 个UCS设置。对于模型空间和图纸空间，UCS设置单独存储。
- 视图：将 UCS的XY 平面与垂直于观察方向的平面对齐。原点保持不变，但 X轴和 Y轴分别变为水平和垂直。
- X、Y、Z：绕指定轴旋转当前 UCS。将右手拇指指向X轴的正向，卷曲其余四指。其余四指所指的方向即绕轴的正旋转方向。将右手拇指指向Y轴的正向，卷曲其余四指。其余四指所指的方向即绕轴的正旋转方向。将右手拇指指向Z轴的正向，卷曲其余四指。其余四指所指的方向即绕轴的正旋转方向，如图 2-34 所示。

图 2-34　绕轴旋转

- Z轴：将 UCS 与指定的正 Z轴对齐。UCS 原点移动到第一个点，其正 Z轴通过第二个点。

案例 2-3：新建坐标系应用

　　采用新建坐标系命令绘制如图 2-35 所示的图形。操作步骤如下：

步骤 1 新建用户坐标系。在命令行输入UCS→空格，然后输入Z表示以Z轴进行旋转，输入角度-22.5°，表示以顺时针旋转坐标系，结果如图 2-36 所示。

步骤 2 绘制矩形。在命令行输入REC→空格，选取任意点为起始点，输入（@60,30）即可绘制矩形，结果如图 2-37 所示。

步骤 3 绘制圆。在命令行输入C→空格，再输入FROM（捕捉自），选取矩形左下点为捕捉基点，输入偏移尺寸（@6,6）作为圆心，再输入半径 3 完成圆的绘制，结果如图 2-38 所示。

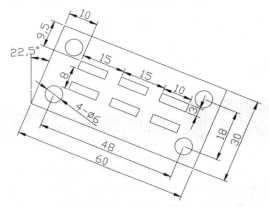

图 2-35　绘图

图 2-36　新建用户坐标系

图 2-37　绘制矩形

步骤 4 阵列圆。在命令行输入 AR→空格，选取刚绘制的圆为阵列源对象，设置参数如图 2-39 所示。

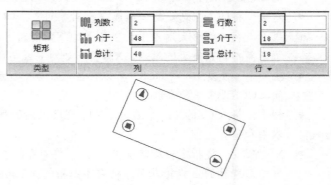

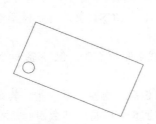

图 2-38　绘制圆

图 2-39　阵列圆

步骤 5 绘制矩形。在命令行输入 REC→空格，再输入 FROM（捕捉自）选取捕捉基点为大矩形左上点，输入偏移尺寸（@10,-9.5）作为矩形的起点，再输入矩形长宽（@10,-3）完成矩形的绘制，结果如图 2-40 所示。

步骤 6 阵列矩形。在命令行输入 AR→空格，选取刚绘制的矩形作为阵列源对象，设置参数如图 2-41 所示。

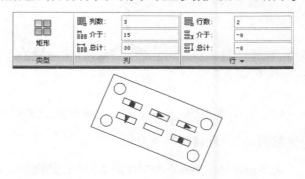

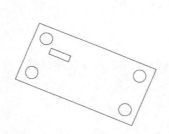

图 2-40　绘制矩形

图 2-41　阵列矩形

2.6　绝对坐标和相对坐标　▶

　　在绘制图形对象时需要确定其位置，虽然直接通过十字光标也可以确定点的位置，但是这种方式通常不能准确确定坐标点，而通过输入点的坐标值的方式来定位，则可以快速而精确地确定点位置。

　　根据坐标轴的不同，坐标系又可以分为直角坐标系、极坐标系、球坐标系和柱坐标系，在 AutoCAD 中主要通过直角坐标系和极坐标系来确定点位置。根据坐标值参考点不同，又可以分为绝对坐标和相对坐标。下面将分别进行介绍。

2.6.1　绝对直角坐标

绝对直角坐标是以坐标原点（0,0,0）为基点来定位其他所有点的方式。以这种方式输入某点的坐标值时，需要指示沿X\Y\Z方向坐标原点（0,0,0）的距离值（方向），各轴向上的距离值之间以英文状态下的逗号","隔开，如果Z轴坐标值为0，可以省略不写。因此，在二维上的平面图形绘制都可以省略Z坐标值。

2.6.2　相对直角坐标

相对直角坐标表示的是一个相对位置，相对于不同的对象，同一个点的坐标值也不同。相对直角坐标的输入方法是以某一特定的点为参考点，然后输入相对位移值来确定下一点的位置，它与坐标系原点无关。

在输入坐标点时，相对坐标值点必须先输入@符号，然后输入相对位移，如"@10,-10"表示相对于前一点的X方向向右偏移 10 个单位，Y方向向下偏移 10 个单位所在点的坐标值。

2.6.3　绝对极坐标

绝对极坐标是以相对于基点（0<0）的距离和角度来定位其他点的一种方式。默认的角度正方向是逆时针方向，起始 0°为X正方向，以这种方式输入某点的坐标值时，距离与角度之间需用尖括号"<"分开。

如果某点距离坐标系原点距离为 20，角度为 30，则点为"20<30"，如果是顺时针，角度即为负值，刚才的点也可以表示为"20<-330"。

2.6.4　相对极坐标

以某一特定点为参考极点，输入相对于该点的距离和角度来确定下一个点的位置，其格式为"@距离<角度"，在这种输入方式中，位移值相对于前一点，由于单点没有方向性，所以角度值始终是绝对的。如果要指定的点相对于前一点的距离为 40，角度为 30，则应输入"@40<30"或者"@40<-330"。

> **提示**
>
> 输入点的相对极坐标值时，还可以移动十字光标来确定该点的角度，然后输入相对于前一点的位移值即可，相对于相对极坐标值输入方式，这种分开输入的方式可以大大提高绘图效率。也可以不用光标来确定，而是先输入角度<30，确定角度后再输入相对距离，此时相对距离就不用输入@符号，相对来说要方便很多。

案例 2-4：相对坐标应用

采用相对坐标绘制如图 2-42 所示的图形。操作步骤如下：

步骤 1 绘制直线。在命令行输入L→空格，从左下角开始绘制，选取任意点作为起点，输入（@10,0），绘制水平线；继续绘制线，输入（@10,17），绘制斜线；继续绘制线，输入（@26,0），绘制水平线；继续绘制线，输入（@0,-22），绘制竖直线；继续绘制线，输入（@12,0），绘制水平线；继续绘制线，输入（@0,35），绘制竖直线；继续绘制线，输入（@-12,10），绘制斜线；继续绘制线，输入（@-30,0），绘制水

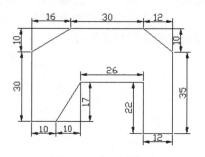

图 2-42　相对坐标

平线；继续绘制线，输入（@-16,-10），绘制斜线；继续绘制线，输入（@0,-30），绘制竖直线，完成图形的绘制，结果如图 2-43 所示。

步骤 2 标注图形。在命令行输入DLI→空格，选取要标注的线，拉出尺寸并放置，完成尺寸标注后的结果如图 2-42 所示。

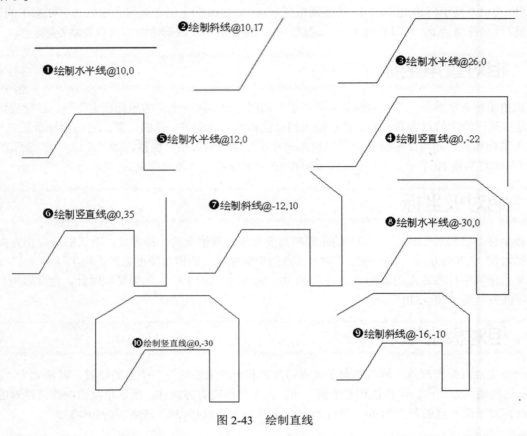

❷绘制斜线@10,17

❸绘制水半线@26,0

❶绘制水半线@10,0

❺绘制水半线@12,0

❹绘制竖直线@0,-22

❻绘制竖直线@0,35

❼绘制斜线@-12,10

❽绘制水半线@-30,0

❿绘制竖直线@0,-30

❾绘制斜线@-16,-10

图 2-43 绘制直线

2.7 本章小结

本章主要讲解绘图所需要具备的一些基础操作，包括鼠标的运用、单位设置、图形界限、对象特性、坐标系、相对坐标与极坐标等，这些都是绘制二维图乃至三维实体和曲面都需要具备的基础，掌握本章的知识是入门的阶梯，为后续章节做好准备。

本章重点掌握特性设置技巧、绝对坐标和相对坐标的绘图技巧，并熟练使用用户坐标系绘制复杂的图形和修改图素的相关特性。

第 3 章
AutoCAD 2018 二维绘图

本章主要讲解一般的绘图命令，包括点、直线、射线、构造线、圆及圆弧等的绘制，一般性的二维图形基本上离不开这些基本元素：点、线、圆。因此，掌握点、线、圆的绘制就可以基本上掌握AutoCAD一般的二维图形了。

学习目标

- 掌握单点、多点、定数等分点、定距等分点的创建技巧
- 掌握直线、多段线、构造线的绘制技巧
- 掌握圆的各种形式的运用
- 掌握圆弧的绘制技巧

3.1 创建点【POINT】

点可以作为捕捉对象的节点。可以指定点的全部三维坐标。如果省略 Z 坐标值，则假定为当前标高。PDMODE和PDSIZE 系统变量用于控制点对象的外观。

可以使用 MEASURE和DIVIDE 沿对象创建点。使用 DDPTYPE 可以轻松指定点大小和样式。AutoCAD中有多种点，包括单点或多点（POINT）、定数等分点（DIVIDE）和定距等分点（MEASURE）4种，下面将分别讲解。

3.1.1 创建单点或多点【POINT（PO）】

单点或多点用来创建单个的点对象。其命令启动方式如下。

- 命令行：POINT（PO）
- 功能区："默认"选项卡→"绘图"面板→"多点 。"
- 菜单："绘图"→"点"→"多点 。"

在命令行输入PO→空格，系统将出现指定点提示，用户可以在屏幕上任意指定点或捕捉点。

3.1.2 创建定数等分点【DIVIDE（DIV）】

定数等分点是将对象进行指定数量进行等分，每两点之间的距离是对象总长与数量相除的结果。需要注意的是，等分数是点数加 1。被等分的对象可以是直线、圆弧、曲线等。

其命令启动方式如下。

- 命令行：DIVIDE（DIV）
- 功能区："默认"选项卡→"绘图"面板→"定数等分 🖋"
- 菜单："绘图"→"点"→"定数等分 🖋"

在命令行输入DIV→空格，即可启动"定数等分"命令，系统会提示选取对象，用户需要在屏幕指定要等分的对象，系统会提示"输入线段数目或 [块(B)]"，输入要等分的数量后按Enter键即可。

各选项的含义如下：

- 线段数目：沿选定对象等间距放置点对象。
- 块：沿选定对象等间距放置块。如果块具有可变属性，插入的块中将不包含这些属性。

案例 3-1：等分点命令绘制图形

采用等分点命令绘制如图 3-1 所示的图形。操作步骤如下：

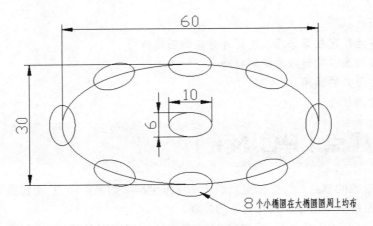

图 3-1　等分点绘制图形

步骤 1 绘制椭圆。在命令行输入EL→空格，再输入C中心点，输入长半轴 30、短半轴 15 绘制大椭圆，然后以同样的方式绘制小椭圆，结果如图 3-2 所示。

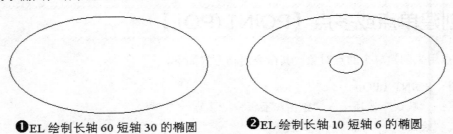

❶EL 绘制长轴 60 短轴 30 的椭圆　　　❷EL 绘制长轴 10 短轴 6 的椭圆

图 3-2　绘制椭圆

步骤 2 创建块。在命令行输入B→空格，系统弹出"块定义"对话框，在"名称"文本框中输入DIV，"基点"为小椭圆的圆心，再选取对象为小椭圆，单击"确定"按钮后完成块的创建，如图 3-3 所示。

步骤 3 等分点。在命令行输入DIV→空格，选取大椭圆作为要等分的对象，再输入B插入块，块名为DIV，对齐块并输入等分数目为 8，结果如图 3-4 所示。

图 3-3　创建块

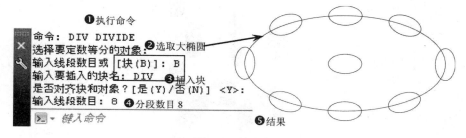

图 3-4　等分点

3.1.3　创建定距等分点【MEASURE（ME）】

定距等分点是沿对象的长度或周长按测定间隔创建点对象或块。

其命令启动方式如下。

- 命令行：MEASURE（ME）
- 功能区："默认"选项卡→"绘图"面板→"定距等分✕"
- 菜单："绘图"→"点"→"定距等分✕"

执行"默认"选项卡→"绘图"面板→"定距等分✕"命令，选取要等分的对象，命令行提示如下：

```
命令：ME MEASURE
选择要定距等分的对象：
指定线段长度或［块(B)］：b
输入要插入的块名：a
是否对齐块和对象？［是(Y)/否(N)］<Y>：y
指定线段长度：12
```

各主要选项的含义如下。

- 选择要定距等分的对象：选择对象。
- 线段长度：沿选定对象按指定间隔放置点对象，从最靠近用于选择对象的点的端点处开始放置。闭合多段线的定距等分从它们的初始顶点（绘制的第一个点）处开始。圆的定距等分从设置为当前捕捉旋转角的自圆心的角度开始。如果捕捉旋转角为 0，则从圆心右侧的圆周点开始定距等分圆。

- 块：沿选定对象按指定间隔放置块
- 对齐块：将块和选取的源对象对齐。
- 是：块将围绕其插入点旋转，这样其水平线就会与测量的对象对齐并相切绘制。
- 否：始终使用 0 旋转角度插入块。

案例 3-2：定距等分命令绘制图形

采用定距等分命令绘制如图 3-5 所示的图形。操作步骤如下：

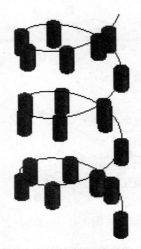

图 3-5　定距等分绘制图形

步骤 1 绘制螺旋线。先切换视角为东南等轴测视角，再在命令行输入 HELIX→空格，选取任意点为起点，输入底面和顶面半径为 20，高度为 100，圈数为 3，结果如图 3-6 所示。

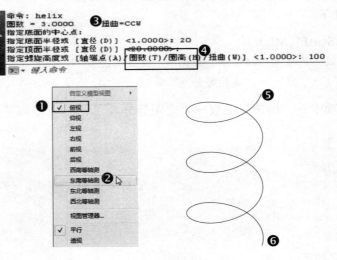

图 3-6　绘制螺旋线

步骤 2 绘制圆柱体。在命令行输入 CYL→空格，选取任意点为圆柱底面中心，输入半径为 3，高度为-10，结果如图 3-7 所示。

命令: CYL CYLINDER ❶
指定底面的中心点或 [三点(3P)/两点(2P)/切点、切
点、半径(T)/椭圆(E)]:
指定底面半径或 [直径(D)]: 3 ❸
指定高度或 [两点(2P)/轴端点(A)] <5.0000>: -10
❹

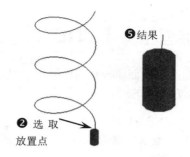

图 3-7　绘制圆柱

步骤 3 创建块。在命令行输入 B→空格，输入"名称"为 A，定义圆柱顶面中心为基点，圆柱为对象，创建块，
如图 3-8 所示。

图 3-8　创建块

步骤 4 定距等分。在命令行输入 ME→空格，选取要等分的对象为螺旋线，输入"名称"为 A，等分距离为 19，
结果如图 3-9 所示。

命令: ME MEASURE
选择要定距等分的对象:
指定线段长度或 [块(B)]: B
输入要插入的块名: A
是否对齐块和对象？ [是(Y)
/否(N)] <Y>: Y
指定线段长度: 19

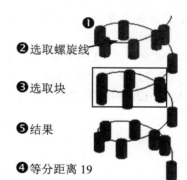

❶
❷ 选取螺旋线
❸ 选取块
❺ 结果
❹ 等分距离 19

图 3-9　定距等分

3.2　创建线性对象【LINER】

　　线性对象即是非曲线或非圆的线，包括直线、射线、构造线等，下面将分别进行讲解。

3.2.1　创建直线【LINE（L）】

使用LINE命令可以创建一系列连续的直线段。每条线段都是可以单独进行编辑的直线对象。

其命令启动方式如下。

- 命令行：LINE（L）
- 功能区："默认"选项卡→"绘图"面板→"直线╱"
- 菜单："绘图"→"直线╱"

执行"默认"选项卡→"绘图"面板→"直线╱"命令，命令行提示如下：

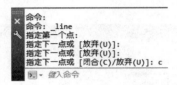

各选项的含义如下。

- 指定第一个点/下一个点：指定点以绘制直线段。
- 闭合：以第一条线段的起始点作为最后一条线段的端点，形成一个闭合的线段环。在绘制了一系列线段（两条或两条以上）之后，可以使用"闭合"选项。
- 放弃：删除直线序列中最近绘制的线段。多次输入 u 按绘制次序的逆序逐个删除线段。

案例 3-3：直线命令绘制图形

采用直线命令绘制如图 3-10 所示的图形。操作步骤如下：

步骤 1 绘制外框直线。在命令行输入L→空格，选取任意点绘制线，操作步骤如图 3-11 所示。

步骤 2 绘制内框直线。在命令行输入L→空格，输入FROM（捕捉自），选取矩形左下角点为基点，输入偏移距离（@14,8）为直线起点，输入长度为 12，再绘制其他的直线，操作步骤如图 3-12 所示。

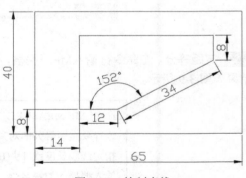

图 3-10　绘制直线

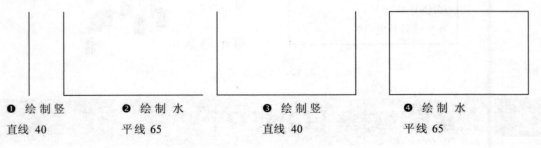

❶ 绘制竖　　　❷ 绘制水　　　　❸ 绘制竖　　　❹ 绘制水

直线 40　　　　平线 65　　　　　直线 40　　　　平线 65

图 3-11　绘制直线

步骤 3 标注图形。在命令行输入DLI→空格，选取要标注的图素拉出尺寸并放置，然后输入DAN→空格，选取要标注的两条线，操作步骤如图 3-13 所示。

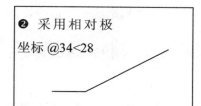

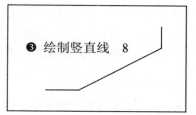

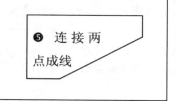

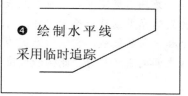

图 3-12　绘制线

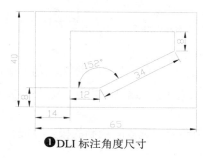

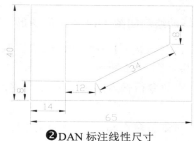

❶DLI 标注角度尺寸　　　　❷DAN 标注线性尺寸

图 3-13　标注尺寸

3.2.2　创建射线【RAY】

射线是创建始于一点并无限延伸的线性对象，可用作创建其他对象的参照。起点和通过点定义了射线延伸的方向，射线在此方向上延伸到显示区域的边界。

其命令启动方式如下。

- 命令行：RAY
- 功能区："默认"选项卡→"绘图"面板→"射线"
- 菜单："绘图"→"射线"

3.2.3　创建构造线【XLINE（XL）】

可以使用无限延伸的线（如构造线）来创建构造和参考线，并且其可用于修剪边界。其命令启动方式如下。

- 命令行：XLINE（XL）
- 功能区："默认"选项卡→"绘图"面板→"构造线"
- 菜单："绘图"→"构造线"

执行"默认"选项卡→"绘图"面板→"构造线 ⁄"命令，命令行提示如下：

```
命令：XL XLINE
指定点或〔水平(H)/垂直(V)/角度(A)/二等分(B)/偏移(O)〕：
```

各选项的含义如下。

* 点：用无限长直线所通过的两点定义构造线的位置。将创建通过指定点的构造线。
* 水平：创建一条通过选定点的水平参照线。将创建平行于 X 轴的构造线。
* 垂直：创建一条通过选定点的垂直参照线。将创建平行于 Y 轴的构造线。
* 角度：以指定的角度创建一条参照线。
* 二等分：创建一条参照线，它经过选定的角顶点，并且将选定的两条线之间的夹角平分。此构造线位于由 3 个点确定的平面中。
* 偏移：创建平行于另一个对象的参照线。

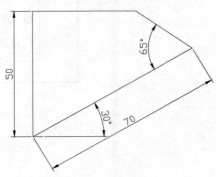

图 3-14　构造线

案例 3-4：构造线命令辅助绘制图形

采用构造线命令辅助绘制如图 3-14 所示的图形。操作步骤如下：

步骤 1 绘制竖直线。在命令行输入 L→空格，选取任意点为起点，输入竖直长度为 50，结果如图 3-15 所示。

步骤 2 绘制极坐标线。在命令行输入 L→空格，选取刚绘制的线下端点为起点，输入（@70<30），结果如图 3-16 所示。

步骤 3 绘制构造线。在命令行输入 XL→空格→A 角度→R 参照→选取刚绘制的极坐标线，再输入角度为-65，选取极坐标线的右端点，结果如图 3-17 所示。

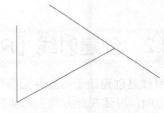

图 3-15　绘制竖直线　　　　　　　图 3-16　绘制极坐标线　　　　　　图 3-17　绘制构造线

步骤 4 绘制水平线。在命令行输入 L→空格，选取竖直线的上端点，拉出水平线，长度任意，结果如图 3-18 所示。

步骤 5 修剪。在命令行输入 F→空格，选取要修剪的两图素，结果如图 3-19 所示。

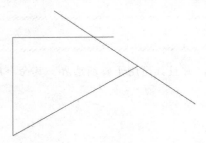

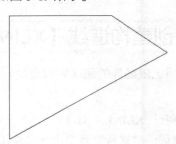

图 3-18　绘制水平线　　　　　　　　　　　　图 3-19　修剪图素

3.2.4　创建矩形【RECTANG(REC)】

从指定的矩形参数创建矩形多段线（长度、宽度、旋转角度）和角点类型（圆角、倒角或直角）。其命令启动方式如下。

- 命令行：RECTANG（REC）
- 功能区："默认"选项卡→"绘图"面板→"矩形▭"
- 菜单："绘图"→"矩形▭"

执行"默认"选项卡→"绘图"面板→"矩形▭"命令，命令行提示如下：

指定第一个角点或 [倒角(C)/标高(E)/圆角(F)/厚度(T)/宽度(W)]：指定点或输入选项

各选项的含义如下。

- 第一个角点：指定矩形的一个角点。
- 倒角：设置矩形的倒角距离。
- 标高：指定矩形的标高。
- 圆角：指定矩形的圆角半径。
- 厚度：指定矩形的厚度。
- 宽度：为要绘制的矩形指定多段线的宽度。

案例 3-5：矩形命令绘制定位块平面图

采用矩形命令绘制定位块平面图，如图 3-20 所示。操作步骤如下：

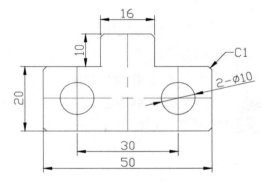

图 3-20　绘图

步骤 1 绘制矩形。在命令行输入 REC→空格，选取任意点为起点，输入 D 后输入长宽尺寸分别为 50 和 20，结果如图 3-21 所示。

步骤 2 绘制竖直中心线。在命令行输入 L→空格，选取矩形下中点，绘制竖直线，长度为 30，结果如图 3-22 所示。

步骤 3 偏移线。在命令行输入 O→空格，输入距离为 8，再选取竖直中心线，向两边偏移，结果如图 3-23 所示。

步骤 4 连接线。在命令行输入 L→空格，连接刚偏移的线，结果如图 3-24 所示。

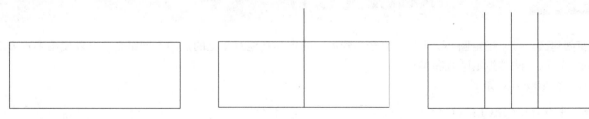

图 3-21　绘制矩形　　　　图 3-22　绘制竖中心直线　　　　图 3-23　偏移线

步骤 5 修剪。在命令行输入 TR→空格，选取要修建的图素，结果如图 3-25 所示。

步骤 6 分解矩形。在命令行输入 X→空格，选取矩形，将矩形分解成直线，结果如图 3-26 所示。

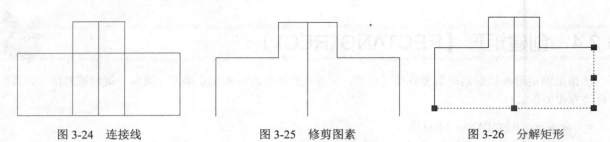

图 3-24　连接线　　　　　图 3-25　修剪图素　　　　　图 3-26　分解矩形

步骤 7 偏移。在命令行输入O→空格，输入偏移距离为 10，然后选取矩形中没有修剪的三边，向内偏移，结果如图 3-27 所示。

步骤 8 绘制圆。在命令行输入C→空格，选取偏移线的交点为圆心，输入半径为 5，结果如图 3-28 所示。

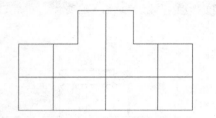

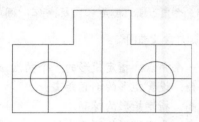

图 3-27　偏移　　　　　　　　　　　　　　图 3-28　绘制圆

步骤 9 倒角。在命令行输入CHA→空格，设置倒角距离为 1×1，选取要倒角的边，结果如图 3-29 所示。

步骤 10 修改线型。在绘图区选取中心线，再在"特性"选项板中的线型栏中选择中心线，结果如图 3-30 所示。

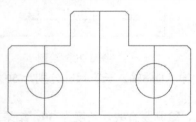

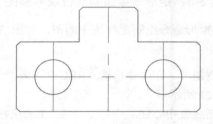

图 3-29　倒角　　　　　　　　　　　　　　图 3-30　修改线型

3.3　圆【CIRCLE（C）】 ▶

要创建圆，可以指定圆心、半径、直径、圆周上的点和其他对象上的点的不同组合。可以使用多种方法创建圆，默认方法是指定圆心和半径。

其命令启动方式如下。

- 命令行：CIRCLE（C）
- 功能区："默认"选项卡→"绘图"面板→"圆"下拉菜单中的"圆心，半径◎"
- 菜单："绘图"→"圆"→"圆心、半径◎"

执行"默认"选项卡→"绘图"面板→"圆"下拉菜单中的"圆心，半径◎"命令，命令行提示如下：

指定圆的圆心或 [三点(3P)/两点(2P)/切点、切点、半径(T)]:

各选项的含义如下。

- 圆心：基于圆心和直径（或半径）绘制圆。
- 三点（3P）：基于圆周上的三点绘制圆。
- 两点（2P）：基于圆直径上的两个端点绘制圆。
- 切点、切点、半径：基于指定半径和两个相切对象绘制圆。有时会有多个圆符合指定的条件。程序将绘制具有指定半径的圆，其切点与选定点的距离最近。

3.3.1　创建圆心+半径【CIRCLE（C→R）】

圆心+半径绘制圆是最基本的绘圆方式，通过指定圆心点和半径绘制圆。也可以指定圆心和圆上一点或者是圆的切点等组合来绘制圆。

案例 3-6：圆心+半径方式绘制图形

采用圆心+半径的方式绘制如图 3-31 所示的图形。操作步骤如下：

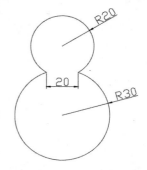

图 3-31　圆心+半径绘图

步骤 1 绘制圆。在命令行输入C→空格，选取任意点为圆心，输入半径为 20，结果如图 3-32 所示。

步骤 2 绘制线。在命令行输入L→空格，选取圆心，拉出竖直线，长度任意，结果如图 3-33 所示。

步骤 3 偏移。在命令行输入O→空格，偏移距离为 10，选取刚绘制的线，向右偏移，结果如图 3-34 所示。

步骤 4 绘制圆。在命令行输入C→空格，选取刚偏移的线和圆的交点为圆心，输入半径为 30，结果如图 3-35 所示。

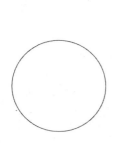
图 3-32　绘制圆

图 3-33　绘制线

图 3-34　绘制偏移

图 3-35　绘制圆

步骤 5 绘制圆。在命令行输入C→空格，选取 30 的圆与中心线交点作为圆心，输入半径为 30，结果如图 3-36 所示。

步骤 6 删除。在命令行输入E→空格，选取要删除的线，单击后即可删除，结果如图 3-37 所示。

步骤 7 修剪。在命令行输入TR→空格→空格，选取两圆内相交部分，修剪结果如图 3-38 所示。

步骤 8 标注图形。在命令行输入DLI→空格，选取两圆交点标注水平距离，再输入DRA→空格，选取圆标注半径，结果如图 3-39 所示。

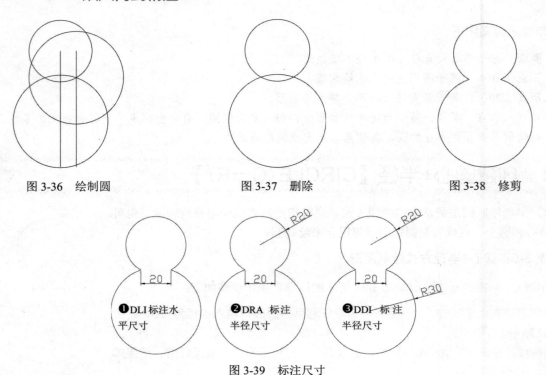

图 3-36 绘制圆   图 3-37 删除   图 3-38 修剪

❶DLI 标注水   ❷DRA 标注   ❸DDI 标注
平尺寸   半径尺寸   半径尺寸

图 3-39 标注尺寸

3.3.2 创建圆心+直径【CIRCLE（C→D)】

圆心+直径绘制圆是通过指定圆心点和直径绘制圆。需要的条件为圆心点和直径。命令方式为"C→空格→D"，然后输入直径尺寸，直径尺寸可以输入，也可以通过鼠标单击点来获得或者通过相切来获得。

案例 3-7：圆心+直径圆方式绘制图形

采用圆心+直径圆的方式绘制如图 3-40 所示的图形。操作步骤如下：

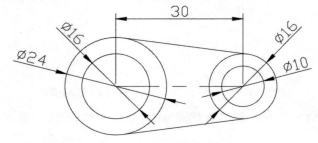

图 3-40 圆心+直径绘图

步骤 1 绘制圆。在命令行输入C→空格，选取任意点为圆心，输入D后再输入直径为 24，结果如图 3-41 所示。继续绘制圆，选取刚绘制圆的圆心作为圆心，输入D后再输入直径为 16，结果如图 3-42 所示。

步骤 2 绘制线。在命令行输入L→空格，选取圆心为起点，输入长度为 30，结果如图 3-43 所示。

步骤 3 绘制圆。在命令行输入C→空格，选取直线右端点为圆心，输入D后再输入直径尺寸为 16，结果如图 3-44 所示。

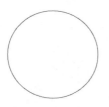

图 3-41　绘制圆

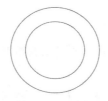

图 3-42　绘制同心圆

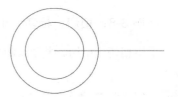

图 3-43　绘制直线

步骤 4 绘制圆。在命令行输入C→空格，选取直线右端点为圆心，输入D后再输入直径尺寸为 10，结果如图 3-45 所示。

步骤 5 绘制切线。在命令行输入L→空格，输入TAN后捕捉圆的切点，绘制切线，结果如图 3-46 所示。

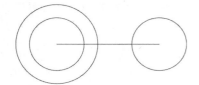

图 3-44　绘制圆

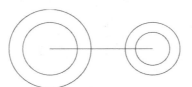

图 3-45　绘制圆

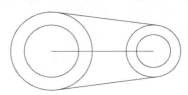

图 3-46　绘制切线

步骤 6 修改线型为中心线。在绘图区选取水平直线，在"特性"选项板的线型栏中选中CENTER（中心线），结果如图 3-47 所示。

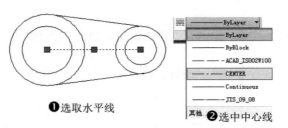

图 3-47　修改线型

步骤 7 标注图形。在命令行输入DLI→空格，选取中心线，标注水平尺寸，再输入DDI→空格，选取圆标注直径尺寸，结果如图 3-48 所示。

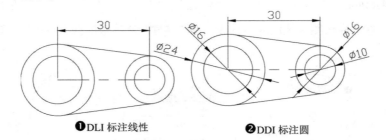

图 3-48　标注尺寸

3.3.3　相切、相切、半径【CIRCLE（C→T）】

通过指定半径大小与另外两个对象相切来绘制圆。绘制时需要先指定与两个对象相切的切点位置，再指定圆的半径值。此种方式中的半径可以转化成相切，因此，有时候可以转化成三切圆来绘制。

案例 3-8：相切、相切、半径绘制图形

采用相切、相切、半径绘圆方式绘制如图 3-49 所示的图形。操作步骤如下：

步骤1 绘制圆。在命令行输入C→空格，选取任意点为圆心，输入半径为30，结果如图 3-50 所示。

步骤2 绘制竖直线。在命令行输入L→空格，选取圆心为起点，输入竖直长度为60，结果如图 3-51 所示。

步骤3 绘制圆。在命令行输入C→空格，选取直线下端点为圆心，输入半径为20，结果如图 3-52 所示。

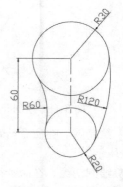

图 3-49　相切、相切、半径绘图

图 3-50　绘制圆

图 3-51　绘制直线

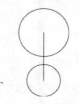

图 3-52　绘制圆

步骤4 绘制公切圆。在命令行输入C→空格→T→空格，选取两圆的左切点，输入半径为 60，结果如图 3-53 所示。

步骤5 绘制公切圆。在命令行输入C→空格→T→空格，选取两圆的右切点，输入半径为120，结果如图 3-54 所示。

步骤6 修剪。在命令行输入TR→空格→空格，选取要修剪的部分，结果如图 3-55 所示。

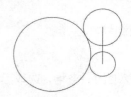

图 3-53　绘制公切圆

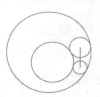

图 3-54　绘制公切圆

图 3-55　修剪

步骤7 修改线型为中心线。在绘图区选取水平直线，在"特性"选项板的线型栏中选中CENTER（中心线），结果如图 3-56 所示。

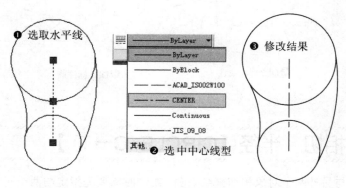

图 3-56　修改中心线型

步骤 8 标注图形。首先切换当前图层为"标注"层,在命令行输入DLI→空格,选取要标注的线性几何,拉出尺寸并放置,再输入DRA→空格,选取要标注的圆弧,拉出尺寸并放置,结果如图 3-57 所示。

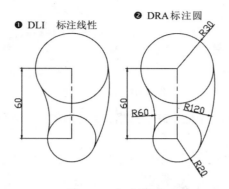

图 3-57　标注图形

3.3.4　两点直径圆【CIRCLE(C→2P)】

通过指定两点,并且以此两点作为要绘制圆的直径来绘制圆,其命令方式为C→空格→2P。选取两点作为圆的直径,此两点输入坐标也行,选取点也行。

案例 3-9:两点直径圆绘制图形

采用两点直径圆绘制如图 3-58 所示的图形。操作步骤如下:

步骤 1 绘制圆。在命令行输入C→空格,选取任意点为圆心,输入半径为 30,结果如图 3-59 所示。

步骤 2 绘制直线。在命令行输入L→空格,选取圆的端点和中点,绘制直线,结果如图 3-60 所示。

图 3-58　两点直径圆

图 3-59　绘制圆

图 3-60　绘制直线

步骤 3 设置点样式。在命令行输入DDPT→空格,系统弹出"点样式"对话框,选取点样式为"×",单击"确定"按钮完成设置,如图 3-61 所示。

步骤 4 绘制等数等分点。在命令行输入DIV→空格,选取直线,输入等分数为 6,结果如图 3-62 所示。

图 3-61　设置点样式

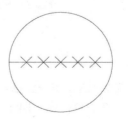

图 3-62　绘制等分点

步骤 **5** 绘制两点圆。在命令行输入C→空格→2P→空格，依次选取等分点，绘制直径圆，结果如图 3-63 所示。

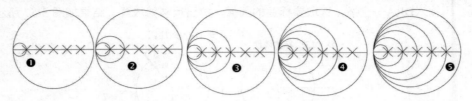

图 3-63   绘制两点圆

步骤 **6** 绘制两点圆。在命令行输入C→空格→2P→空格，反过来依次选取等分点，绘制直径圆，结果如图 3-64 所示。

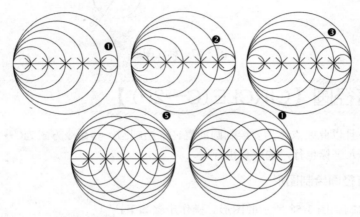

图 3-64   绘制两点圆

步骤 **7** 修剪。在命令行输入TR→空格，选取修剪边界为直线，按空格键后，选取要修剪的圆，结果如图 3-65 所示。

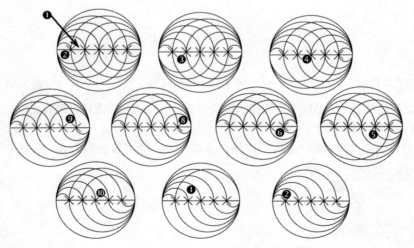

图 3-65   修剪

步骤 **8** 删除。在命令行输入E→空格，选取要删除的点和直线，单击即完成删除，结果如图 3-66 所示。

步骤 **9** 标注直径。在命令行输入DDI→空格，选取圆拉出尺寸并放置，结果如图 3-67 所示。

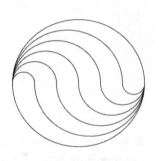

图 3-66　删除

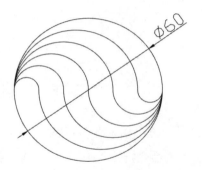

图 3-67　标注尺寸

3.3.5　三点圆【CIRCLE(C→3P)】

通过指定 3 个点来绘制圆。3 个点可以输入也可以通过鼠标选取。下面将采用实例来讲解三点绘制圆的操作技巧。

案例 3-10：三点圆方式绘制图形

采用三点圆方式绘制如图 3-68 所示的图形。操作步骤如下：

步骤 1 绘制三边形。在命令行输入POL→空格，边数为 3，选取任意点为中心点，绘制内接三边形，内接半径为 20，结果如图 3-69 所示。

步骤 2 绘制三点圆。在命令行输入C→空格→3P，选取三边形顶点，结果如图 3-70 所示。

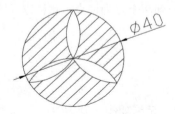

图 3-68　三点圆

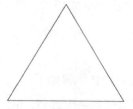

图 3-69　绘制三边形

图 3-70　绘制三点圆

步骤 3 绘制三点圆。在命令行输入C→空格→3P，选取三边形两顶点和圆心点，结果如图 3-71 所示。

步骤 4 继续绘制三点圆，采用相同的选取方式，绘制另外两个圆，结果如图 3-72 所示。

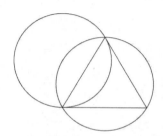

图 3-71　绘制圆

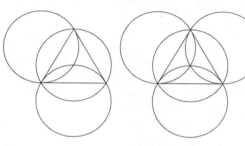

图 3-72　绘制另外圆

步骤 5 修剪。在命令行输入TR→空格，选取中心圆为边界，修剪其他的圆，结果如图 3-73 所示。

步骤 6 删除。在命令行输入E→空格，选取三边形，结果如图 3-74 所示。

图 3-73　修剪

图 3-74　删除

步骤 7 填充。在命令行输入H→空格，选取填充图案为ANSI31，单击要填充的地方，结果如图 3-75 所示。

步骤 8 标注。在命令行输入DDI→空格，选取圆，拉出尺寸并放置，结果如图 3-76 所示。

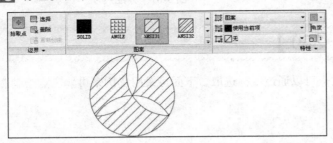

图 3-75　填充图案

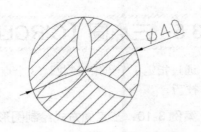

图 3-76　标注尺寸

3.3.6　三切圆【CIRCLE（C→3T）】

三切圆是在三点圆的基础上，使 3 个点全部变成切点，或者使其中的一到两个点为切点，此种方式比较灵活，在绘图时经常使用。

案例 3-11：三切圆绘制图形

采用三切圆绘制如图 3-77 所示的图形。操作步骤如下：

步骤 1 绘制圆。在命令行输入C→空格，选取任意点为圆心，输入半径为 15，结果如图 3-78 所示。

步骤 2 绘制水平线。在命令行输入L→空格，选取圆心为起点，绘制任意长度的水平线，结果如图 3-79 所示。

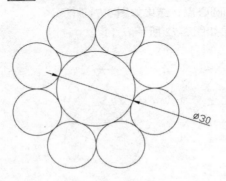

图 3-77　三切圆

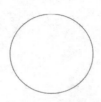

图 3-78　绘制圆

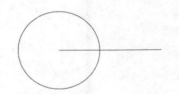

图 3-79　绘制水平线

步骤 3 绘制斜线。在命令行输入L→空格，选取圆心为起点，输入角度覆盖"<45"，长度任意，结果如图 3-80 所示。

步骤 4 绘制三切圆。在命令行输入C→空格，输入 3P，指定切点TAN后选取水平线的切点、选取圆的切点和斜线切点，结果如图 3-81 所示。

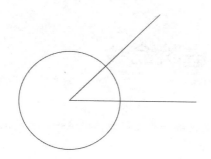

图 3-80　绘制斜线

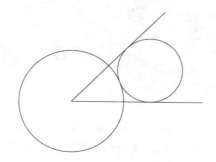

图 3-81　绘制三切圆

步骤 5 阵列。在命令行输入AR→空格，选取刚绘制的圆，输入阵列类型为PO极坐标，选取阵列中心为大圆的圆心，再输入项目数为 8，结果如图 3-82 所示。

步骤 6 删除。在命令行输入E→空格，选取直线后单击即可删除，结果如图 3-83 所示。

步骤 7 标注。在命令行输入DDI→空格，选取要标注的圆，拉出尺寸放置，结果如图 3-84 　　所示。

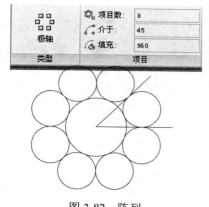

图 3-82　阵列

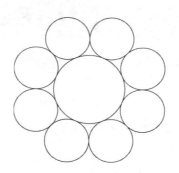

图 3-83　删除线

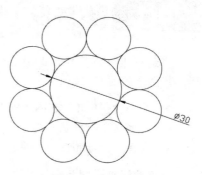

图 3-84　标注尺寸

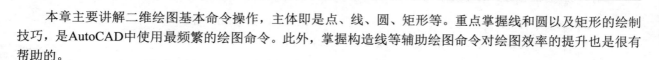

3.4　本章小结

　　本章主要讲解二维绘图基本命令操作，主体即是点、线、圆、矩形等。重点掌握线和圆以及矩形的绘制技巧，是AutoCAD中使用最频繁的绘图命令。此外，掌握构造线等辅助绘图命令对绘图效率的提升也是很有帮助的。

第4章

AutoCAD 2018 二维进阶命令

前面已经讲过点、线、圆、矩形等基础绘图命令，本章主要讲解一些比前面稍微难一点的高级命令，包括绘制椭圆、圆弧、多边形、多段线、样条曲线、多线、圆环等。

学习目标

- 掌握单点、多点、定数等分点、定距等分点的创建技巧
- 掌握直线、多段线、构造线的绘制技巧
- 掌握圆的各种形式的运用
- 掌握圆弧的绘制技巧

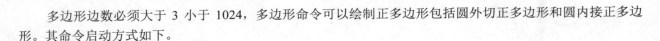

4.1 多边形【POLYGON（POL）】

多边形边数必须大于 3 小于 1024，多边形命令可以绘制正多边形包括圆外切正多边形和圆内接正多边形。其命令启动方式如下。

- 命令行：POLYGON（POL）
- 功能区："默认"选项卡→"绘图"面板→"多边形⬠"
- 菜单："绘图"→"多边形⬠"

下面将详细讲解两种正多边形的绘制方法。

4.1.1 内接正多边形【POL→I】

圆内接正多边形是多边形的顶点全部在圆上。在命令行输入POL→空格，指定边数和中心后，系统提示：

- 输入选项 [内接于圆(I)/外切于圆(C)] <当前>：输入 I或c 或按Enter键。
- 输入I即是内接多边形。然后输入内接圆的半径即可。

4.1.2 外切正多边形【POL→C】

指定从正多边形圆心到各边中点的距离。在命令行输入POL→空格，指定边数和中心后，系统提示：

- 输入选项 [内接于圆(I)/外切于圆(C)] <当前>：输入 I或c 或按Enter键。
- 输入C即是外切多边形。然后输入外切圆的半径即可。还可以直接利用鼠标选取点作为半径值。

案例 4-1：正多边形绘制图形

采用正多边形绘制如图 4-1 所示的图形。操作步骤如下：

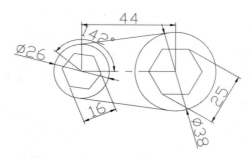

图 4-1　多边形

步骤 1 绘制圆。在命令行输入C→空格，选取任意点为圆心，输入半径为 13，结果如图 4-2 所示。

步骤 2 绘制线。在命令行输入L→空格，选取圆心为起点，输入长度为 44，结果如图 4-3 所示。

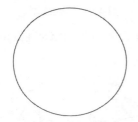

图 4-2　绘制圆

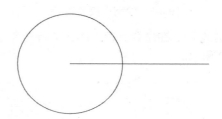

图 4-3　绘制直线

步骤 3 绘制圆。在命令行输入C→空格，选取直线右端点为圆心，输入半径为 19，结果如图 4-4 所示。

步骤 4 绘制公切线。在命令行输入L→空格，输入TAN手动捕捉圆的切点，绘制切线，结果如图 4-5 所示。

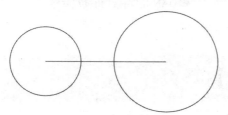

图 4-4　绘制圆

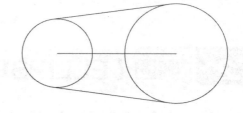

图 4-5　绘制公切线

步骤 5 绘制辅助线。在命令行输入L→空格，选取水平线左端点为起点，输入角度覆盖"<142"，再输入长度为 8，结果如图 4-6 所示。

步骤 6 绘制外切多边形。在命令行输入POL→空格，输入边数为 6，选取水平线左端点为中心点，类型为外切于圆，再选取刚绘制的长度为 8 的斜线端点为多边形放置点，结果如图 4-7 所示。

步骤 7 绘制内接多边形。在命令行输入POL→空格，输入边数为 6，选取水平线右端点为中心点，类型为内接于圆，再输入内接半径为 12.5，结果如图 4-8 所示。

步骤 8 修改线型。选中水平线和倾斜线，再在"特性"选项板中的线型栏中选中CENTER（中心线），修改结果如图 4-9 所示。

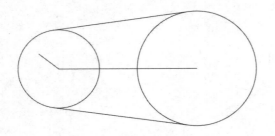

图 4-6 绘制辅助线

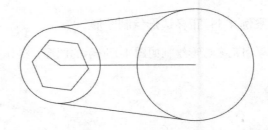

图 4-7 绘制多边形

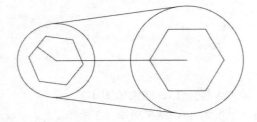

图 4-8 绘制内接多边形

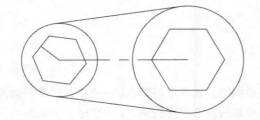

图 4-9 修改线型

步骤 9 标注图形。在命令行输入DAL进行对齐标注，输入DDI进行直径标注，输入DAN进行角度标注，结果
如图 4-10 所示。

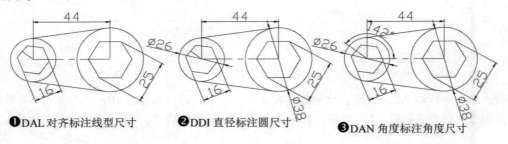

❶DAL 对齐标注线型尺寸   ❷DDI 直径标注圆尺寸   ❸DAN 角度标注角度尺寸

图 4-10 标注尺寸

4.2 椭圆【ELLIPSE（EL）】

在AutoCAD中，绘制椭圆主要利用椭圆的长半轴和短半轴来控制椭圆的绘制。当长半轴等于短半轴时，
形成的椭圆其实是特殊情况下的圆。本章主要讲解长短半轴不等的椭圆绘制。

其命令启动方式如下。

- 命令行：ELLIPSE（EL）
- 功能区："默认"选项卡→"绘图"面板→"椭圆⊕"
- 菜单栏："绘图"→"椭圆⊕"

执行"默认"选项卡→"绘图"面板→"椭圆⊕"命令，命令行提示如下：

```
命令: _ellipse
指定椭圆的轴端点或 [圆弧(A)/中心点(C)]: _a
指定椭圆弧的轴端点或 [中心点(C)]: c
指定椭圆弧的中心点:
指定轴的端点:
指定另一条半轴长度或 [旋转(R)]: R
指定绕长轴旋转的角度: 45
指定起点角度或 [参数(P)]: 0
指定端点角度或 [参数(P)/包含角度(I)]: 135
```

各选项的含义如下。

- 轴端点：根据两个端点定义椭圆的第一条轴。第一条轴的角度确定了整个椭圆的角度。第一条轴既可定义椭圆的长轴也可定义短轴。
- 另一条半轴长度：使用从第一条轴的中点到第二条轴的端点的距离定义第二条轴。
- 旋转：通过绕第一条轴旋转圆来创建椭圆。绕椭圆中心移动十字光标并单击。输入值越大，椭圆的离心率就越大。输入 0 将定义圆。
- 中心点：使用中心点、第一个轴的端点和第二个轴的长度来创建椭圆。可以通过单击所需距离处的某个位置或输入长度值来指定距离。
- 圆弧：创建一段椭圆弧。第一条轴的角度确定了椭圆弧的角度。第一条轴可以根据其大小定义长轴或短轴。椭圆弧上的前两个点确定第一条轴的位置和长度。第三个点确定椭圆弧的圆心与第二条轴的端点之间的距离。第四个点和第五个点确定起点和端点角度。
- 旋转：通过绕第一条轴旋转定义椭圆的长轴短轴比例。该值（从 0° ～89.4°）越大，短轴对长轴的比例就越大。89.4°～90.6° 之间的值无效，因为此时椭圆将显示为一条直线。这些角度值的倍数将每隔 90° 产生一次镜像效果。
- 起点角度：定义椭圆弧的第一端点。"起点角度"选项用于从参数模式切换到角度模式。模式用于控制计算椭圆的方法。
- 端点角度：定义椭圆弧的终点角度值。
- 包含角度：指定椭圆弧从起点到终点所含的角度值。此值小于 360°。

案例 4-2：椭圆命令绘制图形

采用椭圆命令绘制图形，如图 4-11 所示。操作步骤如下：

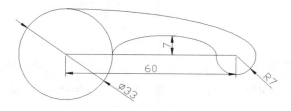

图 4-11 椭圆

步骤 1 绘制圆。在命令行输入C→空格，选取任意点为圆心，输入直径为 33 后确定，结果如图 4-12 所示。

步骤 2 绘制直线。在命令行输入L→空格，选取圆心为起点，输入长度为 60，结果如图 4-13 所示。

步骤 3 绘制圆。在命令行输入C→空格，选取直线右端点为圆心，输入半径为 7，结果如图 4-14 所示。

步骤 4 绘制椭圆。在命令行输入EL→空格，选取大圆的右端点和小圆的左端点作为椭圆的轴端点，再输入 7 确定椭圆的短半轴端点，结果如图 4-15 所示。

图 4-12　绘制圆

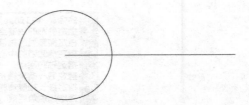

图 4-13　绘制直线

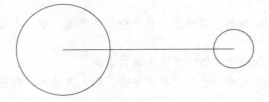

图 4-14　绘制圆

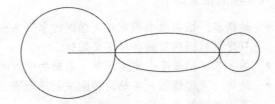

图 4-15　绘制椭圆

步骤 5 绘制椭圆。在命令行输入EL→空格，输入C以中心定位，然后选取小圆的右象限点为椭圆的长半轴端点，大圆的上象限点为椭圆的短半轴端点，结果如图 4-16 所示。

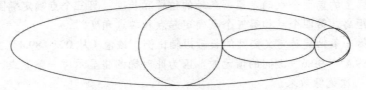

图 4-16　绘制椭圆

步骤 6 修剪。在命令行输入TR→空格，选取要修剪的图素，结果如图 4-17 所示。

步骤 7 修改线型。在绘图窗口选中水平线，再在"特性"选项板的线型栏中选中中心线，完成修改，如图 4-18 所示。

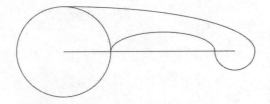

图 4-17　修剪

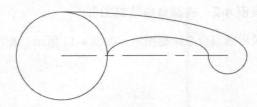

图 4-18　修改线型

步骤 8 标注图形。在命令行输入DDI标注直径尺寸，输入DRA标注半径尺寸，输入DLI标注线性尺寸，结果如图 4-19 所示。

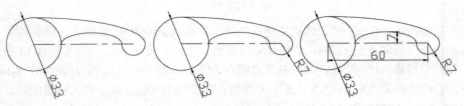

图 4-19　标注尺寸

4.3 多线【MLINE（ML）】

多线用来同时创建多条平行线。其命令启动方式如下。

- 命令行：ML
- 菜单："绘图" → "多线 ╲╲"

在命令行输入ML→空格，绘制多线，命令行提示如下：

```
命令: ML MLINE
当前设置: 对正 = 上, 比例 = 20.00, 样式 = STANDARD
指定起点或 [对正(J)/比例(S)/样式(ST)]: j
输入对正类型 [上(T)/无(Z)/下(B)] <上>: z
当前设置: 对正 = 无, 比例 = 20.00, 样式 = STANDARD
指定起点或 [对正(J)/比例(S)/样式(ST)]: s
输入多线比例 <20.00>: 10
当前设置: 对正 = 无, 比例 = 10.00, 样式 = STANDARD
指定起点或 [对正(J)/比例(S)/样式(ST)]: st
输入多线样式名或 [?]:
当前设置: 对正 = 无, 比例 = 10.00, 样式 = STANDARD
指定起点或 [对正(J)/比例(S)/样式(ST)]:
指定下一点:
指定下一点或 [放弃(U)]:
指定下一点或 [闭合(C)/放弃(U)]: *取消*
```

各选项的含义如下。

- 起点：指定多线的下一个顶点。如果用两条或两条以上的线段创建多线，则提示将包含"闭合"选项。
- 下一点：用当前多线样式绘制到指定点的多线线段，然后继续提示输入点。
- 放弃：放弃多线上的上一个顶点。
- 闭合：通过将最后一条线段与第一条线段相连接来闭合多线。
- 对正：确定如何在指定的点之间绘制多线。
    - ➢ 上：在光标下方绘制多线，在指定点处将会出现具有最大正偏移值的直线。
    - ➢ 无：将光标作为原点绘制多线，MLSTYLE 命令中"元素特性"的偏移 0.0 将在指定点处。
    - ➢ 下：在光标上方绘制多线，在指定点处将出现具有最大负偏移值的直线。
- 比例：控制多线的全局宽度。该比例不影响线型比例。这个比例基于在多线样式定义中建立的宽度。比例因子为 2 绘制多线时，其宽度是样式定义宽度的两倍。负比例因子将翻转偏移线的次序：当从左至右绘制多线时，偏移最小的多线绘制在顶部。负比例因子的绝对值也会影响比例。比例因子为 0 时，将使多线变为单一的直线。
- 样式：指定多线绘制的样式。此样式可以预先定义。

案例 4-3：绘制楼梯结构图

利用提供的源文件采用复制命令绘制 4-20 所示的楼梯结构图。操作步骤如下：

步骤 1 打开源文件。在键盘上按快捷键Ctrl+O，打开"结果文件/第 4 章/4-3"，如图 4-21 所示。

步骤 2 绘制多线。在命令行输入ML→空格，设置比例为 60，对正（J）方式为无（Z），选取扶手的中点和下面的垂足，结果如图 4-22 所示。

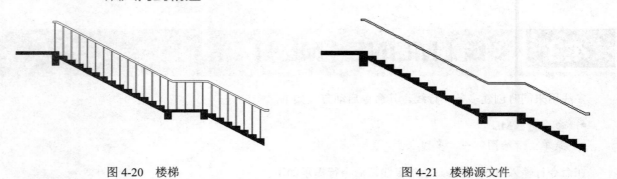

图 4-20　楼梯　　　　　　　　　　　　　　　图 4-21　楼梯源文件

步骤 3 复制。在命令行输入CO→空格，选取刚绘制的多线，复制起点为多线两端点之间的中点，复制终点为楼梯台阶的中点，如图 4-23 所示。

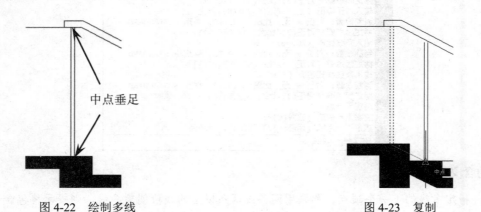

图 4-22　绘制多线　　　　　　　　　　　　　图 4-23　复制

步骤 4 多重复制。不退出复制命令，采用上一步骤继续复制到其他台阶上，结果如图 4-24 所示。

步骤 5 绘制构造线。在命令行输入XL→空格，选取如图 4-25 所示的点，绘制竖直的构造线。

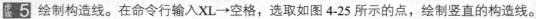

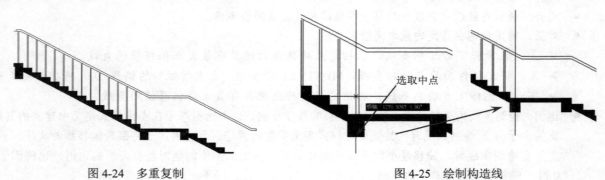

图 4-24　多重复制　　　　　　　　　　　　　图 4-25　绘制构造线

步骤 6 复制。在命令行输入CO→空格，选取最后一个复制的多线，起点为多线下中点，终点为绘制的构造线的交点处，结果如图 4-26 所示。

步骤 7 删除构造线。在命令行输入E→空格，选取构造线，确定后即删除构造线，结果如图 4-27 所示。

步骤 8 阵列。在命令行输入AR→空格，选取上一步复制结果，设置阵列行数为 1，列数为 5，列间距为 600，结果如图 4-28 所示。

步骤 9 复制。在命令行输入CO→空格，选取阵列最后一个多线作为复制对象，从多线下中点到台阶的中点，结果如图 4-29 所示。

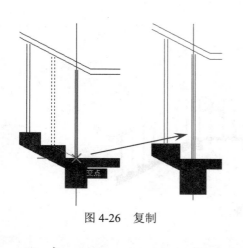

图 4-26　复制

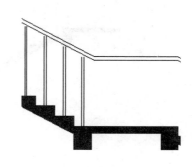

图 4-27　删除构造线

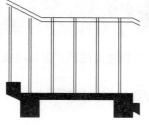

图 4-28　阵列

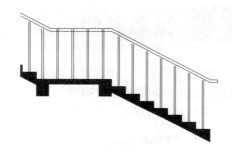

图 4-29　复制

步骤 10 延伸。在命令行输入EX→空格，选取扶手下边线为延伸终止线，并输入F栏选，如图 4-30 所示。

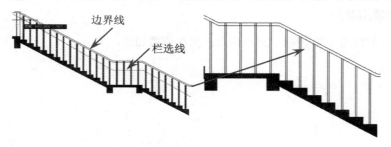

图 4-30　延伸

步骤 11 修剪。在命令行输入TR→空格→空格，框选多线超出部分，结果如图 4-31 所示。

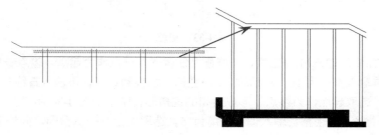

图 4-31　修剪

步骤 12 视图满屏。在绘图区双击中键，将所有图形显示在绘图区窗口，如图 4-32 所示。

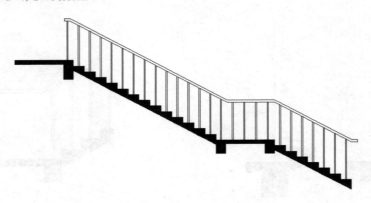

图 4-32　最终结果

4.4　绘制多段线技巧【PLINE(PL)】

二维多段线是作为单个平面对象创建的相互连接的线段序列。可以创建直线段、圆弧段或两者的组合线段。多段线是由直线和圆弧组合而成的图形，是一个块图形。

另外，多段线还可以在直线和圆弧之间进行切换。其命令启动方式如下：

- 命令行：PLINE（PL）
- 功能区："默认"选项卡→"绘图"面板→"多段线⟿"
- 菜单："绘图"→"多段线⟿"

案例 4-4：绘制跑道图形

采用多段线命令绘制如图 4-33 所示的跑道图形。操作步骤如下：

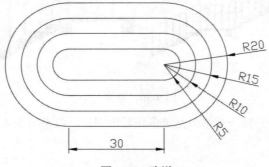

图 4-33　跑道

步骤 1 绘制键槽形。在命令行输入 PL→空格，在屏幕上任意选取一点作为起点，输入长度为 30 后，输入 A→空格，切换到圆弧，再输入直径为 10，然后输入 L→空格，切换到直线，再输入直线长度为 30，最后输入 A→空格，切换到圆弧，选取起点作为终点，形成封闭的键槽形，结果如图 4-34 所示。

步骤 2 偏移。在命令行输入 O→空格，输入偏移距离为 5，选取刚绘制的键槽形，向外偏移，结果如图 4-35 所示。

步骤 3 偏移。在命令行输入 O→空格，输入偏移距离为 5，选取刚偏移的键槽形，向外偏移，结果如图 4-36 所示。

图 4-34　绘制键槽形

图 4-35　偏移

步骤 4 继续上面的偏移，以上一步偏移结果作为偏移对象，输入偏移距离为 5，向外偏移，结果如图 4-37 所示。

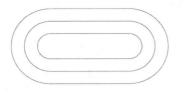

图 4-36　偏移

图 4-37　偏移结果

4.5　样条曲线【SPLINE（SPL）】

样条曲线可以供三维命令旋转或延伸，可以用来表示剖切面，在建筑中可以用来绘制纹理图案。其命令启动方式如下。

- 命令行：SPLINE（SPL）
- 功能区："默认"选项卡→"绘图"面板→"样条曲线拟合"/"样条曲线控制点"
- 菜单："绘图"→"样条曲线"→"拟合点"
- 菜单："绘图"→"样条曲线"→"控制点"

案例 4-5：绘制长轴

采用样条曲线绘制如图 4-38 所示的长轴。操作步骤如下：

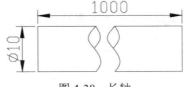

图 4-38　长轴

> **点拨**
>
> 此处轴长为 1000，如果按实际尺寸绘制，就会非常长，没有那么大的纸张供打印，或者打印出来比例很不协调，所以，此处采用曲线来表示。

步骤 1 绘制矩形。在命令行输入 REC→空格，选取任意点为起点，输入 D 后再输入长为 30，宽为 10，单击后即可完成矩形的绘制，如图 4-39 所示。

步骤 2 绘制曲线。在命令行输入 SPL→空格，一次选取 S 形的点绘制曲线，结果如图 4-40 所示。

步骤 3 绘制其他曲线。采用上面的步骤绘制其他曲线，结果如图 4-41 所示。

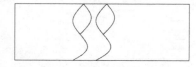

图 4-39　绘制矩形

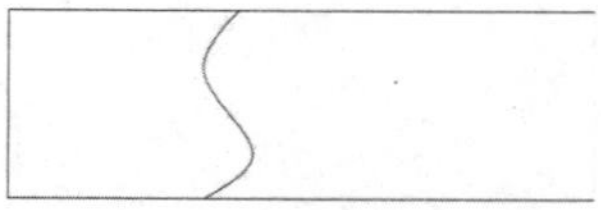

图 4-40　绘制曲线

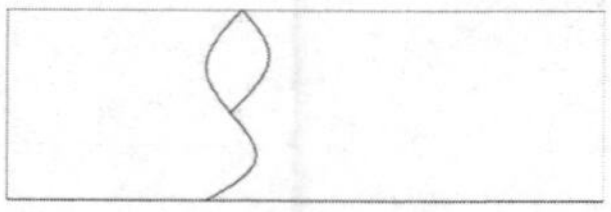

图 4-41　绘制其他曲线

步骤4 平移曲线。在命令行输入CO→空格，选取刚绘制的曲线，向右平移复制一份，距离为4，结果如图4-42所示。

步骤5 修剪。在命令行输入TR→空格，选取两曲线为边界，修剪直线，结果如图4-43所示。

步骤6 标注尺寸。在命令行输入DLI→空格，选取要标注的直线端点，结果如图4-44所示。

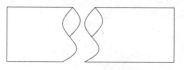

图 4-42　平移复制

图 4-43　修剪

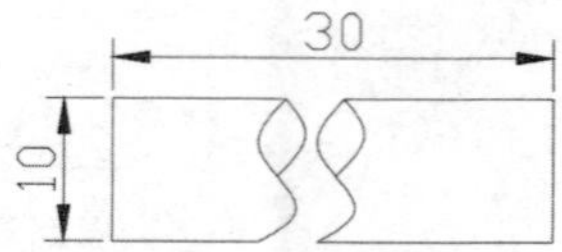

图 4-44　标注尺寸

步骤7 修改标注。在命令行输入ED→空格，单击30的尺寸，在弹出的编辑尺寸栏中输入替代尺寸为1000，再单击10的尺寸，在其前输入"%%C"，即可在尺寸前添加直径符号，结果如图4-45所示。

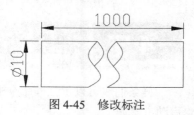

图 4-45　修改标注

4.6　圆环【DONUT（DO）】

创建实心圆或较宽的环。圆环由两条圆弧多段线组成，这两条圆弧多段线首尾相接而形成圆形。

多段线的宽度由指定的内直径和外直径决定。要创建实心的圆，请将内径值指定为零。其命令启动方式如下。

- 命令行：DONUT（DO）
- 功能区："默认"选项卡→"绘图"面板→"圆环◎"
- 菜单："绘图"→"圆环◎"

案例4-6：绘制标识

点拨

绘制本案例所示的图形时不需要尺寸非常精确，只要大概绘制出形状即可。

采用圆环绘制如图4-46所示的标识。操作步骤如下：

步骤1 绘制圆。在命令行输入C→空格，选取任意点为圆心，输入半径为10，绘制圆，结果如图4-47所示。

步骤2 打断圆。在命令行输入BR→空格，选取圆的右下角和左上角大概位置，打断全圆，结果如图4-48所示。

步骤3 绘制线。在命令行输入L→空格，选取左上角点，绘制角度为275°及长度大概适合的线，再继续绘制水平线及角度为290°的倾斜线，结果如图4-49所示。

图 4-46　标识 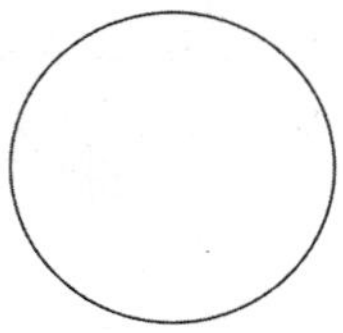　　　　　　　　　图 4-47　绘制圆　　　　　　　　　图 4-48　打断圆

步骤 4 创建圆环。在命令行输入 DO→空格，输入内径为 0，外径为 5，绘制实心圆环，然后选取直线上端点靠右的位置，绘制结果如图 4-50 所示。

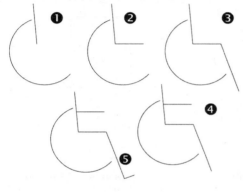

图 4-49　绘制线

图 4-50　创建圆环

4.7　圆弧【ARC（A）】

绘制圆弧的方式有很多，可以指定圆心、端点、起点、半径、角度、弦长和方向值的各种组合形式。其命令启动方式如下。

- 命令行：ARC（A）
- 功能区："默认"选项卡→"绘图"面板→"圆弧"
- 菜单："绘图"→"圆弧"

在默认工具栏单击"圆弧"按钮，弹出下拉列表，如图 4-51 所示，列出了 11 种绘制圆弧的方式。

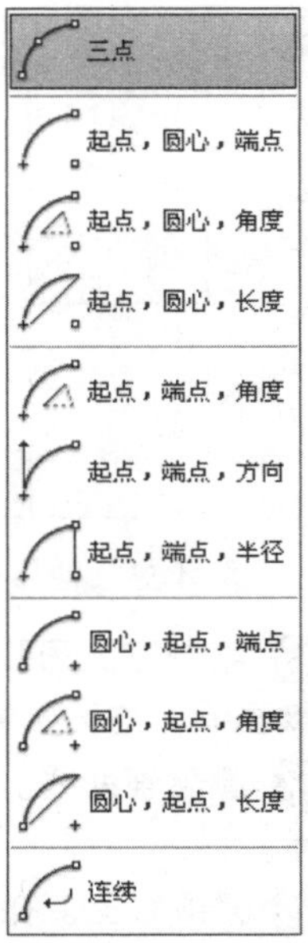

	三点
	起点，圆心，端点
	起点，圆心，角度
	起点，圆心，长度
	起点，端点，角度
	起点，端点，方向
	起点，端点，半径
	圆心，起点，端点
	圆心，起点，角度
	圆心，起点，长度
	连续

图 4-51　圆弧

4.7.1 三点

使用圆弧周线上的 3 个指定点绘制圆弧。通过 3 个指定点可以顺时针或逆时针指定圆弧。

案例 4-7：三点圆弧

采用三点画圆绘制如图 4-52 所示的图形。操作步骤如下：

步骤1 绘制矩形。在命令行输入REC→空格，选取任意点为起点，输入（@60,75）绘制矩形，结果如图 4-53 所示。

步骤2 绘制中心线。在命令行输入L→空格，选取矩形的中点，绘制中心线，结果如图 4-54 所示。

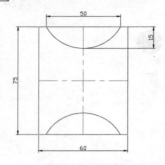
图 4-52 三点画圆

图 4-53 绘制矩形

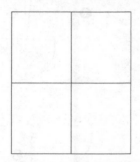
图 4-54 绘制中心线

步骤3 偏移竖直中心线。在命令行输入O→空格，输入偏移距离为 25，选取竖直中心线，向左右各偏移一条直线，结果如图 4-55 所示。

步骤4 偏移水平中心线。在命令行输入O→空格，输入偏移距离为 22.5，选取水平中心线，向上下各偏移一条直线，结果如图 4-56 所示。

步骤5 绘制三点画弧。在命令行输入A→空格，选取竖直线和矩形交点以及中心线和偏移线交点，绘制三点画弧，结果如图 4-57 所示。

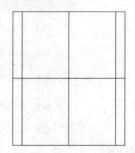
图 4-55 偏移竖直中心线

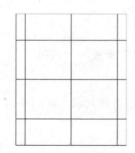
图 4-56 偏移水平中心线

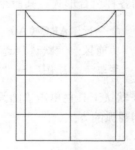
图 4-57 三点画弧

步骤6 绘制三点画弧。在命令行输入A→空格，选取竖直线和矩形下交点以及中心线和偏移线下交点，绘制三点画弧，结果如图 4-58 所示。

步骤7 删除辅助线。在命令行输入E→空格，选取上一步绘制的辅助线，单击即可完成删除，结果如图 4-59 所示。

步骤8 修改线型。在绘图区选取中心线，再在"特性"选项板的线型栏中选择中心线，并将颜色修改为红色，结果如图 4-60 所示。

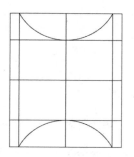

图 4-58　三点画弧

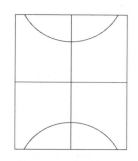

图 4-59　删除辅助线

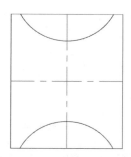

图 4-60　修改线型

4.7.2　起点、圆心、端点

可以通过起点、圆心及用于确定端点的第三点绘制圆弧。起点和圆心之间的距离确定半径。端点由从圆心引出的通过第三点的直线决定。所得圆弧始终从起点按逆时针绘制。使用不同的选项，可以先指定起点，也可以先指定圆心。

案例 4-8：使用起点、圆心、端点绘制图形

采用起点、圆心、端点绘制如图 4-61 所示的图形。操作步骤如下：

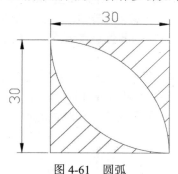

图 4-61　圆弧

步骤 1 绘制矩形。在命令行输入 REC→空格，选取任意点为起点，输入长宽（@30,30）后确定，结果如图 4-62 所示。

步骤 2 绘制起点、圆心、端点圆弧。在命令行输入 A→空格，输入 C 圆心，然后选取矩形左下角点为圆心，右下角点为起点，左上角点为终点，绘制结果如图 4-63 所示。

步骤 3 绘制起点、圆心、端点圆弧。在命令行输入 A→空格，输入 C 圆心，然后选取矩形右上角点为圆心，左上角点为起点，右下角点为终点，绘制结果如图 4-64 所示。

图 4-62　绘制矩形

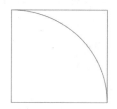

图 4-63　绘制圆弧

步骤 4 填充。在命令行输入 H→空格，选取填充图案为 ANSI31，选择要填充的区域，结果如图 4-65 所示。

图 4-64　绘制圆弧

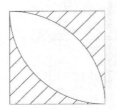

图 4-65　填充图案

4.7.3　起点、圆心、角度

可以通过起点、圆心和夹角绘制圆弧。起点和圆心之间的距离确定半径。圆弧的另一端通过指定以圆弧圆心为顶点的夹角确定。所得圆弧始终从起点按逆时针绘制。使用不同的选项，可以先指定起点，也可以先指定圆心。

案例 4-9：使用起点、圆心、角度绘制图形

采用起点、圆心、角度绘制如图 4-66 所示的图形。操作步骤如下：

步骤 1 绘制圆弧。在命令行输入 A→空格，再输入 C 圆心，指定任意点为圆心，输入（@34.64,0）为起点，再输入角度 A 后输入 60，结果如图 4-67 所示。

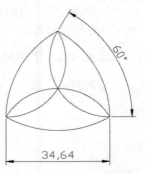

图 4-66　圆弧

步骤 2 绘制圆弧。在命令行输入 A→空格，再输入 C 圆心，指定刚绘制的圆弧终点为圆心，刚绘制的圆弧圆心为起点，刚绘制的圆弧起点为终点，绘制圆弧，结果如图 4-68 所示。

步骤 3 绘制圆弧。在命令行输入 A→空格，再输入 C 圆心，指定右下角点为圆心，上角点为起点，左角点为终点，绘制圆弧，结果如图 4-69 所示。

步骤 4 连接线。在命令行输入 L→空格，选取圆弧交点和对边的圆弧终点进行连线，结果如图 4-70 所示。

图 4-67　绘制圆弧

图 4-68　绘制圆弧

图 4-69　绘制圆弧

步骤 5 绘制三点圆弧。在命令行输入 A→空格，依次选取圆弧交点、十字交点、圆弧交点来绘制三点圆弧，结果如图 4-71 所示。

步骤 6 删除。在命令行输入 E→空格，选取要删除的直线，再次按空格键确定即可完成删除，结果如图 4-72 所示。

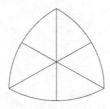

图 4-70　连接线

图 4-71　绘制三点圆弧

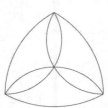

图 4-72　删除直线

4.7.4　起点、圆心、长度

使用起点、圆心和长度可绘制圆弧。起点和圆心之间的距离确定半径。圆弧的另一端通过指定圆弧起点和端点之间的长度确定。所得圆弧始终从起点按逆时针绘制。圆弧的弦长决定包含角度。使用不同的选项，可以先指定起点，也可以先指定圆心。

案例 4-10：使用起点、圆心、长度绘制图形

采用起点、圆心、长度绘制如图 4-73 所示的图形。操作步骤如下：

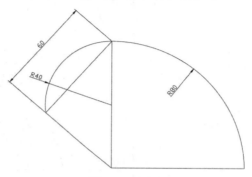

图 4-73　圆弧

步骤 1 绘制直线。在命令行输入 L→空格，选取任意点为起点，绘制长度为 80 的水平线和竖直线，结果如图 4-74 所示。

步骤 2 绘制圆弧。在命令行输入 A→空格，输入 C 圆心，选取交点为圆心，水平线端点为起点，竖直线端点为终点，绘制结果如图 4-75 所示。

图 4-74　绘制线　　　　　　　　　　　　　　图 4-75　绘制圆弧

步骤 3 绘制圆弧。在命令行输入 A→空格，输入 C 圆心，选取竖直线中点为圆心，竖直线上端点为起点，再输入 L→空格，输入弦长为 60，结果如图 4-76 所示。

步骤 4 绘制线。在命令行输入 L→空格，选取刚绘制的圆弧端点和十字交点，绘制结果如图 4-77 所示。

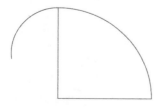

图 4-76　绘制圆弧

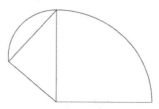

图 4-77　绘制线

4.7.5 起点、端点、角度

可以使用起点、端点和夹角绘制圆弧。圆弧端点之间的夹角确定圆弧的圆心和半径。

案例 4-11：使用起点、端点、角度绘制图形

采用起点、端点、角度绘制如图 4-78 所示的图形。操作步骤如下：

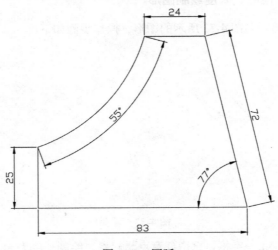

图 4-78 圆弧

步骤 1 绘制线。在命令行输入L→空格，选取任意点，绘制长度为 25 的竖直线，结果如图 4-79 所示。继续绘制线，水平线长度为 83，结果如图 4-80 所示。继续绘制线，输入角度覆盖 "<-77"，再输入长度为 72，结果如图 4-81 所示。继续绘制线，水平线长度为 24，向左绘制，结果如图 4-82 所示。

图 4-79 绘制线 　　　　　　　　　　　　　　　图 4-80 绘制线

步骤 2 绘制圆弧。在命令行输入A→空格，指定左边竖直线端点为起点，再输入E终点，选取右上水平线的左端点，然后输入A→空格，输入角度为 55°，结果如图 4-83 所示。

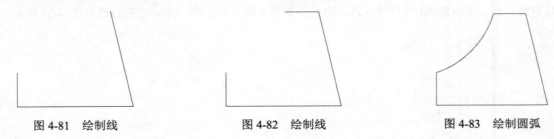

图 4-81 绘制线 　　　　　　图 4-82 绘制线 　　　　　　图 4-83 绘制圆弧

4.7.6 起点、端点、方向

可以使用起点、端点和方向绘制圆弧。可以通过在所需切线上指定一个点或输入角度指定切向。通过更改指定两个端点的顺序，可以确定哪个端点控制切线。

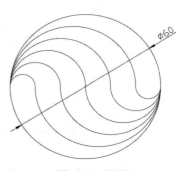

图 4-84 圆弧

案例 4-12：使用起点、端点、方向绘制图形

采用起点、端点、方向绘制如图 4-84 所示的图形。操作步骤如下：

步骤 1 绘制圆。在命令行输入C→空格，选取任意点，输入半径为 30，绘制圆，结果如图 4-85 所示。

步骤 2 绘制直线。在命令行输入L→空格，选取圆的端点和中点，绘制结果如图 4-86 所示。

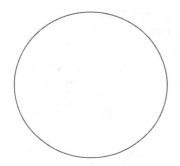

图 4-85 绘制圆

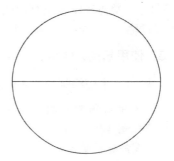

图 4-86 绘制直线

步骤 3 设置点样式。在命令行输入DDPT→空格，系统弹出"点样式"对话框，设置点样式为"×"，单击"确定"按钮完成设置，如图 4-87 所示。

步骤 4 绘制定数等分点。在命令行输入DIV→空格，选取直线输入等分数为 6，结果如图 4-88 所示。

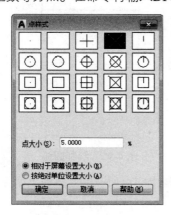

图 4-87 设置点样式

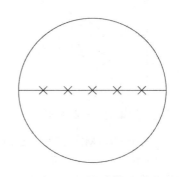

图 4-88 绘制等分点

步骤 5 绘制圆弧。在命令行输入A→空格，选取直线左端点，输入E选取第一个等分点为端点，然后输入D方向，再选取竖直向上方向为起点切向，结果如图 4-89 所示。

步骤 6 删除。在命令行输入E→空格，选取要删除的点和直线，结果如图 4-90 所示。

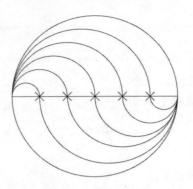

图 4-89　绘制圆弧

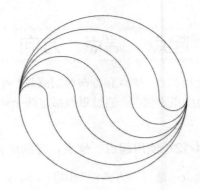

图 4-90　删除

4.7.7　起点、端点、半径

可以使用起点、端点和半径绘制圆弧。圆弧凸度的方向由指定其端点的顺序确定。可以通过输入半径或在所需半径距离上指定一个点来指定半径。

案例 4-13：使用起点、端点、半径绘制图形

采用起点、端点、半径绘制如图 4-91 所示的图形。操作步骤如下：

步骤 1 绘制矩形。在命令行输入REC→空格，选取任意点为起点，再输入长宽（@30,40），结果如图 4-92 所示。

步骤 2 绘制圆弧。在命令行输入A→空格，输入C圆心，然后输入from（捕捉自）选取矩形右上角点为捕捉点，输入相对坐标（@-9,0），再选取矩形右上角点为起点，输入A角度，输入角度为 90，结果如图 4-93 所示。

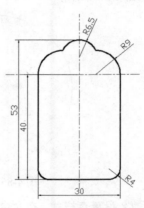

图 4-91　圆弧

图 4-92　绘制矩形

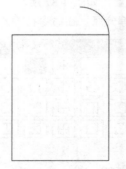

图 4-93　绘制圆弧

步骤 3 镜像。在命令行输入MI→空格，选取刚绘制的圆弧，选取矩形上中点所在的竖直线上两点为镜像轴，不删除源对象，结果如图 4-94 所示。

步骤 4 绘制圆弧。在命令行输入A→空格，选取右边R9 圆弧端点，再输入E端点，选取左边R9 圆弧端点，然后输入R半径，输入值为 6.5，结果如图 4-95 所示。

步骤 5 倒圆角。在命令行输入F→空格，输入R→空格，设置半径为 4，结果如图 4-96 所示。

图 4-94 镜像　　　　　　　　图 4-95 绘制圆弧　　　　　　　　图 4-96 倒圆角

4.8　本章小结 ▶

　　本章主要讲解二维进阶绘图命令，包括多边形、椭圆、圆弧、多段线、样条曲线、多线、圆环等，这些在绘图中使用频率不是很高，但是在一些特殊情况下，往往使用这些命令可以达到简单快捷的效果。因此，理解并学会利用这些进阶命令是提高AutoCAD绘图的必需技能。

　　本章重点掌握多边形的内接方式和外切方式，以及多线、圆环和圆弧命令，在一些特殊情况下会使用到。

第 5 章
选择与编辑图形对象

在进行图形与对象操作之前,首先要选择图形。因此,图形的选择效率是影响图形绘制的直接因素。如何对多图素中的某图素选取或者选取类似多图素等技巧是关键。

AutoCAD中对选取的图素可以直接进行编辑操控,本章将详细讲述选取和编辑结点的操控技巧。

学习目标

- 掌握各种选择方法的操作方式
- 掌握夹点编辑操作方法
- 掌握删除的两种操作方式
- 掌握修剪和延伸的操作方法
- 了解打断的操作方式
- 理解合并功能的用途,会采用合并命令合并简单的图素
- 熟练应用分解功能
- 熟练应用重做和放弃操作

5.1 选择对象

在AutoCAD中,对绘图对象的编辑都要涉及选取对象。要编辑对象必须选中后才能进行编辑,如何快速、方便、准确地利用AutoCAD系统所提供的选择工具选中物体对象是编辑图形的关键。在命令行输入SELECT后按Enter键,再输入"?"按Enter键,命令行显示全部的选取方式如下:

需要点或窗口(W)/上一个(L)/窗交(C)/框(BOX)/全部(ALL)/栏选(F)/圈围(WP)/圈交(CP)/编组(G)/添加(A)/删除(R)/多个(M)/前一个(P)/放弃(U)/自动(AU)/单个(SI)/子对象(SU)/对象(O)

下面将详细讲解各个选取方式的异同。

5.1.1 点选

通过鼠标点选或其他输入设备直接点击选取对象,选取后对象呈高亮显示,表示该实体已被选中,我们可以对其进行编辑。

5.1.2 框选方式

当命令行出现选取提示时,如果将鼠标移动到绘图区空白处,再按住鼠标左键,系统会提示选取另一角,

移动鼠标到另一位置后单击鼠标左键，系统会自动选取矩形内部的对象。从左向右框选定义的框是实线框，对于窗口选取方式，也可以在选择提示栏中输入W（WINDOWS），进入窗口选择方式，不管怎么选都是实线框。

5.1.3 交叉框选方式

交叉选取方式与框选类似，也是采用矩形框选物体，但是框选是从左向右选取，矩形框内部的对象被选取，而交叉选取是从右向左框选，选取的结果是框内对象和与框相交的对象。从右向左框选定义的框是虚线框。

在框选方式提示栏输入C（CROSSING），则无论从哪个方向定义矩形框和虚线框，均为交叉选取对象方式，只要虚线框经过的地方，实体无论与其相交还是包含在框内均被选中。

5.1.4 组选取方式

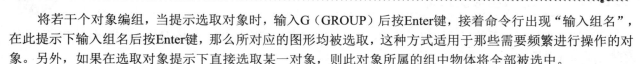

将若干个对象编组，当提示选取对象时，输入G（GROUP）后按Enter键，接着命令行出现"输入组名"，在此提示下输入组名后按Enter键，那么所对应的图形均被选取，这种方式适用于那些需要频繁进行操作的对象。另外，如果在选取对象提示下直接选取某一对象，则此对象所属的组中物体将全部被选中。

5.1.5 前一方式

利用此功能，可以将前一次编辑操作的选择对象作为当前选择集，在选取对象提示下输入P（PREVIOUS）后按Enter键，则将执行当前编辑命令以前最后一次构造的选择集作为当前选择集。

5.1.6 最后方式

利用此功能可以将前一次所绘制的对象作为当前的选择集，在选取对象提示栏下输入L（LAST）后按Enter键，AutoCAD则自动选择最后绘出的那一个对象。

5.1.7 全选方式

利用此功能可将图形中所有对象作为当前选择集，在选取对象提示栏中输入ALL，不要输入简写A，再按Enter键，AutoCAD则自动选择所有的对象。

5.1.8 不规则多边形框选方式

在选择对象提示栏中输入WP（WPOLYGON）后按Enter键，则可以构造一任意闭合的不规则多边形，在此多边形内的对象均被选中，不规则多边形框是实线框，类似矩形框选方式。

5.1.9 不规则多边形交叉框选方式

在选取对象提示栏中输入CP（CPOLYGON）后按Enter键，则可以构造一任意不规则多边形，在此多边形内的对象以及一切与多边形相交的对象均被选中，多边形选取框是虚线框，它就是类似于从右向左定义的矩形窗口的选择方法。

5.1.10　栏选方式

该方式与不规则交叉窗口选取方式类似，选取框是虚线框，但它不用围成一封闭的多边形。执行该方式时，与围线相交的图形均被选中。在选取对象提示栏输入F（FENCE）后即可进行栏选方式选取。

5.1.11　移除选取方式

在此模式下，可以让已经选取的选择集对象行一个个地退出选择集。在选取对象提示栏中输入R（REMOVE）即可进行减选模式。

5.1.12　添加选取方式

在移除选取模式，系统提示选取对象时，输入A即ADD后按Enter键，AutoCAD会再提示选取对象，则返回到添加选取模式。

5.1.13　多选方式

在系统提示选取对象时，在提示栏输入M（MULTIPLE），指定多次选取而并不高亮显示被选取的对象，从而加快复杂对象的选取过程。如果两次指定相交对象的交点，多选模式也将旋转这两个相交对象。

5.1.14　单选方式

在系统提示选取对象时，如果用户只想编辑一个对象，可以输入SI（SINGLE）来选择要编辑的对象，则每次只可以编辑一个对象。

5.1.15　交替选取方式

当系统提示选取对象时，如果该对象与其他一些对象相距很近，那么就很难准确地选取到此对象，但是可以使用交替对象选取方式来选取对象。

具体操作是在选取对象模式下，按Ctrl键，将点取框压住要点选的对象，然后单击鼠标左键，这时点选框所压住的对象之一被选中，并且光标也随之变成十字状。

如果该选中的对象不是所要对象，释放Ctrl键，继续单击鼠标左键，随着每一次鼠标的单击，AutoCAD会变换选中点选框所压住的对象，这样，用户就可以方便地选中某一对象了。

此选择方式通常默认来选取重叠的图素，按住Ctrl键不放，利用鼠标左键在重叠的物体上单击，释放Ctrl键，每单击一次，选中的对象便在重叠的物体上轮流切换，当切换到所需的对象时，单击鼠标右键确认选取。

5.1.16　快速选择方式

通过快速选择可以得到一个按过滤条件构造的选择集，输入命令QSELECT后，弹出"快速选择"对话框，就可以按指定的过滤对象的类型和指定对象的特性、过滤范围等条件进行过滤选择。也可以单击鼠标右

键，在弹出的右键快捷菜单中选择"快速选择"选项，不过如果所设置的
对象特性是随层的话，就不能使用这项功能。

　　单击鼠标右键，在弹出的右键快捷菜单中选择"快速选择"选项，系
统弹出"快速选择"对话框，该对话框用来设置过滤选择的类型，可以一
次选择画面中某一类图素，如图 5-1 所示。

　　"快速选择"对话框中各主要选项的含义如下。

- 应用到：确定是否在整个绘图区应用选择过滤器。
- 对象类型：确定用于过滤的实体类型。
- 特性：确定用于过滤的实体属性。
- 运算符：控制过滤器值的范围。根据选择到的属性，过滤值的范
  围为"等于"和"不等于"两种。
- 值：确定过滤的属性值，可在列表中选择一项或输入新值，根据
  不同属性显示不同的内容。

图 5-1　　"快速选择"对话框

- 如何应用：确定选择符合过滤条件的实体还是不符合条件的实体。
  - ➤ 包括在新选择集中：选择绘图区中所有符合过滤条件的实体。
  - ➤ 排除在新选择集之外：选择所有不符合条件的实体。
- 附加到当前选择集：确定当前的选择设置是否保存在"快速选择"对话框中，作为"快速选择"对
  话框设置选项。

5.1.17　选择过滤器选取(FILTER)方式

　　过滤器选取模式是根据对象特性构造选择集的功能，在命令行输入FILTER后，将弹出"对象选择过滤
器"对话框，我们就可以构造一定的过滤器并且将其存盘，以后可以直接调用，就像调取块一样方便。

　　需要注意以下几点：

　　（1）可以用选择过滤器选择对象，然后直接使用编辑命令，或者在使用编辑命令提示选择对象时，输入
P即可一次选择来响应。

　　（2）在过滤条件中，颜色和线型不是指对象特性因为随层而具有的颜色和线型，而是用COLOUR、
LINTYPE等命令特别指定给它的颜色和线型。

　　（3）已经命名的过滤器不仅可以使用在定义它的图形中，还可以用于其他图形中，对于条件的选取方式，
用户可以使用颜色、线宽、线型等各种条件进行选择。

　　（4）FILTER过滤选取方式可以用于透明使用。

　　在命令行输入FILTER→空格，系统弹出"对象选择过滤器"对话框，该对话框用来选择、编辑和命名
对象选择过滤器，如图 5-2 所示。

　　各主要选项的含义如下。

- 过滤器特性列表：显示组成当前过滤器的过滤器特性列表。当前过滤器就是在"已命名的过滤器"
  的"当前"区域中选择的过滤器。
- 选择过滤器：为当前过滤器添加过滤器特性。

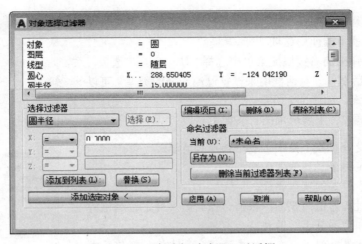

图 5-2 "对象选择过滤器"对话框

例如，以下过滤器选择了半径大于或等于 10 的所有圆：

```
对象=圆
**开始 AND
圆半径 >= 10.00
**结束 AND
```

> 参数 X、Y、Z：按对象定义附加过滤参数。例如，如果选择"直线起点"，可以输入要过滤的 X、Y 和 Z 坐标值。

在过滤参数中，可以使用关系运算符，例如<（小于）或 >（大于）。例如，以下过滤器选择了圆心大于或等于 1,1,0，半径大于或等于 1 的所有圆：

```
对象 = 圆
圆心 X >= 1.0000  Y >= 1.0000  Z >= 0.0000
圆半径 >= 1.0000
```

> 选择：单击该按钮，弹出一个对话框，其中列出了图形中指定类型的所有项目，选择要过滤的项目。例如，如果选择对象类型"颜色"，"选择"将为过滤器显示要选择的颜色列表。
> 添加到列表：向过滤器列表中添加当前的"选择过滤器"特性。除非手动删除，否则添加至未命名过滤器的过滤器特性在当前工作任务中仍然可用。
> 替换：用"选择过滤器"中显示的某一过滤器特性替换过滤器特性列表中选定的特性。
> 添加选定对象：向过滤器列表中添加图形中的一个选定对象。
● 编辑项目：将选定的过滤器特性移动到"选择过滤器"区域进行编辑。已编辑的过滤器将替换选定的过滤器特性。
● 删除：从当前过滤器中删除选定的过滤器特性。
● 清除列表：从当前过滤器中删除所有列出的特性。
● 命名过滤器：显示、保存和删除过滤器。
> 当前：显示保存的过滤器。选择一个过滤器列表将其置为当前。从默认的 filter.nfl 文件中加载命名过滤器及特性列表。

➢ 另存为：保存过滤器及其特性列表。过滤器保存在 filter.nfl 文件中。过滤器名称最多可包含 18 个字符。

➢ 删除当前过滤器列表：从默认过滤器文件中删除过滤器及其所有特性。

● 应用：退出对话框并显示"选择对象"提示，在该提示下创建一个选择集。在选定对象上使用当前过滤器。

案例 5-1：采用栏选方式修剪

采用栏选方式修剪如图 5-3 所示的图形。操作步骤如下：

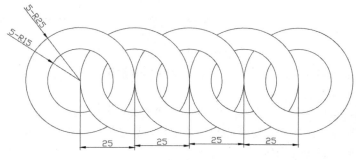

图 5-3 栏选修剪

步骤 1 绘制圆。在命令行输入C→空格，选取任意点为圆心，输入半径为 25，绘制结果如图 5-4 所示。

步骤 2 绘制圆。在命令行输入C→空格，选取大圆的圆心为圆心，输入半径为 15，绘制结果如图 5-5 所示。

步骤 3 阵列。在命令行输入AR→空格，选取同心圆后，指定行数为 1、列数为 5、列间距为 25，结果如图 5-6 所示。

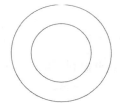
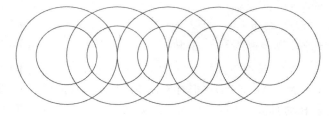

图 5-4 绘制圆   图 5-5 绘制圆   图 5-6 阵列

步骤 4 修剪。在命令行输入TR→空格→空格，再输入F进行栏选，在圆环中选取第一点拉出直线经过要修剪的圆，单击第二点，确定后即可修剪，结果如图 5-7 所示。

步骤 5 修剪。采用以上相同的栏选修剪步骤，修剪其他的圆，结果如图 5-8 所示。

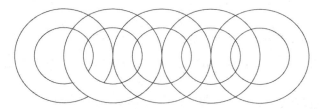
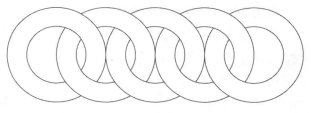

图 5-7 修剪   图 5-8 修剪结果

5.2 使用夹点编辑图形

在AutoCAD中，单纯使用绘图命令或绘图工具只能创建出一些基本图形对象，要创建出较为复杂的图形，就必须借助图形编辑命令。选择图形对象后，图形对象通常都会显示夹点。

夹点是一种集成的编辑模式，提供了一种方便、快捷的操作途径，而且有很多复杂的图形，采用常规的操作方式绘图没有采用夹点编辑方式快捷、方便。夹点编辑可以对对象进行拉伸、移动、旋转、缩放、镜像、阵列等操作。

5.2.1 夹点

选择对象时，在对象上将显示出若干个小方框，这些小方框用来标记被选中对象的夹点，夹点就是对象上的控制点。

通过对夹点的操控，可以对对象进行编辑修改，直线的夹点是端点和中点，曲线的夹点是控制点和端点，圆的夹点是圆心和圆象限点，通过这些特殊点，就可以控制图形对象的平移、旋转等操作。

如图 5-9 所示图形中的小方框即是夹点，选中夹点即可对图形进行编辑操作。

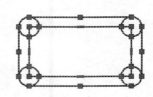

图 5-9　夹点

5.2.2 使用夹点拉伸对象

在不执行任何命令的情况下选择对象，显示其夹点，然后单击其中一个夹点作为拉伸的基点，命令行将显示如下提示：

```
** 拉伸 **
指定拉伸点或 [基点(B)/复制(C)/放弃(U)/退出(X)]:
```

默认情况下，指定拉伸点（可以通过输入点的坐标或者直接利用鼠标指针拾取点）后，AutoCAD将把对象拉伸或移动到新的位置。因为对于某些夹点，移动时只能移动对象而不能拉伸对象，如文字、块、直线中点、圆心、椭圆中心和点对象上的夹点。

在绘图区单击直线，出现夹点，将鼠标放在端点夹点上不要单击，几秒钟后鼠标旁边出现菜单，可以进行拉伸或拉长操作，如图 5-10 所示。拉伸是点可以沿任意方向自由拖动，拉长是点沿直线方向延伸直线。

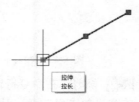

图 5-10　拉伸或拉长

案例 5-2：使用夹点拉伸对象

采用夹点拉伸对象来绘制如图 5-11 所示的图形。操作步骤如下：

步骤 1 绘制矩形。在命令行输入REC→空格，选取任意点为起点，再输入D后，指定长为 40、宽为 16，单击鼠标左键，完成矩形的绘制，结果如图 5-12 所示。

步骤 2 绘制中心线。在命令行输入L→空格，选取矩形底边中点，输入长度为 36，绘制结果如图 5-13 所示。

步骤 3 绘制圆。在命令行输入C→空格，选取直线端点为圆心，输入半径为 10，绘制结果如图 5-14 所示。

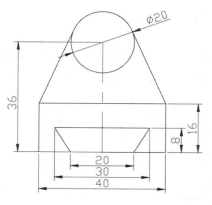

图 5-11　夹点编辑

图 5-12　绘制矩形

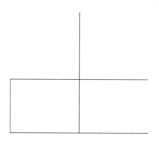

图 5-13　绘制中心线

步骤 4 绘制切线。在命令行输入L→空格，输入TAN后捕捉切点，绘制结果如图 5-15 所示。

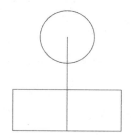

图 5-14　绘制圆

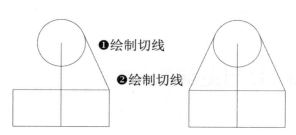

❶绘制切线

❷绘制切线

图 5-15　绘制切线

步骤 5 绘制矩形。在命令行输入REC→空格，输入from（捕捉自）捕捉直线下端点，输入（@-10,0）后再输入外形尺寸（@20,6）指定长宽，完成矩形的创建，结果如图 5-16 所示。

步骤 6 拉伸矩形。在绘图区选取矩形，出现夹点，选中左上角夹点，输入拉长尺寸为 5，同样的操作拉长右上角夹点，结果如图 5-17 所示。

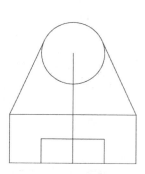

图 5-16　绘制矩形

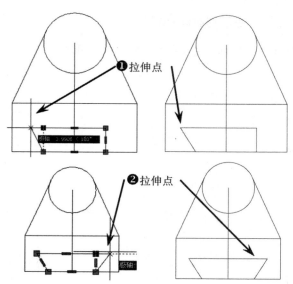

❶拉伸点

❷拉伸点

图 5-17　拉伸矩形

步骤 **7** 修改线型。在绘图区选取中心线，再在图层栏选中"中心线"层，即可将线型修改为中心线，修改结果如图 5-18 所示。

步骤 **8** 标注。首先切换当前图层为"标注"层，在命令行输入DLI→空格，选取要标注的线性几何，拉出尺寸并放置，再输入DDI→空格，选取要标注的圆，拉出尺寸并放置，结果如图 5-19 所示。

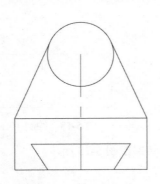

图 5-18　修改中心线

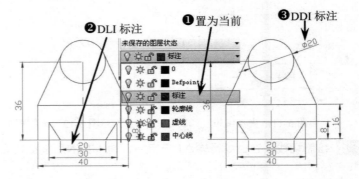

图 5-19　标注尺寸

5.2.3　使用夹点移动对象

在夹点编辑模式下，确定基点后，在命令行提示下输入MO进入移动模式，命令行将显示如下提示：

```
** MOVE **
指定移动点或[基点(B)/复制(C)/放弃(U)/退出(X)]:
```

默认情况下，按鼠标拉出的方向输入移动的距离后，即可将对象沿指定的方向移动用户输入的距离。也可以选择"复制（C）"选项，以复制的方式移动对象。

在夹点编辑模式下，确定基点后，按空格键，也可以切换到移动模式，命令行出现的提示信息和上面一样。这样可以快速进行切换，而且不需要输入MO，更加方便。

案例 5-3：使用夹点移动对象

使用夹点移动命令创建如图 5-20 所示的图形。操作步骤如下：

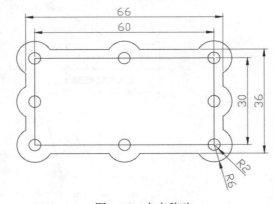

图 5-20　夹点移动

步骤 **1** 创建矩形。在命令行输入REC→空格，选取任意点为起点，再输入D后，指定长为60、宽为30，单击鼠标左键，完成矩形的绘制，结果如图 5-21 所示。

步骤 2 绘制圆。在命令行输入C→空格，选取任意点为圆心，输入半径为 2 和 6，绘制结果如图 5-22 所示。

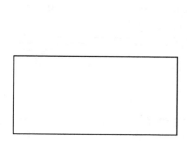

图 5-21 绘制矩形

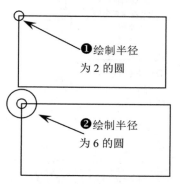

❶绘制半径
为 2 的圆

❷绘制半径
为 6 的圆

图 5-22 绘制圆

步骤 3 夹点移动复制圆。首先在绘图区选取要移动的图素，选中的图素出现夹点，再单击圆心作为基点，在命令行输入MO进入移动模式，输入C进入复制模式，再选取移动终点，完成移动，结果如图 5-23 所示。

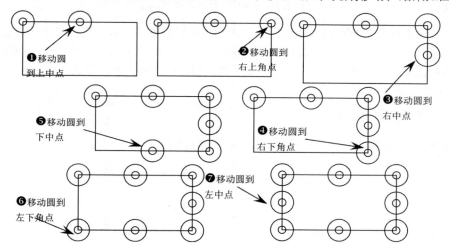

❶移动圆
到上中点

❷移动圆到
右上角点

❸移动圆到
右中点

❺移动圆到
下中点

❹移动圆到
右下角点

❻移动圆到
左下角点

❼移动圆到
左中点

图 5-23 夹点移动图形

步骤 4 偏移。在命令行输入O→空格，输入偏移距离为 3，再选取要偏移的矩形，单击偏移侧向外，结果如图 5-24 所示。

步骤 5 修剪。在命令行输入TR→空格，选取作为修剪边界的对象，确定后，再选取要修剪的对象，修剪操作如图 5-25 所示。

步骤 6 标注。首先切换当前图层为"标注"层，在命令行输入DLI→空格，选取要标注的线性几何，拉出尺寸并放置，再输入DRA→空格，选取要标注的圆弧，拉出尺寸并放置，结果如图 5-26 所示。

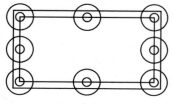

图 5-24 偏移

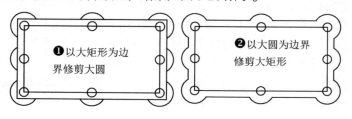

❶以大矩形为边
界修剪大圆

❷以大圆为边界
修剪大矩形

图 5-25 修剪

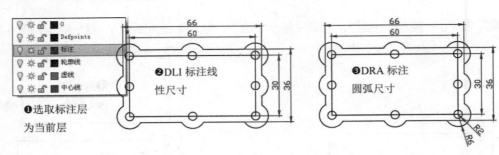

图 5-26　标注尺寸

5.2.4　使用夹点旋转对象

在夹点编辑模式下，确定基点后，在命令行提示下输入RO进入旋转模式，命令行将显示如下提示信息：

** 旋转 **
指定旋转角度或 [基点(B)/复制(C)/放弃(U)/参照(R)/退出(X)]：

默认情况下，输入旋转的角度值或通过拖动方式确定旋转角度后，即可将对象绕基点旋转指定的角度。也可以选择"参照"选项，以参照方式旋转对象，这与"旋转"命令中的"对照"选项功能相同。

在夹点编辑模式下，确定基点后，再按空格键两次，也可以切换到旋转模式，命令行出现的提示信息和上面一样。

案例 5-4：使用夹点旋转对象

使用夹点旋转对象创建如图 5-27 所示的图形。操作步骤如下：

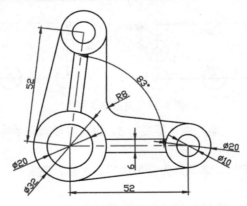

图 5-27　夹点旋转

步骤 1 绘制圆。在命令行输入C→空格，选取任意点为圆心，输入半径为 10 和 16，绘制结果如图 5-28 所示。

步骤 2 绘制中心线。在命令行输入L→空格，选取任意点为起点，输入长度为 52，绘制结果如图 5-29 所示。

步骤 3 绘制圆。在命令行输入C→空格，选取任意点为圆心，输入半径为 5 和 10，绘制结果如图 5-30 所示。

图 5-28　绘制圆

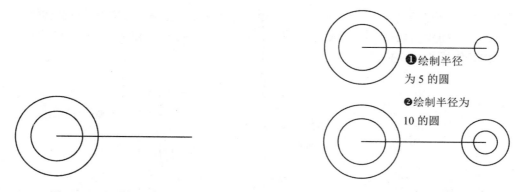

图 5-29　绘制中心线

图 5-30　绘制圆

步骤 4 偏移。在命令行输入O→空格，输入偏移距离为 3，再选取要偏移的图素，单击偏移侧向上下两侧，偏移结果如图 5-31 所示。

步骤 5 修剪。在命令行输入TR→空格→空格，选取要修剪的图素，修剪结果如图 5-32 所示。

图 5-31　偏移

图 5-32　修剪

步骤 6 绘制切线。在命令行输入L→空格，输入TAN后捕捉切点，绘制结果如图 5-33 所示。

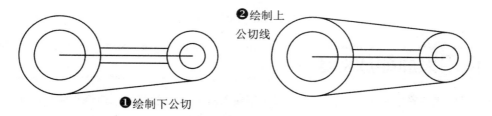

图 5-33　绘制切线

步骤 7 夹点旋转复制。首先在绘图区选取要旋转的对象，选中的图素出现夹点，再单击直线左端点为基点，在命令行输入C进入复制模式，输入RO进入旋转模式，再输入角度83°，结果如图 5-34 所示。

步骤 8 倒圆角。在命令行输入F→空格，输入R修改半径为 8，再单击要倒圆角的边，结果如图 5-35 所示。

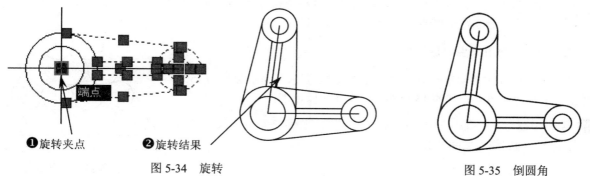

图 5-34　旋转

图 5-35　倒圆角

步骤 **9** 标注。首先切换当前图层为"标注"层，在命令行输入DAL→空格，选取要标注的线性几何，拉出尺寸并放置，然后输入DDI标注圆，输入DAN标注角度，最后输入DRA→空格标注圆弧，选取要标注的圆弧，拉出尺寸并放置，结果如图5-36所示。

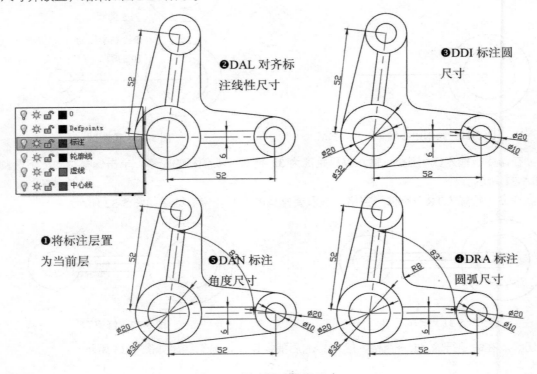

图 5-36　标注尺寸

5.2.5　使用夹点缩放对象

在夹点编辑模式下确定基点后，在命令行提示下输入SC进入缩放模式，命令行将显示如下提示信息：

```
** 比例缩放 **
指定比例因子或 〔基点(B)/复制(C)/放弃(U)/参照(R)/退出(X)〕：
```

默认情况下，当确定了缩放的比例因子后，AutoCAD将相对于基点进行缩放对象操作。当比例因子大于1时放大对象；当比例因子大于0而小于1时缩小对象。

在夹点编辑模式下，确定基点后，再快速连续按空格键三次，也可以切换到缩放模式，命令行出现的提示信息和上面一样。

案例5-5：使用夹点缩放对象

使用夹点缩放对象创建如图5-37所示的图形，要求三角形边长为150，三角形内有半径相等并相切的15个小圆。操作步骤如下：

步骤 **1** 绘制半径为5的圆。在命令行输入C→空格，选取任意点为圆心，输入半径为5，绘制结果如图5-38所示。

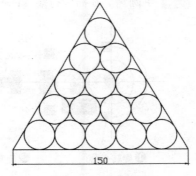

图 5-37　夹点缩放

步骤 2 夹点移动复制圆。首先在绘图区选取要移动的圆，选中的图素出现夹点，再单击圆左侧象限点为基点，然后在命令行输入MO进入移动模式，再输入C进入复制模式，选取移动的终点为圆的右侧象限点，完成移动，结果如图 5-39 所示。

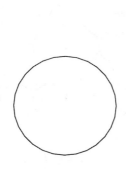

图 5-38 绘制圆

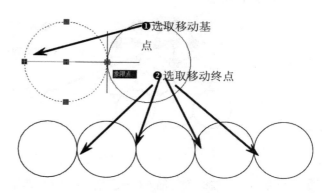

图 5-39 夹点平移

步骤 3 夹点移动 4 个圆。首先在绘图区选取要移动的 4 个圆，选中的图素出现夹点，再单击圆心为基点，然后在命令行输入MO进入移动模式，再输入C进入复制模式，输入移动的终点坐标（@10<60），完成移动，结果如图 5-40 所示。

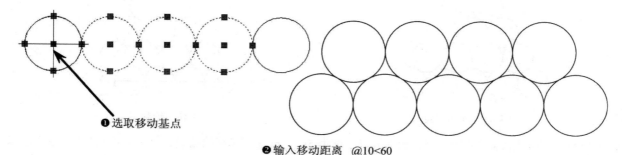

图 5-40 夹点移动

步骤 4 夹点移动 3 个圆。首先在绘图区选取要移动的 3 个圆，选中的图素出现夹点，再单击圆心为基点，然后在命令行输入MO进入移动模式，再输入C进入复制模式，输入移动的终点坐标（@10<60），完成移动，结果如图 5-41 所示。

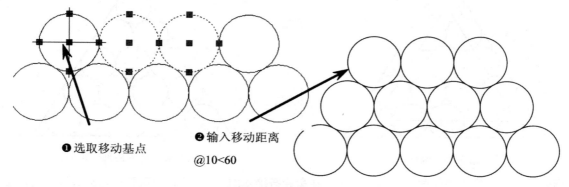

图 5-41 夹点移动

步骤 **5** 夹点移动两圆。首先在绘图区选取要移动的 2 个圆，选中的图素出现夹点，再单击圆心为基点，然后在命令行输入MO进入移动模式，再输入C进入复制模式，输入移动的终点坐标（@10<60），完成移动，结果如图 5-42 所示。

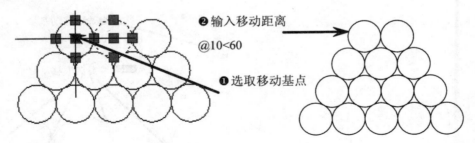

图 5-42　夹点移动

步骤 **6** 绘制切圆。在命令行输入C→空格，输入T后选取相切圆的切点，然后输入半径为 5，绘制结果如图 5-43 所示。

步骤 **7** 绘制三角形。在命令行输入PL→空格，选取 3 个圆的圆心，绘制结果如图 5-44 所示。

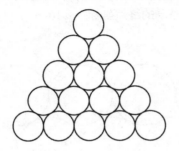

图 5-43　绘制切圆

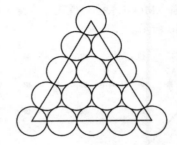

图 5-44　绘制三角形

步骤 **8** 偏移。在命令行输入O→空格，输入偏移距离为 5，再选取要偏移的图素，单击偏移侧向外，偏移结果如图 5-45 所示。

步骤 **9** 删除内部小三角形。在命令行输入E→空格，选取三角形为要删除的对象，再单击即可删除，结果如图 5-46 所示。

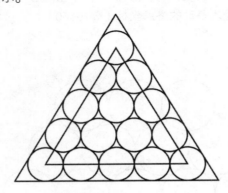

图 5-45　偏移

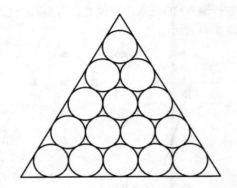

图 5-46　删除内部三角形

步骤 **10** 标注。首先切换当前图层为"标注"层，在命令行输入DLI→空格，选取要标注的线性几何，拉出尺寸并放置，结果如图 5-47 所示。

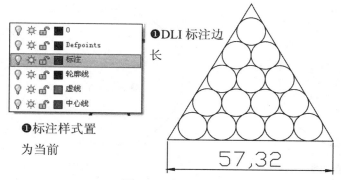

❶DLI 标注边长

❶标注样式置为当前

图 5-47　标注尺寸

步骤 11 夹点缩放。首先在绘图区选取要缩放的所有图素，选中的图素出现夹点，再单击某一圆心为基点，然后在命令行输入SC进入缩放模式，输入透明命令"'CAL=150/57.32"作为比例因子，结果如图 5-48 所示。

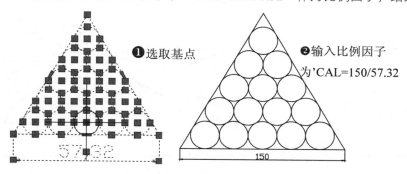

❶选取基点

❷输入比例因子为'CAL=150/57.32

图 5-48　夹点缩放

5.2.6　使用夹点镜像对象

　　与"镜像"命令的功能类似，镜像操作后将删除源对象。也可以采用复制的方式镜像保留源对象。在夹点编辑模式下确定基点后，在命令行输入MI进入镜像模式，命令行将显示如下提示信息：

＊＊ 镜像 ＊＊
指定第二点或〔基点(B)/复制(C)/放弃(U)/退出(X)〕：

　　指定镜像线上的第 2 个点，AutoCAD 将以基点作为镜像线上的第 1 点，新指定的点为镜像线上的第 2 个点，将对象进行镜像操作并删除源对象。

案例 5-6：使用夹点镜像对象

　　采用夹点镜像对象命令绘制如图 5-49 所示的图形。操作步骤如下：

步骤 1 绘制圆。在命令行输入C→空格，选取任意点为圆心，输入半径为 50，绘制结果如图 5-50 所示。

步骤 2 绘制水平线和竖直线。在命令行输入L→空格，选取圆心为起点，分别输入水平和竖直长度为 55，绘制结果如图 5-51 所示。

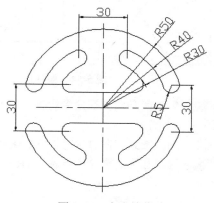

图 5-49　夹点镜像

图 5-50　绘制圆

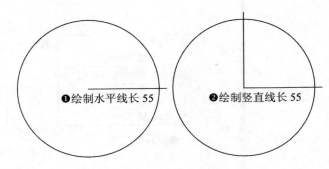

❶绘制水平线长 55　　❷绘制竖直线长 55

图 5-51　绘制水平和竖直线

步骤 3 修剪。在命令行输入TR→空格→空格，选取要修剪的图素，修剪结果如图 5-52 所示。

步骤 4 偏移圆弧。在命令行输入O→空格，输入偏移距离为 10，再选取要偏移的图素，单击偏移侧，偏移结果如图 5-53 所示。

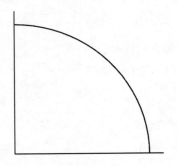

图 5-52　修剪

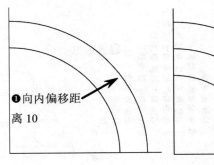

❶向内偏移距离 10　　❷向内偏移距离 10

图 5-53　偏移圆弧

步骤 5 偏移直线。在命令行输入O→空格，输入偏移距离为 10，再选取要偏移的直线，单击偏移侧，偏移结果如图 5-54 所示。

步骤 6 创建三切圆。在命令行输入C→空格→3P→空格，然后输入TAN再捕捉切点，创建三切圆，结果如图 5-55 所示。

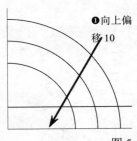

❶向上偏移 10　　❷向右偏移 10

图 5-54　偏移直线

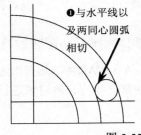

❶与水平线以及两同心圆弧相切　　❷与竖直线以及两同心圆弧相切

图 5-55　创建三切圆

步骤 7 创建倒圆角。在命令行输入F→空格，输入R后再输入半径值 5，选取要倒圆角的图素，倒圆角结果如图 5-56 所示。

步骤 8 删除图素。在命令行输入E→空格，选取要删除的竖直线，再按空格键确定删除，结果如图 5-57 所示。

步骤 9 修剪圆弧。在命令行输入TR→空格→空格，选取要修剪的圆弧，修剪结果如图 5-58 所示。

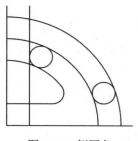
图 5-56　倒圆角

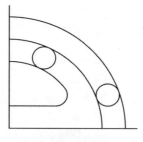
图 5-57　删除图素

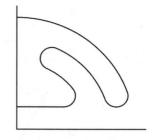
图 5-58　修剪圆弧

步骤10 夹点镜像。首先在绘图区选取要镜像的图素，选中的图素出现夹点，再单击要作为镜像轴的基点，然后在命令行输入MI进入镜像模式，输入C进入复制模式，再指定竖直线上另一点为镜像轴终点，完成的镜像结果如图 5-59 所示。

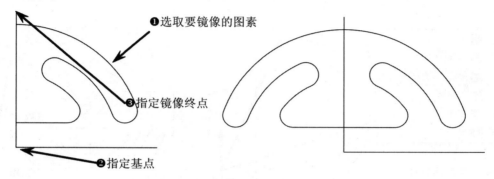

❶选取要镜像的图素
❸指定镜像终点
❷指定基点

图 5-59　夹点镜像

步骤11 夹点镜像。首先在绘图区选取要镜像的图素，选中的图素出现夹点，再单击要作为镜像轴的基点，然后在命令行输入MI进入镜像模式，输入C进入复制模式，再指定水平线上另一点为镜像轴终点，完成的镜像结果如图 5-60 所示。

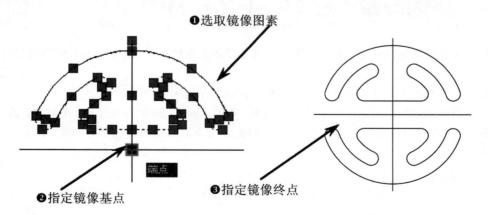

❶选取镜像图素
端点
❷指定镜像基点
❸指定镜像终点

图 5-60　夹点镜像

步骤12 修改线型为中心线。在绘图区选取中心线，再在图层栏选中"中心线"层，即可将线型修改为中心线，修改结果如图 5-61 所示。

步骤13 标注尺寸。首先切换当前图层为"标注"层，在命令行输入DLI→空格，选取要标注的线性几何，拉出尺寸并放置，再输入DRA→空格，选取要标注的圆弧，拉出尺寸并放置，结果如图 5-62 所示。

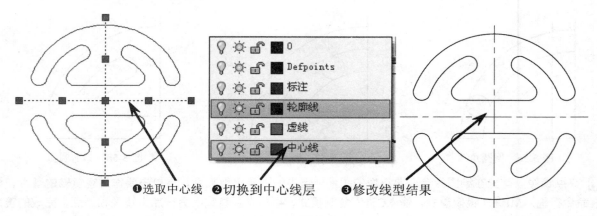

❶选取中心线　❷切换到中心线层　❸修改线型结果

图 5-61　修改线型

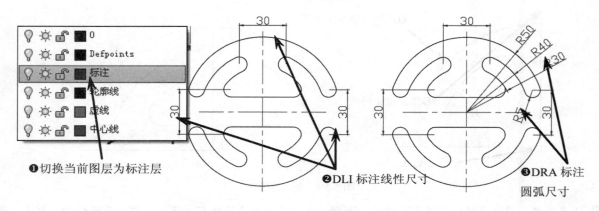

❶切换当前图层为标注层　❷DLI 标注线性尺寸　❸DRA 标注圆弧尺寸

图 5-62　标注尺寸

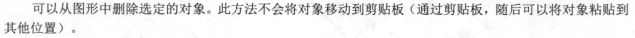

5.3　删除对象【ERASE（E）】

可以从图形中删除选定的对象。此方法不会将对象移动到剪贴板（通过剪贴板，随后可以将对象粘贴到其他位置）。

如果处理的是三维对象，还可以删除面、网格、顶点等子对象。

无须选择要删除的对象，而是可以输入一个选项，例如，输入L删除绘制的上一个对象，或者输入p删除前一个选择集，或者输入ALL删除所有对象。还可以输入"？"以获得所有选项的列表。

命令启动方式如下。

- 命令行：ERASE（E）
- 功能区："默认"选项卡→"修改"面板→"删除 ✐"
- 菜单："修改" → "删除 ✐"
- 右键快捷菜单：选择要删除的对象，在绘图区域中单击鼠标右键，然后在弹出的快捷菜单中"删除"选项。
- 键盘快捷键：选取要删除的对象，并按键盘上的Delete键删除

5.4 修剪【TRIM（TR）】

这是AutoCAD中的一个编辑操作，可以通过缩短或拉长，使对象与其他对象的边相接。这意味着可以先创建对象（如直线），然后调整该对象，使其恰好位于其他对象之间。选择的剪切边或边界边无须与修剪对象相交。可以将对象修剪或延伸至投影边或延长线交点，即对象延长后相交的地方。

命令启动方式如下。

- 命令行：TRIM（TR）
- 功能区："默认"选项卡→"修改"面板→"修剪 -/--"
- 菜单："修改" → "修剪 -/--"

在执行修剪命令时，命令行出现的提示信息如下：

选择要修剪的对象或按住 Shift 键选择要延伸的对象或 [栏选(F)/窗交(C)/投影(P)/边(E)/删除(R)/放弃(U)]:选择要修剪的对象、按住 Shift 键并选择要延伸的对象，或输入选项

各选项的含义如下。

- 要修剪的对象：指定修剪对象。
- 栏选：选择与选择栏相交的所有对象。选择栏是一系列临时线段，它们是用两个或多个栏选点指定的。选择栏不构成闭合环。
- 投影：指定修剪对象时使用的投影方式。
- 边：确定对象是在另一对象的延长边处进行修剪，还是仅在三维空间中与该对象相交的对象处进行修剪。
- 删除：删除选定的对象。此选项提供了一种用来删除不需要对象的简便方式，而无须退出TRIM命令。
- 放弃：撤销由TRIM命令所做的最近一次更改。

点拨

在命令行中有"按住 Shift键选择要延伸的对象"提示，此时如果按住Shift键，则修剪命令就被切换到延伸命令。此快捷方式方便用户在修剪和延伸之间进行快速切换。

5.4.1 手动边界修剪

修剪根据操作不同可以分为手动边界修剪和自动边界修剪。手动边界修剪是在修剪时手动添加边界对象，具体操作是在命令行输入TR→空格后，再手动选取作为修剪的边界图素，确定后再选择需要修剪的图素。

案例 5-7：手动边界修剪

采用手动边界修剪命令绘制如图 5-63 所示的图形。操作步骤如下：

步骤 1 绘制圆。在命令行输入C→空格，选取任意点为圆心，输入半径值 50，绘制结果如图 5-64 所示。

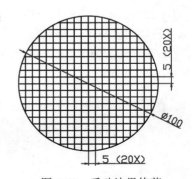

图 5-63　手动边界修剪

步骤 2 绘制竖直线。在命令行输入L→空格，选取任意点为起点，输入长度为120，然后采用夹点移动将线中点移动到圆心，绘制结果如图 5-65 所示。

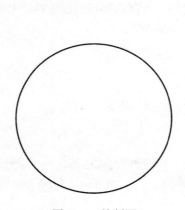

图 5-64　绘制圆

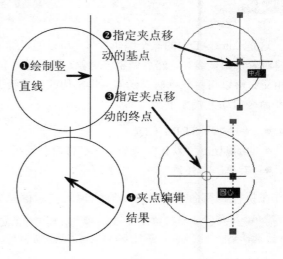

❶绘制竖直线

❷指定夹点移动的基点

❸指定夹点移动的终点

❹夹点编辑结果

中点

圆心

图 5-65　绘制竖直线并编辑

步骤 3 矩形阵列。在命令行输入AR→空格，选取竖直线为阵列对象，再输入R→空格，启动矩形阵列，设置阵列参数，操作如图 5-66 所示。

步骤 4 镜像。在命令行输入MI→空格，选取要阵列的对象，再选取镜像轴，结果如图 5-67 所示。

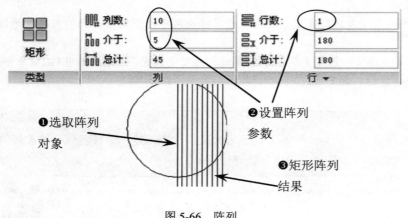

矩形

类型	列	行 ▾

列数:	10	行数:	1
介于:	5	介于:	180
总计:	45	总计:	180

❶选取阵列对象

❷设置阵列参数

❸矩形阵列结果

图 5-66　阵列

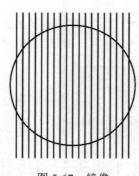

图 5-67　镜像

步骤 5 旋转。在命令行输入RO→空格，选取要旋转的图素，指定圆心为旋转中心，再输入C启动旋转复制，输入旋转角度 90°，旋转结果如图 5-68 所示。

步骤 6 手动边界修剪。在命令行输入TR→空格，选取作为修剪边界的对象，再选取要修剪的对象，修剪结果如图 5-69 所示。

点拨

　　此处如果采用自动边界修剪，在线与线相交部分修剪次数将非常多，而采用手动选取边界修剪，以圆为边界，只需要选取圆外的线，被选中的线在圆外的部分就被修剪，而线之间不管有没有相交结果都一样。

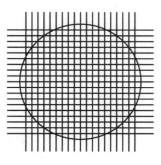

图 5-68　旋转结果

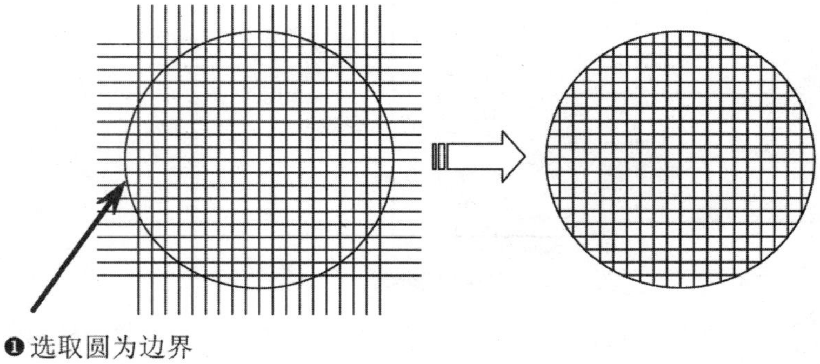

图 5-69　手动边界修剪

❶选取圆为边界

步骤 7 标注。首先切换当前图层为标注层，在命令行输入DLI→空格，选取要标注的线性几何，拉出尺寸并放置，再输入DDI→空格，选取要标注的圆，拉出尺寸并放置，输入ED修改标注尺寸，结果如图 5-70 所示。

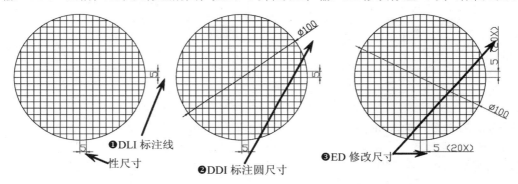

❶DLI 标注线

性尺寸

❷DDI 标注圆尺寸

❸ED 修改尺寸

图 5-70　修改标注尺寸

点拨

标注"5（20X）"表示图中有相同的尺寸 5，共有 20 个，对于相同标注不可能所有的尺寸都表示出来，因此，可以进行简化标注。

5.4.2　自动边界修剪

自动边界是在修剪时用户可以不选择修剪边界对象，而是系统自动侦测边界进行修剪。具体操作方式是在命令行输入TR→空格，系统提示选取边界，此时不要选取边界，而是直接按空格或Enter键确定，再进行选取修剪对象时，凡是与所选修剪对象相交的对象，都将自动被系统设为边界进行修剪。

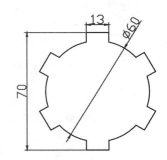

图 5-71　自动边界修剪

案例 5-8：自动边界修剪

采用自动边界修剪功能绘制如图 5-71 所示的图形。操作步骤如下：

步骤 1 创建一个 13×13 的矩形。在命令行输入REC→空格，选取任意点为起点，再输入（@13,13）指定长和宽均为 13，完成矩形的创建，结果如图 5-72 所示。

步骤 2 绘制圆。在命令行输入C→空格，选取矩形上中点作为圆心，输入半径为 30，绘制结果如图 5-73 所示。

图 5-72　创建矩形

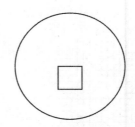

图 5-73　绘制圆

步骤 3 夹点移动。首先在绘图区选取要移动的图素，选中的图素出现夹点，再单击基点，然后在命令行输入 MO进入移动模式，再向下移动输入 35 的距离，完成夹点移动，结果如图 5-74 所示。

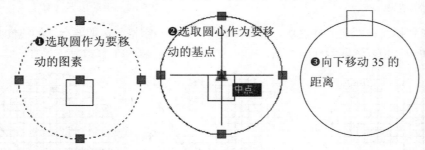

图 5-74　夹点移动

步骤 4 极轴阵列。在命令行输入AR→空格，选取矩形为阵列对象，然后在命令行输入PO→空格，启动极轴阵列，再选取阵列基点为圆心，设置阵列参数，操作如图 5-75 所示。

步骤 5 自动边界修剪。在命令行输入TR→空格→空格，直接选取要修剪的图素，修剪结果如图 5-76 所示。

点拨

　　本例最简便的修剪方式是在修剪矩形时采用手动选取圆为边界，在修剪圆时采用系统自动寻找矩形作为边界。

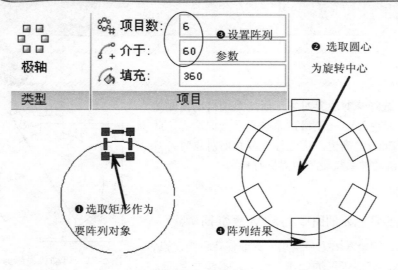

图 5-75　阵列

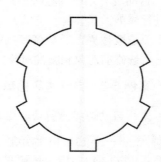

图 5-76　自动边界修剪

步骤 **6** 标注尺寸。首先切换当前图层为"标注"层，在命令行输入DLI→空格，选取要标注的线性几何，拉出尺寸并放置，再输入DDI→空格，选取要标注的圆，拉出尺寸并放置，结果如图 5-77 所示。

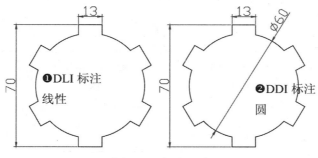

图 5-77 标注尺寸

5.5 延伸【EXTEND（EX）】

延伸与修剪的操作方法相同。可以延伸对象，使它们精确地延伸至由其他对象定义的边界边。在三维空间中，可以修剪对象或将对象延伸到其他对象，而不必考虑对象是否在同一个平面上，或者对象是否平行于剪切或边界的边。

延伸命令是将直线、圆弧、椭圆弧、非封闭的 2D 或 3D 多段线等图元对象的端点延长到指定的边界。

命令启动方式如下：

- 命令行：EXTEND（EX）
- 功能区："默认"选项卡→"修改"面板→"延伸---/"
- 菜单："修改"→"延伸---/"

延伸命令的提示信息与修剪命令的提示信息类似。

5.5.1 手动边界延伸

延伸和修剪类似，根据操作不同可以分为手动边界延伸和自动边界延伸。手动边界延伸是在延伸时手动添加边界对象，具体操作是在命令行输入EX→空格后，再手动选取作为延伸到的边界图素，确定后再选择需要延伸的图素。

案例 5-9：手动边界延伸

采用手动边界延伸的方式绘制如图 5-78 所示的图形。操作步骤如下：

步骤 **1** 绘制直线。在命令行输入L→空格，选取任意点为起点，输入长度为 20，再绘制竖直线，长度为 5，绘制结果如图 5-79 所示。

步骤 **2** 偏移。在命令行输入O→空格，输入偏移距离为 10，再选取要偏移的直线，单击要偏移侧，再依上面步骤输入距离分别为 15、18、23、2、5，偏移结果如图 5-80 所示。

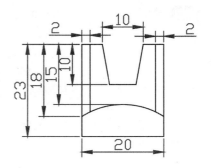

图 5-78 手动边界延伸

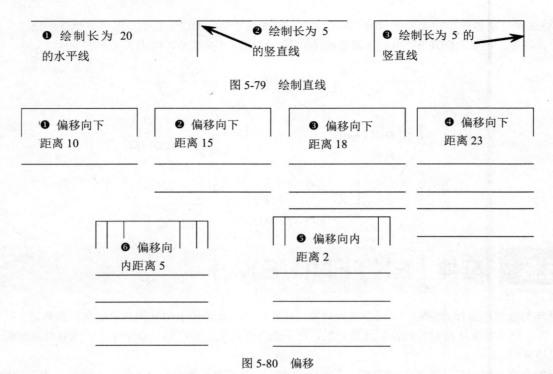

图 5-79 绘制直线

图 5-80 偏移

步骤 3 夹点旋转。首先在绘图区选取要旋转的图素，选中的图素出现夹点，再单击基点，然后在命令行输入 RO进入移动模式，再输入角度 10°，同样的操作旋转右边直线，输入角度-10°，完成移动，结果如图 5-81 所示。

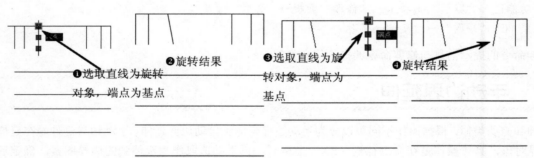

图 5-81 夹点旋转结果

步骤 4 绘制圆弧。在命令行输入A→空格，选取直线端点和中点绘制三点圆弧，操作如图 5-82 所示。

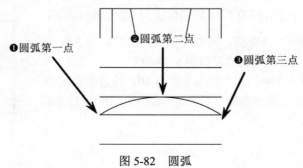

图 5-82 圆弧

步骤 5 手动边界延伸。在命令行输入EX→空格，选取需要延伸的边界，再选取延伸对象，操作如图 5-83 所示。

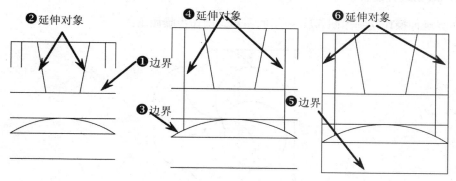

图 5-83　手动边界延伸

步骤 6 修剪。在命令行输入TR→空格→空格，选取要修剪的图素，修剪结果如图 5-84 所示。

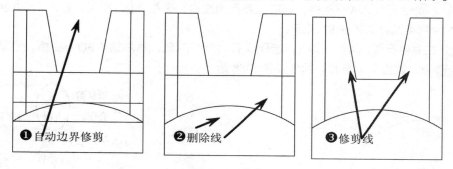

图 5-84　修剪

步骤 7 标注尺寸。首先切换当前图层为"标注"层，在命令行输入DLI→空格，选取要标注的线性几何，拉出尺寸并放置，再输入DAN→空格，进行标注角度，拉出尺寸并放置，结果如图 5-85 所示。

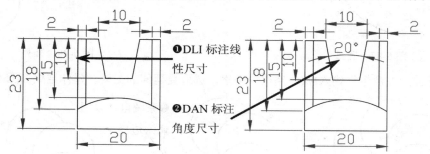

图 5-85　标注尺寸

5.5.2　自动边界延伸

自动边界是在延伸时用户可以不选择延伸边界对象，而是系统自动侦测边界进行延伸。具体操作方式是在命令行输入EX→空格，系统提示选取边界，此时不要选取边界，而是直接按空格或Enter键确定，再进行选取延伸对象时，凡是与所选要延伸对象相交的对象，将自动被系统设为边界进行延伸。

案例 5-10：自动边界延伸

采用自动边界延伸操作绘制如图 5-86 所示的图形。操作步骤如下：

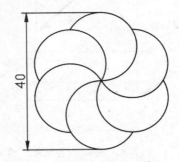

图 5-86　自动边界延伸

步骤1 绘制圆弧。在命令行输入A→空格，选取任意点为起点，再输入E→空格，输入（@0,20）作为终点，输入半径为 10，绘制半圆，如图 5-87 所示。

步骤2 极轴阵列。在命令行输入AR→空格，选取圆弧为阵列对象，然后输入PO→空格，启动极轴阵列，再选取阵列基点为圆心，设置阵列参数，操作如图 5-88 所示。

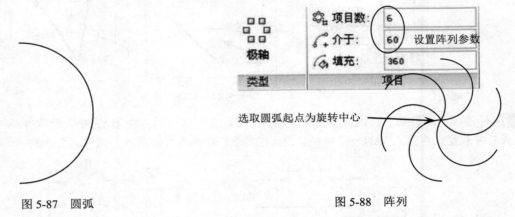

图 5-87　圆弧　　　　　　　　　　　　　　　　图 5-88　阵列

步骤3 自动边界延伸。在命令行输入EX→空格→空格，选取要延伸的图素，延伸结果如图 5-89 所示。

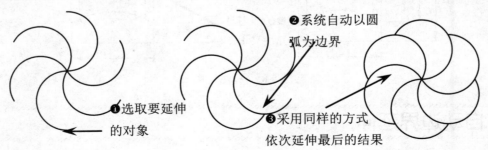

图 5-89　延伸

步骤4 标注尺寸。首先切换当前图层为"标注"层，在命令行输入DLI→空格，选取要标注的线性几何，拉出尺寸并放置，结果如图 5-90 所示。

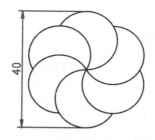

图 5-90　标注尺寸

5.6　拉长对象【LENGTHEN(LEN)】

拉长命令主要用来更改对象的长度和圆弧的包含角。其命令启动方式如下：

- 命令行：LENGTHEN（LEN）
- 功能区："默认"选项卡→"修改"面板→"拉长✐"
- 菜单："修改"→"拉长✐"

命令行提示如下：

选择对象或 [增量(DE)/百分数(P)/全部(T)/动态(DY)]：

各选项的含义如下：

- 增量（DE）：以指定的增量修改对象的长度，该增量从距离选择点最近的端点处开始测量。差值还以指定的增量修改圆弧的角度，该增量从距离选择点最近的端点处开始测量。正值扩展对象，负值修剪对象。
- 百分数（P）：通过指定对象总长度的百分数设置对象长度。
- 全部（T）：通过指定从固定端点测量的总长度的绝对值来设置选置对象的长度。"全部"选项也按照指定的总角度设置选定圆弧的包含角。
- 动态（DY）：打开动态拖动模式。通过拖动选定对象的端点之一来更改其长度。其他端点保持不变。

5.7　打断【BREAK(BR)】

在两点之间打断选定对象，可以在对象上的两个指定点之间创建间隔，从而将对象打断为两个对象。如果这些点不在对象上，则会自动投影到该对象上。BREAK通常默认于为块或文字创建空间。

两个指定点之间的对象部分将被删除。如果第二个点不在对象上，将选择对象上与该点最接近的点。因此，要打断直线、圆弧或多段线的一端，可以在要删除的一端附近指定第二个打断点。

要将对象一分为二并且不删除某个部分，输入的第一个点和第二个点应相同。通过输入 @ 指定第二个点即可实现此目的。

直线、圆弧、圆、多段线、椭圆、样条曲线、圆环及其他几种对象类型都可以拆分为两个对象或将其中的一端删除。程序将按逆时针方向删除圆上第一个打断点到第二个打断点之间的部分，从而将圆转换成圆弧。

还可以使用"打断于点"工具在单个点处打断选定的对象，有效对象包括直线、开放的多段线和圆弧。不能在一点打断闭合对象，如圆。

其命令启动方式如下：

- 命令行：BREAK（BR）
- 功能区："默认"选项卡→"修改"面板→"打断 📄"
- 菜单："修改"→"打断 📄"

案例 5-11：打断

采用打断命令绘制如图 5-91 所示的图形。操作步骤如下：

步骤 1 绘制圆。在命令行输入 C→空格，选取任意点为圆心，输入半径值 20，绘制结果如图 5-92 所示。

步骤 2 绘制矩形。在命令行输入 REC→空格，选取任意点为起点，再输入 D，指定长为 15，宽为 30，单击鼠标左键，完成矩形的绘制，结果如图 5-93 所示。

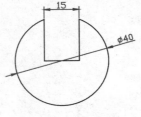
图 5-91 打断

图 5-92 绘制圆

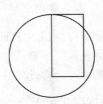
图 5-93 绘制矩形

步骤 3 夹点移动矩形。首先在绘图区选取要移动的图素，选中的图素出现夹点，单击基点，然后在命令行输入 MO 进入移动模式，再单击圆心将矩形基点移动到圆心，完成夹点移动，结果如图 5-94 所示。

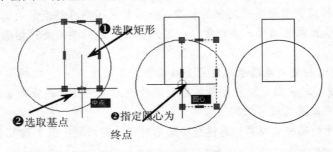
图 5-94 夹点移动矩形

步骤 4 修剪圆。在命令行输入 TR→空格→空格，选取矩形内的圆弧，修剪结果如图 5-95 所示。

步骤 5 打断。在命令行输入 BR→空格，选取矩形为要打断的对象，再输入 F，指定右边圆端点为第一打断点，左边的圆端点为第二打断点，打断结果如图 5-96 所示。

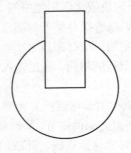
图 5-95 修剪

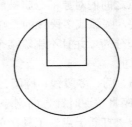
图 5-96 打断

步骤 **6** 标注尺寸。首先切换当前图层为"标注"层，在命令行输入DLI→空格，选取要标注的线性几何，拉出尺寸并放置，再输入DDI→空格，选取要标注的圆，拉出尺寸并放置，结果如图 5-97 所示。

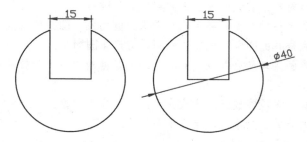

图 5-97　标注尺寸

5.8　合并命令【JOIN（J）】

合并线性和弯曲对象的端点，以便创建单个对象。在其公共端点处合并一系列有限的线性和开放的弯曲对象，以创建单个二维或三维对象。

产生的对象类型取决于选定的对象类型。首先选定的对象类型及对象是否共面。构造线、射线和闭合的对象无法合并。

其命令启动方式如下：

- 命令行：JOIN（J）
- 功能区："曲面建模"选项卡→"曲线"面板→"合并 ➤◄"
- 菜单："修改"→"合并 ➤◄"

合并操作有两种方式：第一种方式是先选取源对象，按空格键确定后再选取其他对象合并到源对象中；第二种方式是一次性选取多个对象合并在一起。

- 源对象如果是直线，仅直线对象可以合并到源线。直线对象必须都是共线，但它们之间可以有间隙。
- 源对象如果是多段线，直线、多段线和圆弧可以合并到源多段线。所有对象必须连续且共面。生成的对象是单条多段线。
- 源对象如果是三维多段线，所有线性或弯曲对象可以合并到源三维多段线。所有对象必须是连续的，但可以不共面。产生的对象是单条三维多段线或单条样条曲线，分别取决于用户连接到线性对象还是弯曲对象。
- 源对象如果是圆弧，只有圆弧可以合并到源圆弧。所有的圆弧对象必须具有相同半径和中心点，但是它们之间可以有间隙。从源圆弧按逆时针方向合并圆弧。"闭合"选项可将源圆弧转换成圆。
- 源对象如果是椭圆弧，仅椭圆弧可以合并到源椭圆弧。椭圆弧必须共面且具有相同的主轴和次轴，但是它们之间可以有间隙。从源椭圆弧按逆时针方向合并椭圆弧。"闭合"选项可将源椭圆弧转换为椭圆。
- 源对象如果是螺旋，所有线性或弯曲对象可以合并到源螺旋。所有对象必须是连续的，但可以不共面。结果对象是单个样条曲线。
- 源对象如果是样条曲线，所有线性或弯曲对象可以合并到源样条曲线。所有对象必须是连续的，但可以不共面。结果对象是单个样条曲线。

一次选择多个对象，并合并多个对象，而无须指定源对象。规则和生成的对象类型如下：

- 合并共线可产生直线对象。直线的端点之间可以有间隙。
- 合并具有相同圆心和半径的共面圆弧可产生圆弧或圆对象。圆弧的端点之间可以有间隙，以逆时针方向进行加长。如果合并的圆弧形成完整的圆，会产生圆对象。
- 将样条曲线、椭圆圆弧或螺旋合并在一起或合并到其他对象可产生样条曲线对象。这些对象可以不共面。
- 合并共面直线、圆弧、多段线或三维多段线可产生多段线对象。
- 合并不是弯曲对象的非共面对象可产生三维多段线。

5.9 分解对象【EXPLODE(X)】

在希望单独修改复合对象的部件时，可分解复合对象。可以分解的对象包括块、多段线及面域等。任何分解对象的颜色、线型和线宽都可能会改变，其他结果将根据分解复合对象类型的不同而有所不同。

如果图块带属性，分解后图形的属性值将消失，并被还原为属性定义的选项。但是使用MINSERT命令插入的图块或外部参照对象，用EXPLODE是无法分解的。

其命令启动方式如下。

- 命令行：EXPLODE（X）
- 功能区："默认"选项卡→"修改"面板→"分解 "
- 菜单："修改"→"分解 "

5.10 放弃操作【UNDO(U)】

系统提供了图形的恢复功能，利用图形恢复功能，可以对绘图过程中的错误操作进行撤销，其命令启动方式如下。

- 命令行：UNDO（U）

点拨

虽然UNDO的快捷键是U，但是输入UNDO和输入U操作方式还是有区别的，输入U只能单步放弃操作，输入UNDO可以一次放弃多步操作。用户可在实际情况下灵活选择。

5.11 重做操作【REDO】

恢复上一步用UNDO或U命令放弃的效果。重做命令和放弃命令正好相反，重做命令可以执行放弃的操作，REDO 可恢复单步UNDO或U命令放弃的效果。

其命令启动方式如下。

- 命令行：REDO
- 菜单："编辑"→"重做 "

- 右键快捷菜单：无命令处于活动状态和无对象选定的情况下，在绘图区域单击鼠标右键，然后在弹出的快捷菜单中选择"重做"选项
- 快捷键：Ctrl+Y

点 拨

在执行重做REDO命令时注意，此命令与UNDO命令是成对出现的，也就是说REDO 必须紧跟随在U或UNDO 命令之后才能执行。在其他命令后面执行REDO是无效的，因为没有操作可以重做。

5.12 本章小节

本章主要讲解对象的选取和利用选取后的夹点进行编辑及修剪、延伸等默认编辑方式，熟练掌握多种选取方式可以提高选取速度、多使用夹点编辑方式来绘图，对提高绘图速度有很大的帮助。要熟练运用自动边界修剪和延伸及手动边界修剪和延伸的操作要领。

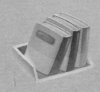

第6章

AutoCAD 转换编辑操作

本章将详细讲解对象转换命令，包括对象偏移、复制、移动、旋转、阵列、镜像等，将使绘图速度大大提高。

学习目标

- 掌握偏移操作方法
- 掌握镜像轴的定义方法
- 掌握移动命令的创建方法
- 掌握复制的方法
- 掌握旋转的操作方法
- 掌握阵列的操作并熟练运用阵列
- 掌握缩放操作，理解缩放的比例因子含义
- 掌握倒圆角和倒角的应用
- 理解拉伸和对齐的含义

6.1 偏移对象【OFFSET(O)】

偏移命令是将某对象沿其法向偏移，用于创建同心圆、平行线和平行曲线。可以在指定距离或通过一个点偏移对象。偏移命令启动方式如下。

- 功能区："默认"选项卡→"修改"面板→"偏移⚓"
- 菜单："修改"→"偏移⚓"
- 命令行：OFFSET（O）

命令行提示如下：

```
命令： O  //偏移命令
当前设置：删除源=否  图层=源  OFFSETGAPTYPE=0
指定偏移距离或［通过(T)/删除(E)/图层(L)］<通过>://输入距离
选择要偏移的对象，或［退出(E)/放弃(U)］<退出>://选择对象
指定要偏移的那一侧上的点，或［退出(E)/多个(M)/放弃(U)］<退出>://指定偏移侧
选择要偏移的对象，或［退出(E)/放弃(U)］<退出>：*取消*//按Esc键退出
```

各选项含义如下。

- 偏移距离：在距现有对象指定的距离处创建对象。
- 通过（T）：创建通过指定点的对象。

- 删除（E）：偏移源对象后将其删除。
- 多个（M）：输入"多个"偏移模式，将使用当前偏移距离重复进行偏移操作。

6.1.1 指定距离偏移

指定距离偏移是偏移的基本形式，在命令行输入O并按空格键，输入偏移距离，选取要偏移的对象，然后指定偏移侧即可创建偏移对象。

案例 6-1：指定距离偏移

采用指定距离偏移命令绘制如图 6-1 所示的图形。操作步骤如下：

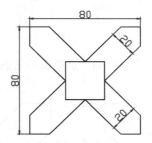

图 6-1 指定距离偏移

步骤 1 绘制矩形。在命令行输入REC→空格，选取任意点为起点，然后在命令行输入D，指定长和宽均为 80，单击鼠标左键即可完成矩形的绘制，结果如图 6-2 所示。

步骤 2 绘制对角线。在命令行输入L→空格，选取矩形对焦点，绘制结果如图 6-3 所示。

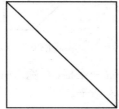
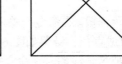

图 6-2 绘制矩形　　　　　　　　图 6-3 绘制对角线

步骤 3 偏移线。在命令行输入O→空格，输入偏移距离为 10，选取要偏移的对角线，指定偏移侧为两侧，偏移结果如图 6-4 所示。

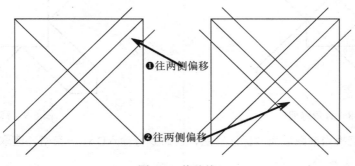

❶往两侧偏移
❷往两侧偏移

图 6-4 偏移线

步骤 4 删除对角线。在命令行输入E→空格，选取对角线为要删除的对象，再按空格键即可完成删除，结果如图 6-5 所示。

步骤 5 修剪多余线条。在命令行输入TR→空格→空格，选取要修剪的线条，修剪结果如图 6-6 所示。

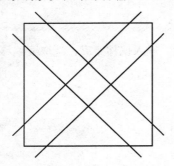

图 6-5　删除对角线

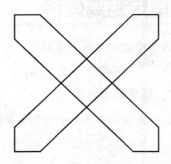

图 6-6　修剪线条

步骤 6 绘制水平线和竖直线。在命令行输入L→空格，选取偏移线的交点，绘制水平线和竖直线，长度任意，绘制结果如图 6-7 所示。

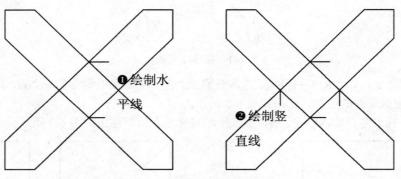

❶绘制水平线

❷绘制竖直线

图 6-7　绘制水平线和竖直线

步骤 7 直角修剪。在命令行输入F→空格，再输入M进行多重修剪，按住Shift键选取刚绘制的水平线和竖直线，将其修剪成直角，结果如图 6-8 所示。

步骤 8 修剪多余线条。在命令行输入TR→空格→空格，选取要修剪的线条，修剪结果如图 6-9 所示。

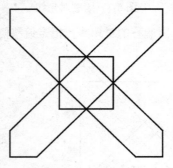

图 6-8　直角修剪

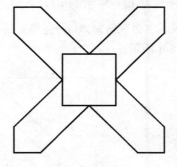

图 6-9　修剪

步骤 9 标注尺寸。首先切换当前图层为"标注"层，在命令行输入DAL→空格，选取要标注的对象，拉出尺寸并放置，结果如图 6-10 所示。

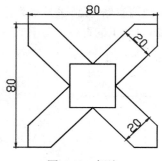

图 6-10　标注

6.1.2　通过点偏移

通过点偏移是偏移的另外一种形式，当需要偏移的对象之间的距离未知，而已知偏移对象通过的点的情况下，就可以使用通过点偏移命令。在命令行输入O→空格，再输入T，选取要偏移的对象，然后指定偏移通过点。偏移是按照对象的法向方向进行偏移到指定点。

案例 6-2：通过点偏移

采用通过点偏移命令绘制如图 6-11 所示的图形。操作步骤如下：

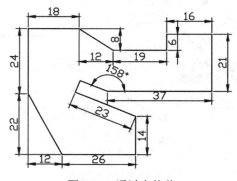

图 6-11　通过点偏移

步骤 1 绘制直线。在命令行输入L→空格，选取任意点为起点，绘制竖直长度为 24、水平长度为 18、倾斜线为（@12,-8）、水平长度为 19、竖直长度为 6、水平长度为 16、竖直长度为 21，水平长度为 37 的直线，结果如图 6-12 所示。

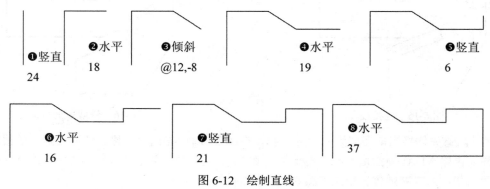

图 6-12　绘制直线

步骤 **2** 绘制直线。在命令行输入L→空格，选取直线为 24 的端点为起点，绘制倾斜线为（@12,-22）、水平长度为-26、竖直长度为 14、倾斜线为（@23<158）的直线，结果如图 6-13 所示。

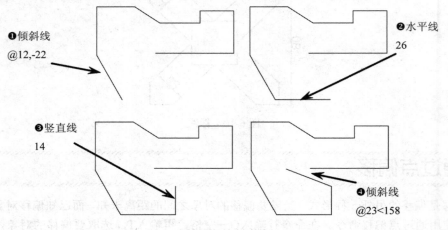

❶倾斜线

@12,-22

❷水平线

26

❸竖直线

14

❹倾斜线

@23<158

图 6-13 绘制直线

步骤 **3** 偏移通过点。在命令行输入O→空格，再输入T，然后选取要偏移的直线，指定通过点，偏移结果如图 6-14 所示。

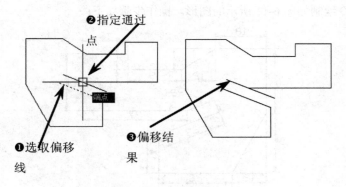

❷指定通过

点

端点

❶选取偏移

线

❸偏移结

果

图 6-14 偏移通过点

步骤 **4** 连接线。在命令行输入L→空格，选取偏移线和偏移源对象的端点，连接两端点，结果如图 6-15 所示。

步骤 **5** 修剪多余线条。在命令行输入TR→空格→空格，选取要修剪的线条，修剪结果如图 6-16 所示。

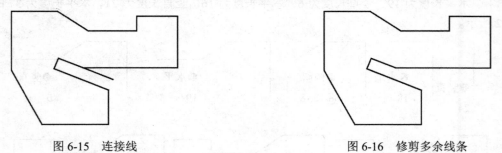

图 6-15 连接线

图 6-16 修剪多余线条

步骤 **6** 标注尺寸。首先切换当前图层为"标注"层，在命令行输入DLI→空格，选取要标注的线性尺寸，拉出尺寸并放置；再输入DAL→空格，选取要标注的倾斜线，拉出尺寸并放置尺寸；再输入DAN→空格，选取两线标注角度，拉出尺寸并放置，结果如图 6-17 所示。

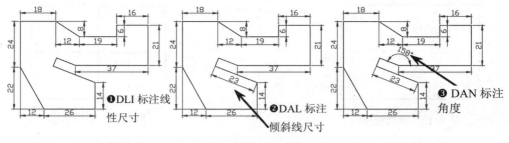

图 6-17 标注尺寸

6.2 镜像命令【MIRROR(MI)】

镜像命令可创建选定对象的镜像副本,即可以创建表示半个图形的对象,选择这些对象并沿指定的线进行镜像以创建另一半。而镜像后的图像和原始图像是关于镜像中心线对称的。镜像命令启动方式如下:

- 功能区:"默认"选项卡→"修改"面板→"镜像◢▷"
- 菜单:"修改"→"镜像◢▷"
- 命令行:MIRROR(MI)

命令行提示如下:

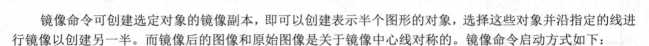

选择对象:使用对象选择方法,然后按 Enter 键完成选 62E9
指定镜像线的第一点:指定点 (1)
指定镜像线的第二点:指定点 (2)
要删除源对象吗?[是(Y)/否(N)] <N>:指定是否删除源对象

案例 6-3:镜像

采用镜像命令绘制如图 6-18 所示的图形。操作步骤如下:

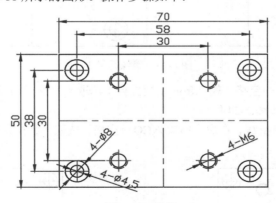

图 6-18 镜像

步骤 1 绘制矩形。在命令行输入REC→空格,选取任意点为起点,再输入D,指定长为 70,宽为 50,单击鼠标完成矩形的绘制,结果如图 6-19 所示。

步骤 2 绘制水平和竖直中线。在命令行输入L→空格,选取矩形对边的中心点,然后输入长度,绘制结果如图 6-20 所示。

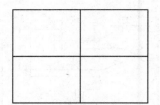

图 6-19 绘制矩形　　　　　　　　　　　　　图 6-20 绘制中线

步骤 **3** 绘制圆。在命令行输入C→空格，再输入from（捕捉自）选取十字交点为基点，输入（@29,19）为圆心，输入直径为 4.5 和 8，绘制结果如图 6-21 所示。

步骤 **4** 绘制十字交线。在命令行输入L→空格，选取任意点为起点，指定水平和竖直长度均为 9，再将线中点移动到圆心上，绘制结果如图 6-22 所示。

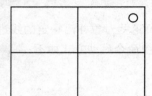
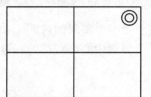
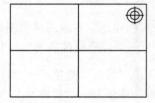

图 6-21 绘制圆　　　　　　　　　　　　　　图 6-22 绘制十字交线

步骤 **5** 镜像。在命令行输入MI→空格，首先在绘图区选取要镜像的对象，再单击要作为镜像轴的两点，默认保留源对象，完成的镜像结果如图 6-23 所示。

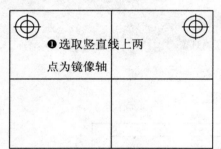

图 6-23 镜像结果 1

步骤 **6** 绘制圆。在命令行输入C→空格，输入from（捕捉自）选取十字交点为基点，输入（@15,15）为圆心，输入直径为 5 和 6，绘制结果如图 6-24 所示。

步骤 **7** 复制十字交线。选取十字交线，在命令行输入CO→空格，选取十字交点为起点，终点为刚绘制圆的圆心，结果如图 6-25 所示。

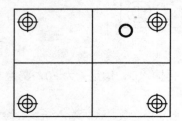
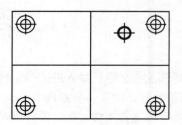

图 6-24 绘制圆　　　　　　　　　　　　　　图 6-25 复制十字交线

步骤 8 镜像。在命令行输入 MI→空格，首先在绘图区选取要镜像的对象，再单击要作为镜像轴的两点，默认保留源对象，完成的镜像结果如图 6-26 所示。

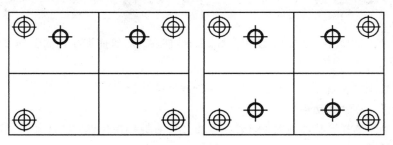

图 6-26 镜像结果 2

点拨

这里将 1 个对象镜像成 4 个，通常需要镜像 3 次才行，本步骤采用两次镜像完成，首先将要镜像的对象镜像，得到 2 个对象，然后将两对象一起镜像，得到 4 个对象，即所要的结果，操作也比较方便。

步骤 9 修改线型为中心线。在绘图区选取中心线，然后单击图层栏并选中"中心线"层，即可将线型修改为中心线，修改结果如图 6-27 所示。

步骤 10 修剪圆。在命令行输入 TR→空格，选取要修剪的圆，修剪结果如图 6-28 所示。

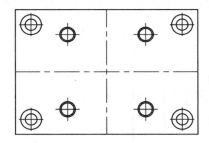

图 6-27 修改线型

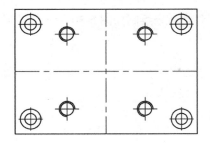

图 6-28 修剪

步骤 11 标注尺寸。首先切换当前图层为"标注"层，在命令行输入 DLI→空格，选取要标注的线性尺寸，拉出尺寸并放置；再输入 DDI→空格，选取要标注的圆，拉出尺寸并放置，结果如图 6-29 所示。

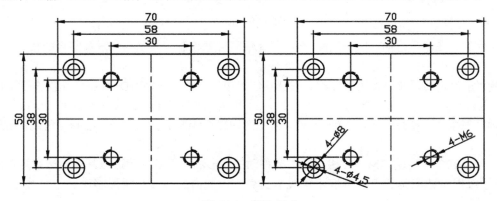

图 6-29 标注尺寸

6.3 移动命令【MOVE（M）】

在指定方向上按指定距离移动对象。使用坐标、栅格捕捉、对象捕捉和其他工具可以精确移动对象。移动命令启动方式如下。

- 功能区："默认"选项卡→"修改"面板→"移动✛"
- 菜单："修改"→"移动✛"
- 右键快捷菜单：选择要移动的对象，然后单击鼠标右键，在弹出的快捷菜单中选择"移动"命令
- 命令行：MOVE（M）

命令行提示如下。

选择对象：
指定基点或〔位移(D)〕：
指定第二个点或 <使用第一个点作为位移>：

指定的两个点定义了一个矢量，表明选定对象将被移动的距离和方向。

如果在"指定第二个点"提示下按 Enter 键，则第一个点将被认为是相对X、Y、Z位移。

案例 6-4：移动

采用移动命令绘制如图 6-30 所示的图形。操作步骤如下：

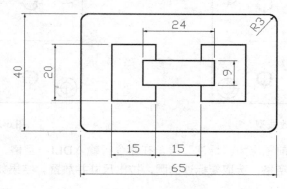

图 6-30 移动

步骤 1 绘制十字线。在命令行输入L→空格，在屏幕上任意位置绘制一条水平和一条竖直的相交线，结果如图 6-31 所示。

步骤 2 绘制矩形。在命令行输入REC→空格，在任意位置单击一点；再输入D→空格，指定矩形的长度为 65，宽度为 40；再依照同样的方法，绘制另外两个 20×20 和 24×9 的矩形。结果如图 6-32 所示。

步骤 3 绘制辅助对角线。在命令行输入L→空格，分别选取三个矩形的斜对角点，绘制对角线，结果如图 6-33 所示。

步骤 4 移动矩形。在命令行输入M→空格，选取要移动的矩形后，系统提示选取基点，选取矩形对角线的中心点，然后系统提示选取第二点，选取十字线的交点，以此方式将三个矩形移动到十字线上，如图 6-34 所示。

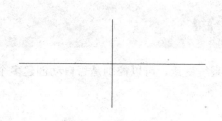

图 6-31　绘制十字线

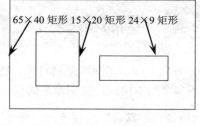

图 6-32　绘制三个矩形

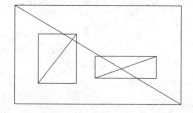

图 6-33　绘制对角线

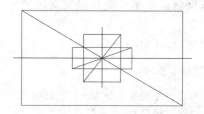

图 6-34　移动矩形

步骤 **5** 删除辅助对角线。在命令行输入 E→空格，选取刚绘制的矩形对角线，确定后即可删除。

步骤 **6** 距离移动。在命令行输入 M→空格，选取 15×20 的矩形，系统提示选取基点，然后在命令行输入（-15,0）并按空格键，系统提示选取第二点，直接按 Enter 键确定，即矩形往 X 轴负轴移动 15 的距离，如图 6-35 所示。

步骤 **7** 镜像矩形。在命令行输入 MI→空格，选取 15×20 的矩形并按空格键，系统提示选取镜像第一点，选取竖直中线的任意点；系统提示选取第二点，同样选取竖直中线上任意点；系统提示是否删除源对象，输入 N 不删除，结果如图 6-36 所示。

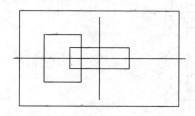

图 6-35　距离移动

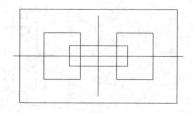

图 6-36　镜像矩形

步骤 **8** 删除十字线。在命令行输入 E→空格，选取十字线，然后按空格键即可删除十字线。

步骤 **9** 倒圆角。在命令行输入 F→空格，再输入 R→空格，然后输入半径 3→空格，依次选取 65×40 的矩形相邻边，结果如图 6-37 所示。

步骤 **10** 修剪。在命令行输入 TR→空格→空格，选取要修剪的 15×20 的矩形侧边，结果如图 6-38 所示。

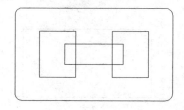

图 6-37　倒圆角

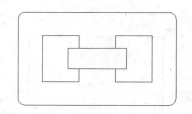

图 6-38　修剪结果

6.4 复制命令【COPY（CO）】

在指定方向上按指定距离复制对象。使用 COPYMODE 系统变量，可以控制是否自动创建多个副本，系统默认为多个副本模式。复制命令的启动方式如下。

- 功能区："默认"选项卡→"修改"面板→"复制 🖑"
- 菜单："修改"→"复制 🖑"
- 右键快捷菜单：选择要复制的对象，然后单击鼠标右键，在弹出的快捷菜单中选择"复制选择"命令
- 命令行：COPY（CO）

命令行提示如下。

> 选择对象：使用对象选择方法，然后按 Enter 键完成选择
> 指定基点或［位移（D）/模式（O）/多个（M）］<位移>：指定基点或输入选项
> 指定第二个点或［阵列（A）］<使用第一个点作为位移>：指定第二个点或输入选项

指定的两点定义一个矢量，指示复制对象的放置离原位置有多远及以哪个方向放置。

如果在"指定第二个点"提示下按 Enter 键，则第一个点将被认为是相对X、Y、Z位移。

案例 6-5：复制

采用复制命令绘制如图 6-39 所示的图形。操作步骤如下：

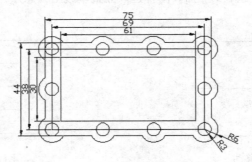

图 6-39　复制

步骤 1 绘制一个 69×38 的矩形。在命令行输入REC→空格，在屏幕上选取任意点为起点，再输入D→空格，指定矩形长为 69，宽为 38，单击鼠标确定完成矩形的绘制，如图 6-40 所示。

步骤 2 绘制圆。在命令行输入C→空格，选取矩形左上角点作为圆心点，指定半径为 3 和 6，结果如图 6-41 所示。

图 6-40　绘制矩形

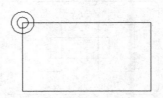

图 6-41　绘制圆

步骤 3 点到点复制。首先选取两个圆，在命令行输入CO→空格，选取基点为矩形左上角点，第二点分别为矩形左中点和矩形左下点，结果如图 6-42 所示。

步骤 4 距离复制。选中刚复制的 6 个圆，在命令行输入CO→空格，选取基点为左上角点，然后使鼠标出现水平向右 0° 极轴追踪，输入水平距离为 23、46、69，系统即进行三次复制，复制方向为水平向右，距离为 23、46、69，结果如图 6-43 所示。

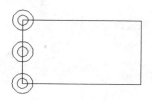

图 6-42　点到点复制

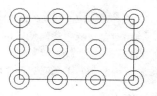

图 6-43　复制结果

步骤 5 删除多余的圆。在命令行输入E→空格，选取中间多余的 4 个圆，确定后即可删除，结果如图 6-44 所示。

步骤 6 偏移矩形。在命令行输入O→空格，输入偏移距离为 3，选取 69×38 的矩形后向外偏移，同样的方法再向内偏移距离为 4，结果如图 6-45 所示。

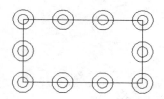

图 6-44　删除多余的圆

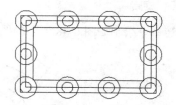

图 6-45　偏移矩形

步骤 7 修剪圆。在命令行输入TR→空格，选取 75×44 的矩形→空格，再选取矩形内的圆弧部分，即可将矩形内的圆弧修剪掉，结果如图 6-46 所示。

步骤 8 修剪矩形。在命令行输入TR→空格，选取所有圆弧→空格，再单击圆弧内的矩形部分，则可以将圆弧内的线修剪掉，结果如图 6-47 所示。

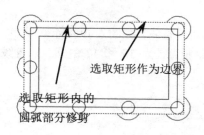

图 6-46　修剪圆

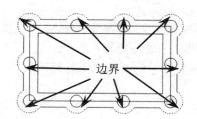

图 6-47　修剪矩形

6.5　旋转命令【ROTATE（RO）】

将对象绕某一基点进行旋转。可以旋转移动或旋转复制，旋转方向规定逆时针方向为正向，顺时针方向为负向。旋转命令的启动方式如下。

- 功能区："默认"选项卡 → "修改"面板 → "旋转 ○"
- 菜单："修改" → "旋转 ○"
- 右键快捷菜单：选择要旋转的对象，然后单击鼠标右键，在弹出的快捷菜单中选择"旋转"命令
- 命令行：ROTATE（RO）

命令行提示如下：

UCS 当前的正角度：ANGDIR=当前值 ANGBASE=当前值
选择对象：使用对象选择方法，然后按 Enter 键完成选择
指定基点：指定点
指定旋转角度或 [复制(C)/参照(R)]：输入角度或指定点，或者输入 c 或 r

各选项含义如下。

- 旋转角度：决定对象绕基点旋转的角度。旋转轴通过指定的基点，并且平行于当前 UCS 的 Z 轴。
- 复制：创建要旋转的选定对象的副本。
- 参照：将对象从指定的角度旋转到新的绝对角度。旋转视口对象时，视口的边框仍然保持与绘图区域的边界平行。

案例 6-6：旋转

采用旋转命令绘制如图 6-48 所示的图形。操作步骤如下：

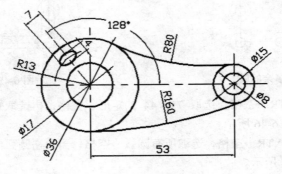

图 6-48 旋转

步骤 1 绘制水平直线。在命令行输入 L→空格，绘制长度为 53 的水平直线，如图 6-49 所示。

步骤 2 绘制圆。在命令行输入 C→空格，以直线左端点为圆心，绘制直径为 36 和 17 的圆，以直线右端点为圆心，绘制直径为 8 和 15 的圆，结果如图 6-50 所示。

图 6-49 绘制水平直线

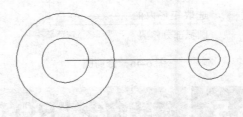

图 6-50 绘制圆

步骤 3 绘制公切圆。在命令行输入 C→空格，再输入 T 并按空格键，选取两个切点，绘制半径为 80 和 160 公切圆，如图 6-51 所示。

步骤 4 修剪。在命令行输入TR→空格，选取直径为 36 和 15 的两个圆为边界，选取半径为 80 和 160 的两个要修剪的圆右侧部分，则单击部分将被修剪掉，如图 6-52 所示。

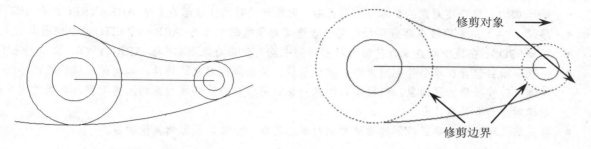

图 6-51 绘制公切圆 图 6-52 修剪

步骤 5 绘制椭圆。在命令行输入EL→空格，再输入C，以中心定位，再输入from选取直线左端点，输入相对坐标（@13,0），系统提示输入轴端点，输入值为 2 和 3.5，确定即可绘制椭圆，结果如图 6-53 所示。

步骤 6 旋转椭圆。在命令行输入RO→空格，选取椭圆并按空格键，再选取直线左端点作为旋转基点，输入旋转角度为 128°，结果如图 6-54 所示。

步骤 7 修改线型为中心线。选中直线，在线型栏选取中心线为当前线型，即可将直线线型修改成中心线，结果如图 6-55 所示。

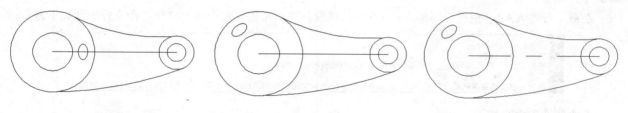

图 6-53 绘制椭圆 图 6-54 旋转椭圆 图 6-55 修改线型为中心线

6.6 阵列命令【ARRAY（AR）】

创建按指定方式排列的对象副本。用户可以在均匀隔开的矩形、环形或路径阵列中创建对象副本。DELOBJ 系统变量控制在阵列创建后是删除还是保留阵列的源对象。阵列命令的启动方式如下。

- 功能区："默认"选项卡→"修改"面板→"阵列"
- 菜单："修改"→"阵列"
- 命令行：ARRAY（AR）

在命令行输入AR→空格，选取任意对象进行阵列操作，命令行出现如下提示：

```
命令: AR ARRAY
选择对象: 找到 1 个
选择对象: 输入阵列类型 [矩形(R)/路径(PA)/极轴(PO)] <矩形>: po
类型 = 极轴  关联 = 是
指定阵列的中心点或 [基点(B)/旋转轴(A)]:
选择夹点以编辑阵列或 [关联(AS)/基点(B)/项目(I)/项目间角度(A)/填充角度(F)/行(ROW)/层(L)/旋转项目(ROT)/退出(X)] <退出>:
命令: *取消*
命令: *取消*
```

各主要选项含义如下：

- 选择对象：指定要排列的对象。
- 矩形（R）：将选定对象的副本分布到行数、列数和层数的任意组合（与 ARRAYRECT 命令相同）。
- 路径（PA）：沿路径或部分路径均匀分布选定对象的副本（与 ARRAYPATH 命令相同）。
- 极轴（PO）：在绕中心点或旋转轴的环形阵列中均匀分布对象副本（与 ARRAYPOLAR 命令相同）。
- 关联：项目包含在单个阵列对象中，类似于块。编辑阵列对象的特性，如间距或项目数。替代项目特性或替换项目的源对象，编辑项目的源对象以更改参照这些源对象的所有项目。如果关闭关联，创建对象为非关联。
- 非关联：阵列中的项目将创建为独立的对象。更改一个项目不影响其他项目。

阵列有矩形阵列、环形阵列、路径阵列三种方式，下面将详细讲解这三种阵列方式。

6.6.1　矩形阵列【ARRAYRECT（AR→R）】

在矩形阵列中，项目分布到任意行、列和层的组合。动态预览可快速获得行和列的数量和间距，添加层来生成三维阵列。通过拖动阵列夹点，可以增加或减小阵列中行和列的数量和间距。

可以围绕 XY 平面中的基点旋转阵列，在创建时，行和列的轴相互垂直。对于关联阵列，可以在以后编辑轴的角度。

在命令行输入AR→空格，再输入R→空格，选取任意对象进行矩形阵列操作，命令行出现如下提示：

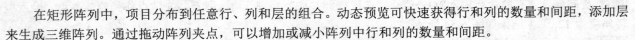

```
命令: AR ARRAY
选择对象: 找到 1 个
选择对象: 输入阵列类型 [矩形(R)/路径(PA)/极轴(PO)] <极轴>: R
类型 = 矩形　关联 = 是
选择夹点以编辑阵列或 [关联(AS)/基点(B)/计数(COU)/间距(S)/列数(COL)/行数(R)/层数(L)/退出(X)] <退出>:
```

各主要选项含义如下。

- 基点（B）：指定从阵列起始点。
- 计数（COU）：输入行阵列项目数和列阵列项目数。
- 间距（S）：输入行间距或列间距。
- 列数（COL）：输入列方向项目数。
- 行数（R）：输入行方向项目数。
- 层数（L）：输入垂直于行和列方向上的层项目数。

案例 6-7：矩形阵列

采用矩形阵列绘制如图 6-56 所示的图形。操作步骤如下：

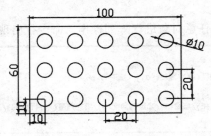

图 6-56　矩形阵列

步骤 1 创建矩形。在命令行输入REC→空格，选取任意点为起点，再输入（@100,60）指定长宽，完成矩形的创建，结果如图 6-57 所示。

步骤 2 绘制圆。在命令行输入C→空格，选取矩形左下角为圆心，输入半径为 5，绘制结果如图 6-58 所示。

步骤 3 夹点移动。首先在绘图区选取要移动的圆，选中的源出现夹点，选取圆心为基点，输入MO进入移动模式，再输入（@10,10），完成移动结果如图 6-59 所示。

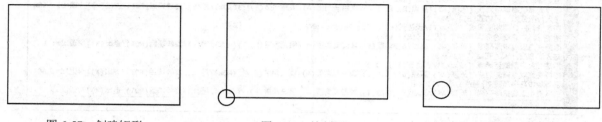

图 6-57　创建矩形　　　　　图 6-58　绘制圆　　　　　图 6-59　夹点移动

步骤 4 矩形阵列。在命令行输入AR→空格，选取圆为阵列对象，再输入R→空格，启动矩形阵列，设置阵列参数，操作如图 6-60 所示。

图 6-60　矩形阵列

步骤 5 标注尺寸。首先切换当前图层为"标注"层，在命令行输入DLI→空格，选取要标注的线性几何，拉出尺寸并放置；再输入DDI→空格，选取要标注的圆，拉出尺寸并放置，结果如图 6-61 所示。

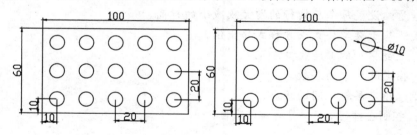

图 6-61　标注尺寸

6.6.2　极轴阵列【ARRAYPOLAR（AR→PO）】

围绕中心点或旋转轴在环形阵列中均匀分布对象副本。在命令行输入AR→空格，再输入PO→空格，选取任意对象进行极轴阵列操作，命令行出现如下提示：

各主要选项含义如下。

- 选择对象：选择要在阵列中使用的对象。
- 阵列的中心点：指定分布阵列项目所围绕的点。旋转轴是当前 UCS 的 Z轴。
- 基点：指定阵列的基点。

```
命令: AR ARRAY
选择对象: 找到 1 个
选择对象: 输入阵列类型 [矩形(R)/路径(PA)/极轴(PO)] <极轴>: PO
类型 = 极轴  关联 = 是
指定阵列的中心点或 [基点(B)/旋转轴(A)]:
选择夹点以编辑阵列或 [关联(AS)/基点(B)/项目(I)/项目间角度(A)/填充角度(F)/行(ROW)/层(L)/旋转项目(ROT)/退出(X)] <退出>: I
输入阵列中的项目数或 [表达式(E)] <6>: 5
选择夹点以编辑阵列或 [关联(AS)/基点(B)/项目(I)/项目间角度(A)/填充角度(F)/行(ROW)/层(L)/旋转项目(ROT)/退出(X)] <退出>: A
指定项目间的角度或 [表达式(EX)] <72>: 60
选择夹点以编辑阵列或 [关联(AS)/基点(B)/项目(I)/项目间角度(A)/填充角度(F)/行(ROW)/层(L)/旋转项目(ROT)/退出(X)] <退出>: F
指定填充角度(+=逆时针、-=顺时针)或 [表达式(EX)] <240>: 270
选择夹点以编辑阵列或 [关联(AS)/基点(B)/项目(I)/项目间角度(A)/填充角度(F)/行(ROW)/层(L)/旋转项目(ROT)/退出(X)] <退出>: ROW
输入行数数或 [表达式(E)] <1>: 2
指定 行数 之间的距离或 [总计(T)/表达式(E)] <753.2506>: 300
指定 行数 之间的标高增量或 [表达式(E)] <0>: 20
选择夹点以编辑阵列或 [关联(AS)/基点(B)/项目(I)/项目间角度(A)/填充角度(F)/行(ROW)/层(L)/旋转项目(ROT)/退出(X)] <退出>: L
输入层数或 [表达式(E)] <1>: 3
指定 层 之间的距离或 [总计(T)/表达式(E)] <1>: 30
选择夹点以编辑阵列或 [关联(AS)/基点(B)/项目(I)/项目间角度(A)/填充角度(F)/行(ROW)/层(L)/旋转项目(ROT)/退出(X)] <退出>: ROT
是否旋转阵列项目？[是(Y)/否(N)] <是>: Y
选择夹点以编辑阵列或 [关联(AS)/基点(B)/项目(I)/项目间角度(A)/填充角度(F)/行(ROW)/层(L)/旋转项目(ROT)/退出(X)] <退出>:
键入命令
```

- 旋转轴：指定由两个指定点定义的自定义旋转轴。
- 关联：指定阵列中的对象是关联的还是独立的。是即关联，包含单个阵列对象中的阵列项目，类似于块。使用关联阵列，可以通过编辑特性和源对象在整个阵列中快速传递更改。否即不关联，创建阵列项目作为独立对象，更改一个项目不影响其他项目。
- 项目：使用值或表达式指定阵列中的项目数。注意，当在表达式中定义填充角度时，结果值中的（＋或 -）数学符号不会影响阵列的方向。
- 项目间角度：使用值或表达式指定项目之间的角度。
- 填充角度：使用值或表达式指定阵列中第一个和最后一个项目之间的角度。
- 行：定义阵列水平方向的行数和行间距参数。
  - ➤ 行数：指定阵列中的行数、它们之间的距离及行之间的增量标高。
  - ➤ 行间距：指定从每个对象的相同位置测量的每行之间的距离。
  - ➤ 全部：指定从开始和结束对象上的相同位置测量的起点和终点行之间的总距离。
  - ➤ 标高增量：设置每个后续行的增大或减小的标高。
  - ➤ 表达式：基于数学公式或方程式导出值。
- 层：指定（三维阵列的）层数和层间距。
  - ➤ 层数：指定阵列中的层数。
  - ➤ 层间距：指定层级之间的距离。
- 旋转项目：控制在排列项目时是否旋转项目。

案例 6-8：极轴阵列

将如图 6-62 所示的图形进行极轴阵列，结果如图 6-63 所示。操作步骤如下：

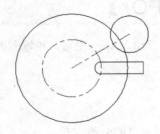

图 6-62　原图

图 6-63　阵列结果

步骤 **1** 选取要阵列的项目。采用框选的方式从左上向右下框选，结果如图 6-64 所示。

步骤 **2** 环形阵列。使上一步选取的项目保持选取状态后，在命令行输入 ARRAYPOLAR→空格，选取建构圆的圆心作为阵列的中心点，默认项目数为 6，结果如图 6-65 所示。

步骤 **3** 修剪多余线条。在命令行输入 TR→空格→空格，选取要修剪的线条，结果如图 6-66 所示。

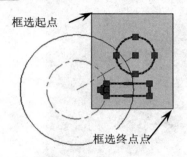
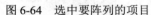

图 6-64　选中要阵列的项目

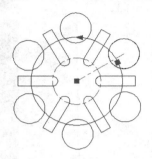

图 6-65　阵列结果

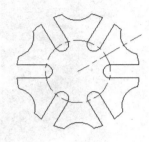

图 6-66　修剪结果

6.6.3　路径阵列【ARRAYPATH（AR→PA）】

沿路径或部分路径均匀分布对象副本。路径可以是直线、多段线、三维多段线、样条曲线、螺旋、圆弧、圆或椭圆。

在命令行输入 AR→空格，然后输入 PA→空格，选取任意对象进行路径阵列操作，命令行出现如下提示：

```
命令: AR ARRAY
选择对象: 找到 1 个
选择对象: 输入阵列类型 [矩形(R)/路径(PA)/极轴(PO)] <矩形>: pa
类型 = 路径    关联 = 是
选择路径曲线:
选择夹点以编辑阵列或 [关联(AS)/方法(M)/基点(B)/切向(T)/项目(I)/行(R)/层(L)/对齐项目(A)/Z 方向(Z)/退出(X)] <退出>: M 输入路径方法 [定数等分(D)/定距等分(M)] <定距等分>: D
选择夹点以编辑阵列或 [关联(AS)/方法(M)/基点(B)/切向(T)/项目(I)/行(R)/层(L)/对齐项目(A)/Z 方向(Z)/退出(X)] <退出>: T 指定切向矢量的第一个点或 [法线(N)]:
指定切向矢量的第二个点:
选择夹点以编辑阵列或 [关联(AS)/方法(M)/基点(B)/切向(T)/项目(I)/行(R)/层(L)/对齐项目(A)/Z 方向(Z)/退出(X)] <退出>: A 是否将阵列项目与路径对齐? [是(Y)/否(N)] <是>: Y
选择夹点以编辑阵列或 [关联(AS)/方法(M)/基点(B)/切向(T)/项目(I)/行(R)/层(L)/对齐项目(A)/Z 方向(Z)/退出(X)] <退出>: Z 是否对阵列中的所有项目保持 Z 方向? [是(Y)/否(N)] <是>: Y
选择夹点以编辑阵列或 [关联(AS)/方法(M)/基点(B)/切向(T)/项目(I)/行(R)/层(L)/对齐项目(A)/Z 方向(Z)/退出(X)] <退出>: I
输入沿路径的项目数或 [表达式(E)] <4>: 5
选择夹点以编辑阵列或 [关联(AS)/方法(M)/基点(B)/切向(T)/项目(I)/行(R)/层(L)/对齐项目(A)/Z 方向(Z)/退出(X)] <退出>:
```

各主要选项含义如下。

- 选择对象：选择要在阵列中使用的对象。
- 路径：指定用于阵列路径的对象。选择直线、多段线、三维多段线、样条曲线、螺旋、圆弧、圆或椭圆。
- 方法：控制如何沿路径分布项目，有定数等分和定距等分两种。
  - ➢ 定数等分：沿路径按等间距分布阵列。
  - ➢ 定距等分：沿路径按输入的间距进行阵列。
- 基点：定义阵列的基点。路径阵列中的项目相对于基点放置。
- 切向：指定阵列中的项目如何相对于路径的起始方向对齐。
- 项目：根据"方法"设置，指定项目数或项目之间的距离。
- 行：指定阵列中的行数、它们之间的距离及行之间的增量标高。
- 层：指定三维阵列的层数和层间距。
- 对齐项目：指定是否对齐每个项目以与路径的方向相切。对齐相对于第一个项目的方向。
- Z 方向：控制是否保持项目的原始 Z 方向或沿三维路径自然倾斜项目。

案例 6-9：路径阵列

将如图 6-67 所示的图形进行路径阵列，结果如图 6-68 所示。操作步骤如下：

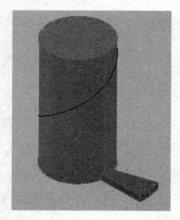

图 6-67 原图

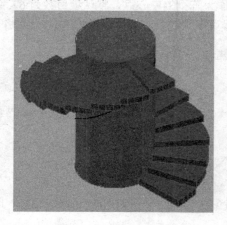

图 6-68 阵列结果

步骤 1 分析螺旋总长度。在命令行输入 **LI**→空格，选取螺旋线，系统分析螺旋长度为 186.2096，项目数为 20，计算出项目间距为 186.2096/20=9.31048

步骤 2 路径阵列。在命令行输入 **ARPATH**→空格，命令行提示如下：

```
命令：ARRAYPATH                                //路径阵列
选择对象：找到 1 个                            //选取阵列对象
选择对象：                                    //按空格键确定结束选取
类型 = 路径   关联 = 否
选择路径曲线：                                //选取阵列路径
选择夹点以编辑阵列或 ［关联(AS)/方法(M)/基点(B)/切向(T)/项目(I)/行(R)/层(L)/对齐项目(A)/Z 方
向(Z)/退出(X)] <退出>：I                      //设置项目
指定沿路径的项目之间的距离或 ［表达式(E)] <27.8115>：9.31048     //输入项目间的距离
指定项目数或 ［填写完整路径(F)/表达式(E)] <20>:20              //项目数
选择夹点以编辑阵列或 ［关联(AS)/方法(M)/基点(B)/切向(T)/项目(I)/行(R)/层(L)/对齐项目(A)/Z 方
向(Z)/退出(X)] <退出>：*取消*                                 //按 Esc 键退出
```

步骤 3 阵列结果如图 6-69 所示。

图 6-69 阵列结果

6.7 缩放命令【SCALE（SC）】

放大或缩小选定对象，缩放后对象的比例保持不变。要缩放对象，需指定基点和比例因子。基点将作为缩放操作的中心，并保持静止；比例因子大于 1 时，将放大对象，比例因子介于 0 和 1 之间时，将缩小对象。缩放命令的启动方式如下。

- 功能区："默认"选项卡→"修改"面板→"缩放▤"
- 菜单："修改"→"缩放▤"
- 右键快捷菜单：选择要缩放的对象，然后单击鼠标右键，在单出的快捷菜单中选择"缩放"命令
- 命令行：SCAL（SC）

在命令行输入SC→空格，对对象进行缩放，命令行出现如下提示：

```
命令: SC SCALE
选择对象: 找到 1 个
选择对象:
指定基点:
指定比例因子或 [复制(C)/参照(R)]: 0.5
命令: *取消*
键入命令
```

各主要选项含义如下。

- 比例因子：按指定的比例放大选定对象的尺寸。大于 1 的比例因子使对象放大；介于 0 和 1 之间的比例因子使对象缩小。还可以拖动光标使对象变大或变小。
- 复制：创建要缩放的选定对象的副本。
- 参照：按参照长度和指定的新长度缩放所选对象。

案例 6-10：比例缩放

采用比例缩放绘制如图 6-70 所示的图形。操作步骤如下：

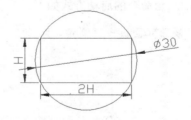

图 6-70　比例缩放

点拨

由于此处H值只给定关系，没有给定值，因此不能直接绘制，应采用逆向方式，先假设一任意值按其关系先绘出，再根据绘制出的图形进行缩放即可得到图示所要求的图形。

步骤 1 绘制矩形。在命令行输入REC→空格，在屏幕上任意指定点，再输入D，指定矩形的长为 20，宽为 10（保证两倍的关系），然后任意单击一点确定矩形，如图 6-71 所示。

步骤 2 绘制圆。在命令行输入C→空格→3P，选取矩形的三个角点，绘制出过矩形 4 个点的圆，如图 6-72 所示。

图 6-71 绘制矩形

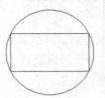

图 6-72 绘制圆

步骤 3 比例缩放。在命令行输入SC→空格，选取矩形和圆，再指定圆心为缩放基点，系统提示输入缩放比例，输入R采用参照方式，系统提示输入参照长度，选取圆的两个直径象限点来定义参照长度，如图 6-73 所示。系统提示输入新长度，输入值为 30，按空格键确定，缩放结果如图 6-74 所示。

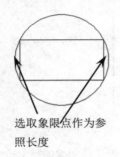

选取象限点作为参照长度

图 6-73 定义参照长度

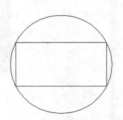

图 6-74 缩放结果

6.8 二维倒圆角【FILLET（F）】

圆角命令可以对对象进行修剪或延伸操作，使对象之间光滑过渡。该命令可以对直线、圆、多段线、样条曲线、构造线、射线等进行处理。倒圆角命令的启动方式如下。

- 功能区："默认"选项卡→"修改"面板→"圆角 ◢"
- 菜单："修改"→"圆角 ◢"
- 命令行：FILIET（F）

命令行提示如下：

```
命令：F FILLET//倒圆角命令
当前设置：模式 = 修剪，半径 = 0.0000
选择第一个对象或 [放弃(U)/多段线(P)/半径(R)/修剪(T)/多个(M)]:R//设置半径
指定圆角半径 <0.0000>: 10 //输入半径值
选择第一个对象或 [放弃(U)/多段线(P)/半径(R)/修剪(T)/多个(M)]://选第一个对象
选择第二个对象，或按住 Shift 键选择对象以应用角点或 [半径(R)]://选第二个对象
```

各主要选项含义如下。

- 第一个对象：选择定义二维圆角所需的两个对象中的第一个对象。

- 第二个对象：选择定义二维圆角所需的两个对象中的第二个对象。
- 按住 Shift 键选择对象以应用角点：选择对象时，可以按住 Shift 键，以使用值 0（零）替代当前圆角半径，即进行倒锐角。
- 放弃：恢复在命令中执行的上一个操作。
- 多段线：在二维多段线中两条直线段相交的每个顶点处插入圆角圆弧。
- 半径：定义圆角圆弧的半径。输入的值将成为后续 FILLET 命令的当前半径。修改此值并不影响现有的圆角圆弧。
- 修剪：控制 FILLET 是否将选定的边修剪到圆角圆弧的端点。
- 多个：给多个对象集加圆角。

案例 6-11：倒圆角（扳手）

采用倒圆角命令绘制如图 6-75 所示的扳手。操作步骤如下：

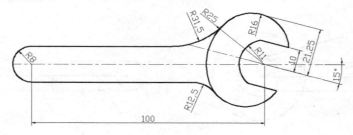

图 6-75　扳手

步骤 1 绘制圆。在命令行输入C→空格，选取任意点为圆心，输入半径为 8，绘制结果如图 6-76 所示。

步骤 2 绘制直线。在命令行输入L→空格，选取圆心为起点，输入长度为 100，绘制结果如图 6-77 所示。

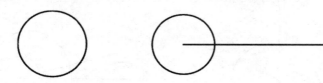

图 6-76　绘制圆　　　　　　　　　　　　　　　　　图 6-77　绘制直线

步骤 3 绘制圆。在命令行输入C→空格，选取直线右端点为圆心，输入半径值 11 和 25，绘制结果如图 6-78 所示。

步骤 4 绘制直线。在命令行输入L→空格，选取圆上下象限点为起点，输入长度为 100，绘制结果如图 6-79 所示。

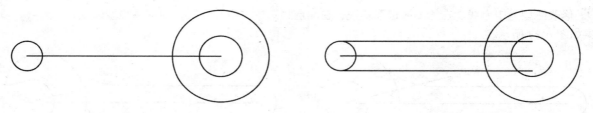

图 6-78　绘制圆　　　　　　　　　　　　　　　　　图 6-79　绘制直线

步骤 5 绘制斜线。在命令行输入L→空格，选取右端圆心为起点，输入角度为<-15，长度为 50，绘制结果如图 6-80 所示。

步骤 6 偏移斜线。在命令行输入O→空格，输入偏移距离为 10 和 21.25，再选取要偏移的对象为斜线，单击偏移侧为上两侧，结果如图 6-81 所示。

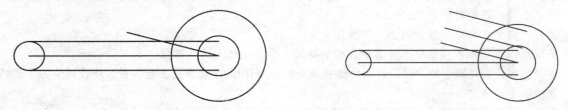

图 6-80　绘制斜线　　　　　　　　　　　　　　图 6-81　偏移斜线

步骤 7 倒圆角。在命令行输入F→空格，再输入R并修改半径为 16 和 31.5，然后单击要倒圆角的边，结果如图 6-82 所示。

步骤 8 延伸。在命令行输入EX→空格→空格，再选取偏移后的斜线和半径为 16 的倒圆角，延伸结果如图 6-83 所示。

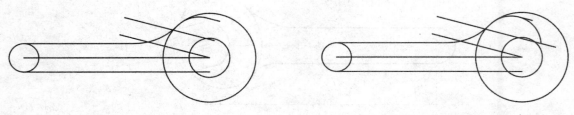

图 6-82　倒圆角　　　　　　　　　　　　　　　图 6-83　延伸结果

步骤 9 修剪。在命令行输入TR→空格→空格，选取要修剪的对象，修剪结果如图 6-84 所示。

步骤 10 镜像。在命令行输入MI→空格，选取斜线上部分对象，再选取斜线端点为镜像轴的两点，镜像结果如图 6-85 所示。

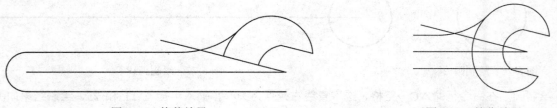

图 6-84　修剪结果　　　　　　　　　　　　　　图 6-85　镜像结果

步骤 11 倒圆角。在命令行输入F→空格，再输入R并修改半径为 12.5，然后单击要倒圆角的边，结果如图 6-86 所示。

步骤 12 修改线型为中心线。在绘图区选取斜线，在图层栏选中"中心线"，即可将线型修改为中心线，修改结果如图 6-87 所示。

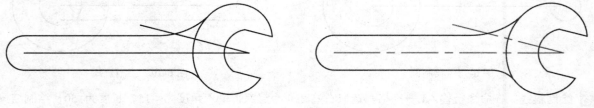

图 6-86　倒圆角　　　　　　　　　　　　　　　图 6-87　修改线型

6.9 二维倒角【CHAMFER（CHA）】

倒角主要将对尖角部分倒成斜角，避免过尖伤人或为装配方便。其命令启动方式如下。

- 功能区："默认"选项卡→"修改"面板→"倒角 "
- 菜单："修改"→"倒角 "
- 命令行：CHAMFER（CHA）

命令行提示如下：

```
命令：CHA CHAMFER                 //倒角命令
("修剪"模式) 当前倒角距离 1 = 1.0000, 距离 2 = 2.0000
选择第一条直线或 [放弃(U)/多段线(P)/距离(D)/角度(A)/修剪(T)/方式(E)/多个(M)]:
                                                        //选择第一个倒角对象
选择第二条直线，或按住 Shift 键选择直线以应用角点或 [距离(D)/角度(A)/方法(M)]:
                                                        //选择第二个倒角对象
命令：*取消*                      //按 Esc 键退出命令
```

各主要选项的含义如下。

- 多段线（P）：将对多段线每个顶点处相交直线段做倒角处理。
- 距离(D):设置倒角距离值。
- 角度（A）：设置倒角角度，通过第一条线的倒角距离和第二条线的倒角角度来设置倒角距离。
- 修剪（T）：设置倒角时是否修剪倒角。输入T时修剪，输入N时不修剪，倒角后原始的尖角仍然保留。
- 方式（E）：控制倒角方式，有两个距离、一个距离和倒角等方式。
- 多个（M）：可重复对多个进行倒角。

案例 6-12：倒角

采用倒角命令绘制如图 6-88 所示的图形。操作步骤如下：

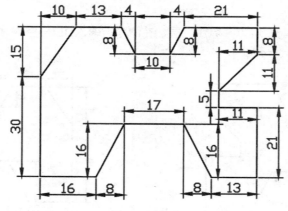

图 6-88　倒角

步骤 1 绘制直线。在命令行输入L→空格，选取任意点为起点，依次输入长度，绘制结果如图 6-89 所示。

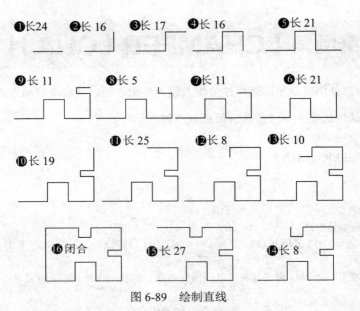

图 6-89　绘制直线

步骤 2 倒角。在命令行输入 CHA→空格，再输入 D 并设置倒角距离为 D1=D2=11，然后选取倒角边，结果如图 6-90 所示。继续输入 D 并设置倒角距离为 D1=16，D2=8，选取倒角边，结果如图 6-91 所示。继续输入 D 并设置倒角距离为 D1=15，D2=10，选取倒角边，结果如图 6-92 所示。

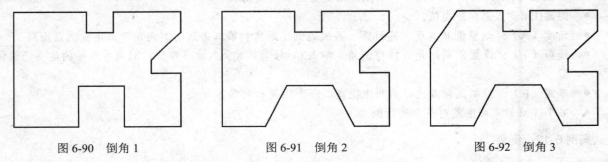

图 6-90　倒角 1　　　　　　　　　图 6-91　倒角 2　　　　　　　　　图 6-92　倒角 3

步骤 3 倒角。在命令行输入 CHA→空格，再输入 D 并设置倒角距离为 D1=8，D2=4，选取倒角边，结果如图 6-93 所示。

步骤 4 标注尺寸。首先切换当前图层为 "标注" 层，在命令行输入 DLI→空格，选取要标注的线性几何，拉出尺寸并放置，结果如图 6-94 所示。

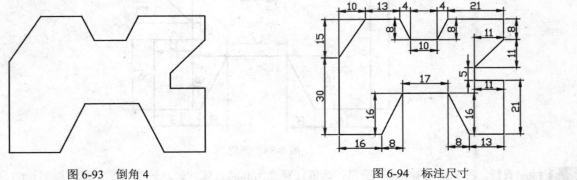

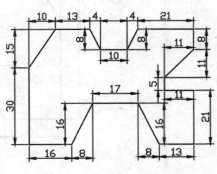

图 6-93　倒角 4　　　　　　　　　　　　　　　图 6-94　标注尺寸

6.10 拉伸【STRETCH（S）】

拉伸与选择窗口或多边形交叉的对象。拉伸命令仅移动位于窗交选择内的顶点和端点，不更改位于窗交选择外的顶点和端点。拉伸命令不修改三维实体、多段线宽度、切向或者曲线拟合的信息。拉伸命令的启动方式如下。

- 功能区："默认"选项卡→"修改"面板→"拉伸▱"
- 菜单："修改"→"拉伸▱"
- 命令行：STRETCH（S）

命令行提示如下：

以窗选方式或交叉多边形方式选择要拉伸的对象······
　选择对象：使用从右向左框选或交叉对象选择的方法，然后按 Enter 键，将移动而非拉伸单个选定的对象和通过窗交选择完全封闭的对象。
　指定基点或 [位移(D)] <上次位移>：指定基点或输入位移坐标。
　指定第二个点或 <使用第一个点作为位移>：指定第二点，或者按 Enter 键使用以前的坐标作为位移。
　指定位移 <上个值>：输入 X、Y（可能包括 Z）的位移值。

各主要选项含义如下。

- 选择对象：使用交叉选取"方式选择"进行拉伸的对象。
- 指定基点：指定拉伸基点。拉伸的距离以此基点为基准计算。
- 指定第二点：指定位移终点。
- 指定位移：输入X、Y、Z方向的拉伸位移值。

选择距离拉伸时，使用坐标指定相对距离和方向。指定的两点定义一个矢量，指示拉伸对象的顶点或端点拉伸结果离原位置有多远及向哪个方向拉伸。

如果在"指定第二个点"提示下按 Enter 键，则第一个点将被认为是相对X、Y、Z位移。

点拨

　　如果直接选取对象，采用STRETCH是移动的效果，如果是窗口完全包含选定的对象，采用STRETCH也是移动的效果，只有当采用从右向左的交叉选取方式且是部分包含选定对象，采用STRETCH才是拉伸的效果。此外，某些对象类型（如圆、椭圆和块）无法拉伸。

6.11 二维对齐命令【ALIGN（AL）】

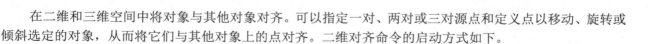

在二维和三维空间中将对象与其他对象对齐。可以指定一对、两对或三对源点和定义点以移动、旋转或倾斜选定的对象，从而将它们与其他对象上的点对齐。二维对齐命令的启动方式如下。

- 功能区："默认"选项卡→"修改"面板→"对齐▨"
- 菜单："修改"→"三维操作"→"对齐▨"
- 命令行：ALIGN（AL）

命令行提示如下：

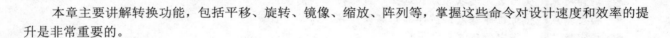

```
命令：AL ALIGN                        //对齐命令
选择对象：找到 1 个                    //选取对象
选择对象：                            //确定完成选取
指定第一个源点：                      //指定源对象上第一源点
指定第一个目标点：                    //指定要对齐的目标点
指定第二个源点：                      //指定源对象上第二源点
指定第二个目标点：                    //指定要对齐的目标点
指定第三个源点或 <继续>：             //确定完成点选取
是否基于对齐点缩放对象？［是(Y)/否(N)］<否>：  //指定是否缩放
```

各主要选项含义如下。

- 源点：选取在要对齐的源物体上的点，此点将与目标体上的目标点对齐。
- 目标点：在目标对象上指定点，与源点对齐。
- 是否基于对齐点缩放对象：指定是否缩放。源对象上的两个源点和目标对象的两个目标点之间的距离不同时，如果不缩放，源对象以第一源点为基准对齐目标对象；如果缩放，源对象将自动缩放让两源点自动与两目标点完全对齐。

6.12　本章小节

本章主要讲解转换功能，包括平移、旋转、镜像、缩放、阵列等，掌握这些命令对设计速度和效率的提升是非常重要的。

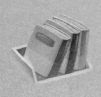

第7章

几何约束

参数化约束是 AutoCAD 系统新加入的功能，早期的 AutoCAD 系统是先绘制出图形，然后通过人机交互进行尺寸标注，设计者在进行绘图之前必须先对产品的形状、位置、大小等各种属性有并且完整的构思后才能进行设计，并且设计出的图形只有图素的几何信息，没有图素之间的约束关系。

新版的 AutoCAD 在原有的二维绘图功能上加入了参数化约束功能，可以很好地解决以上问题，设计者可以随心所欲地绘制好大概的形状，添加必要的参数化约束，然后根据实际需要添加必要的尺寸，并进行动态修改。由于有约束关系，修改将变得比以前更加方便。

参数化对应的功能包括两个方面：几何约束和标注约束。在绘制的图形之间存在关联关系，或者需要用函数公式绘制图形的情况时，使用约束功能极大地提升了绘图效率，并且十分便于设计方案的后续修改。

学习目标

- 掌握几何约束在设计过程中的运用
- 掌握尺寸约束的操作方法
- 掌握约束的相互关系

7.1 几何相对位置约束

几何相对位置约束主要是约束几何对象之间的位置关系，包括重合、水平、竖直、垂直、平行、相切、平滑、同心、共线、相等、对称、固定等。

7.1.1 约束重合

约束重合（GCCOINCIDENT）可以使对象上的约束点与某个对象重合，也可以使其与另一对象上的约束点重合。

命令行提示如下：

> 选择第一个点或 ［对象(O)/自动约束(A)］ <对象>：选择约束点或对象，或者输入 a 向选定对象应用约束。

各主要选项含义如下。

- 点：选取点重合，用户需要选取两个点，使它们约束重合。
- 对象：输入 O 后，选取对象，用户可以约束点在对象上或对象经过指定点。具体看用户选择的顺序。
- 自动约束：选择多个对象。重合约束将通过未受约束的相互重合点应用于选定对象。

案例 7-1：点重合

采用点重合绘制如图 7-1 所示的图形。操作步骤如下：

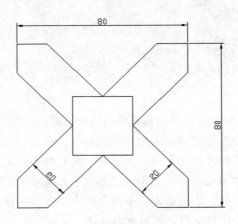

图 7-1　点重合

步骤 1 绘制 80×80 的矩形。在命令行输入 REC→空格，在命令行任意指定点，再输入 D→空格，输入长为 80，宽长为 80，单击一点确定矩形的绘制，结果如图 7-2 所示。

步骤 2 绘制对角线。在命令行输入 L→空格，选取矩形的对角点绘制线段，绘制的对角线如图 7-3 所示。

步骤 3 绘制偏移线。在命令行输入 O→空格，选取对角线作为偏移源对象，向两边偏移，距离为 10，结果如图 7-4 所示。继续采用偏移命令绘制另外一对角线的偏移线，结果如图 7-5 所示。

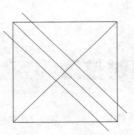
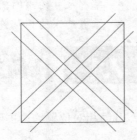

图 7-2　绘制矩形　　　　图 7-3　绘制对角线　　　　图 7-4　绘制偏移线　　　　图 7-5　绘制偏移线

步骤 4 删除对角线。在命令行输入 E→空格，选取中间两条对角线，确定后即可删除，结果如图 7-6 所示。

步骤 5 修剪多余的线。在命令行输入 TR→空格→空格，选取要修剪的线，修剪结果如图 7-7 所示。

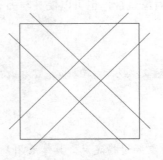

图 7-6　删除对角线　　　　　　　　　　　　图 7-7　修剪多余的线

步骤 6 绘制直线。在命令行输入L→空格，任意绘制水平和竖直共 4 条直线段，结果如图 7-8 所示。
步骤 7 约束点重合。在命令行输入GCCOI→空格，选取交点后，再选取刚绘制的水平线的中点，结果如图 7-9 所示。
步骤 8 约束点重合。继续采用点重合约束，约束结果如图 7-10 所示。
步骤 9 修剪直角。在命令行输入F→空格，再输入M，选取刚才约束的线段修剪直角，结果如图 7-11 所示。

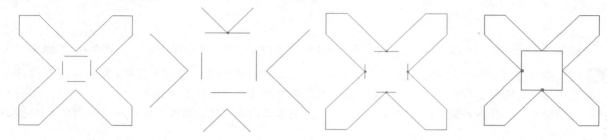

图 7-8　绘制水平线和竖直线　　图 7-9　约束点重合　　图 7-10　约束点重合　　图 7-11　修剪直角

点拨

应用约束时选择两个对象的顺序十分重要，通常所选的第二个对象会根据第一个对象进行调整。例如，应用点重合约束时，选择的第二个点将调整为重合于第一个点。

案例 7-2：点在对象上

采用点在对象上绘制如图 7-12 所示的图形。操作步骤如下：

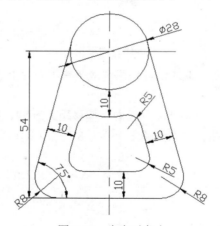

图 7-12　点在对象上

步骤 1 绘制圆。在命令行输入C→空格，任意指定点，绘制直径为 28 的圆，结果如图 7-13 所示。
步骤 2 绘制水平线和竖直线。在命令行输入L→空格，任意指定起点，绘制水平线和竖直线，结果如图 7-14 所示。
步骤 3 约束重合。在命令行输入GCCOI→空格，将水平线的中点约束在竖直线上，结果如图 7-15 所示。继续采用重合约束，将圆心约束在水平线的中点上，结果如图 7-16 所示。

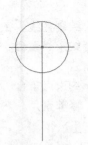

图 7-13　绘制圆　　　　图 7-14　绘制水平线和竖直线　　　图 7-15　约束水平线　　　　图 7-16　约束圆

步骤 4 绘制角度直线。在命令行输入L→空格，任意选取点，输入角度<75，长度为任意，结果如图 7-17 所示。

步骤 5 约束相切。在命令行输入GCT→空格，选取圆后再选取线，结果如图 7-18 所示。

步骤 6 约束重合。在命令行输入GCCOI→空格，再输入O选取对象（先选取圆，再选取线的端点），结果如图 7-19 所示。

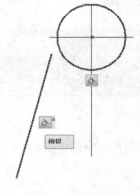
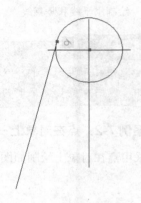

图 7-17　绘制角度线　　　　　　　图 7-18　约束相切　　　　　　　图 7-19　约束重合

步骤 7 镜像。在命令行输入MI→空格，选取切线，再选取竖直中心线上的两点作为镜像轴，结果如图 7-20 所示。

步骤 8 偏移。在命令行输入O→空格，选取水平线，向下偏移距离为 54，结果如图 7-21 所示。

步骤 9 倒圆角。在命令行输入F→空格，输入倒圆角半径为 8，选取要倒圆角的两条线，结果如图 7-22 所示。

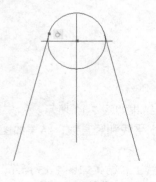

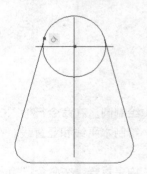

图 7-20　镜像　　　　　　　　图 7-21　偏移线　　　　　　　图 7-22　倒圆角

步骤 10 偏移。在命令行输入O→空格，输入偏移距离为 10，选取要偏移的对象后指定偏移侧，结果如图 7-23 所示。

步骤 11 修剪。在命令行输入TR→空格，选取要修剪的边，结果如图 7-24 所示。

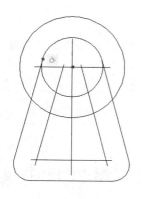

图 7-23　偏移

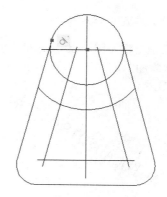

图 7-24　修剪

步骤12 倒圆角。在命令行输入F→空格，输入半径为 5，选取要倒圆角的边，结果如图 7-25 所示。

步骤13 修改线型。在绘图区选取水平中心线和竖直中心线，然后修改线型为中心线，结果如图 7-26 所示。

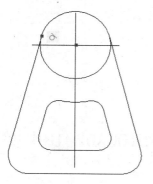

图 7-25　倒圆角

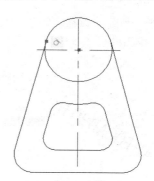

图 7-26　修改线型

7.1.2　约束水平

约束水平（GCHORIZONTAL）是使直线或点位于与当前坐标系X轴平行的位置。命令行提示如下：

> 选择对象或 [两点(2P)] <两点>：选择对象或两个约束点。

各选项的含义如下。

● 选择对象：选取椭圆、直线等对象，使其水平，如图 7-27 所示。

● 两点：选取两点，使两点在同一水平线上，如图 7-28 所示。

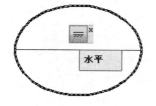

图 7-27　对象水平

图 7-28　两点水平

案例 7-3：约束文字水平

采用约束功能将如图 7-29 所示的倾斜文字"AutoCAD 2018 中文版"约束为水平放置，结果如图 7-30 所示。操作步骤如下：

图 7-29　倾斜的文字

AUTOCAD2018中文版

图 7-30　水平文字

步骤 1 打开源文件。在键盘上按快捷键Ctrl+O，系统弹出"打开文件"对话框，选择"\结果文件\第 7 章\7-3"，即可调取源文件。

步骤 2 约束水平。在命令行输入GCH→空格，选取绘图区文字，当鼠标靠近文字出现红色的约束预亮线，如图 7-31 所示，单击即可添加约束，结果如图 7-32 所示。

图 7-31　预亮约束

AUTOCAD2018中文版

图 7-32　水平

7.1.3　约束竖直

约束竖直（GCVERTICAL）是用来约束直线、多段线线段、椭圆、多行文字、两个有效约束点等，使其放置于Y轴平行方向。

案例 7-4：约束两圆心竖直

采用约束竖直命令将如图 7-33 所示的图形约束竖直，结果如图 7-34 所示。操作步骤如下：

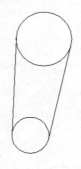

图 7-33　原图

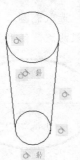

图 7-34　约束竖直

步骤 **1** 打开源文件。在键盘上按快捷键Ctrl+O，系统弹出"打开文件"对话框，选择"源文件\第 7 章\7-4"，即可调取源文件。

步骤 **2** 约束竖直。在命令行输入GCV→空格，再输入 2P，选取两圆心点，当鼠标靠近圆心时会出现如图 7-35 所示的红色预亮点"×"，单击即可将两个圆心添加约束，结果如图 7-36 所示。

图 7-35　预亮点

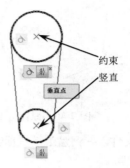

图 7-36　约束竪直

7.1.4　约束垂直

约束垂直（GCPERPENDICULAR）技巧是约束直线、多段线线段、椭圆轴、多行文字等对象相互垂直成 90°，两对象无须相交。

案例 7-5：约束垂直正交

采用垂直约束功能将如图 7-37 所示的图形进行约束，结果如图 7-38 所示。操作步骤如下：

步骤 **1** 打开源文件。在键盘上按快捷键Ctrl+O，系统弹出"打开文件"对话框，选择"源文件\第 7 章\7-5"，即可调取源文件。

步骤 **2** 约束垂直。在命令行输入GCPE→空格，先选取下面的倾斜线，再选取上面的倾斜线，约束结果如图 7-39 所示。

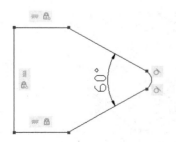

图 7-37　原图

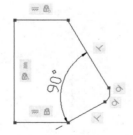

图 7-38　约束垂直

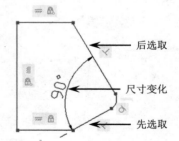

图 7-39　约束结果

7.1.5　约束平行

约束平行（GCPARALLEL）是对直线、多段线线段、椭圆轴、多行文字等对象约束相互平行。

案例 7-6：约束平行线

采用约束平行命令将如图 7-40 所示的不规则图形进行约束，结果如图 7-41 所示。操作步骤如下：

图 7-40　原图

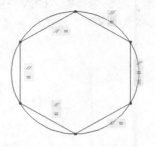

图 7-41　结果

步骤 1 打开源文件。在键盘上按快捷键Ctrl+O，系统弹出"打开文件"对话框，选择"源文件\第 7 章\7-6"，即可调取源文件。

步骤 2 约束平行。在命令行输入GCPA→空格，先选取左上角的倾斜线，再选取右下角的倾斜线，约束结果如图 7-42 所示。继续约束平行，选取左下角和右上角线，约束平行结果如图 7-43 所示。继续约束平行，选取左边和右边的线，约束平行结果如图 7-44 所示。

图 7-42　约束平行

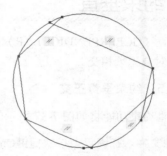

图 7-43　约束平行

步骤 3 约束重合。在命令行输入GCCOI→空格，依次选取线的端点，约束线的端点重合，结果如图 7-45 所示。

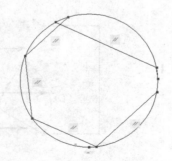

图 7-44　约束平行

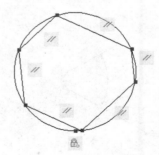

图 7-45　约束重合

步骤 4 约束相等。在命令行输入GCE→空格，再输入M→空格，选取所有的直线，确定后约束相等，结果如图 7-46 所示。

步骤 5 约束竖直。在命令行输入GCV→空格，选取右边的直线，使其竖直，结果如图 7-47 所示。

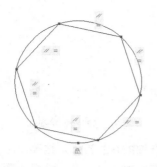

图 7-46　约束相等

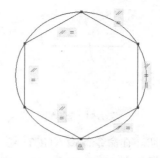

图 7-47　约束竖直

7.1.6　约束相切

约束相切（GCTANGENT）是将两条曲线约束为保持彼此相切或其延长线保持彼此相切。圆可以与直线相切，即使该圆与该直线不相交。一条曲线可以与另一条曲线相切，即使它们实际上并没有公共点。

案例 7-7：约束相切

采用相切约束绘制如图 7-48 所示的图形。操作步骤如下：

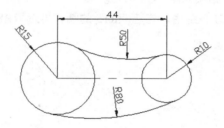

图 7-48　约束相切

步骤 1　绘制长度为 44 的直线。在命令行输入 L→空格，选取任意点拉出水平线，输入长度为 44，结果如图 7-49 所示。

步骤 2　绘制圆。在命令行输入 C→空格，选取直线左端点为圆心，输入半径为 15，结果如图 7-50 所示。

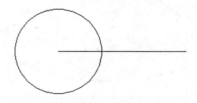

图 7-49　直线　　　　　　　　　　　　　　　　　图 7-50　绘制圆

步骤 3　绘制圆。在命令行输入 C→空格，选取直线右端点为圆心，输入半径为 10，结果如图 7-51 所示。

步骤 4　绘制圆弧。在命令行输入 A→空格，选取圆上方任意点，再输入 E→空格，指定小圆上方任意点，再输入 R→空格，输入半径为 50，结果如图 7-52 所示。

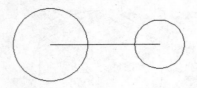

图 7-51　绘制圆

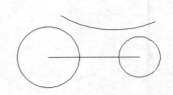

图 7-52　绘制圆弧

步骤 5 约束相切。在命令行输入GCT→空格，先选取R15的圆，再选取R50的圆弧，结果如图7-53所示。

步骤 6 约束相切。在命令行输入GCT→空格，先选取R10的圆，再选取R50的圆弧，结果如图7-54所示。

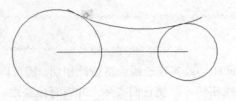

图 7-53　约束相切 1

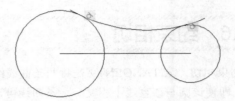

图 7-54　约束相切 2

步骤 7 绘制圆弧。在命令行输入A→空格，选取R15圆下方任意点，再输入E→空格，指定小圆下方任意点，再输入R→空格，输入半径为 80，结果如图 7-55 所示。

步骤 8 约束相切。在命令行输入GCT→空格，先选取R15的圆，再选取R80的圆弧，结果如图7-56所示。

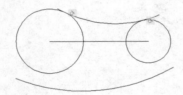

图 7-55　绘制圆弧

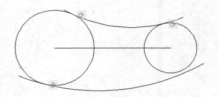

图 7-56　约束相切 1

步骤 9 约束相切。在命令行输入GCT→空格，先选取R10的圆，再选取R80的圆弧，结果如图7-57所示。

步骤 10 修剪。在命令行输入TR→空格→空格，选取要修剪的多余部分，结果如图7-58所示。

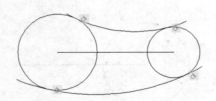

图 7-57　约束相切 2

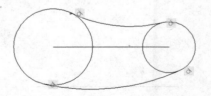

图 7-58　修剪多余部分

步骤 11 修改线型和颜色。选取中心线，然后选取CENTER线型，将线型修改为中心线；同理，选取中心线后修改颜色为红色，结果如图7-59所示。

步骤 12 标注尺寸。在命令行输入DLI标注线的长度为 44，然后在命令行输入DRA标注所有圆弧，结果如图 7-60 所示。

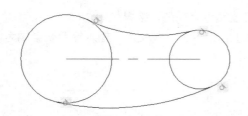

图 7-59 修改线型和颜色

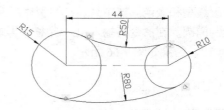

图 7-60 标注尺寸

7.1.7 约束平滑

约束平滑（GCSMOOTH）是将样条曲线约束为连续，并与其他样条曲线、直线、圆弧或多段线保持 G2 连续性。应用了平滑约束的曲线端点将设为重合。

如图 7-61 所示为两个类似于圆弧的曲线，采用约束平滑结果如图 7-62 所示。

图 7-61 原图

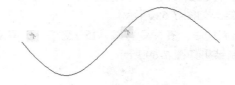

图 7-62 约束平滑结果

7.1.8 约束同心

约束同心（GCCONCENTRIC）是将两个圆弧、圆或椭圆约束到同一个中心点。约束同心后，当改变一个圆的位置时，另外一个圆会始终与此圆保持同心。

案例 7-8：约束同心

采用约束同心绘制如图 7-63 所示的图形。操作步骤如下：

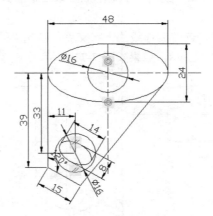

图 7-63 约束同心

步骤 1 绘制中心线。在命令行输入 L→空格，绘制水平线和竖直线，如图 7-64 所示。

步骤 2 修改线型和颜色。选中线后在线型栏中选取虚线，并修改颜色为红色，结果如图 7-65 所示。

步骤 3 绘制椭圆。在命令行输入EL→空格，再输入C（中心点），选取十字线交点，输入椭圆长半轴为 21，短半轴为 12，结果如图 7-66 所示。

图 7-64　绘制中心线　　　　图 7-65　修改线型和颜色　　　　图 7-66　绘制椭圆

步骤 4 绘制竖直线。在命令行输入L→空格，选取椭圆左端点，输入竖直的长度为 39，结果如图 7-67 所示。

步骤 5 绘制角度线。在命令行输入L→空格，选取刚绘制线的端点，再输入角度覆盖"<-30"，然后输入长度为 15，结果如图 7-68 所示。

步骤 6 绘制切线。在命令行输入L→空格，选取刚绘制的直线端点，再输入TAN→空格，手动捕捉椭圆的切点，绘制结果如图 7-69 所示。

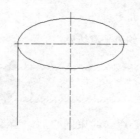 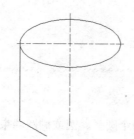 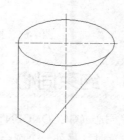

图 7-67　绘制竖直线　　　　图 7-68　绘制角度线　　　　图 7-69　绘制切线

步骤 7 绘制偏移辅助线。在命令行输入O→空格，输入偏移距离为 33，再选取要偏移的水平线，偏移结果如图 7-70 所示。继续执行偏移命令，输入偏移距离为 11，然后选取左边竖直轮廓线，向右偏移，结果如图 7-71 所示。

步骤 8 绘制圆。在命令行输入C→空格，选取偏移线的十字交点，绘制半径为 8 的圆，结果如图 7-72 所示。

步骤 9 继续绘制圆，位置任意，输入半径为 8，结果如图 7-73 所示。

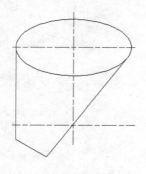 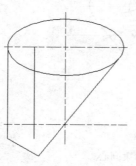 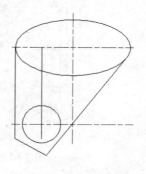 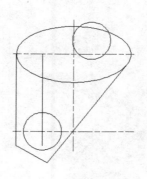

图 7-70　偏移水平线　　　图 7-71　偏移竖直线　　　图 7-72　绘制圆　　　图 7-73　绘制圆

步骤 **10** 约束同心。在命令行输入GCCON→空格，选取椭圆后再选取圆，约束同心后的结果如图 7-74 所示。

步骤 **11** 绘制椭圆。在命令行输入EL→空格，再输入C（中心点），选取偏移的十字线交点作为中心点，输入椭圆长半轴为 7，椭圆短半轴为 4，结果如图 7-75 所示。

步骤 **12** 约束平行。在命令行输入GCPA→空格，选取-30°的斜线后再选取椭圆，系统即将椭圆约束与斜线平行，结果如图 7-76 所示。

步骤 **13** 删除多余的辅助线。在命令行输入E→空格，选取要删除的多余辅助线，结果如图 7-77 所示。

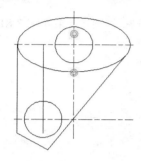 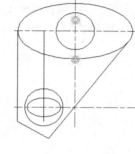 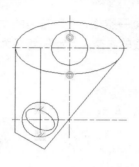 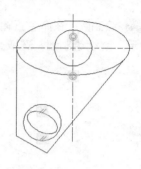

图 7-74　约束同心　　　　图 7-75　绘制椭圆　　　　图 7-76　约束平行　　　　图 7-77　删除多余的线

7.1.9　约束共线

约束共线（GCCOLLINEAR）是使两条或多条直线段沿同一直线方向。可以对约束直线、多段线线段、椭圆、多行文字等对象进行共线。

案例 7-9：约束共线

采用约束共线绘制如图 7-78 所示的图形。操作步骤如下：

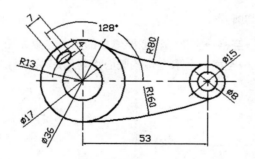

图 7-78　约束共线

步骤 **1** 绘制中心线。在命令行输入L→空格，选取任意点，绘制长度为 53 的水平线和任意长度的竖直线，如图 7-79 所示。

步骤 **2** 修改线型。选中刚绘制的线条，然后在线型栏选中虚线，即可将直线线型修改为中心线，结果如图 7-80所示。

图 7-79　绘制中心线　　　　　　　　　　　　图 7-80　修改线型

步骤 3 绘制圆。在命令行输入C→空格，选取直线的左交点为圆心，绘制直径为 17 和 36 的圆，结果如图 7-81 所示。继续绘制圆，选取直线的右交点，绘制直径为 8 和 15 的圆，结果如图 7-82 所示。

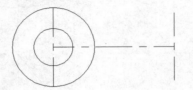
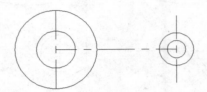

图 7-81　绘制圆　　　　　　　　　　　　　　图 7-82　绘制圆

步骤 4 绘制公切圆。在命令行输入C→空格→T→空格，选取两圆上面大概的两个切点，输入半径为 80，结果如图 7-83 所示。继续绘制公切圆，选取两圆下面的大概两个切点，输入半径为 160，结果如图 7-84 所示。

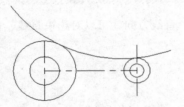
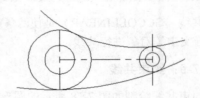

图 7-83　绘制公切圆　　　　　　　　　　　图 7-84　绘制公切圆

步骤 5 修剪圆。在命令行输入TR→空格→空格，选取要修剪的圆，结果如图 7-85 所示。

步骤 6 绘制直线。在命令行输入L→空格，选取左边的圆心点作为起点，输入角度覆盖"<128°"，再输入长度为 13，结果如图 7-86 所示。

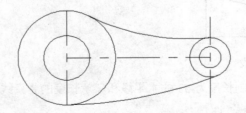
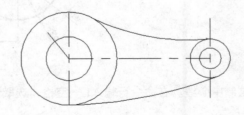

图 7-85　修剪圆　　　　　　　　　　　　　　图 7-86　绘制直线

步骤 7 绘制椭圆。在命令行输入EL→空格→C→空格，选取刚绘制的直线端点，输入长半轴为 3.5，短半轴为 2，结果如图 7-87 所示。

步骤 8 约束共线。在命令行输入GCCOL→空格，选取长度 13 的直线，再选取椭圆的短半轴线，结果如图 7-88 所示。

步骤 9 修改线型。在命令行输入MA→空格，选取水平中心线后再选取长度为 13 的斜线，则斜线会变成中心线（如果看不出变化则需要调整线型比例），结果如图 7-89 所示。

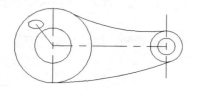

图 7-87　绘制椭圆

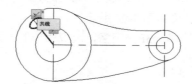

图 7-88　约束共线

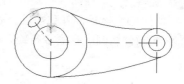

图 7-89　修改线型

7.1.10　约束相等

约束相等（GCEQUAL）是将选取的圆约束成半径相等，选取的直线约束成长度相等。可以一次选取多个圆弧或一次选取多条直线进行约束。

案例 7-10：约束相等

采用约束相等绘制如图 7-90 所示的图形。操作步骤如下：

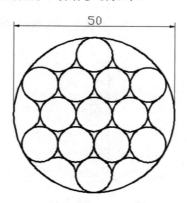

图 7-90　约束相等

步骤 1 绘制圆。在命令行输入C→空格，选取任意点，绘制直径为 50 的圆，结果如图 7-91 所示。继续绘制同心圆，输入半径为 5（可以任意大小），结果如图 7-92 所示。

步骤 2 复制圆。在命令行输入CO→空格，选取绘制的小圆，再任意指定一点为起点，拉出水平并输入水平距离为 10，结果如图 7-93 所示。

步骤 3 旋转阵列圆。在命令行输入AR→空格，选取刚复制的圆作为源对象，以大圆的圆心作为阵列中心，阵列的类型为PO极坐标，阵列数目为 6，结果如图 7-94 所示。

图 7-91　绘制大圆

图 7-92　绘制小圆

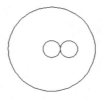

图 7-93　复制圆

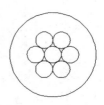

图 7-94　阵列圆

步骤 4 绘制公切圆。在命令行输入C→空格→T→空格，选取相邻的两圆，输入半径为 5，绘制公切圆，如图 7-95 所示。

步骤 5 旋转阵列。在命令行输入AR→空格，选取刚绘制的圆作为源对象，以大圆的圆心作为阵列中心，阵列的类型为PO极坐标，阵列数目为 6，结果如图 7-96 所示。

步骤 6 绘制公切圆。在命令行输入C→空格→3P→空格，选取相邻的三圆，绘制公切圆，如图 7-97 所示。

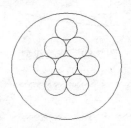 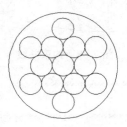 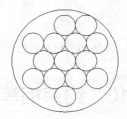

图 7-95 绘制公切圆　　　　　图 7-96 阵列圆　　　　　图 7-97 绘制公切圆

步骤 7 旋转阵列。在命令行输入AR→空格，选取刚绘制的圆作为源对象，以大圆的圆心作为阵列中心，阵列的类型为PO极坐标，阵列数目为 6，结果如图 7-98 所示。

步骤 8 约束相切。在命令行输入GCT→空格，选取两相邻的圆相切，采用同样的方式继续约束其他的圆相切，结果如图 7-99 所示。

步骤 9 约束同心。在命令行输入GCCON→空格，选取大圆后再选取最中间的小圆，约束同心，结果如图 7-100 所示。

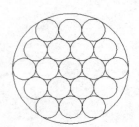 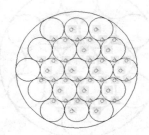 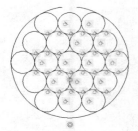

图 7-98 旋转阵列　　　　　图 7-99 约束相切　　　　　图 7-100 约束同心

步骤 10 约束相等。在命令行输入GCE→空格，再输入M后选取除最外一圈的小圆，约束相等，结果如图 7-101 所示。

步骤 11 约束相切。在命令行输入GCT→空格，选取大圆后再选取从内向外的第三圈任意进行相切，结果如图 7-102 所示。

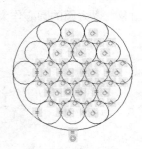 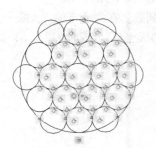

图 7-101 约束相等　　　　　　　　图 7-102 约束相切

步骤 12 约束尺寸。在命令行输入DCDIA→空格，选取大圆，输入直径尺寸为 50，则圆的尺寸被约束为 50，结果如图 7-103 所示。

步骤 13 标注尺寸。在命令行输入DDI→空格，选取大圆，标注结果如图 7-104 所示。

步骤 14 修剪。在命令行输入TR→空格→空格，选取要修剪圆的多余部分，结果如图 7-105 所示。

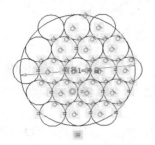
图 7-103 约束尺寸

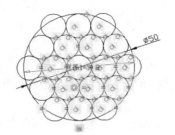
图 7-104 标注尺寸

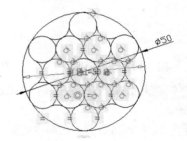
图 7-105 修剪

7.1.11 约束对称

约束对称（GCSYMMETRIC）是将直线的端点相对于对称轴约束对称或圆心相对于对称轴对称。也可以采用对象约束对称，如果对象是直线，则直线角度关于对称轴对称。如果对象是圆，则圆心和半径相对于对称轴对称。

案例 7-11：约束对称

采用约束对称绘制如图 7-106 所示的图形。操作步骤如下：

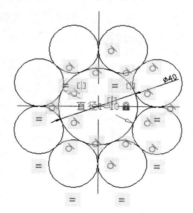
图 7-106 约束对称

步骤 1 绘制圆。在命令行输入C→空格，选取任意点，输入直径为 40，结果如图 7-107 所示。继续绘制圆，在命令行输入C→空格，选取刚绘制的圆外任意点作为圆心，绘制半径任意的圆，结果如图 7-108 所示。

步骤 2 阵列。在命令行输入AR→空格，选取小圆作为阵列源对象，大圆的圆心为阵列中心点，项目数为 8，结果如图 7-109 所示。

步骤 3 约束相切。首先约束所有的小圆与大圆外切，在命令行输入GCT→空格，选取大圆后再选取小圆，然后以同样的步骤约束所有的圆，结果如图 7-110 所示。

图 7-107　绘制圆

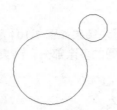
图 7-108　绘制圆

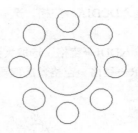
图 7-109　阵列

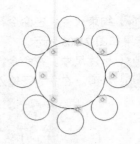
图 7-110　约束相切

步骤4 约束相等。在命令行输入GCE→空格，再输入M选取所有的小圆，确定后即可约束相等，结果如图7-111所示。

步骤5 约束小圆相切。在命令行输入GCT→空格，选取小圆与相邻的小圆相切，然后以同样的步骤约束所有的圆，结果如图7-112所示。

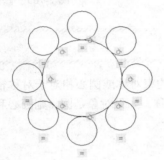
图 7-111　约束相等

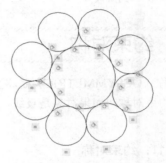
图 7-112　约束小圆相切

步骤6 绘制竖直线。在命令行输入L→空格，绘制经过大圆圆心的竖直线，结果如图7-113所示。

步骤7 约束对称。在命令行输入GCSY→空格，选取两圆后再选取直线，约束两圆关于竖直线对称，结果如图7-114所示。

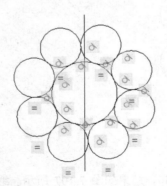
图 7-113　绘制竖直线

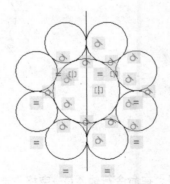
图 7-114　约束对称

步骤8 绘制水平线。在命令行输入L→空格，选取大圆的圆心，绘制水平线，如图7-115所示。

步骤9 修改线型。先选中水平和竖直中心线，然后在线型栏选取CENTER（中心线）后，即可将线型修改为中心线，结果如图7-116所示。

步骤10 标注尺寸。在命令行输入DDI→空格，选取大圆，标注直径尺寸，结果如图7-117所示。

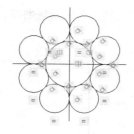

图 7-115　绘制水平线

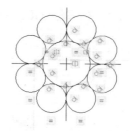

图 7-116　修改线型

步骤 11 约束尺寸。在命令行输入DCDIA→空格，选取大圆，输入尺寸为 40，确定后，先前标注的尺寸即会自动改为直径 40，结果如图 7-118 所示。

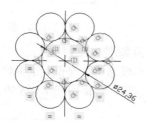

图 7-117　标注尺寸

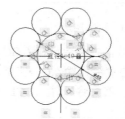

图 7-118　约束尺寸

7.1.12　约束固定

约束固定（GCFIX）是将点或对象约束固定在当前位置，如果是点固定，则对象可以绕点移动；如果是对象固定，则对象本身锁定无法移动。

约束固定通常可以在绘图时将某个尺寸的已知条件进行固定，然后绘制其他的可动部分进行约束，这样就不会影响到固定部分。

案例 7-12：约束固定

采用固定约束绘制如图 7-119 所示的图形，操作步骤如下：

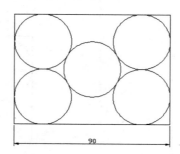

图 7-119　约束固定

步骤 1 绘制矩形。在命令行输入REC→空格，选取任意点为起点，再输入D，指定长度为 90，宽度任意（此处暂时输入 80），结果如图 7-120 所示。

步骤 2 标注尺寸。在命令行输入DLI→空格，选取矩形的长，尺寸标注如图 7-121 所示。

步骤 **3** 约束固定。在命令行输入GCF→空格，选取标注的直线端点，约束后端点会出现锁符号，结果如图 7-122 所示。

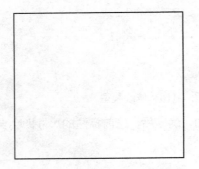

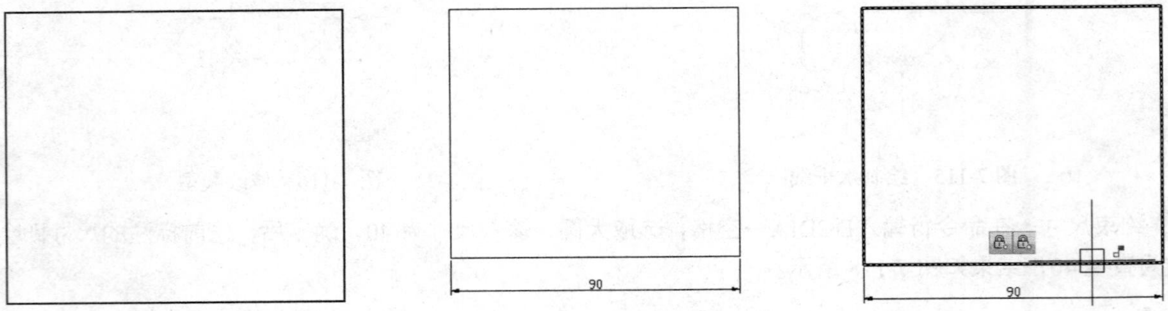

图 7-120　绘制矩形

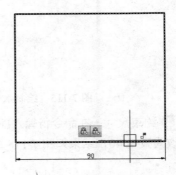

图 7-121　标注尺寸

图 7-122　约束固定

步骤 **4** 约束竖直线。在命令行输入GCV→空格，选取两条竖直线，结果如图 7-123 所示。

步骤 **5** 绘制圆。在命令行输入C→空格，选取矩形内部任意点，绘制大小任意的 5 个圆，结果如图 7-124 所示。

步骤 **6** 约束相等。在命令行输入GCE→空格，再输入M，选取所有的小圆，结果如图 7-125 所示。

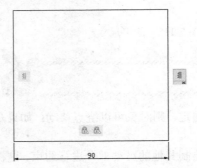

图 7-123　约束竖直线

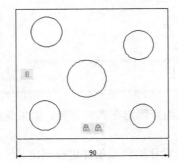

图 7-124　绘制圆

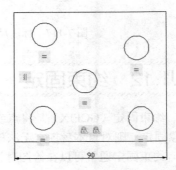

图 7-125　约束相等

步骤 **7** 约束相切。在命令行输入GCT→空格，选取矩形边后再选取小圆，约束小圆与矩形边相切，结果如图 7-126 所示。继续约束相切，在命令行输入GCT→空格，选取小圆后再选取相邻的小圆，约束小圆之间相切，结果如图 7-127 所示。

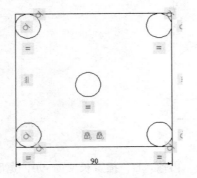

图 7-126　约束相切

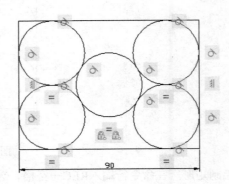

图 7-127　约束相切

7.2 约束几何尺寸标注

约束几何尺寸标注是用来约束尺寸之间的关系。尺寸之间可以是相等或是倍数等采用参数式来控制尺寸之间的关系。

7.2.1 约束对齐标注

约束对齐标注（DCALIGNED）是用来约束不同对象上两个点之间的距离。可以选定直线或圆弧，对象的端点之间的距离将受到约束；也可以选择直线和约束点，直线上的点与最近的点之间的距离将受到约束；还可以选择两条直线，直线将设为平行并且直线之间的距离将受到约束。

案例 7-13：约束对齐标注

采用约束对齐标注绘制如图 7-128 所示的图形。操作步骤如下：

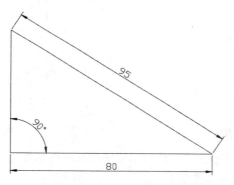

图 7-128　对齐标注约束

步骤 1 绘制任意三角形。在命令行输入 L→空格，选取任意点绘制直线成直角三角形，保证长度为 80 和角度为 90° 即可，结果如图 7-129 所示。

步骤 2 标注长度尺寸。在命令行输入 DLI→空格，选取水平线，标注水平长度尺寸，结果如图 7-130 所示。

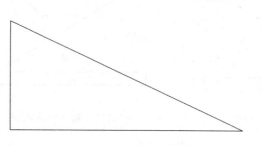

图 7-129　绘制任意三角形

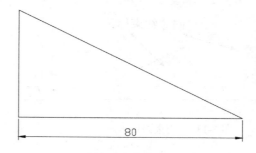

图 7-130　标注长度 80

步骤 3 标注角度。在命令行输入 DAN→空格，选取水平和竖直线，标注角度，结果如图 7-131 所示。

步骤 4 约束水平。在命令行输入 GCH→空格，选取水平长度为 80 的线，约束水平，结果如图 7-132 所示。

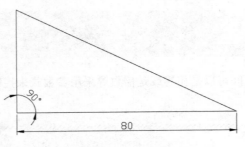

图 7-131　标注角度

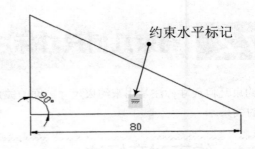

图 7-132　约束水平

步骤 5 约束竖直。在命令行输入GCV→空格，选取竖直线，约束竖直，结果如图7-133所示。

步骤 6 约束点重合。在命令行输入GCCOI→空格，选取竖直线的上端点后再选取斜线端点，即可将斜线端点约束到竖直线端点上。采用同样的命令，选取水平线的右端点后再选取斜线的端点，即可将斜线端点约束到水平线右端点上，结果如图7-134所示。

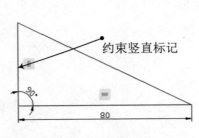

图 7-133　约束竖直

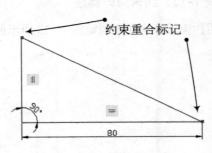

图 7-134　约束重合

步骤 7 约束固定。在命令行输入GCF→空格，选取水平线的左端点和竖直线的下端点，约束这两点固定，在这两条线上将出现锁状的图标，结果如图7-135所示。

步骤 8 约束对齐标注。在命令行输入DCAL→空格→空格，选取斜线对象，系统弹出"尺寸"对话框，如图7-136所示。输入对齐尺寸为95，单击"确定"按钮，系统即对该直线进行约束长度，结果如图7-137所示。

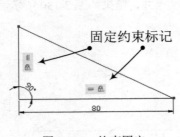

图 7-135　约束固定

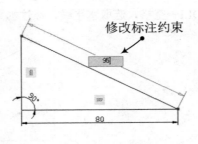

图 7-136　修改标注

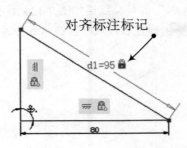

图 7-137　对齐标注约束

7.2.2　约束水平标注

约束水平标注（DCHORIZONTAL）是约束对象上的点或不同对象上两个点之间的 X 距离。此约束可以选取点，也可以选择对象，系统将对选取的约束点采用用户输入的尺寸进行强制约束。

案例 7-14：约束水平标注

采用约束水平标注绘制如图 7-138 所示的图形。操作步骤如下：

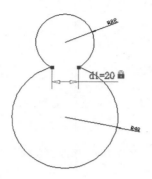

图 7-138　约束水平标注

步骤 **1** 绘制R22 的圆。在命令行输入C→空格，选取任意点，绘制半径为 22 的圆，结果如图 7-139 所示。

步骤 **2** 绘制R40 的圆。在命令行输入C→空格，圆心点保持与R22 的圆的圆心对齐在竖直线上，绘制半径为 40 的圆，结果如图 7-140 所示。

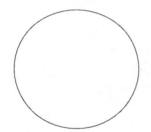

图 7-139　绘制圆

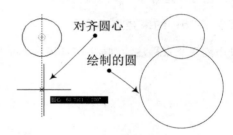

图 7-140　绘制竖直对齐的圆

步骤 **3** 修剪。在命令行输入TR→空格，选取两圆相交的内部部分，修剪结果如图 7-141 所示。

步骤 **4** 约束重合。在命令行输入GCCOI→空格，分别选取两圆修剪后的端点，约束重合结果如图 7-142 所示。

图 7-141　修剪

图 7-142　约束重合

步骤 **5** 标注半径。在命令行输入DRA→空格，选取要标注的小圆和大圆，标注结果如图 7-143 所示。

步骤 **6** 水平标注约束。在命令行输入DCH→空格，选取两圆的水平交点，系统弹出"标注约束"对话框，如图 7-144 所示，在对话框中输入 20，并单击"确定"按钮，系统即进行强制约束，结果如图 7-145 所示。

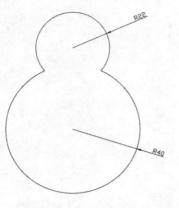

图 7-143 标注半径

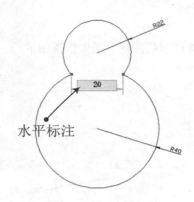

图 7-144 修改约束标注

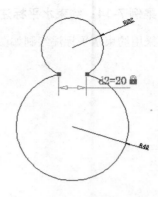

图 7-145 约束结果

7.2.3 约束竖直标注

约束竖直标注（DCVERTICAL）是约束对象上的点或不同对象上两个点之间的 Y 距离。选取对象可以是两点，也可以是对象，如直线等。

案例 7-15：约束竖直标注

采用约束竖直标注绘制如图 7-146 所示的图形。操作步骤如下：

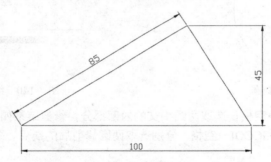

图 7-146 约束竖直标注

步骤 1 绘制任意三角形。在命令行输入L→空格，选取任意点，首先绘制斜线，输入长度为 85，角度任意，再绘制水平线，输入长度为 100，然后输入C闭合三角形，结果如图 7-147 所示。

步骤 2 标注尺寸。在命令行输入DAL→空格，选取斜线，标注长度为 85，再选取水平线，标注长度为 100，结果如图 7-148 所示。

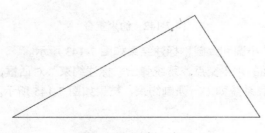

图 7-147 绘制三角形

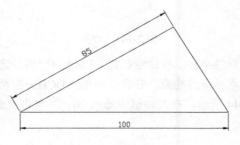

图 7-148 标注尺寸

步骤3 约束固定。在命令行输入GCF→空格→空格，选取对象为水平线，水平线立即上锁，结果如图 7-149 所示。

步骤4 约束重合。在命令行输入GCCOI→空格，选取水平线左端点后再选取斜线端点，结果如图 7-150 所示。

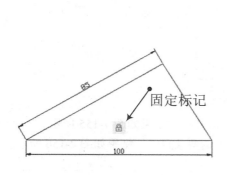

图 7-149　约束固定

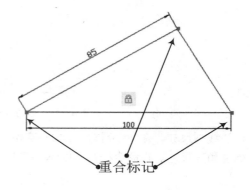

图 7-150　约束重合

步骤5 对齐标注约束。在命令行输入DCAL→空格，选取左边倾斜的线，按默认的长度（85）约束，系统即将长度锁定为 85，结果如图 7-151 所示。

步骤6 竖直标注约束。在命令行输入DCV→空格，选取右边的倾斜线为约束对象，在系统弹出的"约束标注修改"对话框中修改标注值为 45，单击"确定"按钮后系统即进行强制约束，结果如图 7-152 所示。

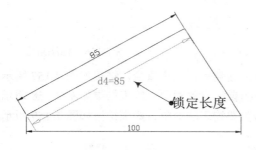

图 7-151　对齐标注约束

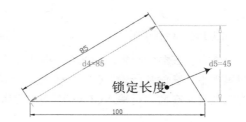

图 7-152　竖直标注约束

7.2.4　约束角度标注

约束角度标注（DCANGULAR）是约束直线段或多段线段之间的角度、由圆弧或多段线圆弧扫掠得到的角度，或者对象上 3 个点之间的角度。可以选择两条直线，直线之间的角度将受到约束。

初始值始终默认为小于 $180°$ 的值。也可以指定 3 个约束点：第一点为角顶点，第二和第三点为角的端点。还可以选择圆弧，将创建三点角度约束，角顶点位于圆弧的中心，圆弧的角端点位于圆弧的端点处。

案例 7-16：约束角度标注

采用约束角度标注命令绘制如图 7-153 所示的图形。操作步骤如下：

步骤1 绘制草图。在命令行输入L→空格，选取任意点为起点绘制草图，参数任意，形状大概，结果如图 7-154 所示。

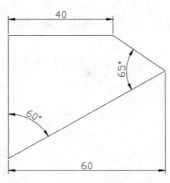

图 7-153　约束角度标注

步骤 **2** 标注线型尺寸。在命令行输入 DLI→空格，选取水平线，尺寸标注结果如图 7-155 所示。

步骤 **3** 标注角度尺寸。在命令行输入 DAN→空格，选取标注角度的两条直线，结果如图 7-156 所示。

图 7-154　绘制草图

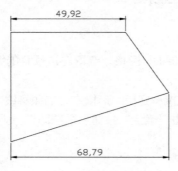

图 7-155　标注尺寸

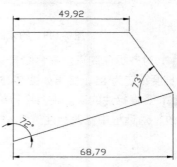

图 7-156　标注角度

步骤 **4** 约束重合。在命令行输入 GCCOI→空格，选取相邻的两线端点，约束重合，结果如图 7-157 所示。

步骤 **5** 约束水平。在命令行输入 GCH→空格，选取上水平线为要约束的对象，约束结果如图 7-158 所示。

步骤 **6** 约束竖直。在命令行输入 GCV→空格，选取左竖直线为要约束的对象，约束结果如图 7-159 所示。

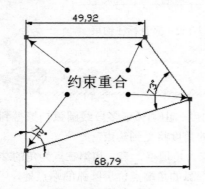

图 7-157　约束重合

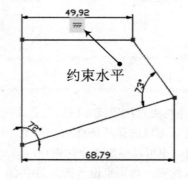

图 7-158　约束水平

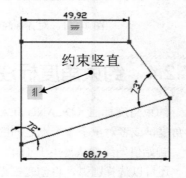

图 7-159　约束竖直

步骤 **7** 水平标注约束。在命令行输入 DCH→空格，选取上水平线，输入标注的水平尺寸约束值为 40，结果如图 7-160 所示。在命令行输入 DCH→空格，选取下倾斜线，输入标注的水平尺寸约束值为 60，结果如图 7-161 所示。

步骤 **8** 角度标注约束。在命令行输入 DCAN→空格，选取左下角的两条线，标注角度约束值，输入角度为 60°，结果如图 7-162 所示。

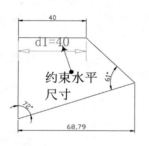

图 7-160　约束长度为 40

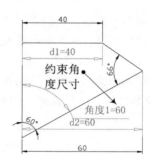

图 7-161　约束长度为 60

图 7-162　角度标注约束

步骤 9 在命令行输入 DCAN→空格，选取右上角的两条线，标注角度约束值，输入角度为 65°，结果如图 7-163 所示。

步骤 10 隐藏标注约束。在命令行输入 DCDIS→空格，框选所有并确定，系统提示"输入选项 [显示(S)/隐藏(H)]<显示>H"，输入 H 进行隐藏，屏幕就会变得清晰，结果如图 7-164 所示。

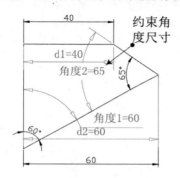

图 7-163　角度标注约束

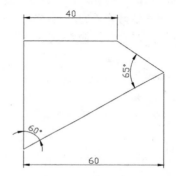

图 7-164　隐藏标注约束

7.2.5　约束半径标注

约束半径标注（DCRADIUS）是约束圆或圆弧的半径，只用来强制约束圆或圆弧的半径大小，不约束或改变其位置值。

案例 7-17：约束半径标注

采用约束半径标注命令绘制如图 7-165 所示的图形。操作步骤如下：

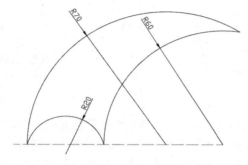

图 7-165　约束半径标注

步骤 1 绘制水平线。在命令行输入L→空格，选取任意点为起点，长度任意，结果如图 7-166 所示。

步骤 2 绘制圆弧。在命令行输入A→空格，再输入C，指定直线端点为圆心，然后指定起点和终点，终点在水平线上，半径为任意值，结果如图 7-167 所示。

步骤 3 绘制圆弧。在命令行输入A→空格，再输入C，指定直线上的某一点为圆心，然后指定起点和终点，终点在水平线上，半径任意，结果如图 7-168 所示。

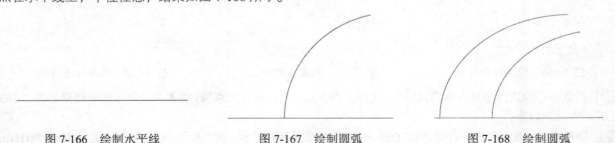

图 7-166 绘制水平线　　　　　　图 7-167 绘制圆弧　　　　　　图 7-168 绘制圆弧

步骤 4 绘制圆。在命令行输入C→空格，选取直线上某点为圆心，绘制任意半径的圆，结果如图 7-169 所示。

步骤 5 修剪。在命令行输入TR→空格，选取小圆的下半部分，修剪结果如图 7-170 所示。

步骤 6 约束水平。在命令行输入GCH→空格，选取水平线，系统即约束线为强制水平，结果如图 7-171 所示。

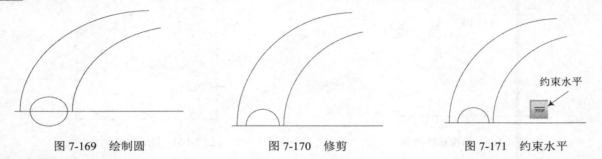

图 7-169 绘制圆　　　　　　图 7-170 修剪　　　　　　图 7-171 约束水平

步骤 7 约束重合。在命令行输入GCCOI→空格，选取直线后再选取圆心，将两个大圆的圆心约束在直线上，结果如图 7-172 所示。

步骤 8 约束重合。在命令行输入GCCOI→空格，选取直线后再选取圆弧端点，将两个大圆的终点及小圆的端点约束在直线上，结果如图 7-173 所示。

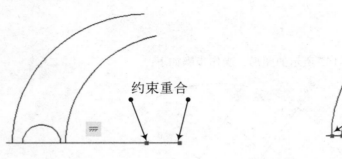
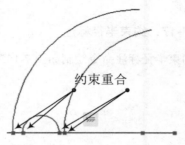

图 7-172 约束重合 1　　　　　　图 7-173 约束重合 2

步骤 9 约束重合。在命令行输入GCCOI→空格，选取两个大圆弧起点，将两个大圆的起点约束在一起，然后在命令行输入GCCOI→空格，选取两个大圆弧终点和小圆弧的端点，将两个大圆的终点和小圆弧端点约束在一起，结果如图 7-174 所示。再重复以上命令，将小圆弧的圆心约束在水平线上，结果如图 7-175 所示。

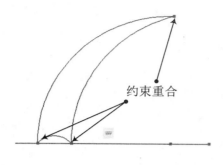

图 7-174　约束重合 3

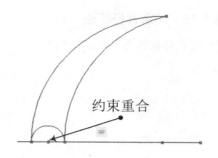

图 7-175　约束重合 4

步骤 10　标注半径尺寸。在命令行输入 DRA→空格，选取圆弧标注半径，结果如图 7-176 所示。

步骤 11　标注约束。在命令行输入 DCR→空格，选取圆弧，标注半径约束尺寸，分别输入约束半径值为 60、70、20，结果如图 7-177 所示。

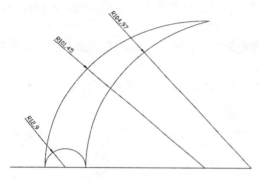

图 7-176　标注半径尺寸

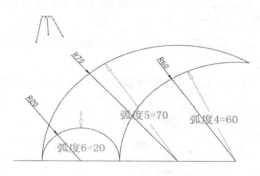

图 7-177　半径标注约束

步骤 12　隐藏半径标注约束。在命令行输入 DCDIS→空格，框选所有图形，确定后即可隐藏标注约束，结果如图 7-178 所示。

步骤 13　修改线型和颜色。在绘图区选中水平线，将线型更改为 CENTER（中心线），并修改颜色为红色，即可将选中的水平线线型和颜色都进行改变，结果如图 7-179 所示。

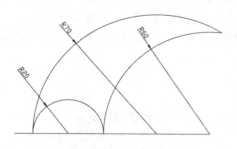

图 7-178　隐藏半径标注约束

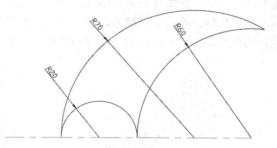

图 7-179　修改线型和颜色

7.2.6　约束直径标注

约束直径标注（DCDIAMETER）是用来约束圆或圆弧的直径值，此约束只改变圆弧或圆的大小值，不改变圆的位置值。直径标注约束与半径标注约束基本相同。

案例 7-18：约束直径标注

采用约束直径标注命令绘制如图 7-180 所示的图形。操作步骤如下：

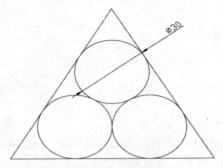

图 7-180　约束直径标注

步骤 1 绘制正三边形。在命令行输入POL→空格，输入边数为 3，选取任意点为放置点，输入内接I，大小任意，结果如图 7-181 所示。

步骤 2 绘制圆。在命令行输入C→空格，选取三角形内部任意点为圆心，绘制大小任意的圆，结果如图 7-182 所示。

步骤 3 约束水平。在命令行输入GCH→空格，选取三角形水平线，约束水平，结果如图 7-183 所示。

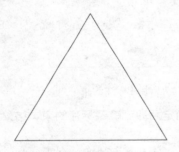

图 7-181　绘制三角形

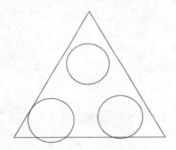

图 7-182　绘制圆

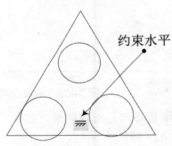

图 7-183　约束水平

步骤 4 约束相等。在命令行输入GCE→空格，选取三角形两条斜线，约束相等，结果如图 7-184 所示。

步骤 5 约束相等。在命令行输入GCE→空格，选取三角形内的圆，约束相等，结果如图 7-185 所示。

步骤 6 约束相切。在命令行输入GCT→空格，选取三角形的边后再选取圆，约束相切，结果如图 7-186 所示。

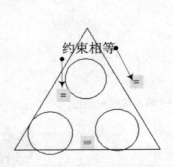

图 7-184　约束相等 1

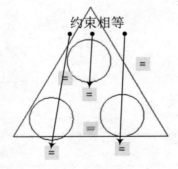

图 7-185　约束相等 2

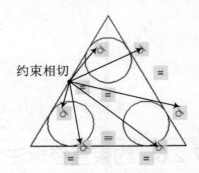

图 7-186　约束相切 1

步骤 7 约束相切。在命令行输入GCT→空格，选取圆，约束相切后的结果如图 7-187 所示。

步骤 **8** 约束直径标注。在命令行输入DCDIA→空格，选取圆弧，在弹出的"直径约束标注"对话框中修改直径值为 30，结果如图 7-188 所示。

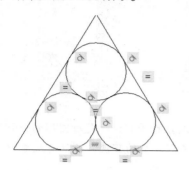

图 7-187　约束相切 2

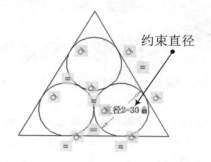

图 7-188　约束直径

步骤 **9** 标注直径。在命令行输入DDI→空格，选取小圆，标注结果如图 7-189 所示。

步骤 **10** 隐藏约束。在命令行输入DCDIS→空格，框选所有图形，然后输入H隐藏约束，结果如图 7-190 所示。

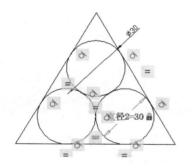

图 7-189　标注

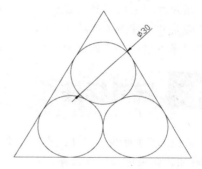

图 7-190　隐藏

7.3　本章小节

　　本章主要讲解采用几何约束和尺寸约束来给图形添加限制，使图形按照用户的要求进行变动，或者按照用户给定的关系进行变化。前面所讲的都是正向设计，本章开始接触到参数化设计，与正向设计有点相反，操作都是先绘制出大概轮廓后，再逆向添加约束，直到符合用户的需求。

第8章
图形尺寸的标注

标注主要用来对图形或图纸进行尺寸的标记，或者形位公差及注释等标注。是对图形的一种补充，主要提供图形的形状、大小、精度、位置及工艺等方面的信息，方便工程人员的交流。标注有尺寸标注、尺寸公差标注、形位公差标注、文字标注等，下面将分别进行讲解。

学习目标

- 掌握尺寸样式的创建及设置、尺寸的标注方法
- 掌握尺寸标注对象的编辑
- 掌握多重引线样式的创建、标注与编辑方法

8.1 尺寸标注

尺寸标注由尺寸界线、尺寸线、尺寸文本、尺寸箭头等组成，如图 8-1 所示。其他的标注都可以在此基础上进行附加。如果标注尺寸公差，在尺寸上加上上下公差即可，如图 8-2 所示。

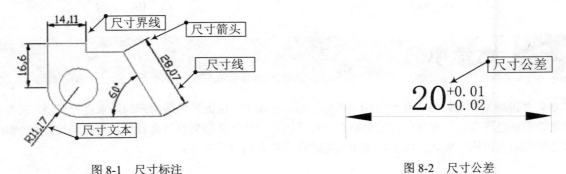

图 8-1　尺寸标注　　　　　　　图 8-2　尺寸公差

8.1.1 标注样式

尺寸标注样式多种多样，默认为STANDARD，用户可以根据自己国家标准或行业标准以及本公司规定标准创建标注样式，以快速指定标注的格式，并确保标注符合行业或工程标准。

标注样式DIMSTYLE（D）可用来控制标注的外观，如箭头样式、文字位置和尺寸公差等，在命令行输入D→空格，系统弹出"标注样式管理器"对话框，该对话框主要用来设置标注样式参数，如图 8-3 所示。

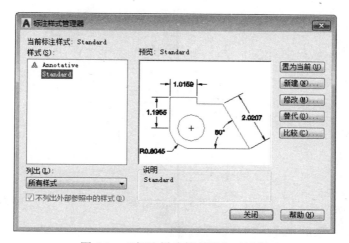

图 8-3   "标注样式管理器"对话框

在该对话框中可以创建新样式、设置当前样式、修改样式、设置当前样式的替代及比较样式。

各主要选项的含义如下。

- 当前标注样式：显示当前标注样式的名称。默认标注样式为标准。当前样式将应用于所创建的标注。
- 样式：列出图形中的标注样式，当前样式被亮显。在列表中单击鼠标右键，可弹出快捷菜单选项，可用于设置当前标注样式、重命名样式和删除样式。不能删除当前样式或当前图形使用的样式。样式名前的 图标指示样式为注释性。
- "样式"列表：在"样式"列表中控制样式显示。如果要查看图形中所有的标注样式，请选择"所有样式"。如果只希望查看图形中标注当前使用的标注样式，请选择"正在使用的样式"。
- 不列出外部参照中的样式：如果选择此选项，在"样式"列表中将不显示外部参照图形的标注样式。
- 预览：显示"样式"列表中选定样式的图示。
- 说明：说明"样式"列表中与当前样式相关的选定样式。如果说明超出给定的空间，可以单击窗格并使用箭头键向下滚动。
- 置为当前：将在"样式"下选定的标注样式设置为当前标注样式。当前样式将应用于所创建的标注。
- 新建：显示"创建新标注样式"对话框，从中可以定义新的标注样式。
- 修改：显示"修改标注样式"对话框，从中可以修改标注样式。对话框选项与"新建标注样式"对话框中的选项相同。
- 替代：显示"替代当前样式"对话框，从中可以设置标注样式的临时替代值。对话框选项与"新建标注样式"对话框中的选项相同。替代将作为未保存的更改结果显示在"样式"列表中的标注样式下。

案例 8-1：新建标注样式

采用新建标注样式对如图 8-4 所示的图形进行线性直径标注，标注结果如图 8-5 所示。操作步骤如下：

步骤 1 标注线性尺寸。在命令行输入 DLI→空格，选取要标注的点，标注水平的尺寸，结果如图 8-6 所示。

步骤 2 新建标注样式。在命令行输入 D→空格，系统弹出"标注样式管理器"对话框，如图 8-7 所示。该对话框用来新建或修改标注样式。单击"新建" 新建(N)... 按钮，系统弹出"创建新标注样式"对话框，如图 8-8 所示。按默认的设置，单击"继续"按钮，系统弹出"新建标注样式：副本ISO-25"对话框，单击"主单位"选项卡，在"前缀"文本框中输入"%%C"，其他设置保持不变，如图 8-9 所示，单击"确定"按钮完成设置。

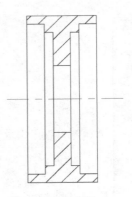

图 8-4　标注

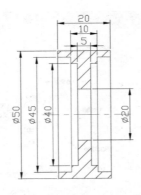

图 8-5　标注结果

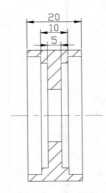

图 8-6　标注线性尺寸

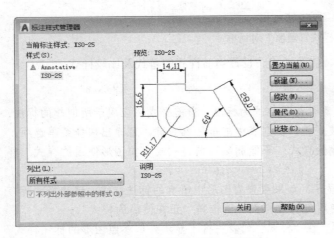

图 8-7　"标注样式管理器"对话框

图 8-8　"创建新标注样式"对话框

步骤 3 设置当前样式。系统返回到"标注样式管理器"对话框，在该对话框选中刚创建的副本样式，再单击"置为当前" 置为当前(U) 按钮，即可将创建的副本样式设置为当前样式，如图 8-10 所示。

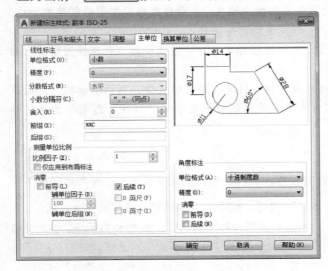

图 8-9　设置"前缀"

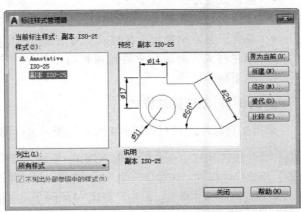

图 8-10　单击"置为当前"按钮

步骤 4 标注直径尺寸。在命令行输入DLI→空格，选取最大外圆，标注线性直径尺寸，结果如图 8-11 所示。采用以上方式标注其他的线性直径尺寸，结果如图 8-12 所示。

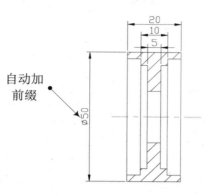

图 8-11　标注线性直径

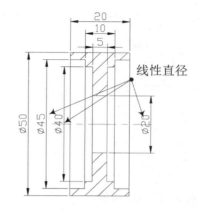

图 8-12　标注线性直径

8.1.2　线性标注

线性标注DIMLINEAR（DLI）可以用来标注长度尺寸，如标注垂直、水平、旋转的线性尺寸。创建线性标注时，可以修改文字内容、文字角度或尺寸线的角度。

线性标注命令行如下：

```
命令: DLI DIMLINEAR
指定第一个尺寸界线原点或 <选择对象>:
选择标注对象:
指定尺寸线位置或
[多行文字(M)/文字(T)/角度(A)/水平(H)/垂直(V)/旋转(R)]:
标注文字 = 20
```

命令行中各选项的含义如下。

- 角度：修改标注文字的角度。
- 水平：创建水平线性标注。
- 尺寸线位置：使用指定点定位尺寸线。
- 垂直：创建垂直线性标注。
- 旋转：创建旋转线性标注。
- 对象选择：在选择对象之后，自动确定第一条和第二条尺寸界线的原点。

案例 8-2：线性标注

对如图 8-13 所示的图形进行标注，标注结果如图 8-14 所示。操作步骤如下：

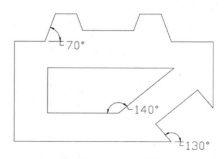

图 8-13　线性标注

步骤 1 标注水平线性尺寸。在命令行输入DLI→空格，选取图形下方水平线及定位线性尺寸进行标注，结果如图 8-15 所示。在命令行输入DLI→空格，选取图形上方水平线进行标注，结果如图 8-16 所示。

步骤 2 标注竖直线性尺寸。在命令行输入DLI→空格，选取图形左方竖直线及定位线性尺寸进行标注，结果如图 8-17 所示。

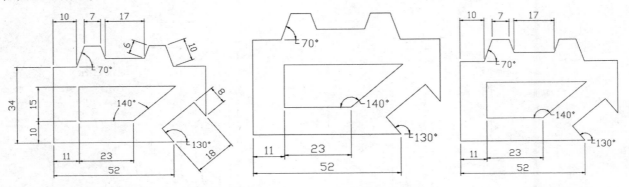

图 8-14　标注结果　　　　图 8-15　标注水平线及定位　　　　图 8-16　标注水平线

步骤 3 标注长度 10。在命令行输入DLI→空格→空格，选取长度为 10 的线，再输入R进行旋转，指定旋转角度为 110°，单击并放置尺寸，结果如图 8-18 所示。

步骤 4 标注长度 6。在命令行输入DLI→空格→空格，选取长度为 6 的线，再输入R进行旋转，指定旋转角度为 70°，单击并放置尺寸，结果如图 8-19 所示。

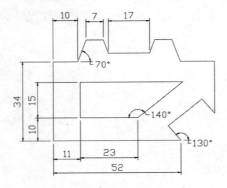

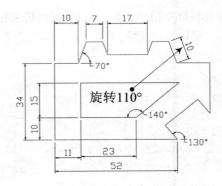

图 8-17　标注竖直线性尺寸　　　　　　　　　图 8-18　标注长度 10

步骤 5 标注长度 18。在命令行输入DLI→空格，选取长度为 18 的线的端点，再输入R进行旋转，指定旋转角度为 130°，单击并放置尺寸，结果如图 8-20 所示。

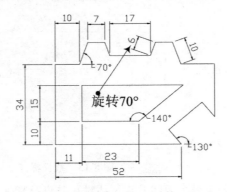

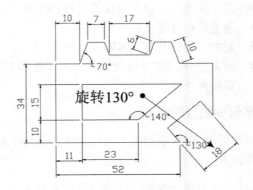

图 8-19　标注长度为 6 的线　　　　　　　　　图 8-20　标注长度为 18 的线

步骤 6 标注长度 8。在命令行输入DLI→空格→空格，选取长度为 8 的线的端点，再输入R进行旋转，指定旋转角度为 130°，单击并放置尺寸，结果如图 8-21 所示。

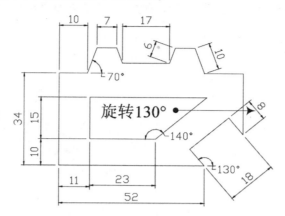

图 8-21　标注长度为 8 的线

 点拨

线性标注是专门针对水平和竖直的尺寸进行标注，但是采用旋转功能，它也可以标注带有一定角度的倾斜尺寸，原则上可以标注任何角度的倾斜尺寸。

8.1.3 对齐标注

对齐标注DIMALIGNED（DAL）是指尺寸线始终与标注对象保持平行，可以直接标注对象，也可以标注两点。也是一种线性标注。

对齐标注命令行如下：

```
命令：DAL DIMALIGNED
指定第一个尺寸界线原点或 <选择对象>：
选择标注对象：
指定尺寸线位置或
[多行文字(M)/文字(T)/角度(A)]：
标注文字 = 20
```

命令行中各选项的含义如下。

- 尺寸界线原点：指定第一条尺寸界线原点，系统将提示指定第二条尺寸界线原点。
- 对象选择：在选择对象之后，自动确定第一条和第二条尺寸界线的原点。对多段线和其他可分解对象，仅标注独立的直线段和圆弧段。不能选择非统一比例缩放块参照中的对象。
- 尺寸线位置：指定尺寸线的位置并确定绘制尺寸界线的方向。指定位置之后，DIMALIGNED 命令结束。
- 多行文字：显示在位文字编辑器，可用它来编辑标注文字。
- 角度：修改标注文字的角度。

案例 8-3：对齐标注

采用对齐标注命令对如图 8-22 所示的图形进行标注，标注结果如图 8-23 所示。操作步骤如下：

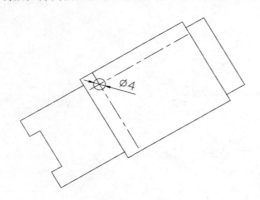

图 8-22　对齐标注

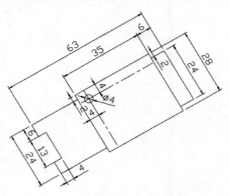

图 8-23　标注结果

步骤 1 标注整体尺寸。在命令行输入 DAL→空格，选取最大范围的点，标注长宽，结果如图 8-24 所示。

步骤 2 标注形状尺寸。在命令行输入 DAL→空格，选取表达形状的点，结果如图 8-25 所示。

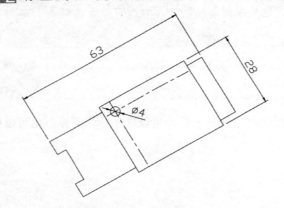

图 8-24　标注整体尺寸

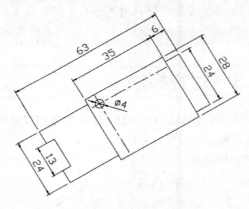

图 8-25　标注形状尺寸

步骤 3 标注定位尺寸。在命令行输入 DAL→空格，选取定位部分的点，结果如图 8-26 所示。

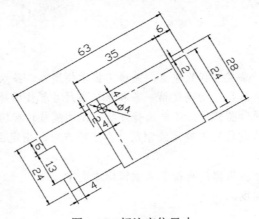

图 8-26　标注定位尺寸

8.1.4　直径标注

直径标注DIMDIAMETER（DDI）是用于标注圆弧或圆的直径，标注线通过圆心。如果系统变量DIMCEN未设置为 0，系统还会创建圆心标记。

直径标注命令行如下：

```
命令：DDI DIMDIAMETER
选择圆弧或圆：
标注文字 = 30
指定尺寸线位置或 [多行文字(M)/文字(T)/角度(A)]：
```

命令行中各选项的含义如下。

- 尺寸线位置：确定尺寸线的角度和标注文字的位置。如果由于未将标注放置在圆弧上而导致标注指向圆弧外，该产品会自动绘制圆弧尺寸界线。
- 多行文字：显示在位文字编辑器，可用它来编辑标注文字。
- 文字：在命令提示下，自定义标注文字。生成的标注测量值显示在尖括号中。
- 角度：修改标注文字的角度。

案例 8-4：直径标注

采用直径标注命令对如图 8-27 所示的图形进行标注，标注结果如图 8-28 所示。操作步骤如下：

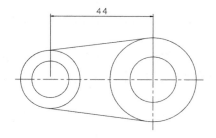

图 8-27　直径标注

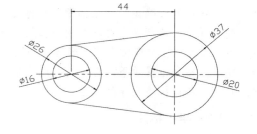

图 8-28　标注结果

步骤1 标注直径 26。在命令行输入DDI→空格，选取左边的大圆，标注直径尺寸如图 8-29 所示。

步骤2 标注直径 37。在命令行输入DDI→空格，选取右边的大圆，标注直径尺寸如图 8-30 所示。

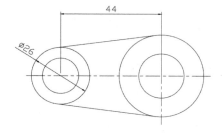

图 8-29　标注直径 26

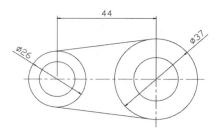

图 8-30　标注直径 37

步骤3 标注直径 16。在命令行输入DDI→空格，选取左边的小圆，标注直径尺寸如图 8-31 所示。

步骤4 标注直径 20。在命令行输入DDI→空格，选取右边的小圆，标注直径尺寸如图 8-32 所示。

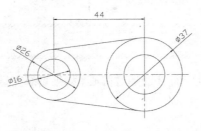

图 8-31　标注直径 16

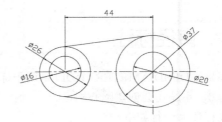

图 8-32　标注直径 20

8.1.5　半径标注

半径标注DIMRADIUS（DRA）用于标注圆或圆弧的半径。半径标注由一条具有指向圆弧或圆的箭头的半径尺寸线组成，并显示前面带有半径符号的标注文字。

半径标注命令行如下：

```
命令：DRA DIMRADIUS
选择圆弧或圆：
标注文字 = 15
指定尺寸线位置或［多行文字(M)/文字(T)/角度(A)］：
命令：*取消*
```

命令行中各选项的含义如下。

- 尺寸线位置：确定尺寸线的角度和标注文字的位置。如果由于未将标注放置在圆弧上而导致标注指向圆弧外，该产品会自动绘制圆弧尺寸界线。
- 多行文字：显示在位文字编辑器，可用它来编辑标注文字，当前标注样式决定生成的测量值的外观。
- 文字：在命令提示下，自定义标注文字。生成的标注测量值显示在尖括号中。
- 角度：修改标注文字的角度。

案例 8-5：半径标注

采用半径标注命令对如图 8-33 所示的图形进行标注，标注结果如图 8-34 所示。操作步骤如下：

步骤 1 标注R12 的圆。在命令行输入DRA→空格，选取R12 的圆，再单击圆外一点，放置尺寸，标注结果如图 8-35 所示。

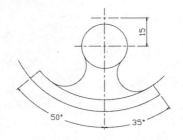

图 8-33　半径标注

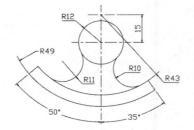

图 8-34　标注结果

步骤 2 标注R49 的弧。在命令行输入DRA→空格，选取R49 的弧，将尺寸移出弧外，再单击放置尺寸，标注结果如图 8-36 所示。

步骤 3 标注R43 的弧。在命令行输入DRA→空格，选取R43 的弧，将尺寸移出弧外，再单击放置尺寸，标注结果如图 8-37 所示。

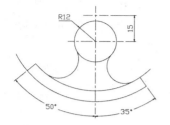

图 8-35　标注 R12 圆

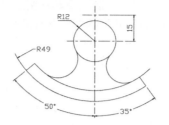

图 8-36　标注 R49 弧

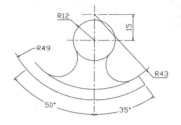

图 8-37　标注 R43 弧

步骤 4 标注R10 的弧。在命令行输入DRA→空格，选取R10 的弧，将尺寸移出弧外，再单击放置尺寸，标注结果如图 8-38 所示。

步骤 5 标注R11 的弧。在命令行输入DRA→空格，选取R11 的弧，将尺寸移出弧外，再单击放置尺寸，标注结果如图 8-39 所示。

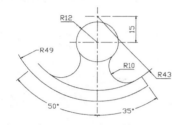

图 8-38　标注 R10 弧

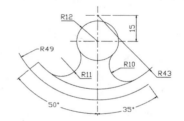

图 8-39　标注 R11 的弧

8.1.6　角度标注

角度标注DIMANGULAR（DAN）可以准确标注线段和线段之间的夹角，以及圆弧的弧度。此外，还可以通过制定需要标注的角的顶点及角的两个端点来标注三点之间形成的角度。

案例 8-6：角度标注

采用角度标注命令对如图 8-40 所示的图形进行标注。操作步骤如下：

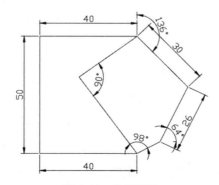

图 8-40　角度标注

步骤 **1** 绘制一个 40×50 的矩形。在命令行输入REC→空格，选取任意点为起始点，输入矩形的长宽相对坐标值（@40,50），绘制矩形结果如图 8-41 所示。

步骤 **2** 修剪矩形。在命令行输入TR→空格→空格，选取矩形右侧边进行修剪，修剪结果如图 8-42 所示。

步骤 **3** 绘制四边形。在命令行输入L→空格，选取矩形的右端点为起点，大概绘制四边形，结果如图 8-43 所示。

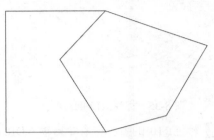

图 8-41 绘制矩形　　　　　　图 8-42 修剪矩形　　　　　　图 8-43 绘制四边形

步骤 **4** 约束固定。在命令行输入GCF→空格，选取先前绘制的矩形边进行固定，固定结果如图 8-44 所示。

步骤 **5** 约束点重合。在命令行输入GCCOI→空格，选取直线的首尾连接点，进行约束重合，结果如图 8-45 所示。

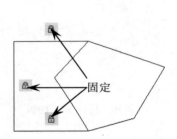
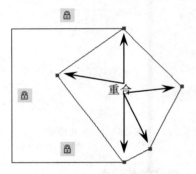

图 8-44 约束固定　　　　　　　　　　　　图 8-45 约束重合

步骤 **6** 约束角度标注 90°。在命令行输入DCAN→空格，选取 90° 的两条边，标注角度并修改约束值为 90，结果如图 8-46 所示。

步骤 **7** 约束角度标注 98°。在命令行输入DCAN→空格，选取 98° 的两条边，标注角度并修改约束值为 98，结果如图 8-47 所示。

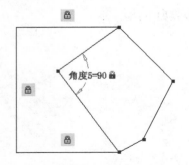
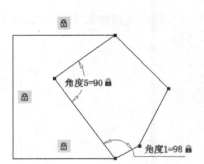

图 8-46 约束角度标注 90°　　　　　　　　图 8-47 约束角度标注 98°

步骤 **8** 约束角度标注 64°。在命令行输入DCAN→空格，选取右侧斜线和底下水平线，标注角度并修改约束值为 64，结果如图 8-48 所示。

步骤9 约束角度标注 136° -90°。在命令行输入DCAN→空格，选取右上侧斜线和顶部水平线，标注角度并修改约束值为 136-90，结果如图 8-49 所示

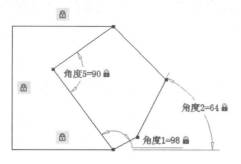

图 8-48 约束角度标注 64°

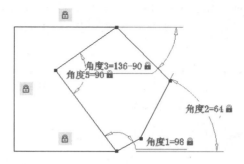

图 8-49 约束角度标注 136° -90°

步骤10 约束长度。在命令行输入DCAL→空格，选取右侧斜线，并单击放置尺寸，输入约束值为 30 和 26，结果如图 8-50 所示。

步骤11 隐藏尺寸约束。在命令行输入DCDIS→空格，选取所有图素，确定后再输入 H 进行隐藏，即可将所有约束标注隐藏，结果如图 8-51 所示。

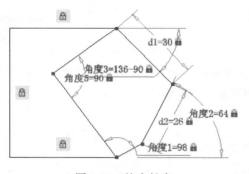

图 8-50 约束长度

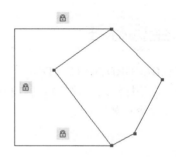

图 8-51 隐藏尺寸约束

步骤12 标注线性尺寸。在命令行输入DAL→空格，选取要标注的线，拉出线后单击并放置尺寸，标注结果如图 8-52 所示。

步骤13 标注角度尺寸 90° 和 98°。在命令行输入DAN→空格，选取要标注的 90° 和 98° 的两条边，拉出尺寸后单击并放置尺寸，结果如图 8-53 所示。

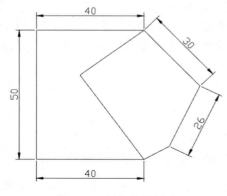

图 8-52 标注线性尺寸

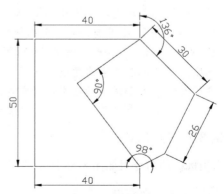

图 8-53 标注角度 90° 和 98°

步骤14 标注角度尺寸 64°。在命令行输入DAN→空格→空格，选取右下侧点为角度顶点，再选取两个角度端点，拉出尺寸后单击并放置尺寸，结果如图 8-54 所示。

步骤15 标注角度尺寸 136°。在命令行输入DAN→空格→空格，选取右上侧点为角度顶点，再选取两个角度端点，拉出尺寸后单击并放置尺寸，结果如图 8-55 所示。

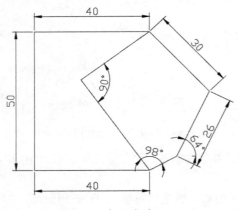

图 8-54　标注角度 64°

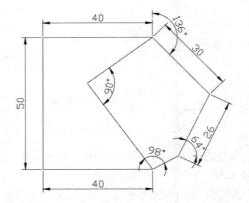

图 8-55　标注角度 136°

8.1.7　坐标标注

坐标标注DIMORDINATE（DOR）用于测量从原点（称为基准）到要素（如部件上的一个孔）的水平或垂直距离。这些标注通过保持特征与基准点之间的精确偏移量，来避免误差增大。

坐标标注命令行如下：

```
命令: DOR DIMORDINATE
指定点坐标:
指定引线端点或 [X 基准(X)/Y 基准(Y)/多行文字(M)/文字(T)/角度(A)]: x
指定引线端点或 [X 基准(X)/Y 基准(Y)/多行文字(M)/文字(T)/角度(A)]:
标注文字 = 15
```

命令行中各选项的含义如下。

- 指定引线端点：使用点坐标和引线端点的坐标差可确定它是 X 坐标标注还是 Y 坐标标注。如果 Y 坐标的坐标差较大，标注就测量 X 坐标；否则就测量 Y 坐标。
- X 基准：测量 X 坐标并确定引线和标注文字的方向。将显示"引线端点"提示，从中可以指定端点。
- Y 基准：测量 Y 坐标并确定引线和标注文字的方向。将显示"引线端点"提示，从中可以指定端点。
- 角度：修改标注文字的角度。
- 多行文字：用于修改标注文字，或者加注前后缀。
- 文字：用于改变当前标注文字，或者加注前后缀。

案例 8-7：坐标标注

采用坐标标注命令对如图 8-56 所示的图形进行标注，标注结果如图 8-57 所示。操作步骤如下：

步骤1 打开源文件。按键盘上的Ctrl+O组合键，在弹出的对话框中打开"结果文件/第 8 章/8-7"，单击"确定"按钮，即可打开源文件。

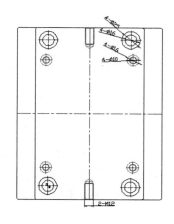

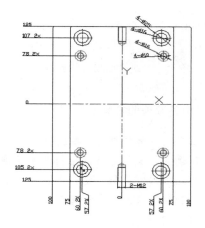

图 8-56　原图　　　　　　　　　　　　　　　　　　图 8-57　标注结果

步骤 2 设置用户坐标系原点。在命令行输入UCS→空格，指定图形的正中点为坐标系原点，如图 8-58 所示。

步骤 3 X坐标标注。在命令行输入DOR→空格，选取要标注的点，向下拉至需要放置的位置，输入M后在文字后输入数量"2X"，表示两个，结果如图 8-59 所示。

步骤 4 Y坐标标注。在命令行输入DOR→空格，选取要标注的点，向左拉至需要放置的位置，输入M后在文字后输入数量"2X"，表示两个，结果如图 8-60 所示。

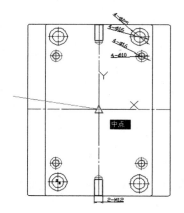

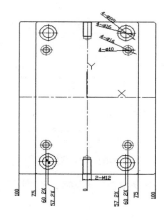

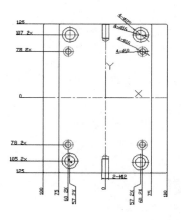

图 8-58　设置原点　　　　　　　图 8-59　X 坐标标注　　　　　　　图 8-60　Y 坐标标注

点拨

标注前一定要将UCS坐标原点修改为本视图的原点，才可以进行坐标标注，否则标注的尺寸和零点将不对应。

8.1.8　基线标注

基线标注DIMBASELINE（DBA）用于标注图形中有一个共同的基准线型或角度尺寸。基准标注是以某一点、线、面作为基准，其他尺寸按照该基准进行定位，因此，在适用基线标注之前需要对图形进行一次标注，以确定基线标注的基点，否则无法进行基线标注。

基准标注命令行如下：

```
命令：DBA DIMBASELINE
指定第二条尺寸界线原点或 [放弃(U)/选择(S)] <选择>：
标注文字 = 30
```

命令行中各选项的含义如下：

- 第二条尺寸界线原点：默认情况下，使用基准标注的第一条尺寸界线作为基线标注的尺寸界线原点。可以通过显式地选择基准标注来替换默认情况，这时作为基准的尺寸界线是离选择拾取点最近的基准标注的尺寸界线。选择第二点之后，将绘制基线标注并再次显示"指定第二条尺寸界线原点"提示。若要结束此命令，请按 Esc 键。若要选择其他线性标注、坐标标注或角度标注用作基线标注的基准，请按 Enter 键。
- 放弃：放弃在命令任务期间上一次输入的基线标注。
- 选择：AutoCAD提示选择一个线性标注、坐标标注或角度标注作为基线标注的基准。

案例 8-8：基准标注

采用基准标注命令为如图 8-61 所示的图形进行标注。操作步骤如下：

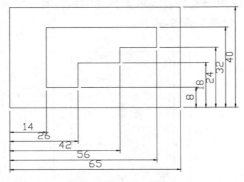

图 8-61　基准标注

步骤 1 绘制一个 65×40 的矩形。在命令行输入REC→空格，选取任意点为起点，输入（@65,40）绘制矩形，如图 8-62 所示。

步骤 2 绘制一个 12×24 的矩形。在命令行输入REC→空格，再在命令行输入from捕捉自后，选取大矩形左下角点为起点，输入相对坐标（@14,8）作为要绘制的矩形左下角起点，然后输入矩形长宽相对尺寸（@12,24），结果如图 8-63 所示。

步骤 3 绘制一个 16×14 的矩形。在命令行输入REC→空格，选取上一步矩形右上角角点为起点，然后输入矩形长宽相对尺寸（@16,-14），结果如图 8-64 所示。

图 8-62　绘制矩形 1

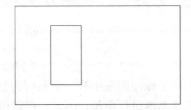

图 8-63　绘制矩形 2

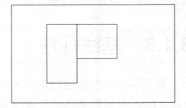

图 8-64　绘制矩形 3

步骤 4 绘制一个 14×8 的矩形。在命令行输入REC→空格，选取上一步矩形右上角角点为起点，然后输入矩形长宽相对尺寸（@14,-8），结果如图 8-65 所示。

步骤 5 修剪。在命令行输入TR→空格→空格，选取要修剪的边，修剪结果如图 8-66 所示。

步骤 6 标注水平基准尺寸。在命令行输入DLI→空格，选取要标注的点，拉出尺寸后并单击放置尺寸，结果如图 8-67 所示。

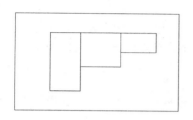

图 8-65　绘制矩形 4

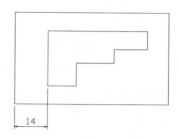

图 8-66　修剪　　　　　图 8-67　标注水平基准

步骤 7 基线标注。在命令行输入DBA→空格，系统会以刚标注的尺寸为基准，进行基线标注，依次选取水平方向的点，标注结果如图 8-68 所示。

步骤 8 标注竖直基准尺寸。在命令行输入DLI→空格，选取要标注的点，拉出尺寸并单击确定放置点，结果如图 8-69 所示。

步骤 9 基线标注。在命令行输入DBA→空格，系统会以刚标注的尺寸为基准，进行基线标注，依次选取竖直方向的点，标注结果如图 8-70 所示。

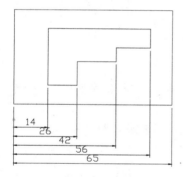

图 8-68　基线标注

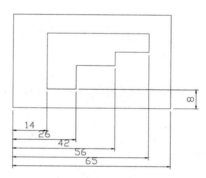

图 8-69　标注竖直基准尺寸

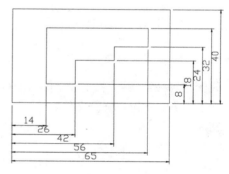

图 8-70　基线标注

8.1.9　连续标注

连续标注DIMCONTINUE（DCO）用于标注在同一方向上的多个连续的线段尺寸或角度尺寸。自动从创建的上一个线性约束、角度约束或坐标标注继续创建其他标注，或者从选定的尺寸界线继续创建其他标注，将自动排列尺寸线。

连续标注命令行如下：

```
命令：DCO DIMCONTINUE
指定第二条尺寸界线原点或 [放弃(U)/选择(S)] <选择>：
标注文字 = 15
指定第二条尺寸界线原点或 [放弃(U)/选择(S)] <选择>：*取消*
```

命令行中各选项的含义如下。

- 第二条尺寸界线原点：使用连续标注的第二条尺寸界线原点作为下一个标注的第一条尺寸界线原点。当前标注样式决定文字的外观。选择连续标注后，将再次显示"指定第二条尺寸界线原点"提示。若要结束此命令，请按 Esc 键。若要选择其他线性标注、坐标标注或角度标注用作连续标注的基准，请按 Enter 键。

- 放弃：放弃在命令任务期间上一次输入的连续标注。

- 选择：AutoCAD 提示选择线性标注、坐标标注或角度标注作为连续标注。选择连续标注后，将再次显示"指定第二条尺寸界线原点"或"指定点坐标"提示。若要结束此命令，请按Esc键。

案例 8-9：连续标注

采用连续标注命令对如图 8-71 所示的图形进行标注，标注结果如图 8-72 所示。操作步骤如下：

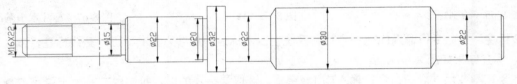

图 8-71　连续标注

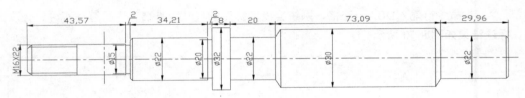

图 8-72　标注结果

步骤 1 打开源文件。按键盘上的Ctrl+O组合键，在弹出的对话框中选择"结果文件/第 8 章/8-9"，单击"确定"按钮，即可打开源文件。

步骤 2 标注基础尺寸。在命令行输入DLI→空格，选取左边需要标注的长度，结果如图 8-73 所示。

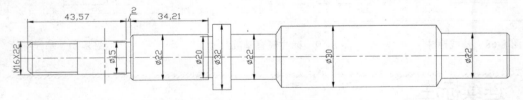

图 8-73　标注基础尺寸

步骤 3 标注连续水平尺寸。在命令行输入DCO→空格，选取刚标注的水平尺寸作为基础尺寸，再依次选取要标注的点，结果如图 8-74 所示。

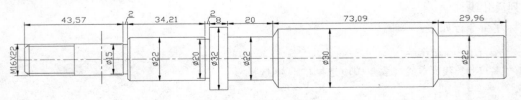

图 8-74　连续标注结果

8.2 标注修改 ▶

在实际设计中，往往不可能一步到位，也不可能一个样式用于所有的情况，所以，不可避免地需要对标注及标注样式进行修改编辑。

8.2.1 修改标注样式

如果标注样式不符合用户要求，可以对当前的标注样式进行修改编辑，其操作步骤如下：

在命令行输入D→空格，打开如图 8-75 所示的"标注样式管理器"对话框，然后选中需要修改的样式，单击"修改"按钮，即可打开"修改标注样式"对话框，对其样式进行修改。

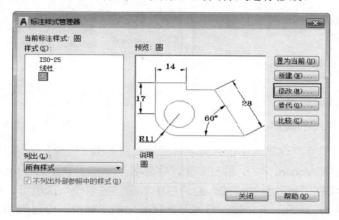

图 8-75　修改样式

案例 8-10：修改样式

采用修改标注样式的方式对如图 8-76 所示的图形进行标注文字字型和标注文字对齐方式的编辑，结果如图 8-77 所示。操作步骤如下：

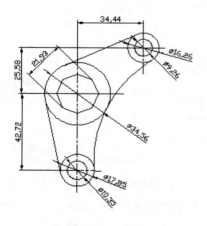

图 8-76　原图

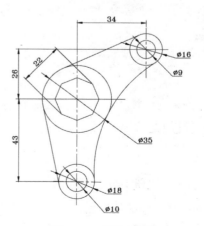

图 8-77　修改结果

步骤 1 打开源文件。按键盘的Ctrl+O组合键,在弹出的对话框中选择"结果文件/第8章/8-10",单击"确定"按钮,即可打开源文件。

步骤 2 修改线性标注样式。在命令行输入D→空格,系统弹出"标注样式管理器"对话框,如图 8-78 所示。选中需要修改的样式,再单击"修改"[修改(M)...]按钮,进入"修改标注样式:线性"对话框,该对话框用来设置需要修改的参数。单击对话框中的"文字"选项卡,如图 8-79 所示。

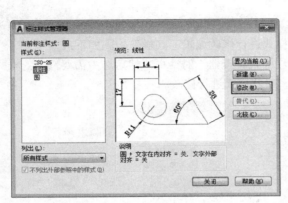

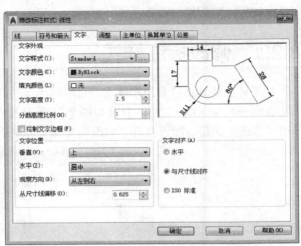

图 8-78 "标注样式管理器"对话框 　　　　图 8-79 修改文字样式

步骤 3 修改文字样式。在"文字"选项卡中的"文字样式"右侧单击"设置"[...]按钮,系统弹出"文字样式"对话框,在该对话框中选中Standard样式,并在右边"字体名"下拉列表中选择romant.shx,如图 8-80 所示。

步骤 4 设置线性精度。继续在"修改标注样式"对话框中单击"主单位"选项卡,在该选项卡中可以设置标注单位及精度等,如图 8-81 所示。将"线型标注"选项组中的"精度"设置为 0,表示不保留小数点后的数值。

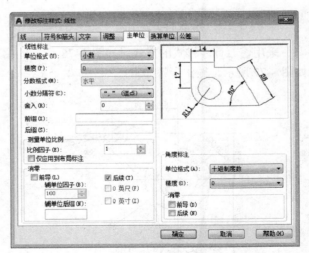

图 8-80 设置文字 　　　　图 8-81 设置线性精度

步骤 5 查看结果。修改完毕后,单击"确定"和"关闭"按钮,系统即对使用线性标注的样式尺寸进行自动更改,结果如图 8-82 所示。

步骤 6 修改圆标注样式。在命令行输入D→空格，系统弹出"标注样式管理器"对话框，如图8-83所示。选中需要修改的样式，再单击"修改"[修改(M)...]按钮，进入"修改标注样式：圆"对话框，该对话框用来设置需要修改的参数。单击"修改标注样式：圆"对话框中的"文字"选项卡，参数设置如图8-84所示。

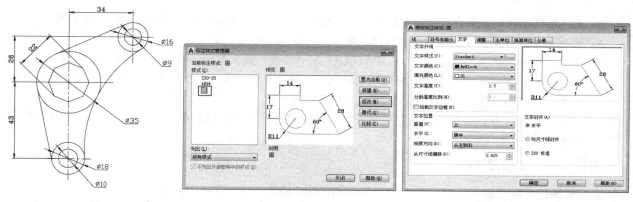

图 8-82　修改结果	图 8-83　修改样式	图 8-84　"文字"选项卡

步骤 7 修改主单位。在"修改标准样式：圆"对话框中单击"主单位"选项卡，将线性"精度"设置为 0，不保留小数点后的数值，如图8-85所示。

步骤 8 查看结果。修改完毕后单击"确定"和"关闭"按钮，系统即自动修改应用了此标注样式的标注尺寸，结果如图8-86所示。

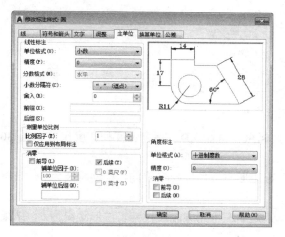

图 8-85　修改精度

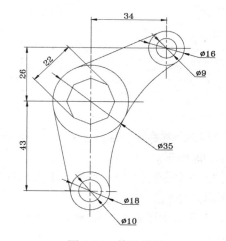

图 8-86　修改结果

8.2.2　编辑尺寸标注

编辑尺寸标注DIMEDIT（DED）用于旋转、修改或恢复标注文字，更改尺寸界线的倾斜角。移动文字和尺寸线的等效命令为 DIMTEDIT。

编辑尺寸标注命令行如下：

```
命令：DED DIMEDIT
输入标注编辑类型 [默认(H)/新建(N)/旋转(R)/倾斜(O)] <默认>：R
指定标注文字的角度：30
```

选择对象：找到 1 个
选择对象：

命令行中各选项的含义如下。

- 默认：将旋转标注文字移回默认位置。选定的标注文字移回到由标注样式指定的默认位置和旋转角。
- 新建：使用在位文字编辑器更改标注文字。
- 旋转：旋转标注文字。此选项与 DIMTEDIT 的"角度"选项类似。输入 0，将标注文字按默认方向放置。默认方向由"新建标注样式"对话框、"修改标注样式"对话框和"替代当前样式"对话框中的"文字"选项卡中的垂直和水平文字进行设置。
- 倾斜：当尺寸界线与图形的其他要素冲突时，"倾斜"选项将很有用处。倾斜角从 UCS 的 X 轴进行测量。

案例 8-11：编辑尺寸标注

采用编辑尺寸标注命令绘制如图 8-87 所示的剖面图。操作步骤如下：

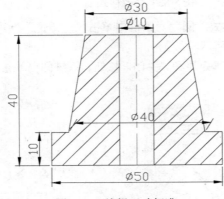

图 8-87 编辑尺寸标准

步骤 1 绘制矩形。在命令行输入REC→空格，选取任意点为起点，再输入D，指定长度和宽度尺寸均为 30，结果如图 8-88 所示。

步骤 2 拉伸。在命令行输入S→空格，采用从右向左交叉框选矩形右下角并向右拉伸，拉伸距离为 5，结果如图 8-89 所示。

步骤 3 拉伸。在命令行输入S→空格，采用从右向左交叉框选矩形左下角并向左拉伸，拉伸距离为 5，结果如图 8-90 所示。

图 8-88 绘制矩形

图 8-89 拉伸

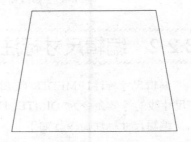

图 8-90 拉伸

步骤 4 修剪。在命令行输入TR→空格→空格，选取梯形底部直线，修剪结果如图 8-91 所示。

步骤 5 绘制直线。在命令行输入L→空格，选取梯形右下角开始绘制，分别绘制长度为 5、10、50、10、5 的直线，结果如图 8-92 所示。

步骤 6 绘制中心线。在命令行输入L→空格，选取梯形上中点，绘制竖直线，结果如图 8-93 所示。

图 8-91　修剪

图 8-92　绘制直线

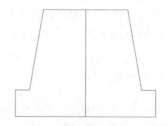

图 8-93　绘制中心线

步骤 7 偏移直线。在命令行输入O→空格，输入偏移距离为 5，再选取刚绘制的中心线，向左右各偏移一条直线，结果如图 8-94 所示。

步骤 8 填充剖面。在命令行输入H→空格，选取填充图样为ANSI31 样式，再选取左右两边的图形内部任意点，单击以完成填充，结果如图 8-95 所示。

步骤 9 修改线型。在绘图区选取中心线，然后在线型栏中选取点画线，将选取的中心线修改为点画线，结果如图 8-96 所示。

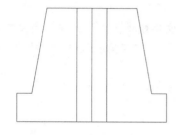

图 8-94　偏移

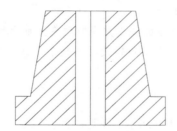

图 8-95　填充图案

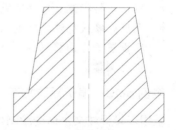

图 8-96　修改线型

步骤 10 标注尺寸。在命令行输入DLI→空格，选取要标注的点，然后拉出线后单击并放置尺寸，标注结果如图 8-97 所示。

步骤 11 添加直径符号。在命令行输入ED→空格，选取要编辑的尺寸，在弹出的编辑框中尺寸前添加"%%C"，再单击以完成编辑，添加结果如图 8-98 所示。

步骤 12 倾斜尺寸标注。在命令行输入DED→空格，再输入O倾斜，然后选取直径为 40 的尺寸，再输入角度为 60°，结果如图 8-99 所示。

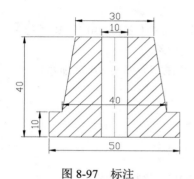

图 8-97　标注

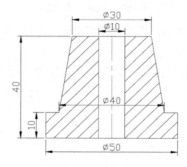

图 8-98　添加直径符号

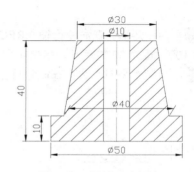

图 8-99　倾斜尺寸标注

8.2.3　编辑标注文字

编辑标注文字DIMTEDIT（DIMTED）用于移动和旋转标注文字并重新定位尺寸线。

编辑标注文字命令行如下：

```
命令: DIMTED
DIMTEDIT
选择标注:
为标注文字指定新位置或 [左对齐(L)/右对齐(R)/居中(C)/默认(H)/角度(A)]: A
指定标注文字的角度: 45
```

命令行中各选项的含义如下：

- 标注文字的位置：拖曳时，动态更新标注文字的位置。要确定文字显示在尺寸线的上方、下方还是中间，可使用"新建/修改/替代标注样式"对话框中的"文字"选项卡。
- 左对齐：沿尺寸线左对正标注文字。此选项只适用于线性、半径和直径标注。
- 右对齐：沿尺寸线右对正标注文字。此选项只适用于线性、半径和直径标注。
- 居中：将标注文字放在尺寸线的中间。此选项只适用于线性、半径和直径标注。
- 默认：将标注文字移回默认位置。
- 角度：修改标注文字的角度。文字的圆心并没有改变。如果移动了文字或重生成了标注，由文字角度设置的方向将保持不变。输入零度角将使标注文字以默认方向放置。文字角度从 UCS 的 X 轴进行测量。

案例 8-12：编辑标注文字

采用编辑标注文字命令绘制如图 8-100 所示的图形。操作步骤如下：

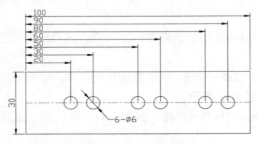

图 8-100　编辑标注文字

步骤 1 绘制矩形。在命令行输入REC→空格，选取任意点为起点，再输入长宽尺寸（@100,30），即可绘制长为 100、宽为 30 的矩形，结果如图 8-101 所示。

步骤 2 绘制水平中心线。在命令行输入L→空格，选取矩形左中点，绘制水平线结果如图 8-102 所示。

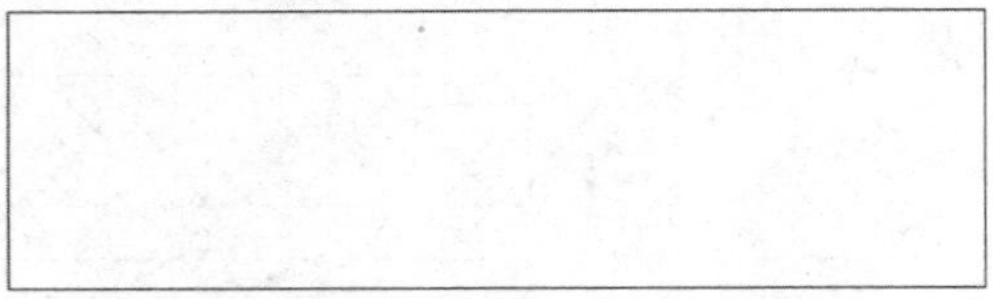

图 8-101　绘制矩形 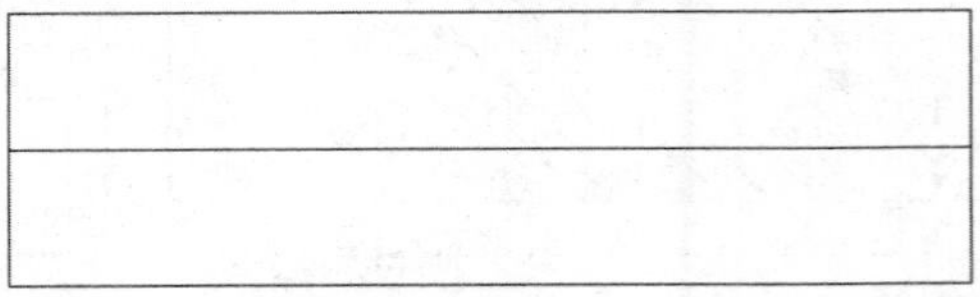　　　　　　　　　　　　　图 8-102　绘制水平线

步骤 3 绘制圆。在命令行输入C→空格，再输入from（捕捉自）选取刚绘制的水平线左端点为捕捉点，输入（@20,0），定位后再输入直径为6，结果如图 8-103 所示。

步骤 4 复制圆。在命令行输入CO→空格，选取刚绘制的圆，向右水平复制 10，结果如图 8-104 所示。

图 8-103　绘制圆

图 8-104　复制圆

步骤 5 复制圆。在命令行输入CO→空格，选取刚绘制的两个圆，向右水平复制 30 和 60，结果如图 8-105 所示。

步骤 6 标注基准尺寸。在命令行输入DLI→空格，标注矩形的左边线和圆的定位尺寸，结果如图 8-106 所示。

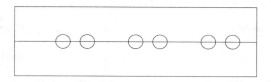

图 8-105　复制圆

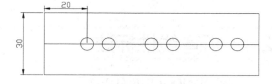

图 8-106　标注基准尺寸

步骤 7 基线标注。在命令行输入DBA→空格，选取圆心点进行标注，结果如图 8-107 所示。

步骤 8 标注圆直径。在命令行输入DDI→空格，选取圆后拉出尺寸，再输入M多行文字后输入"6-"进行标注，结果如图 8-108 所示。

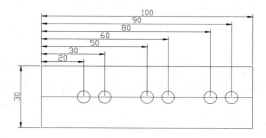

图 8-107　基线标注

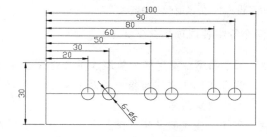

图 8-108　标注圆直径

步骤 9 编辑标注文字左对齐。在命令行输入DIMTED→空格，选取基线标注的尺寸，并输入L左对齐，最终结果如图 8-109 所示。

步骤 10 编辑标注文字角度。在命令行输入DIMTED→空格，选取标注的直径，再输入A→空格，然后输入A（角度），输入角度为 0.5°，结果如图 8-110 所示。

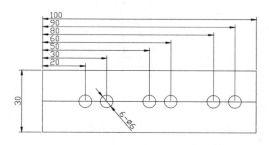

图 8-109　编辑标注文字

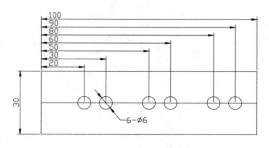

图 8-110　编辑标注文字角度

步骤 **11** 修改线型。在绘图区选取中心线，然后在线型栏中选取点画线，即可修改线型为点画线，结果如图 8-111 所示。

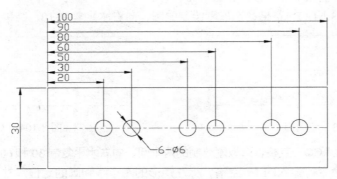

图 8-111　修改线型

8.2.4　折弯线性标注

折弯线性DIMJOGLINE（DJL）是在线性标注或对齐标注中添加或删除折弯线。标注中的折弯线表示所标注的对象中的折断。标注值表示实际距离，而不是图形中测量的距离。

折弯线性标注命令行如下：

```
命令：DJL DIMJOGLINE
选择要添加折弯的标注或［删除(R)］：
指定折弯位置（或按 Enter 键）：
```

命令行中各选项的含义如下：

- 添加折弯：指定要向其添加折弯的线性标注或对齐标注。系统将提示用户指定折弯的位置。按 Enter 键可在标注文字与第一条尺寸界线之间的中点处放置折弯，或者在基于标注文字位置的尺寸线的中点处放置折弯。
- 删除：指定要从中删除折弯的线性标注或对齐标注。

案例 8-13：折弯线性

采用折弯线性命令绘制如图 8-112 所示的模具配件顶针图形。操作步骤如下：

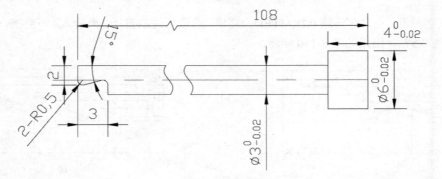

图 8-112　折弯线性

步骤 **1** 绘制一个 4×6 的矩形。在命令行输入REC→空格，选取任意点为起点，输入（@4,6），确定后即可绘制矩形，结果如图 8-113 所示。

步骤 **2** 绘制一个 25×3 的矩形。在命令行输入REC→空格，输入from（捕捉自）选取刚绘制的矩形左中点为捕捉点，输入（@0,-1.5），再输入矩形长宽尺寸（@-25,3），确定后即可绘制矩形，结果如图 8-114 所示。

图 8-113　绘制矩形 1　　　　　　　　　　　　　　　　图 8-114　绘制矩形 2

步骤 **3** 分解矩形。在命令行输入X→空格，选取刚绘制的矩形，确定后即可将矩形分解成单独的直线，结果如图 8-115 所示。

步骤 **4** 偏移。在命令行输入O→空格，选取刚分解的矩形顶部直线，向下偏移 2mm，结果如图 8-116 所示。

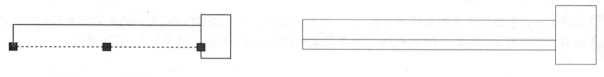

图 8-115　分解矩形　　　　　　　　　　　　　　　　图 8-116　偏移

步骤 **5** 倒圆角。在命令行输入F→空格，再输入R，指定半径为 0.5，选取最左边的直线和刚偏移的直线，倒圆角结果如图 8-117 所示。

步骤 **6** 旋转直线。在命令行输入RO→空格，选取偏移的线，确定后选取倒圆角圆心为旋转中心，旋转角度为15°，结果如图 8-118 所示。

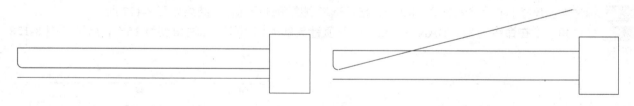

图 8-117　倒圆角　　　　　　　　　　　　　　　　图 8-118　旋转直线

步骤 **7** 偏移。在命令行输入O→空格，选取最左边的直线，向右偏移 3mm，结果如图 8-119 所示。

步骤 **8** 倒圆角并修剪。在命令行输入F→空格，先按Shift键对物体进行修剪，再进行倒圆角，结果如图 8-120 所示。

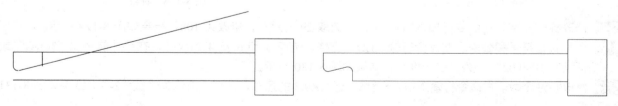

图 8-119　偏移　　　　　　　　　　　　　　　　图 8-120　倒圆角并修剪

步骤 **9** 绘制曲线。在命令行输入SPL→空格，在顶针的靠左侧由上向下绘制S形曲线，结果如图 8-121 所示。

步骤 10 复制平移曲线。在命令行输入CO→空格，选取刚绘制的曲线，向右平移复制距离为 2mm，结果如图 8-122 所示。

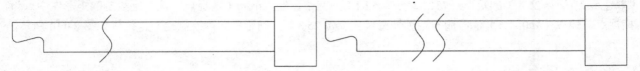

图 8-121　绘制曲线　　　　　　　　　　　　图 8-122　平移复制

步骤 11 修剪。在命令行输入TR→空格→空格，选取多余的曲线，进行修剪，修剪结果如图 8-123 所示。

步骤 12 绘制水平中心线。在命令行输入L→空格，绘制水平中心线，结果如图 8-124 所示。

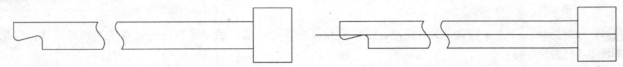

图 8-123　修剪　　　　　　　　　　　　　图 8-124　绘制水平中心线

步骤 13 修改线型。在绘图区选取刚绘制的水平线，再选中线型栏中的CENTER线型，结果如图 8-125 所示。

步骤 14 标注尺寸。在命令行输入DLI→空格，选取需要标注的点进行标注，结果如图 8-126 所示。

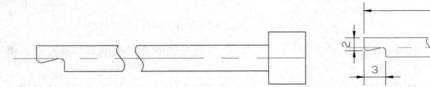

图 8-125　修改线型　　　　　　　　　　　　图 8-126　标注线性尺寸

步骤 15 标注半径尺寸。在命令行输入DRA→空格，选取倒圆角进行标注，结果如图 8-127 所示。

步骤 16 标注角度。在命令行输入DAN→空格，选取顶针头部的切割处，标注角度为 15°，结果如图 8-128 所示。

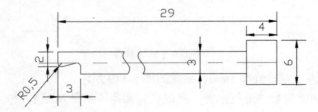
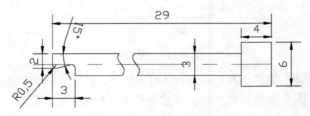

图 8-127　标注半径尺寸　　　　　　　　　　图 8-128　标注角度

步骤 17 修改标注文字。在命令行输入ED→空格，选取 29 的尺寸，修改为 108，结果如图 8-129 所示。

步骤 18 添加直径符号和公差。在命令行输入ED→空格，选取 3 和 6 及 4 的尺寸，在尺寸前添加 "%%C" 或尺寸后添加 "0^-0.02"，然后进行堆叠，结果如图 8-130 所示。

步骤 19 修改标注个数。在命令行输入ED→空格，选取R0.5的尺寸，在尺寸前添加个数 "2-"，结果如图 8-131 所示。

步骤 20 折弯线性。在命令行输入DJL→空格，选取 108 的尺寸，再在尺寸左侧单击选取要折弯的地方，结果如图 8-132 所示。

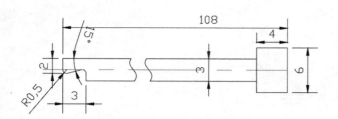

图 8-129　修改标注文字

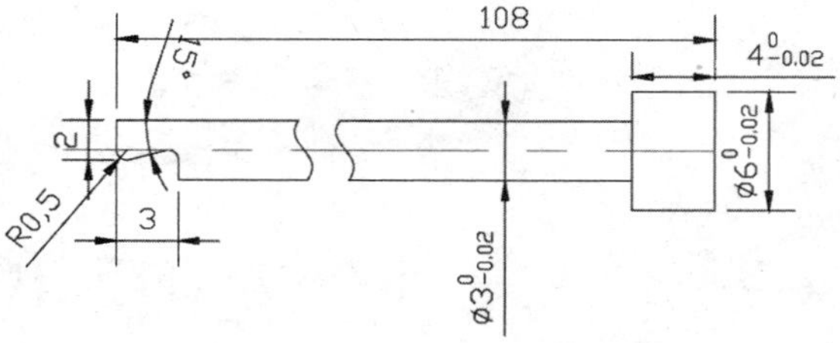

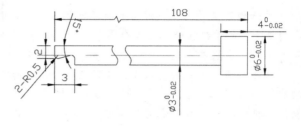

图 8-130　添加符号和公差

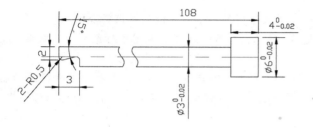

图 8-131　修改标注个数

图 8-132　折弯线性

8.3　本章小节

　　通过新建尺寸样式，了解其各选项的具体含义，以及各标注的实际运用。尺寸标注的编辑方法、多重引线的创建与编辑步骤等知识的学习，让读者掌握到更多的知识。

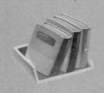

第9章
尺寸公差和形位公差

每一种类型的图纸标注都有其不同的规范，只有完全掌握不同的规范，才能使标注符合图纸本身要求。在图纸中，尺寸标注是描述各个图形对象的真实形体大小、具体的位置以及与其他图形对象之间的联系。在实际工作中，它是表达图纸信息的重要组成部分。

在本章中，首先讲解尺寸标注样式的创建方法和各项设置方法，再讲解"标注"工具栏中主要标注功能的操作方法，以及尺寸标注的编辑与更新操作，然后讲解多重引线标注样式的创建、多重引线的标注与编辑，最后以机械阀盖为实例来进行各种尺寸标注的操作。

学习目标

- 掌握形状公差的含义
- 掌握位置公差的含义
- 掌握尺寸公差的意义
- 熟练掌握形位公差的标准
- 熟练掌握尺寸公差的标注和修改

9.1　形位公差

形位公差表示特征的形状、轮廓、方向、位置和跳动的偏差。TOLERANCE可用于创建包含在特征控制框中的形位公差，主要用来表达机械部件的形状和位置误差度，对相互配合的装配产品尤其重要。可以向特征控制框添加形位公差，这些框中包括单个标注的公差信息。

形位公差代号包括：形位公差有关项目的符号、形位公差框格和引线、形位公差数值和其他有关符号及基准符号。

公差框格分为两格和多格，第一格为形位公差项目的符号，第二格为开位公差数值和有关符号，第三和以后各格为基准代号和有关部门符号。特征控制框可通过引线使用 TOLERANCE、LEADER 或 QLEADER 进行创建，如图 9-1 所示。

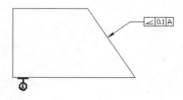

图 9-1　形位公差

在命令行输入TOL→空格，系统弹出"形位公差"对话框，如图 9-2 所示。该对话框用来设置形位公差符号、数值和基准。

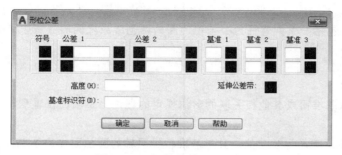

图 9-2　"形位公差"对话框

各项的含义如下。

- 符号：显示从"符号"对话框中选择的几何特征符号。选择一个"符号"时，显示该对话框。
- 公差 1：创建特征控制框中的第一个公差值。公差值指明了几何特征相对于精确形状的允许偏差量。可在公差值前插入直径符号，在其后插入包容条件符号。
- 公差 2：在特征控制框中创建第二个公差值。以与第一个相同的方式指定第二个公差值。
- 基准 1：在特征控制框中创建第一级基准参照。基准参照由值和修饰符号组成。基准是理论上精确的几何参照，用于建立特征的公差带。
- 基准 2：在特征控制框中创建第二级基准参照，方式与创建第一级基准参照相同。
- 基准 3：在特征控制框中创建第三级基准参照，方式与创建第一级基准参照相同。
- 高度：创建特征控制框中的投影公差零值。投影公差带控制固定垂直部分延伸区的高度变化，并以位置公差控制公差精度。
- 延伸公差带：在延伸公差带值的后面插入延伸公差带符号。
- 基准标识符：创建由参照字母组成的基准标识符。基准是理论上精确的几何参照，用于建立其他特征的位置和公差带。点、直线、平面、圆柱或其他几何图形都能作为基准。

在"形位公差"对话框中单击符号框，系统弹出"特征符号"对话框，该对话框用来显示位置、方向、形状、轮廓和偏转的几何特征符号，如图 9-3 所示。

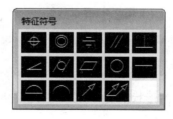

图 9-3　"特征符号"对话框

一、形状公差

- ⌭：圆柱度。圆柱面上所有的点应在两个同心圆柱的外环内，该外环是对于半径在许可偏差内的两个圆柱来讲的外环。
- ▱：平面度。是距离为公差值的两平行平面之间的区域。
- ○：圆度。表示偏差的量，半径的差为公差值的两个同心圆的中间部分。

- ━：直线度。含轴线的任意平面内间隔公差值的相互平行的两条直线之间的区域。
- ⌒：面轮廓度。包括一系列直径为公差值的圆的两包络线之间的区域，诸球球心应位于理想的轮廓线上。
- ⌒：线轮廓度。包括一系列直径为公差值的圆的两包络线之间的区域，诸圆圆心应位于理想的轮廓线上。

二、位置公差

- ⊕：位置度。从基准面或其他相关联的形体规定的理论上正确的位置到轴、直线形体、平面形体的偏差大小。
- ◎：同心同轴度。直径为公差值，且与基准轴线同轴的圆柱面内的区域。
- ＝：对称度。是距离为公差值的且相对基准中心平面或中心线、轴的对称配置的两平行平面或直线之间的区域，若给予互相垂直的两个方向，则是正截面为公差值的四棱柱内的区域。
- ⊥：垂直度。基准面直线对于基准线来讲，从直角几何学的直线到几何学的平面，应当是直线角的直线形体、平面形体的偏差大小。
- ∠：倾斜度。基准面直线对于面来讲，从理论上持有正确角度的几何学的直线到几何学的平面，应当是理论上持有正确角度的直线形体、平面形体的偏差大小。
- ↗：圆跳动。以基准轴线为中心回转时，所在点对于指定方向的变位置。
- ↗↗：全跳动。基准面直线如果是轴的话，应持有圆周面的对象物，也就是对于基准面的轴线来讲，应垂直的圆形平面的对象物围绕基准轴直线回转时，表面按着指定的方向变化的大小。

三、基准符号

有些形位公差有基准，因此，在标注形位公差之前，还需要绘制基准代号，如图 9-4 所示，即为基准代号。

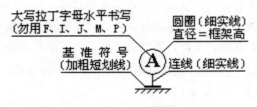

图 9-4　基准代号

9.1.1　形状公差

形状公差是用来控制图形中对象之间形状精度的误差。它是反映物体形状的允许变动量，只要控制对象在变动范围内，即满足形状公差的要求。

1. 直线度标注技巧

直线度公差是实际直线对理想直线的允许变动量，限制了加工面或线在某个方向上的偏差，如果直线度超差有可能导致该工件安装时无法准确装入工艺文件规定的位置。

如图 9-5 所示，表示圆柱表面上任一素线必须位于轴向平面内，距离为公差值 0.02 的两平行直线之间。

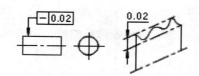

图 9-5　直线度

案例 9-1：直线度

采用形位公差标注等命令绘制如图 9-6 所示的三棱柱平面图形。操作步骤如下：

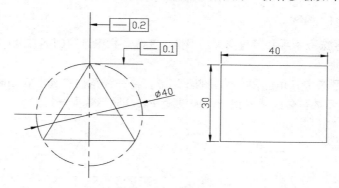

图 9-6　三棱柱平面图形

步骤 1　绘制水平和竖直中心线。在命令行输入 L→空格，选取任意点绘制水平和竖直线，结果如图 9-7 所示。

步骤 2　绘制圆。在命令行输入 C→空格，选取十字交点为圆心，半径为 20，结果如图 9-8 所示。

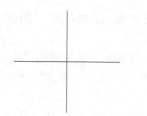

图 9-7　绘制水平线和竖直线

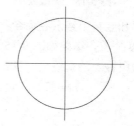

图 9-8　绘制圆

步骤 3　绘制三角形。在命令行输入 POL→空格，选取圆心为多边形的中心点，类型为内接于圆，半径为 20，结果如图 9-9 所示。

步骤 4　绘制右视图轮廓线。在命令行输入 L→空格，与左边点对齐绘制右边的矩形，应用三视图高平齐原理，结果如图 9-10 所示。

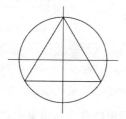

图 9-9　绘制三角形

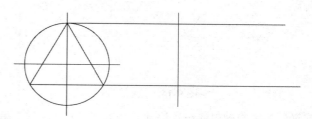

图 9-10　绘制右视图

步骤 5 偏移。在命令行输入O→空格，选取竖直线，偏移距离为 40，结果如图 9-11 所示。

步骤 6 修剪。在命令行输入TR→空格→空格，选取要修剪的线，结果如图 9-12 所示。

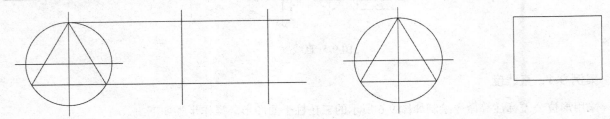

图 9-11　偏移　　　　　　　　　　　　　　　　　　图 9-12　修剪

步骤 7 修改线型。在绘图区选取水平和竖直交叉线及圆，在线型栏中选中CENTER（中心线），结果如图 9-13 所示。

步骤 8 修改线宽。在绘图区选中三角形和右视图的四边形，再在线宽栏中选中 0.3mm的宽度，结果如图 9-14 所示。（只有开启线宽显示才可分辨线的粗细，如果没开启，显示效果一样。）

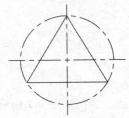

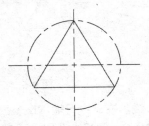
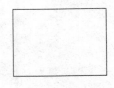

图 9-13　修改线型　　　　　　　　　　　　　　　图 9-14　修改线宽

步骤 9 绘制水平和竖直引线。在命令行输入L→空格，选取三角形上尖点，绘制长度为 20 的水平和竖直线，用来标注直线度公差，结果如图 9-15 所示。

步骤 10 标注竖直引线上的直线度。在命令行输入LE→空格，输入S（设置），系统弹出"引线设置"对话框，如图 9-16 所示，在"注释类型"选项组中选中"公差"单选按钮，并单击"确定"按钮，即可进行公差标注。

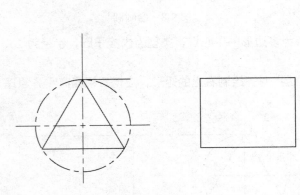

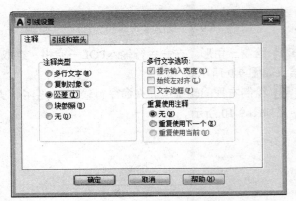

图 9-15　绘制线　　　　　　　　　　　　　　图 9-16　"引线设置"对话框

步骤 11 系统回到引线标注模式，选取竖直线上一点，再拉出水平距离后单击并确认放置公差，系统弹出"形位公差"对话框，在"符号"栏中选取直线度符号，在"公差 1"栏中输入 0.2，如图 9-17 所示。

步骤 **12** 单击"确定"按钮，完成标注，结果如图 9-18 所示。

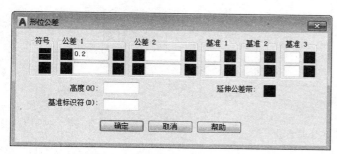

图 9-17　"形位公差"对话框

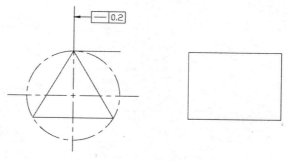

图 9-18　标注结果

步骤 **13** 标注水平引线公差。采用上面的标注步骤标注水平引线处的直线度公差。在命令行输入LE→空格，选取水平线上一点，拉出折线确定后放置形位公差，系统弹出"形位公差"对话框，如图 9-19 所示。

步骤 **14** 单击"确定"按钮，完成标注，结果如图 9-20 所示。

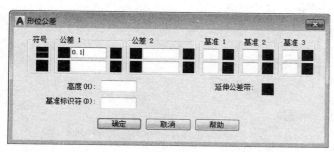

图 9-19　"形位公差"对话框

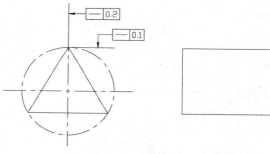

图 9-20　标注结果

步骤 **15** 标注直径。在命令行输入DDI→空格，选取圆，标注直径为 40，结果如图 9-21 所示。

步骤 **16** 标注线性尺寸。在命令行输入DLI→空格，选取要标注的右视图线条，标注结果如图 9-22 所示。

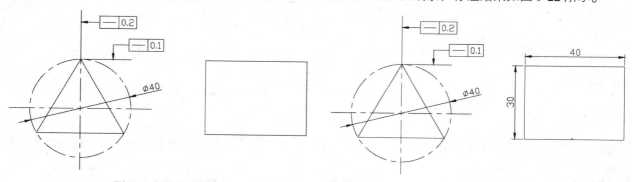

图 9-21　标注直径

图 9-22　标注线性

点拨

　　此图标示的直线度公差表示棱线必须位于水平方向距离为公差值 0.2，垂直方向距离为公差值 0.1 的四棱柱内，如图 9-23 所示。

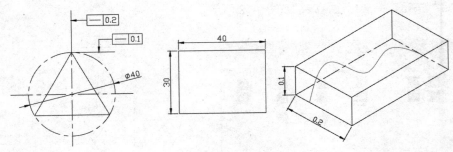

图 9-23　公差含义

2. 平面度标注技巧

平面度表示面的平整程度，指测量平面具有的宏观凹凸高度相对理想平面的偏差。一般来说，有平面度要求的就不必有直线度要求了，因为平面度包括了面上各个方向的直线度。如图 9-24 所示为平面度标注，其含义为上表面必须修正于距离为公差值 0.1 的两平行平面内。

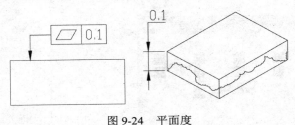

图 9-24　平面度

案例 9-2：平面度

绘制如图 9-25 所示的带有平面度标注的图形。操作步骤如下：

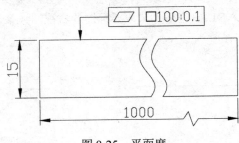

图 9-25　平面度

步骤 **1** 绘制矩形。在命令行输入REC→空格，选取任意点，绘制矩形，输入长宽（@50,15），绘制结果如图 9-26 所示。

步骤 **2** 绘制剖断线。在命令行输入SPL→空格，在靠近右侧绘制S形的剖断线，结果如图 9-27 所示。

图 9-26　绘制矩形

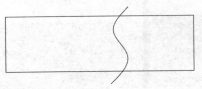

图 9-27　绘制剖断线

步骤 3 平移剖断线。在命令行输入CO→空格，选取刚绘制的剖断线，水平向右平移复制 3mm，结果如图 9-28 所示。

步骤 4 修剪。在命令行输入TR→空格→空格，选取要修建的线条，结果如图 9-29 所示。

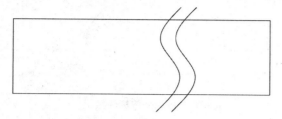

图 9-28　平移剖断线

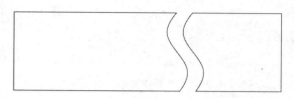

图 9-29　修剪

步骤 5 标注线型尺寸。在命令行输入DLI→空格，选取要标注的水平线和竖直线端点，标注结果如图 9-30 所示。

步骤 6 修改标注文字。在命令行输入ED→空格，选取 50 的标注文字，在弹出的编辑框中将 50 删除并修改新值为 1000，结果如图 9-31 所示。

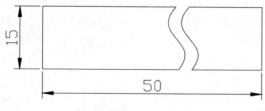

图 9-30　标注线性尺寸

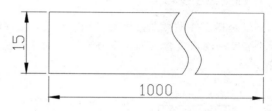

图 9-31　修改标注文字

步骤 7 折弯线性。在命令行输入DJL→空格，选取要折弯的尺寸 1000，然后单击靠右边的尺寸线，即可进行折弯，结果如图 9-32 所示。

步骤 8 标注平面度公差。在命令行输入LE→空格，输入S设置，系统弹出"引线设置"对话框，在该对话框中选中"公差"单选按钮，如图 9-33 所示。

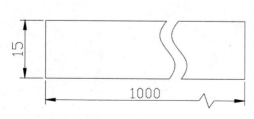

图 9-32　折弯线性

图 9-33　"引线设置"对话框

步骤 9 单击"确定"按钮后，再选中工件表面上的一点，拉出折线，确定后放置形位公差，系统弹出"形位公差"对话框，在该对话框中输入平面度公差为□100:0.1，如图 9-34 所示。

步骤 10 在"形位公差"对话框中单击"确定"按钮，完成公差标注，结果如图 9-35 所示。

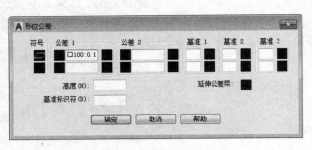

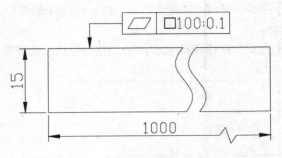

图 9-34 "形位公差"对话框　　　　　　　　　图 9-35 公差标注结果

点拨

　　该平面度标注的含义是在工件表面任意 100×100 的范围内，必须位于距离为公差值 0.1 的两平行平面内，示意图如图 9-36 所示。

3. 圆度标注技巧

　　圆度是指工件横截面接近理论圆的程度，工件加工后的投影圆应在圆度要求的公差范围之内。如图 9-37 所示的圆度标注，其含义为在垂直于轴线的任一正截面上，该圆必须位于半径差为公差值 0.02 的两同心圆之间。

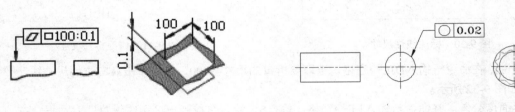

图 9-36 平面度公差含义　　　　　　　　　图 9-37 圆度

案例 9-3：圆度

　　绘制如图 9-38 所示的带有圆度标注的圆锥体平面图。操作步骤如下：

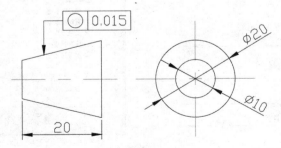

图 9-38 圆度

步骤 1 绘制矩形。在命令行输入 REC→空格，选取任意点，输入矩形长宽（@20,10），绘制的矩形结果如图 9-39 所示。

步骤 2 绘制中心线。在命令行输入 L→空格，绘制矩形的水平中心线，结果如图 9-40 所示。

图 9-39　绘制矩形　　　　　　　　　　　图 9-40　绘制水平中心线

步骤 3 绘制直线。在命令行输入L→空格，绘制十字交叉的水平和竖直中心线，结果如图 9-41 所示。

步骤 4 绘制圆。在命令行输入C→空格，选取十字交叉点为圆心点，输入圆的半径为 5 和 10，结果如图 9-42 所示。

图 9-41　绘制十字交叉中心线　　　　　　　　　图 9-42　绘制圆

步骤 5 拉伸矩形。在命令行输入S→空格，从右向左交叉框选矩形的右上角，向上拉伸距离为 5，结果如图 9-43 所示。

步骤 6 拉伸矩形。在命令行输入S→空格，从右向左交叉框选矩形的右下角，向下拉伸距离为 5，结果如图 9-44 所示。

图 9-43　拉伸矩形　　　　　　　　　　　图 9-44　拉伸

步骤 7 修改线型。在绘图区选中刚才绘制的中心线，再在线型栏选中CENTER（中心线），即可修改线型，结果如图 9-45 所示。

步骤 8 标注圆。在命令行输入DDI→空格，选取圆进行标注，结果如图 9-46 所示。

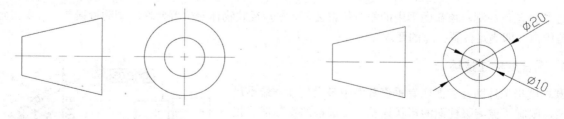

图 9-45　修改线型　　　　　　　　　　　图 9-46　标注圆

步骤 9 标注圆锥高。在命令行输入DLI→空格→空格，选取圆锥母线，拉出尺寸并放置，结果如图 9-47 所示。

步骤 10 标注圆度。在命令行输入LE→空格，输入S（设置），在弹出的"引线设置"对话框中选中"公差"单选按钮，如图 9-48 所示。

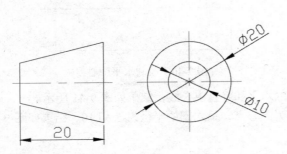

图 9-47 标注圆锥高

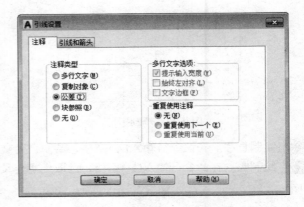

图 9-48 "引线设置"对话框

步骤11 在"引线设置"对话框中单击"确定"按钮，系统弹出"形位公差"对话框，在该对话框中设置符号为圆度，公差值为 0.015，如图 9-49 所示。

步骤12 在"形位公差"对话框中单击"确定"按钮，完成标注，结果如图 9-50 所示。

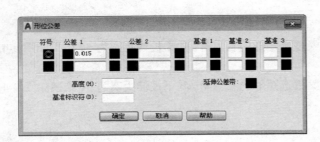

图 9-49 "形位公差"对话框

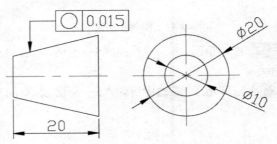

图 9-50 圆度标注结果

点拨

此圆度标注含义为在垂直于轴线的任一正截面上的截面圆，必须位于半径差为公差值 0.015 的两同心圆之间。

9.1.2 位置公差

位置公差是控制对象在图形中的相对位置公差，它是反映物体对位置允许的变动量误差。只要在允许变动量范围内，即满足位置公差的要求。

1. 圆柱度标注技巧

圆柱度指工件圆柱表面所有垂直截面中最大尺寸与最小尺寸之差，限制了被测圆柱面的形状误差，是圆柱的实际形状相对理想形状的最大允许变动量。如图 9-51 所示的圆柱度标注，其含义为圆柱面必须位于半径差值 0.05 的两同轴圆柱面之间。

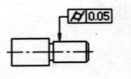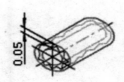

图 9-51 圆柱度

圆柱度和圆度的区别：圆柱度是相对于整个圆柱面而言的，圆度是相对于圆柱面截面的单个圆而言的，圆柱度包括圆度，控制好了圆柱度也就能保证圆度，但反过来不行。

　　圆柱度和圆度在很多轴和孔的配合中都会用到,柴油机的结构中有多处规定了圆柱度和圆度,如发动机的活塞环,控制好活塞环的圆度可保证其密封性,而活塞的圆柱度则对于其在缸套中上下运动的顺畅性至关重要。

案例 9-4:圆柱度

　　绘制如图 9-52 所示的带有圆柱度公差的简单轴的平面图。操作步骤如下:

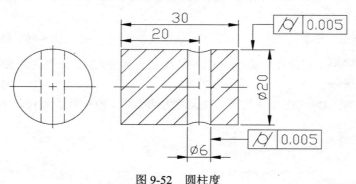

图 9-52　圆柱度

步骤 1 绘制矩形。在命令行输入 REC→空格,选取任意点,输入矩形长宽(@30,20),绘制矩形结果如图 9-53 所示。

步骤 2 分解矩形。在命令行输入 X→空格,选取矩形进行分解,结果如图 9-54 所示。

步骤 3 偏移。在命令行输入 O→空格,选取左边的线,向右偏移距离为 20,结果如图 9-55 所示。再继续偏移刚才的结果,向两边偏移距离为 3,结果如图 9-56 所示。

图 9-53　绘制矩形

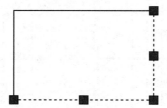
图 9-54　分解成线

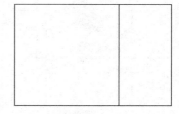
图 9-55　偏移

步骤 4 绘制水平中心线。在命令行输入 L→空格,选取矩形左边和右边线的中点,绘制水平线,结果如图 9-57 所示。

步骤 5 绘制圆孔相贯线。在命令行输入 A→空格,分别选取三点,绘制如图 9-58 所示的圆弧。

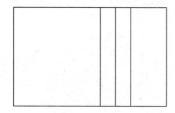
图 9-56　再偏移

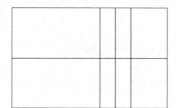
图 9-57　绘制水平线

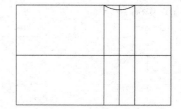
图 9-58　绘制三点圆弧

步骤 6 镜像。在命令行输入 MI→空格,选取刚才绘制的圆弧,以水平中心线作为镜像线,绘制结果如图 9-59 所示。

步骤 7 修剪。在命令行输入TR→空格→空格，选取要修剪的图素，结果如图 9-60 所示。

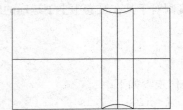

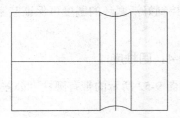

图 9-59　镜像　　　　　　　　　　　　　　　　图 9-60　修剪

步骤 8 绘制左视图十字中心线。在命令行输入L→空格，绘制十字交叉线，绘制时注意与右边视图保持高度上的对齐，结果如图 9-61 所示。

步骤 9 绘制圆。在命令行输入C→空格，选取十字交叉点为圆心点，输入半径为 10，绘制结果如图 9-62 所示。

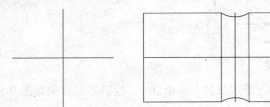

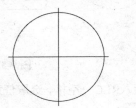

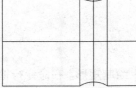

图 9-61　绘制十字线　　　　　　　　　　　　　图 9-62　绘制圆

步骤 10 偏移。在命令行输入O→空格，选取竖直中心线，向左右偏移距离为 3，结果如图 9-63 所示。

步骤 11 修剪。在命令行输入TR→空格→空格，选取要修剪的图素，结果如图 9-64 所示。

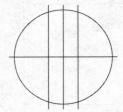

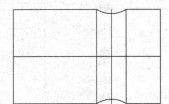

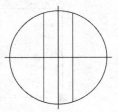

图 9-63　偏移　　　　　　　　　　　　　　　　图 9-64　修剪

步骤 12 填充图案。在命令行输入H→空格，选取填充的图案样式为ANSI31，然后选取要填充的区域完成填充，结果如图 9-65 所示。

步骤 13 修改中心线型。在绘图区选取中心线，再选中线型栏中的CENTER线型，即可修改中心线的线型，结果如图 9-66 所示。

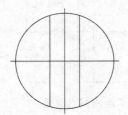

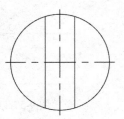

图 9-65　填充图案　　　　　　　　　　　　　　图 9-66　修改线型

步骤 14 修改线型。在绘图区左边的视图选取圆孔轮廓线，再选中线型栏中的虚线线型，即可修改选取的直线线型，结果如图 9-67 所示。

步骤 15 标注尺寸。在命令行输入DLI→空格，选取矩形最大外形，标注圆柱的线性直径尺寸和最大高度尺寸，结果如图 9-68 所示。

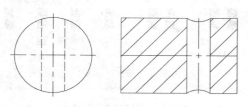

图 9-67　修改虚线线型

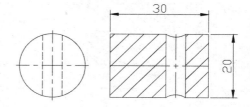

图 9-68　标注尺寸

步骤 16 标注尺寸。在命令行输入DLI→空格，选取矩形右边的圆孔定位中心线进行标注，以及圆孔的直径尺寸，结果如图 9-69 所示。

步骤 17 编辑尺寸文字。在命令行输入ED→空格，选取 20 和 6 的直径尺寸，在弹出的编辑框中添加直径符号"%%C"，结果如图 9-70 所示。

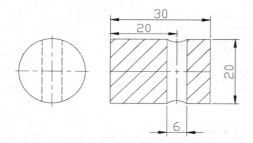

图 9-69　标注圆孔尺寸

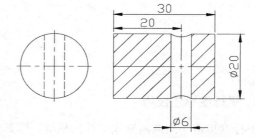

图 9-70　编辑标注文字

步骤 18 标注圆柱表面的圆柱度。在命令行输入LE→空格，输入S（设置），在弹出的"引线设置"对话框中选中"公差"单选按钮，如图 9-71 所示。

步骤 19 在"引线设置"对话框中单击"确定"按钮，完成设置。系统回到绘图区，选取直径为 20 的标注尺寸界线，拉出折线后单击以确认，系统弹出"形位公差"对话框，在对话框中设置圆柱度公差为 0.005，如图 9-72 所示。

图 9-71　"引线设置"对话框

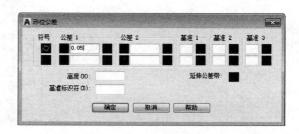

图 9-72　"形位公差"对话框

步骤 **20** 在"形位公差"对话框中单击"确定"按钮，完成形位公差标注，结果如图 9-73 所示。

步骤 **21** 标注圆孔的圆柱度公差。在命令行输入 LE→空格，选取直径为 6 的尺寸界线，拉出水平线后单击以确认，系统弹出"形位公差"对话框，在对话框中设置圆柱度公差为 0.005，如图 9-74 所示。

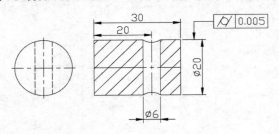

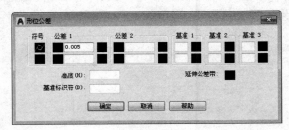

图 9-73　标注结果　　　　　　　　　　　　　　　　图 9-74　设置圆柱度公差

步骤 **22** 在"形位公差"对话框中单击"确定"按钮，完成标注，结果如图 9-75 所示。

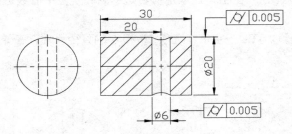

图 9-75　标注结果

2. 平行度标注技巧

平行度指两平面或两直线平行的程度，即其中一平面（边）相对于另一平面（边）平行的误差最大允许值。如图 9-76 所示的平行度标注，其含义为上表面必须位于距离为公差值 0.05，且平行于基准平面的两平行平面之间。

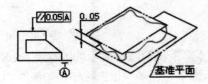

图 9-76　平行度

案例 9-5：平行度

绘制如图 9-77 所示的带有平行度公差的图形。操作步骤如下：

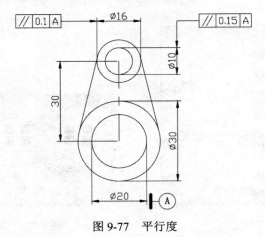

图 9-77　平行度

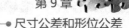

步骤 1 绘制竖直中心线。在命令行输入 L→空格，选取任意点，绘制竖直线，绘制结果如图 9-78 所示。

步骤 2 绘制圆。在命令行输入 C→空格，选取竖直中心线的上端点，输入直径为 10，绘制结果如图 9-79 所示。

步骤 3 继续绘制圆。选取竖直中心线的上端点，输入直径为 16，绘制结果如图 9-80 所示。

图 9-78　绘制线　　　　　　　图 9-79　绘制直径为 10 的圆　　　　　　图 9-80　绘制直径为 16 的圆

步骤 4 继续绘制圆。选取竖直中心线的下端点，输入直径为 20，绘制结果如图 9-81 所示。

步骤 5 继续绘制圆。选取竖直中心线的下端点，输入直径为 30，绘制结果如图 9-82 所示。

步骤 6 绘制切线。在命令行输入 L→空格，再输入 TAN 后捕捉切点，绘制切线结果如图 9-83 所示。

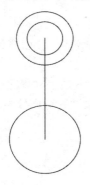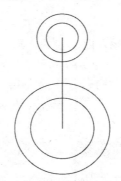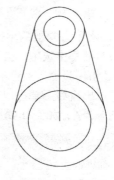

图 9-81　绘制直径为 20 的圆　　　　图 9-82　绘制直径为 30 的圆　　　　图 9-83　绘制切线

步骤 7 修改线型。在绘图区选取中心线，再在线型栏中选中 CENTER 线型，即可修改线型，结果如图 9-84 所示。

步骤 8 标注尺寸。在命令行输入 DLI→空格，选取中心线标注高度，结果如图 9-85 所示。

步骤 9 在命令行输入 DLI→空格，选取圆标注直径，结果如图 9-86 所示。

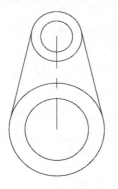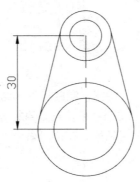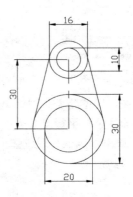

图 9-84　修改线型　　　　　　图 9-85　标注高度　　　　　　图 9-86　标注直径

步骤10 添加直径符号。在命令行输入ED→空格，选取直径标注文字后，在弹出的编辑框中文字前输入"%%C"即可添加直径符号，结果如图9-87所示。

步骤11 绘制基准符号。在图形旁边采用直线和圆绘制基准符号，并将基准符号移到与直径为20的尺寸线对齐的位置，如图9-88所示。

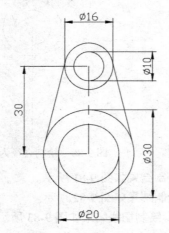

图 9-87　添加直径符号

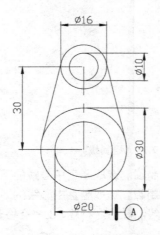

图 9-88　添加基准符号

步骤12 标注水平方向上的平行度。在命令行输入LE→空格，再输入S（设置），系统弹出"引线设置"对话框，在该对话框中选中"公差"单选按钮，如图9-89所示。

步骤13 在"引线设置"对话框中单击"确定"按钮，系统回到绘图区，选取直径为16的尺寸界线上与尺寸线的交点，拉出直线后单击以确认，系统弹出"形位公差"对话框，在该对话框中设置平行度公差值为0.1，相对于基准为A，如图9-90所示。

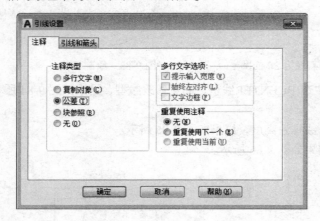

图 9-89　"引线设置"对话框

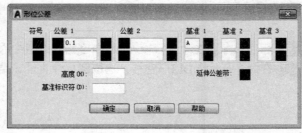

图 9-90　"形位公差"对话框

步骤14 在"形位公差"对话框中单击"确定"按钮，完成标注，结果如图9-91所示。

步骤15 标注竖直平行度公差。在命令行输入LE→空格，选取直径为10的尺寸界线上与尺寸线的交点，拉出折线后单击以确认，系统弹出"形位公差"对话框，在该对话框中位置平行度公差为0.15，相对于基准为A，如图9-92所示。

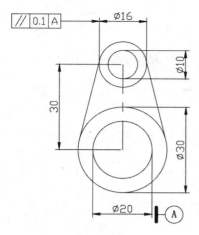

图 9-91 "标注结果"对话框

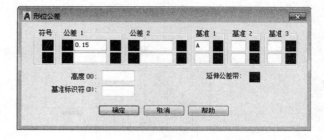

图 9-92 "形位公差"对话框

步骤16 在"形位公差"对话框中单击"确定"按钮,完成标注,结果如图 9-93 所示。

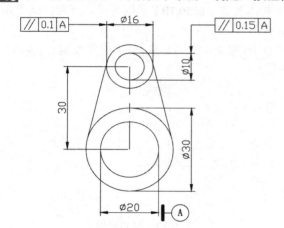

图 9-93 标注结果

点拨

　　该标注的特殊之处是同一轴线指定了两个平行度公差,其含义是 φ16 和 φ10 的公共轴线必须位于正截面为公差值 0.1 × 0.2,且平行于基准轴线A的四棱柱内。

3. 垂直度标注技巧

　　垂直度:当给定一个方向时,公差带是距离为公差值t,且垂直于基准平面(或直线、轴线)的两平行平面(或直线)之间的区域;当给定两个互相垂直的方向时,是正截面为公差值$t_1 \times t_2$,且垂直于基准平面的四棱柱内的区域。如图 9-94 所示的垂直度,其含义为左侧端面必须位于距离为公差值 0.05,且垂直于基准轴线的两平行平面之间。

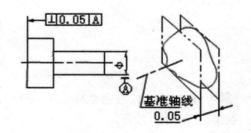

图 9-94 垂直度

案例 9-6：垂直度

绘制如图 9-95 所示的带有垂直度公差的图形并进行垂直度标注。操作步骤如下：

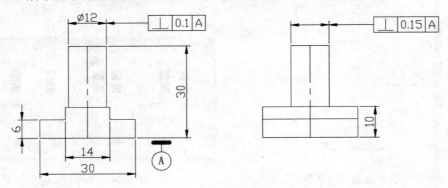

图 9-95　垂直度

步骤 **1** 绘制矩形。在命令行输入REC→空格，选取任意点，输入长宽（@30,10）后即可确定矩形，结果如图 9-96 所示。

步骤 **2** 绘制矩形。在命令行输入REC→空格，输入from（捕捉自）选取上中点为起点，输入定位点坐标（@-6,0），再输入长宽（@12,20）后即可确定矩形，结果如图 9-97 所示。

图 9-96　绘制矩形　　　　　　　　　　　　　图 9-97　绘制矩形

步骤 **3** 复制平移。在命令行输入CO→空格，选取刚绘制的两个矩形，向右复制，平移距离为 70，结果如图 9-98 所示。

步骤 **4** 绘制矩形。在命令行输入REC→空格，选取左边视图中大矩形左上点为起点，输入长宽为（@8,-4）后即可确定矩形，结果如图 9-99 所示。

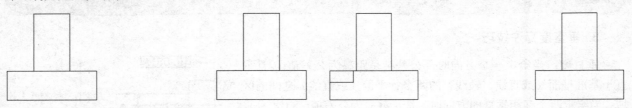

图 9-98　平移复制　　　　　　　　　　　　　图 9-99　绘制矩形

步骤 **5** 绘制等高线。在命令行输入L→空格，在右边视图上选取与左边视图切割深度等高的直线，绘制水平线，结果如图 9-100 所示。

步骤 **6** 镜像。在命令行输入MI→空格，选取小矩形后再选取中心上两点，不删除源文件，结果如图 9-101 所示。

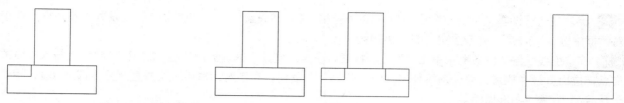

图 9-100　绘制等高线　　　　　　　　　　　　　　　图 9-101　镜像

步骤 7 修剪。在命令行输入 TR→空格→空格，选取要修剪的图素，结果如图 9-102 所示。

步骤 8 绘制中心线。在命令行输入 L→空格，选取上中点，绘制竖直中心线，结果如图 9-103 所示。

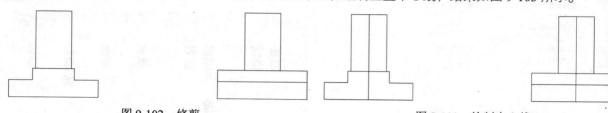

图 9-102　修剪　　　　　　　　　　　　　　　图 9-103　绘制中心线

步骤 9 修改线型。在绘图区选取中心线，再在线型栏中选中 CENTER 线型，即可修改线型，结果如图 9-104 所示。

步骤 10 标注尺寸。在命令行输入 DLI→空格，选取要标注的线，标注结果如图 9-105 所示。

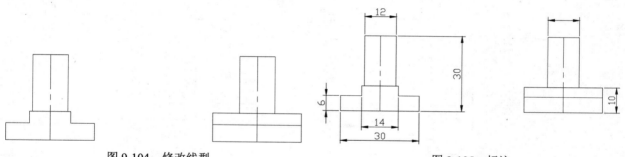

图 9-104　修改线型　　　　　　　　　　　　　　　图 9-105　标注

步骤 11 添加直径符号。在命令行输入 ED→空格，选取直径为 12 的尺寸，在尺寸前添加 "%%C" 符号，结果如图 9-106 所示。

步骤 12 绘制基准符号。在图形旁边采用直线和圆绘制基准符号，并将基准符号移到高度为 30 的尺寸界线上，如图 9-107 所示。

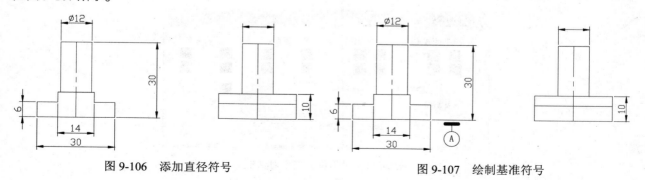

图 9-106　添加直径符号　　　　　　　　　　　　　图 9-107　绘制基准符号

步骤 13 标注左边视图垂直度。在命令行输入LE→空格，输入S设置后，系统弹出"引线设置"对话框，在该对话框中选中"公差"单选按钮，如图 9-108 所示。

步骤 14 在"引线设置"对话框中单击"确定"按钮，系统回到绘图区，选取直径 12 的尺寸界线上与尺寸线的交点，拉出直线并放置公差，系统弹出"形位公差"对话框，在该对话框中设置垂直度公差值为 0.1，相对于基准A，如图 9-109 所示。

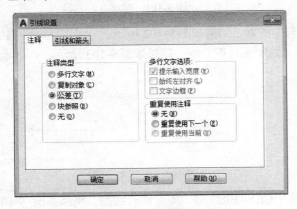

图 9-108　"引线设置"对话框

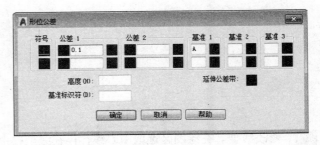

图 9-109　"形位公差"对话框

步骤 15 在"形位公差"对话框中单击"确定"按钮，完成设置，结果如图 9-110 所示。

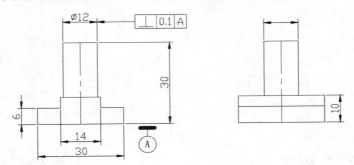

图 9-110　标注结果

步骤 16 标注右边视图垂直度公差。在命令行输入LE→空格，选取右边视图无尺寸的尺寸界线上与尺寸线的交点，拉出直线并放置公差，系统弹出"形位公差"对话框，在该对话框中输入垂直度公差为 0.15，相对于基准A，如图 9-111 所示。

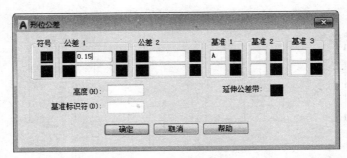

图 9-111　"形位公差"对话框

步骤 17 在"形位公差"对话框中单击"确定"按钮，完成标注，结果如图 9-112 所示。

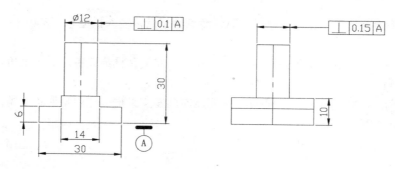

图 9-112　标注结果

本例有两个方向，且方向相互垂直的垂直度公差，因此，其含义是两个方向的，即 φ12 的轴线必须位于正截面为公差值 0.15×0.1 且垂直于基准平面的四棱柱内。

4. 倾斜度标注技巧

倾斜度：公差带是距离为公差值 t，且倾斜于基准平面（或直线、轴线）的两平行平面（或直线）之间的区域。如图 9-113 所示的倾斜度，其含义为被测孔的轴线必须位于距离为公差值 t（t=0.2），且与 A 基准面成一理论正确角度 α（α=60°）的两平行平面之间的区域。

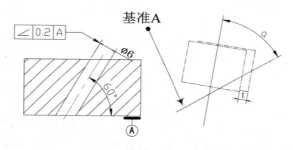

图 9-113　倾斜度

案例 9-7：倾斜度

绘制如图 9-114 所示的带有倾斜度公差的圆锥体平面图，并标注倾斜度公差。操作步骤如下：

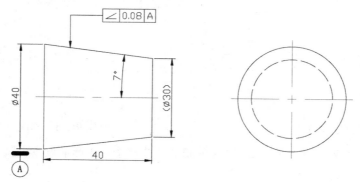

图 9-114　倾斜度

步骤 1 绘制矩形。在命令行输入REC→空格，选取任意点为起点，输入长宽为（@40,40）即可绘制矩形，结果如图 9-115 所示。

步骤 2 拉伸矩形右上角。在命令行输入S→空格，采用从右向左交叉框选选中矩形右上角，向下拉伸，拉伸距离为 5，结果如图 9-116 所示。

步骤 3 拉伸矩形右下角。在命令行输入S→空格，采用从右向左交叉框选选中矩形右下角，向上拉伸，拉伸距离为 5，结果如图 9-117 所示。

图 9-115　绘制矩形　　　　图 9-116　拉伸矩形右上角　　　　图 9-117　拉伸矩形右下角

步骤 4 绘制水平中心线。在命令行输入L→空格，选取梯形的左中点，拉出水平线，结果如图 9-118 所示。

步骤 5 绘制左视图十字中心线。在命令行输入L→空格，选取前视图中心线右边的自动捕捉延伸点，拉出水平线后再绘制竖直线，结果如图 9-119 所示。

 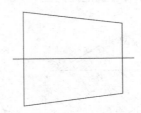

图 9-118　绘制水平线　　　　　　　　　图 9-119　绘制十字中心线

步骤 6 绘制圆。在命令行输入C→空格，选取十字中心线交点为圆心，绘制半径为 20 和 15 的圆，结果如图 9-120 所示。

步骤 7 修改中心线线型。在绘图区选中主视图和左视图中的中心线，再在线型栏中选中CENTER线型，即可修改线型，结果如图 9-121 所示。

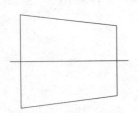 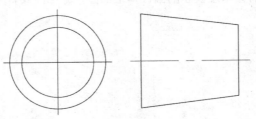
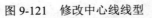

图 9-120　绘制圆　　　　　　　　图 9-121　修改中心线线型

步骤 8 修改隐藏线线型。在绘图区选中左视图中的小圆，再在线型栏中选中虚线线型，即可修改线型，结果如图 9-122 所示。

步骤 9 标注尺寸。在命令行输入DLI→空格，选取需要标注的线进行标注，结果如图 9-123 所示。

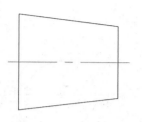
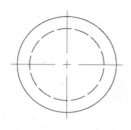
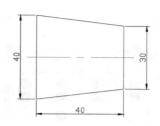

图 9-122　修改隐藏线　　　　　　　　　　　　　图 9-123　标注尺寸

步骤 10 标注角度。在命令行输入 DAN→空格，选取倾斜的母线和中心线，标注角度，结果如图 9-124 所示。

步骤 11 编辑标注文字。在命令行输入 ED→空格，选取直径为 40 的尺寸，在其前添加符号"%%C"，选取直径为 30 的尺寸，在其前添加符号"%%C"，并在整个尺寸上添加"（）"，结果如图 9-125 所示。

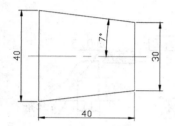
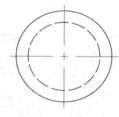
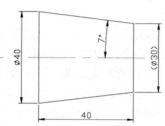
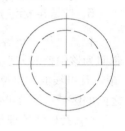

图 9-124　标注角度　　　　　　　　　　　　　　图 9-125　编辑标注

步骤 12 添加公差基准符号。采用直线和圆及绘制文字等命令绘制基准符号，并将符号移动到直径为 40 的尺寸线下方对齐，结果如图 9-126 所示。

步骤 13 标注倾斜度公差。在命令行输入 LE→空格，输入 S（设置）后，系统弹出"引线设置"对话框，在该对话框中选中"公差"单选按钮，如图 9-127 所示。

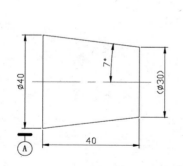
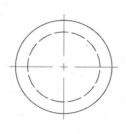

图 9-126　添加公差基准符号　　　　　　　　　　图 9-127　"引线设置"对话框

步骤 14 在"引线设置"对话框中单击"确定"按钮，系统回到绘图区，选取圆锥母线，拉出折线并放置公差，系统弹出"形位公差"对话框，在该对话框中设置倾斜度公差值为 0.08，相对于基准 A，如图 9-128 所示。

步骤 15 在"形位公差"对话框中单击"确定"按钮，完成标注，结果如图 9-129 所示。

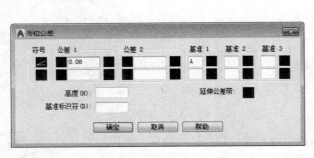

图 9-128 "形位公差"对话框

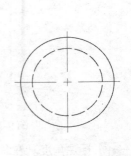

图 9-129 标注结果

5. 位置度标注技巧

位置度用于形容测量点或线与其理论所在位置的偏差,公差带即为该偏差的大小。当给定一个方向时,公差带是距离为公差值t,且以线的理想位置为中心对称配置的两平行平面(或直线)之间的区域;当给定互相垂直的两个方向时,则是正截面为公差值$t_1 \times t_2$,且以线的理想位置为轴线的四棱柱内的区域。如图 9-130 所示的位置度,其含义为位置度的箭头所指点必须位于以公差值 0.3 为直径的圆内(ϕ t=ϕ0.3),该圆的圆心位于相对基准A和B(基准直线)所确定的点的理想位置上。

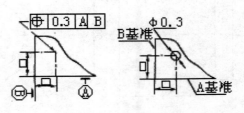

图 9-130 位置度

案例 9-8:位置度

绘制如图 9-131 所示的带有位置度的零件图,并标注位置度公差。操作步骤如下:

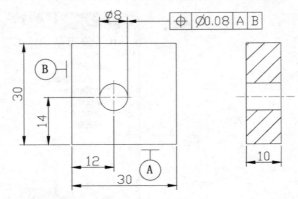

图 9-131 位置度

步骤 1 绘制矩形。在命令行输入REC→空格,选取任意点为起点,输入矩形长宽为(@30,30),结果如图 9-132 所示。

步骤 2 绘制圆。在命令行输入C→空格,输入from(捕捉自)选取左下角为捕捉起点,再输入相对坐标@12,14 为圆心,输入半径为 4 后即可绘制圆,结果如图 9-133 所示。

步骤 3 绘制左视图矩形。在命令行输入REC→空格,选取与主视图矩形右下角对齐的延伸点,输入长宽为(@10,30)后绘制矩形,结果如图 9-134 所示。

图 9-132 绘制矩形

图 9-133 绘制圆

步骤 4 绘制孔的中心线。在命令行输入 L→空格,绘制水平中心线和竖直中心线,并进行移动,结果如图 9-135 所示。

图 9-134 绘制左视图

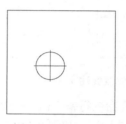

图 9-135 绘制中心线

步骤 5 修改线型。在绘图区选中主视图和左视图中的中心线,再线型栏中选中 CENTER 线型,即可修改线型,结果如图 9-136 所示。

步骤 6 绘制左视图孔。在命令行输入 L→空格,在左视图绘制与圆对齐的线,结果如图 9-137 所示。

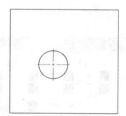

图 9-136 修改线型

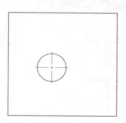

图 9-137 绘制孔

步骤 7 填充。在命令行输入 H→空格,选取填充图案为 ANSI31,然后选择要填充的区域进行填充,结果如图 9-138 所示。

步骤 8 标注尺寸。在命令行输入 DLI→空格,选取要标注的线,拉出尺寸并放置,结果如图 9-139 所示。

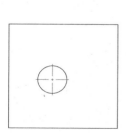

图 9-138 填充图案

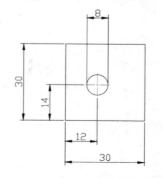
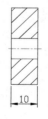

图 9-139 标注尺寸

步骤 9 修改标注文字。在命令行输入**ED**→空格，选取直径为 8 的尺寸，在前面添加符号 "**%%C**"，结果如图 9-140 所示。

步骤 10 添加公差基准符号。采用直线和圆及绘制文字等命令绘制基准符号，并将符号移动到矩形的边上，结果如图 9-141 所示。

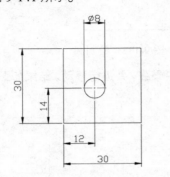

图 9-140　修改标注文字

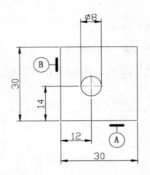

图 9-141　添加公差基准符号

步骤 11 标注位置度公差。在命令行输入**LE**→空格，输入**S**（设置）后，系统弹出"引线设置"对话框，在该对话框中选中"公差"单选按钮，如图 9-142 所示。

步骤 12 在"引线设置"对话框中单击"确定"按钮，系统回到绘图区，选取直径为 8 的尺寸界线，拉出折线并放置公差，系统弹出"形位公差"对话框，在该对话框中设置位置度公差值为⌀0.08，相对于基准A和B，如图 9-143 所示。

图 9-142　"引线设置"对话框

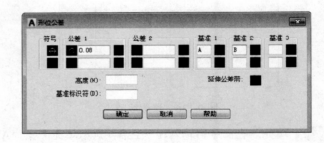

图 9-143　"形位公差"对话框

步骤 13 在"形位公差"对话框中单击"确定"按钮，完成标注，结果如图 9-144 所示。

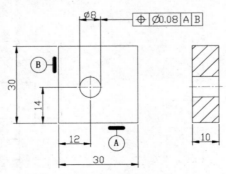

图 9-144　标注结果

点拨

    以上案例标注的位置度∅0.08，其含义为∅8 的孔的轴线必须位于以公差值∅0.08 为直径的圆内，该圆的圆心位于相对基准A和B所确定的点的理想位置上，即到A面 14 到B面 12 的理想位置上。

6. 同轴度标注技巧

    同轴度指工件要求的轴线偏离基准线所在直线的程度，即理论上应在同一直线上的两条轴线发生了偏离，规定该偏离的最大值为t/2。如图 9-145 所示的同轴度，其含义为∅d的轴线必须位于直径为公差值 0.1，且与基准轴线同轴的圆柱面内。

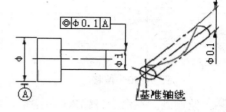

图 9-145   同轴度

案例 9-9：同轴度

    绘制如图 9-146 所示的带有同轴度公差的模具零件图，并标注同轴度公差。操作步骤如下：

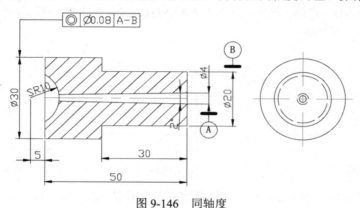

图 9-146   同轴度

步骤 1 绘制矩形。在命令行输入REC→空格，选取任意点为起点，输入长宽为（@20,30）后绘制矩形，结果如图 9-147 所示。

步骤 2 绘制中心线。在命令行输入L→空格，选取矩形左中点，绘制长度为 50 的中心线，结果如图 9-148 所示。

步骤 3 偏移。在命令行输入O→空格，输入距离为 10，选取中心线为偏移对象，向上下各偏移一条直线，结果如图 9-149 所示。

图 9-147   绘制矩形   图 9-148   绘制中心线   图 9-149   偏移

步骤 4 偏移。在命令行输入O→空格，输入距离为 2，选取中心线为偏移对象，向上下各偏移一条直线，结果如图 9-150 所示。

步骤 **5** 旋转直线。在命令行输入RO→空格，选取刚偏移的直线为源对象，右端点为旋转中心，分别旋转 +1°和-1°，结果如图 9-151 所示。

步骤 **6** 连接线。在命令行输入L→空格，选取线右边的端点进行连线，结果如图 9-152 所示。

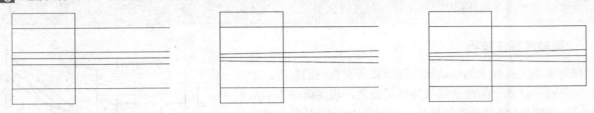

图 9-150 偏移　　　　　　　图 9-151 旋转　　　　　　　图 9-152 连接线

步骤 **7** 绘制圆。在命令行输入C→空格，输入from（捕捉自）选取中心线的左端点为捕捉点，输入（@-5,0）为圆心，输入半径为 10，绘制的圆如图 9-153 所示。

步骤 **8** 修剪。在命令行输入TR→空格→空格，选取要修剪的图素，结果如图 9-154 所示。

步骤 **9** 填充。在命令行输入H→空格，选择填充图案为ANSI31，选择要填充的区域进行填充，结果如图 9-155 所示。

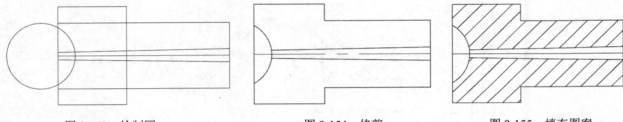

图 9-153 绘制圆　　　　　　　图 9-154 修剪　　　　　　　图 9-155 填充图案

步骤 **10** 绘制左视图十字中心线。根据高平齐对应关系绘制左视图中心线，与主视图中心线保持水平，结果如图 9-156 所示。

步骤 **11** 绘制圆。在命令行输入C→空格，选取十字交点，输入半径为 15 和 10，绘制结果如图 9-157 所示。

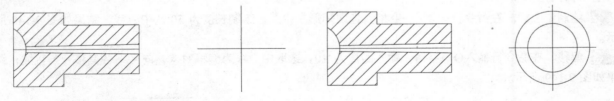

图 9-156 绘制左视图十字中心线　　　　　　　图 9-157 绘制圆

步骤 **12** 绘制构造线。在命令行输入XL→空格→H，选取主视图上没有绘制特征的特殊点，绘制结果如图 9-158 所示。

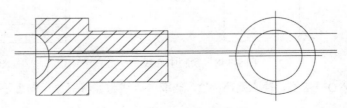

图 9-158 绘制构造线

步骤13 绘制圆。在命令行输入C→空格，选取十字交点为圆心，构造线与竖直中心线交点为半径点，绘制的圆如图 9-159 所示。

步骤14 删除构造线。在命令行输入E→空格，选取刚绘制的构造线，单击即可删除，结果如图 9-160 所示。

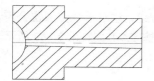
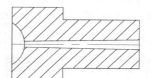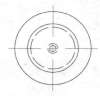

图 9-159 绘制圆　　　　　　　　　　　　　图 9-160 删除构造线

步骤15 修改中心线线型。在绘图区选中主视图和左视图中的中心线，再在线型栏中选中CENTER线型，即可修改线型，结果如图 9-161 所示。

步骤16 修改隐藏线线型。在绘图区选中左视图中的隐藏圆，再在线型栏中选中虚线线型，即可修改选中的圆，结果如图 9-162 所示。

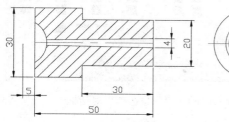
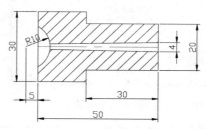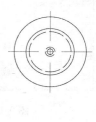

图 9-161 修改线型　　　　　　　　　　　　图 9-162 修改隐藏线线型

步骤17 标注线。在命令行输入DLI→空格，选取要标注的线，拉出尺寸并放置，结果如图 9-163 所示。

步骤18 标注圆。在命令行输入DRA→空格，选取半径为 10 的圆，拉出尺寸并设置，结果如图 9-164 所示。

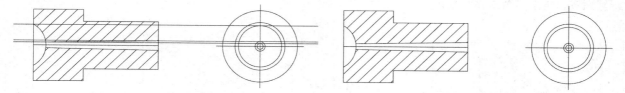

图 9-163 标注线　　　　　　　　　　　　　图 9-164 标注圆

步骤19 标注角度。在命令行输入DAN→空格，选取两条倾斜的线，标注角度为 2°，结果如图 9-165 所示。

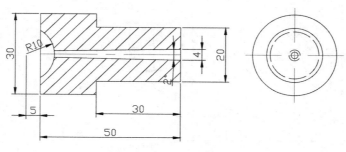

图 9-165 标注角度

步骤 20 编辑标注文字。在命令行输入ED→空格，选取 30、20、4 和R10 的尺寸，在 30、20 和 4 的尺寸前添加符号 "%%C"，在R10 的尺寸前添加 "S"，结果如图 9-166 所示。

步骤 21 添加公差基准符号。采用直线和圆及绘制文字等命令绘制基准符号，并将符号移动到与∅4 和∅20 的尺寸界线对齐，结果如图 9-167 所示。

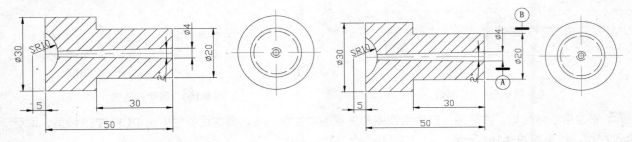

图 9-166　编辑标注文字　　　　　　　　　　图 9-167　添加公差基准符号

步骤 22 标注同轴度公差。在命令行输入LE→空格，输入S（设置）后，系统弹出 "引线设置" 对话框，在该对话框中选中 "公差" 单选按钮，如图 9-168 所示。

步骤 23 在 "引线设置" 对话框中单击 "确定" 按钮，系统回到绘图区，选取圆柱母线，拉出折线并放置公差，系统弹出 "形位公差" 对话框，在该对话框中设置同轴度公差值为∅0.08，相对于基准A-B，如图 9-169 所示。

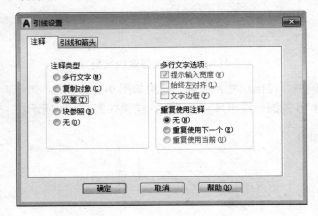

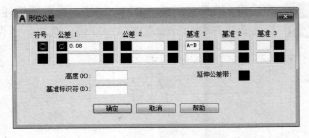

图 9-168　"引线设置" 对话框　　　　　　　　图 9-169　"形位公差" 对话框

步骤 24 在 "形位公差" 对话框中单击 "确定" 按钮，完成标注，结果如图 9-170 所示。

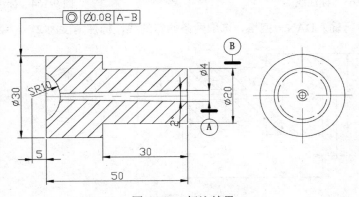

图 9-170　标注结果

点拨

　　本案例中的标注其含义为φ30的轴线必须位于直径为公差值φ0.08，且与公共轴线A-B同轴的圆柱面内。

7. 对称度标注技巧

　　对称度是指加工两表面的中心平面偏离基准的程度，即要求的对称中心与实际对称中心保持在同一平面内的状况。

　　公差带是距离为公差值t，且相对基准中心平面（或中心线、轴线）对称配置的两平行平面（或直线）之间的区域，若给定互相垂直的两个方向，则是正截面为公差值$t_1 \times t_2$的四棱柱内的区域。

　　如图 9-171 所示的对称度，其含义为槽的中心面必须位于距离为公差值 0.1，且相对基准平面对称配置的两平行平面之间。

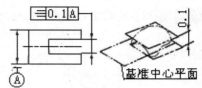

图 9-171　对称度

案例 9-10：对称度

　　绘制如图 9-172 所示的带有对称度公差的图形，并标注对称度公差。

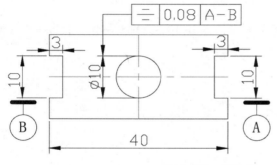
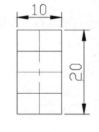

图 9-172　对称度

　　操作步骤如下：

步骤 1 绘制矩形。在命令行输入REC→空格，选取任意点为起点，输入长宽为（@40,20）后即可绘制矩形，结果如图 9-173 所示。

步骤 2 绘制中心线。在命令行输入L→空格，通过矩形中点拉出水平线和竖直线，结果如图 9-174 所示。

图 9-173　绘制矩形

图 9-174　绘制中心线

步骤 3 绘制圆。在命令行输入C→空格，选取十字交点为圆心，输入半径为 5，结果如图 9-175 所示。

步骤 4 偏移。在命令行输入O→空格，输入偏移距离为 5，选取水平中心线，向上和向下各偏移一条，结果如图 9-176 所示。

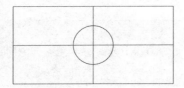

图 9-175　绘制圆

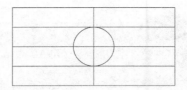

图 9-176　偏移

步骤5 偏移。在命令行输入O→空格，输入偏移距离为 17，选取竖直中心线，向左和向右各偏移一条，结果如图 9-177 所示。

步骤6 修剪。在命令行输入TR→空格→空格，选取要修剪的图素，修剪结果如图 9-178 所示。

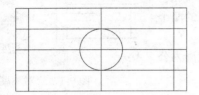

图 9-177　偏移

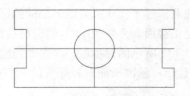

图 9-178　修剪

步骤7 绘制左视图中心线。在命令行输入L→空格，采用自动捕捉功能等绘制与主视图对齐的中心线，结果如图 9-179 所示。

步骤8 偏移。在命令行输入O→空格，输入偏移距离为 5 和 10，分别对称偏移竖直中心线和水平中心线，结果如图 9-180 所示。

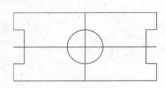

图 9-179　绘制左视图中心线

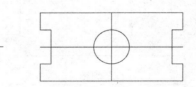

图 9-180　偏移

步骤9 修剪。在命令行输入TR→空格→空格，选取要修剪的图素，修剪结果如图 9-181 所示。

步骤10 修改中心线线型。在绘图区选中主视图和左视图中的中心线，再在线型栏中选中CENTER线型，即可修改线型，结果如图 9-182 所示。

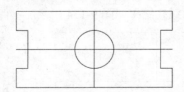

图 9-181　修剪

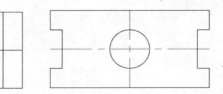

图 9-182　修改中心线

步骤11 偏移线。在命令行输入O→空格，输入偏移距离为 5，选取左视图顶面线和底面线，分别向下和向上偏移，结果如图 9-183 所示。

步骤12 标注线性。在命令行输入DLI→空格，选取要标注的线，拉出尺寸并放置，结果如图 9-184 所示。

步骤13 编辑标注文字。在命令行输入ED→空格，选取直径为 10 的圆的尺寸，在其前添加符号 "%%C"，结果如图 9-185 所示。

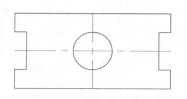

图 9-183　偏移线

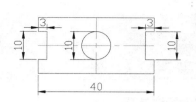

图 9-184　标注线性

步骤 14 添加公差基准符号。采用直线和圆及绘制文字等命令绘制基准符号，并将符号移动到与主视图高度为 10 的尺寸界线对齐，结果如图 9-186 所示。

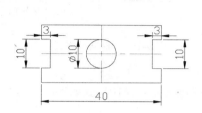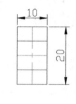

图 9-185　编辑标注文字

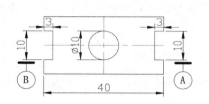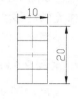

图 9-186　添加公差基准符号

步骤 15 标注对称度公差。在命令行输入LE→空格，输入S（设置）后，系统弹出"引线设置"对话框，在该对话框中选中"公差"单选按钮，如图 9-187 所示。

步骤 16 在"引线设置"对话框中单击"确定"按钮，系统回到绘图区，选取直接为 10 的尺寸线，拉出折线并放置公差，系统弹出"形位公差"对话框，设置对称度公差值为 0.08，相对于基准A和B，如图 9-188 所示。

图 9-187　"引线设置"对话框

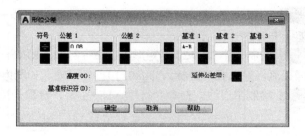

图 9-188　"形位公差"对话框

步骤 17 在"形位公差"对话框中单击"确定"按钮，完成标注，结果如图 9-189 所示。

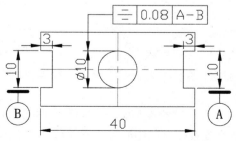

图 9-189　标注结果

点拨

　　本例中标注的对称度含义为 φ10 的轴线必须位于距离为公差值 0.08，且相对于A-B公共基准中心平面对称配置的两平行平面之间。

8. 径向圆跳动标注技巧

　　径向圆跳动：公差带是在垂直于基准轴线的任一测量平面内，半径差为公差值t，且圆心在基准轴线上的两个同心圆之间的区域。如图 9-190 所示的径向圆跳动，其含义为d圆柱面绕基准轴线作无轴向移动回转时，在任一测量平面内的径向跳动量均不能大于公差值 0.05。

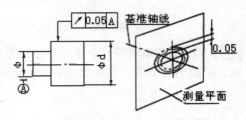

图 9-190　径向圆跳动

案例 9-11：径向圆跳动

　　绘制如图 9-191 所示的带有径向圆跳动公差的图形，并标注径向圆跳动公差。操作步骤如下：

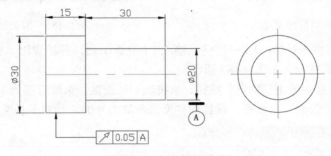

图 9-191　径向圆跳动

步骤 1 绘制一个 15×30 的矩形。在命令行输入REC→空格，选取任意点，输入长宽为（@15,30），绘制结果如图 9-192 所示。

步骤 2 绘制一个 30×20 的矩形。在命令行输入REC→空格，输入from（捕捉自）选取刚绘制的矩形右中点为捕捉点，输入相对坐标为（@0,-10），再输入长宽为（@30,20），绘制结果如图 9-193 所示。

步骤 3 绘制中心线。在命令行输入L→空格，选取矩形左中点绘制水平线，结果如图 9-194 所示。

图 9-192　绘制矩形　　　　　图 9-193　绘制矩形　　　　　图 9-194　绘制中心线

步骤 4 绘制左视图中心线。在命令行输入L→空格，保持与主视图水平中心线平齐，绘制左视图中心线，结果如图 9-195 所示。

步骤 5 绘制圆。在命令行输入C→空格，选取左视图十字交点为圆心，半径为 15 和 10，结果如图 9-196 所示。

步骤 6 修改中心线线型。在绘图区选中主视图和左视图中的中心线，再在线型栏中选中CENTER线型，即可修改线型，结果如图 9-197 所示。

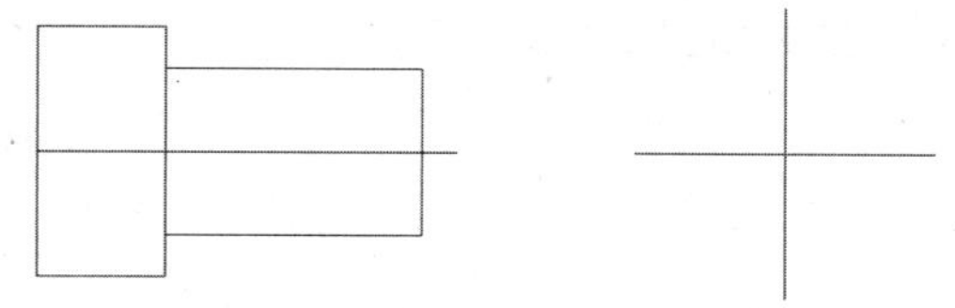

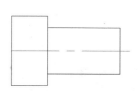

图 9-195　绘制左视图中心线

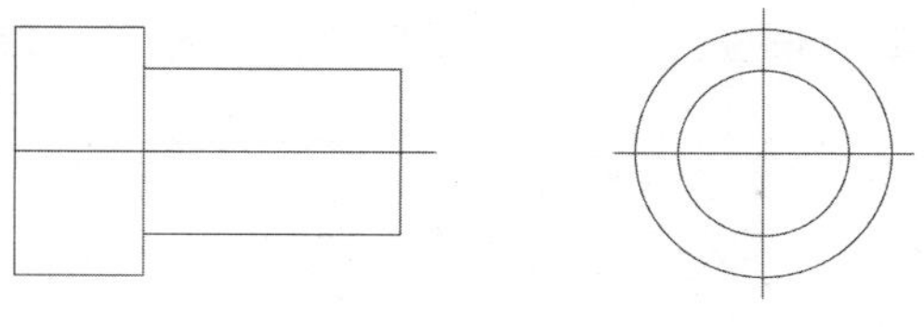

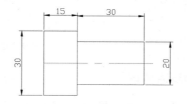

图 9-196　绘制圆

步骤 7 标注线性。在命令行输入 DLI→空格，选取要标注的线，拉出尺寸并放置，结果如图 9-198 所示。

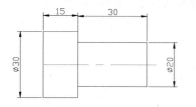

图 9-197　修改线型

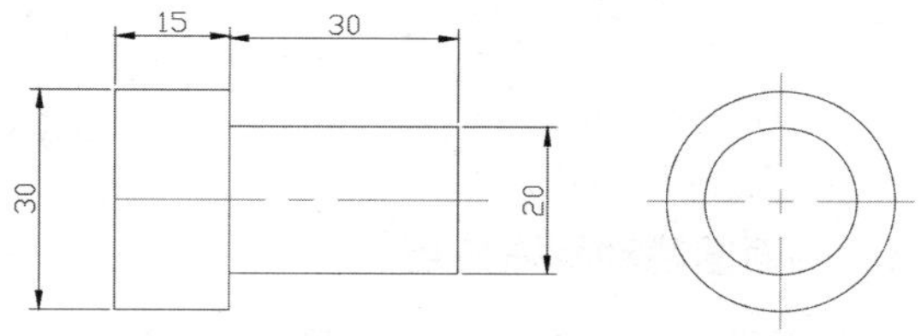

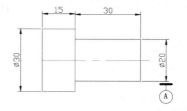

图 9-198　标注线性

步骤 8 编辑标注文字。在命令行输入 ED→空格，选取圆直径为 30 和 20 的尺寸，在其前添加符号 "%%C"，结果如图 9-199 所示。

步骤 9 添加公差基准符号。采用直线和圆及绘制文字等命令绘制基准符号，并将符号移动到与主视图直径为 20 的尺寸界线对齐，结果如图 9-200 所示。

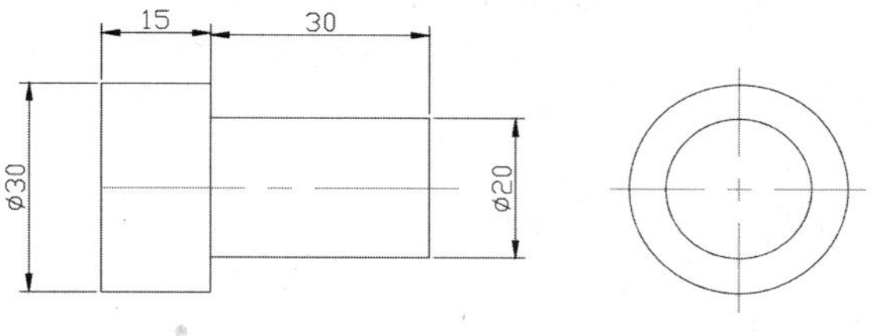

图 9-199　编辑标注文字

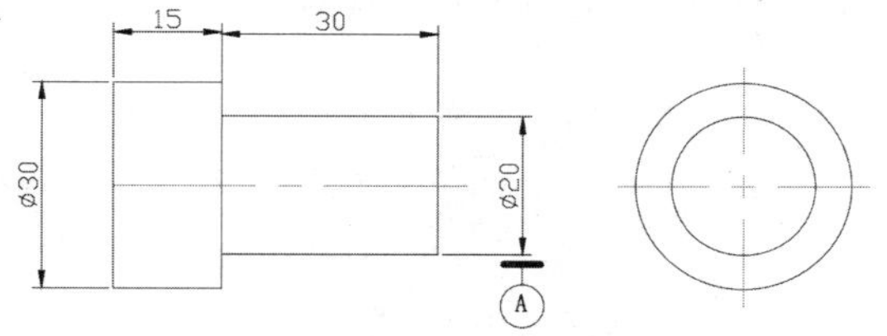

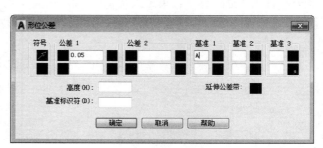

图 9-200　添加公差基准符号

步骤 10 标注径向圆跳动公差。在命令行输入 LE→空格，输入 S（设置）后，系统弹出 "引线设置" 对话框，在该对话框中选中 "公差" 单选按钮，如图 9-201 所示。

步骤 11 在 "引线设置" 对话框中单击 "确定" 按钮，系统回到绘图区，选取直径为 30 的圆柱母线，拉出折线并放置公差，系统弹出 "形位公差" 对话框，设置跳动公差值为 0.05，相对于基准 A，如图 9-202 所示。

图 9-201　"引线设置" 对话框

图 9-202　"形位公差" 对话框

步骤 12 在"形位公差"对话框中单击"确定"按钮，完成标注，结果如图 9-203 所示。

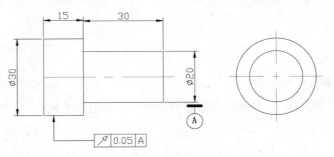

图 9-203 标注结果

9. 端面圆跳动标注技巧

端面圆跳动：公差带是在与基准轴线同轴的任一直径位置的测量圆柱面上沿母线方向宽度为t的圆柱面区域。如图 9-204 所示的端面圆跳动，其含义为当零件绕基准轴线作无轴向移动回转时，在右端面上任一测量直径处的轴向跳动量均不能大于公差值 0.05。

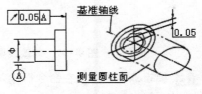

图 9-204 端面圆跳动

案例 9-12：端面圆跳动

绘制如图 9-205 所示的带有端面圆跳动公差的零件图，并标注端面圆跳动公差。操作步骤如下：

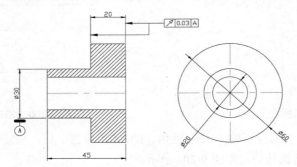

图 9-205 端面圆跳动

步骤 1 绘制一个 20×60 的矩形。在命令行输入REC→空格，选取任意点，输入长宽为（@20,60）后绘制矩形，如图 9-206 所示。

步骤 2 绘制 45×30 的矩形。在命令行输入REC→空格，输入from（捕捉自）选取矩形左中点为捕捉点，输入相对坐标为（@0,-15），再输入长宽为（@-25,30）后绘制矩形，如图 9-207 所示。

步骤 3 绘制中心线。在命令行输入L→空格，选取矩形左中点绘制水平线，如图 9-208 所示。

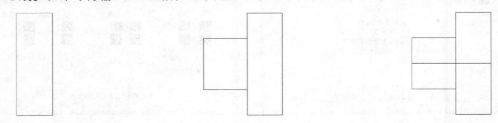

图 9-206 绘制矩形   图 9-207 绘制矩形   图 9-208 绘制中心线

步骤 4 偏移。在命令行输入O→空格，输入距离为 10，选取水平中心线，向上和向下各偏移一条，结果如图 9-209 所示。

步骤 5 修剪。在命令行输入TR→空格→空格，选取要修剪的图素，结果如图 9-210 所示。

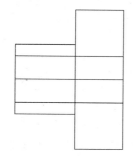

图 9-209　偏移

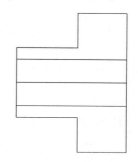

图 9-210　修剪

步骤 6 绘制左视图中心线。在主视图右侧绘制与主视图对齐的中心线，在命令行输入L→空格，选取中心线右端点，绘制水平线和竖直线，结果如图 9-211 所示。

步骤 7 绘制圆。在命令行输入C→空格，选取十字交点，输入半径分别为 30、15、10，结果如图 9-212 所示。

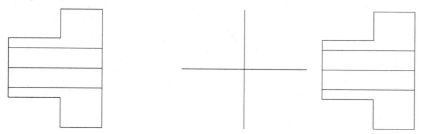

图 9-211　绘制左视图中心线

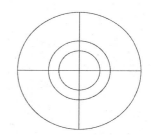

图 9-212　绘制圆

步骤 8 修改线型。在绘图区选中主视图和左视图中的中心线，再在线型栏中选中CENTER线型，即可修改线型，结果如图 9-213 所示。

步骤 9 填充图案。在命令行输入H→空格，选取填充图案为ANSI31，再选择主视图中剖切部分，结果如图 9-214 所示。

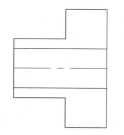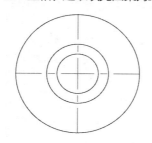

图 9-213　修改线型

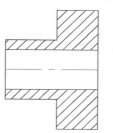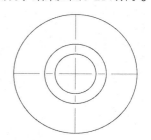

图 9-214　填充图案

步骤 10 标注线性。在命令行输入DLI→空格，选取要标注的线，拉出尺寸并放置，结果如图 9-215 所示。

步骤 11 标注圆。在命令行输入DDI→空格，选取左视图上的圆进行标注，结果如图 9-216 所示。

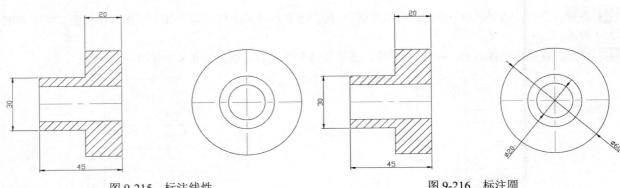

图 9-215　标注线性　　　　　　　　　　　　　　图 9-216　标注圆

步骤 12　编辑标注文字。在命令行输入 ED→空格，选取直径为 30 的圆的尺寸，在其前添加符号"%%C"，结果如图 9-217 所示。

步骤 13　添加公差基准符号。采用直线和圆及绘制文字等命令绘制基准符号，并将符号移动到与主视图直径为 30 的尺寸界线对齐，结果如图 9-218 所示。

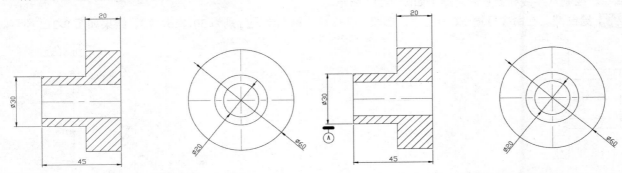

图 9-217　编辑标注文字　　　　　　　　　　　　图 9-218　添加公差基准符号

步骤 14　设置多重引线样式。在命令行输入 MLS→空格，系统弹出"多重引线样式管理器"对话框，如图 9-219 所示。该对话框用来设置多重引线样式。

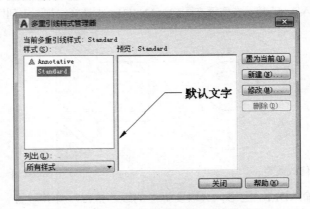

图 9-219　"多重引线样式管理器"对话框

步骤 15　在"多重引线样式管理器"对话框中单击"修改"按钮，系统弹出"修改多重引线样式"对话框，单击"引线结构"选项卡，修改"最大引线点数"为 3；单击"内容"选项卡，修改"多重引线类型"为无，如图 9-220 所示。单击"确定"按钮完成设置。

图 9-220　修改设置

步骤 16 多重引线标注。在命令行输入MLD→空格，选取宽度为 20 的尺寸界线，拉出箭头并放置，结果如图9-221 所示。

步骤 17 标注端面圆跳动公差。在命令行输入TOL→空格，系统弹出"形位公差"对话框，设置跳动公差值为0.05，相对于基准A，如图 9-222 所示。

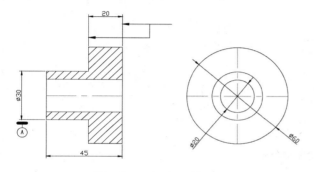

图 9-221　多重引线标注

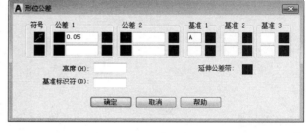

图 9-222　"形位公差"对话框

步骤 18 在"形位公差"对话框中单击"确定"按钮，完成标注，并将形位公差框格放置在多重引线端点上，结果如图 9-223 所示。

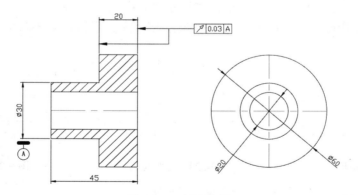

图 9-223　标注结果

10. 径向全跳动标注技巧

径向全跳动：公差带是半径差为公差值t，且与基准轴线同轴的两圆柱面之间的区域。如图 9-224 所示的径向全跳动公差，其含义是直径为 20 的圆柱表面绕基准轴线作无轴向移动地连续回转，同时指示器作平行于基准轴线的直线移动。在直径为 20 的整个圆柱表面上的跳动量不能大于公差值 0.2。

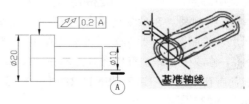

图 9-224　径向全跳动

11. 端面全跳动标注技巧

端面全跳动：公差带是距离为公差值t，且与基准轴线垂直的两平行平面之间的区域。如图 9-225 所示的端面全跳动公差，其含义为端面绕基准轴线作无轴向移动地连续回转，同时指示器作垂直于基准轴线的直线移动。在端面上任意一点的轴向跳动量不得大于 0.05。在运动时，指示器必须沿着端面的理论正确形状和相对于基准所确定的正确位置移动。

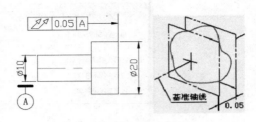

图 9-225　端面全跳动

案例 9-13：全跳动公差

绘制如图 9-226 所示的带有端面全跳动和径向全跳动公差的图形，并标注端面全跳动和径向全跳动公差。操作步骤如下：

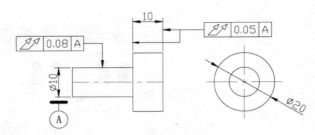

图 9-226　全跳动公差

步骤 1 绘制矩形。在命令行输入REC→空格，选取任意点绘制矩形，输入长宽为（@10,20）后绘制矩形，如图 9-227 所示。

步骤 2 绘制矩形。在命令行输入REC→空格，输入from（捕捉自）以矩形左中点为捕捉点，输入相对坐标为（@0,-5）再输入长宽为（@-20,10），绘制矩形，如图 9-228 所示。

步骤 3 绘制中心线。在命令行输入L→空格，选取矩形左中点绘制水平线，结果如图 9-229 所示。

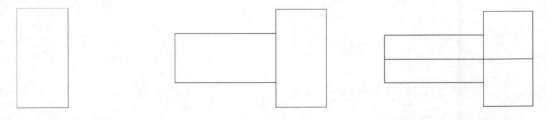

图 9-227　绘制矩形　　　　图 9-228　绘制矩形　　　　图 9-229　绘制中心线

步骤 4 绘制左视图中心线。在命令行输入L→空格，选取主视图水平中心线右端点，进行自动捕捉水平功能，绘制十字交叉中心线，结果如图 9-230 所示。

步骤 5 绘制圆。在命令行输入C→空格，选取左视图十字交叉点，绘制圆，半径分别为 5 和 10，结果如图 9-231 所示。

步骤 6 修改中心线。在绘图区选取主视图和左视图中的中心线，再在线型栏中选中CENTER线型，即可修改线型，结果如图 9-232 所示。

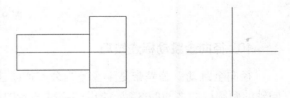

图 9-230　绘制左视图中心线

步骤 7 标注尺寸。在命令行输入DLI→空格，选取要标注的图素，拉出尺寸并放置，结果如图 9-233 所示。

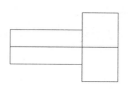
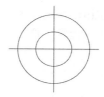

图 9-231　绘制圆

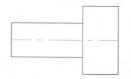
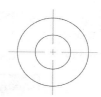

图 9-232　修改线型

步骤 8 标注圆。在命令行输入DDI→空格，选取左视图上的圆进行标注，结果如图 9-234 所示。

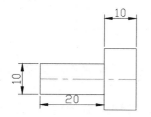
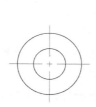

图 9-233　标注尺寸

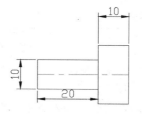

图 9-234　标注圆

步骤 9 编辑标注文字。在命令行输入ED→空格，选取直径为 10 的圆的尺寸，在前添加符号 "%%C"，结果如图 9-235 所示。

步骤 10 添加公差基准符号。采用直线和圆及绘制文字等命令绘制基准符号，并将符号移动到与主视图直径为 10 的尺寸界线对齐，结果如图 9-236 所示。

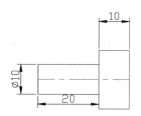

图 9-235　编辑标注文字

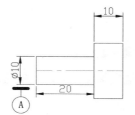

图 9-236　添加公差基准符号

步骤 11 设置多重引线样式。在命令行输入MLS→空格，系统弹出 "多重引线样式管理器" 对话框，如图 9-237 所示。该对话框用来设置多重引线样式。

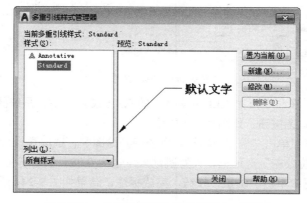

图 9-237　"多重引线样式管理器" 对话框

步骤12 在"多重引线样式管理器"对话框中单击"修改"按钮，系统弹出"修改多重引线样式"对话框，单击"引线结构"选项卡，修改"最大引线点数"为3；单击"内容"选项卡，修改"多重引线类型"为无，如图9-238所示，单击"确定"按钮完成设置。

图9-238　修改设置

步骤13 多重引线标注。在命令行输入MLD→空格，选取宽度为20的尺寸界线及直径为10的圆柱母线，拉出箭头并放置，结果如图9-239所示。

步骤14 标注端面全跳动公差。在命令行输入TOL→空格，系统弹出"形位公差"对话框，设置跳动公差值为0.05，相对于基准A，如图9-240所示。

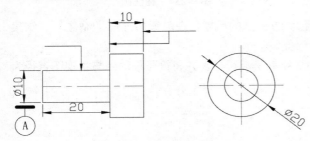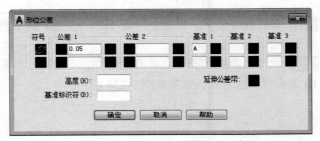

图9-239　多重引线标注　　　　　　　　图9-240　"形位公差"对话框

步骤15 在"形位公差"对话框中单击"确定"按钮，完成标注，并将形位公差框格放置在多重引线端点上，结果如图9-241所示。

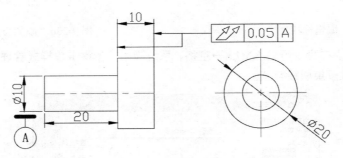

图9-241　标注结果

步骤16 标注径向全跳动公差。在命令行输入LE→空格，输入S（设置）后，系统弹出"引线设置"对话框，在该对话框中选中"公差"单选按钮，如图9-242所示。

步骤17 在"引线设置"对话框中单击"确定"按钮，系统回到绘图区，选取直径为10的圆柱母线，拉出折线并放置公差，系统弹出"形位公差"对话框，设置跳动公差值为0.08，相对于基准A，如图9-243所示。

步骤18 在"形位公差"对话框中单击"确定"按钮，完成标注，结果如图9-244所示。

图 9-242　"引线设置"对话框

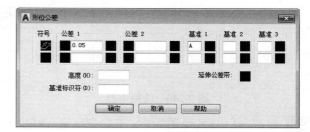

图 9-243　"形位公差"对话框

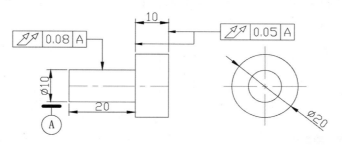

图 9-244　径向全跳动公差

9.2　尺寸公差

公差是机械设计中一项重要的技术要求，在利用AutoCAD软件绘制机械图时，经常遇到标注尺寸公差的情况。

案例 9-14：尺寸公差标注

采用尺寸公差标注绘制如图 9-245 所示的图形。操作步骤如下：

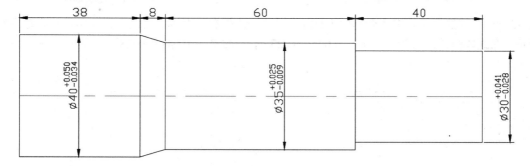

图 9-245　标注公差

步骤 1 绘制一个 40×30 的矩形。在命令行输入REC→空格，选取任意点为起点，输入长宽为（@40,30）后即可绘制矩形，结果如图 9-246 所示。

步骤 2 绘制一个 60×35 的矩形。在命令行输入REC→空格，输入from（捕捉自），选取刚绘制的矩形左中点为起点，输入坐标点为（@0,-17.5），再输入长宽为（@-60,35）后即可绘制矩形，结果如图 9-247 所示。

图 9-246 绘制矩形   图 9-247 绘制矩形

步骤 3 绘制一个 38×40 的矩形。在命令行输入REC→空格，输入from（捕捉自），选取刚绘制的矩形左中点为起点，输入坐标点为（@-8,-20），再输入（@-38,40）后即可绘制矩形，结果如图 9-248 所示。

步骤 4 连线。在命令行输入L→空格，选取刚绘制的矩形右侧上下两点和右边矩形对应两点，连接成斜线，结果如图 9-249 所示。

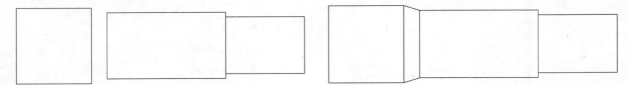

图 9-248 绘制矩形   图 9-249 连线

步骤 5 标注水平基准。在命令行输入DLI→空格，标注水平基准尺寸，结果如图 9-250 所示。

步骤 6 标注连续尺寸。在命令行输入DCO→空格，选取刚标注的 38 为基准尺寸，进行连续标注，结果如图 9-251 所示。

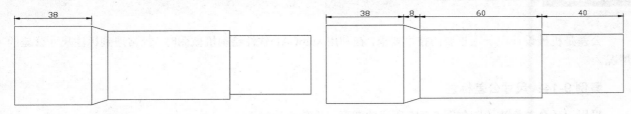

图 9-250 标注水平基准   图 9-251 连续标注

步骤 7 标注直径为 30 的公差。在命令行输入DLI→空格，选取右边直线的两端点，拉出尺寸并输入M后弹出尺寸编辑框，在框内修改尺寸为"%%c30+0.041^-0.028"，然后将"+0.041^-0.028"进行堆叠，结果如图 9-252 所示。

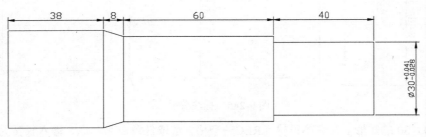

图 9-252 标注公差

步骤 8 标注直径为 35 的公差。在命令行输入DLI→空格，选取中间的上下直线上的两点，拉出尺寸并输入M后弹出尺寸编辑框，在框内修改尺寸为 "%%c35+0.025^-0.009"，然后将 "+0.025^-0.009" 进行堆叠，结果如图 9-253 所示。

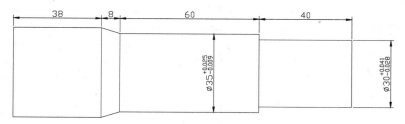

图 9-253　标注公差

步骤 9 标注直径为 40 的公差。在命令行输入DLI→空格，选取左边直线的两端点，拉出尺寸并输入M后弹出尺寸编辑框，在框内修改尺寸为 "%%c40+0.050^-0.034"，然后将 "+0.050^-0.034" 进行堆叠，结果如图 9-254 所示

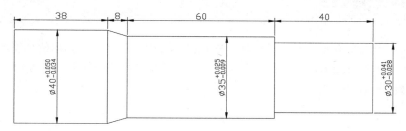

图 9-254　标注公差

步骤 10 绘制中心线。在命令行输入L→空格，选取左右中点连线，结果如图 9-255 所示。

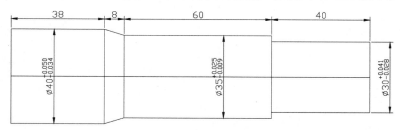

图 9-255　绘制中心线

步骤 11 修改线型。在绘图区选中刚绘制的直线，再在线型栏中选中CENTER线型，即可修改线型，结果如图 9-256 所示。

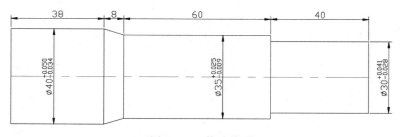

图 9-256　修改线型

步骤 12 打断中心线。在命令行输入**BR**→空格，选取要打断的位置，结果如图 9-257 所示。

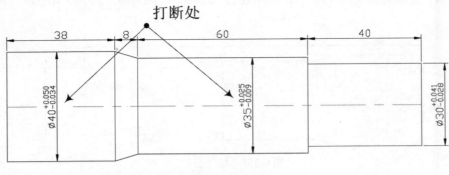

打断处

$\varnothing 40^{+0.050}_{-0.034}$ $\varnothing 35^{+0.025}_{-0.009}$ $\varnothing 30^{+0.041}_{-0.028}$

38   8   60   40

图 9-257   打断

9.3   本章小节

　　本章主要讲解了尺寸公差和形位公差的标注，在机械制造中，尺寸公差和形位公差是非常重要的概念，所有加工都必须控制在公差范围内。用户要重点理解尺寸公差和形位公差的含义和区别。掌握尺寸公差和形位公差的具体标注操作和编辑操作。

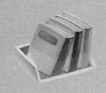

第 10 章

面域与图案填充

面域是由封闭区域所组成的二维实体对象，其边界可以由直线、多段线、圆、圆弧、曲线等对象组成。可以对面域进行填充图案、着色、分析面域几何属性和物理特性。此外，面域还可以像实体一样进行布尔运算。

学习目标

- 掌握面域的含义
- 掌握面域的拓扑运算
- 掌握图案填充的操作方式

10.1 面域【REGION（REG）】

面域是具有物理特性（如质心）的二维封闭区域。REGION是将封闭区域的对象转换为面域对象。面域是用闭合的形状或环创建的二维区域。闭合多段线、闭合的多条直线和闭合的多条曲线都是有效的选择对象。曲线包括圆弧、圆、椭圆弧、椭圆和样条曲线。可以将若干区域合并到单个复杂区域。

选择集中的闭合二维多线段和分解的平面三维多段线将转换为单独的面域。用于形成闭合平面环的多段线、直线和曲线将转换到面域的外部边界和孔。拒绝所有交叉交点和自交曲线。

如果未将 DELOBJ 系统变量设置为 0（零），REGION将在原始对象转换为面域之后删除这些对象。如果原始对象是图案填充对象，那么图案填充的关联性将丢失。要恢复图案填充关联性，请重新填充此面域。

面域实际上是闭合的二维实体。面域可以转换成三维实体，可以着色，可以进行拓扑运算，下面将讲解面域的创建步骤。

其命令启动方式如下。

- 命令行：REGION（REG）
- 功能区："默认"选项卡→"绘图"面板→"面域⊙"
- 菜单："绘图"→"面域⊙"

二维图形对象必须是封闭的多段线或面域，才可以创建成三维实体。

案例 10-1：面域

采用面域拉伸绘制三维五角星，结果如图 10-1 所示。操作步骤如下：

步骤 1 绘制五边形。在命令行输入POL→空格，任意选取屏幕点，输入边数为 5，内接于半径为 20 的圆，结果如图 10-2 所示。

步骤 2 连接对角线。在命令行输入L→空格，以此连接五边形对角，结果如图 10-3 所示。

图 10-1　五角星

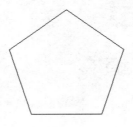

图 10-2　五边形

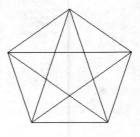

图 10-3　连接对角线

步骤 3 删除五边形。在命令行输入E→空格，选取五边形后确定，即可将五边形删除，结果如图 10-4 所示。

步骤 4 修剪。在命令行输入TR→空格→空格，再单击需要修剪的五角星内的线，即可完成修剪，结果如图 10-5 所示。

步骤 5 创建面域。在命令行输入REG→空格，再框选五角星图形，单击确认完成选取，系统提示创建面域成功，创建结果如图 10-6 所示。

图 10-4　删除

图 10-5　修剪

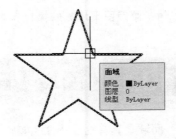

图 10-6　创建面域

步骤 6 切换视图。在绘图区左上角单击视图控件，系统弹出下拉菜单，选择"西南等轴测"选项，将视图更改为等轴测视图，如图 10-7 所示。

图 10-7　切换视图

步骤 7 绘制直线。在命令行输入L→空格，连接五边形外角和内角，如图 10-8 所示。再绘制通过交点的一条平行Z轴方向且长度为 6.18 的直线，结果如图 10-9 所示。

步骤 8 创建拉伸实体。在命令行输入EXT→空格，选取面域，输入倾斜角T=45°，捕捉竖直线端点作为拉伸高度，结果如图 10-10 所示。

步骤 9 着色。在绘图区左上角单击视图样式控件，系统弹出视图样式下拉菜单，选择"着色"选项，如图 10-11 所示。显示结果如图 10-12 所示。

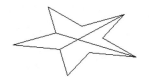

图 10-8　连接线

图 10-9　绘制竖直线

图 10-10　拉伸结果

图 10-11　选择"着色"选项

图 10-12　着色结果

10.2　面域运算

面域运算（即布尔运算）是将两个或多个三维实体、曲面或二维面域通过一定的运算法则组合成一个复合三维实体、曲面或面域。

10.2.1　面域并集运算【UNION(UNI)】

并集运算即是将多个面域或实体进行叠加组合成一个实体，结果是所有面域或实体之和。

其命令启动方式如下。

- 命令行：UNION（UNI）
- 功能区："默认"选项卡→"编辑"面板→"并集 ◎◎"
- 菜单："修改"→"实体编辑"→"并集 ◎◎"

命令行提示如下：

命令：UNI UNION	//并集命令
选择对象：指定对角点：找到 2 个	//框选所有图素
选择对象：	//按空格键确定结束选择
命令：*取消*	//按 Esc 键退出

案例 10-2：面域并集运算

采用面域并集运算绘制如图 10-13 所示的图形。操作步骤如下：

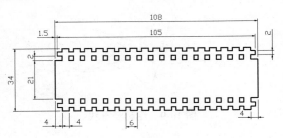

图 10-13　并集

步骤 1 绘制矩形。在命令行输入REC→空格，在屏幕上任意指定点，然后输入D→空格，输入矩形长为108，宽为21，再任意单击一点确定矩形；以同样的方式再绘制两个矩形，长分别为105、4，宽分别为2、34，结果如图10-14所示。

步骤 2 平移矩形。在命令行输入M→空格，将105×2的矩形下中点平移到108×21的矩形上中点向上偏2mm，选取中点前输入from再选点，然后输入（@0,2）即可；以同样的方式，将4×34的矩形的左中点平移到108×21的矩形的左中点向右偏4mm，输入from后捕捉中点，再输入（@4,0），结果如图10-15所示。

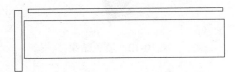

图 10-14　绘制矩形

图 10-15　平移矩形

步骤 3 镜像矩形。在命令行输入MI→空格，选取 105×2 的矩形后确定，再选取 108×21 的矩形的左中点和右中点作为镜像轴，提示是否删除源对象，选择否（N），结果如图10-16所示。

步骤 4 阵列矩形。在命令行输入AR→空格，选取对象后输入R（矩形阵列），关联为否，再设置行数为 1，行间距为 0，列数为 17，列间距为 6，结果如图10-17所示。

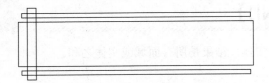

图 10-16　镜像矩形

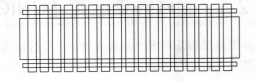

图 10-17　阵列矩形

步骤 5 创建面域。在命令行输入REG→空格，再选取所有矩形，确定后即可创建面域。如图10-18所示。

步骤 6 布尔合并运算。在命令行输入UNI→空格，框选所有矩形后确定，系统即将所有面域进行合并，结果如图10-19所示。

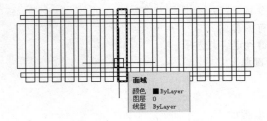

图 10-18　创建面域

图 10-19　布尔合并

10.2.2 面域差集运算【SUBTRACT(SU)】

使用 SUBTRACT 命令可以通过从另一个重叠集中减去一个现有的三维实体集来创建三维实体。可以通过从另一个重叠集中减去一个现有的面域对象集来创建二维面域对象。

其命令启动方式如下。

- 命令行：SUBTRACT（SU）
- 功能区："默认"选项卡→"编辑"面板→"差集⑩"
- 菜单："修改"→"实体编辑"→"差集⑩"

命令行提示如下：

命令：SU SUBTRACT	//差集运算
选择要从中减去的实体、曲面和面域…	//选取被减实体对象
选择对象：找到 1 个	//选取一个
选择对象： 选择要减去的实体、曲面和面域…	//选取减工具实体
选择对象：找到 1 个	//选取一个工具
选择对象：	//按空格键确定开始计算
命令：*取消*	//按 Esc 键退出

各选项含义如下。

- 选择对象（从中减去）：指定要通过差集修改的三维实体、曲面或面域。
- 选择对象（减去）：指定要从中减去的三维实体、曲面或面域。

案例 10-3：面域差集运算

采用差集运算绘制如图 10-20 所示的图形。操作步骤如下：

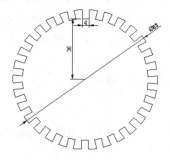

图 10-20　差集运算

步骤 1 绘制圆。在命令行输入C→空格，单击任意点，输入D→空格，再输入直径值为 83，结果如图 10-21 所示。

步骤 2 绘制矩形。在命令行输入REC→空格，在屏幕上任意指定一点，然后输入D→空格，再输入长为 4，宽为 20，结果如图 10-22 所示。

步骤 3 平移矩形。在命令行输入M→空格，选取矩形后按空格键，再选取矩形下中点为平移起点，输入from后捕捉圆心，再输入（@0,36）后即可完成平移，结果如图 10-23 所示。

步骤 4 阵列。在命令行输入AR→空格，选取矩形后按空格键，输入PO（环形阵列），选取圆心为阵列中心点，输入I，项目数为 30，关联为否，结果如图 10-24 所示。

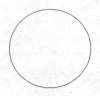

图 10-21　绘制圆

图 10-22　绘制矩形

图 10-23　平移矩形

步骤 5 创建面域。在命令行输入REG→空格，框选所有图素并确认，系统即将所有封闭图素创建成面域，结果如图 10-25 所示。

步骤 6 差集运算。在命令行输入SU→空格，选取直径为 83 的圆后按空格键，再选取所有的矩形后按空格键确认，即用矩形减圆，结果如图 10-26 所示。

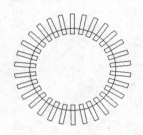

图 10-24　环形阵列

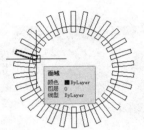

图 10-25　创建面域

图 10-26　差集结果

10.2.3　面域交集运算【INTERSECT(IN)】

使用 INTERSECT 命令，可以从两个或两个以上现有三维实体、曲面或面域的公共体积创建三维实体。如果选择网格，则可以先将其转换为实体或曲面，然后完成此操作。

选择集可包含位于任意多个不同平面中的面域、实体和曲面。INTERFERE 将选择集分成多个子集，并在每个子集中测试交集。第一个子集包含选择集中的所有实体和曲面。第二个子集包含第一个选定的面域和所有后续共面的面域。第三个子集包含下一个与第一个面域不共面的面域和所有后续共面面域，如此直到所有的面域分属各个子集为止。

交集运算的操作方式和并集运算的操作方式相同。

案例 10-4：面域交集运算

采用面域的交集运算绘制如图 10-27 所示的花形。操作步骤如下：

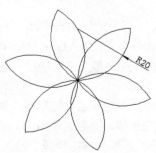

图 10-27　交集

步骤 1 绘制正方形。在命令行输入REC→空格，在屏幕上任意单击一点，然后输入D→空格，输入长宽均为20，再任意单击一点绘制矩形，如图 10-28 所示。

步骤 2 绘制圆。在命令行输入C→空格，再选取正方形对角点为圆心，输入半径为 20，结果如图 10-29 所示。

步骤 3 创建面域。在命令行输入REG→空格，再选取所有图素并确认，即可创建面域，结果如图 10-30 所示。

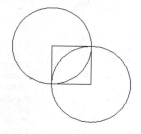

图 10-28　绘制正方形　　　　　图 10-29　绘制圆　　　　　图 10-30　创建面域

步骤 4 交集运算。在命令行输入IN→空格，框选所有图素并确认，系统即计算出交集，结果如图 10-31 所示。

步骤 5 阵列。在命令行输入AR→空格，选取交集运算后的面域，再选取阵列的中心点为花瓣左下角点，输入项目数为 6，结果如图 10-32 所示。

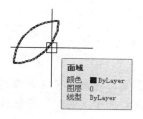

图 10-31　交集　　　　　　　　　　　　　图 10-32　花形

10.3　填充【HATCH（H）】

使用图案填充、实体填充或渐变填充来填充封闭区域或选定对象。

其命令启动方式如下。

- 命令行：HATCH(H)
- 功能区："默认"选项卡→"绘图"面板→▨（图案填充）
- 菜单："绘图"→▨（图案填充）

10.3.1　图案填充

在命令行输入H→空格，系统自动弹出"图案填充创建"选项卡，单击选项卡中"选项"右下角的 ▨（图案填充设置）按钮，系统弹出"图案填充和渐变色"对话框，在该对话框中单击"图案填充"选项卡，用来设置填充参数，如图 10-33 所示。

图 10-33 "图案填充和渐变色"对话框

各选项的含义如下。

- 类型和图案：指定图案填充的类型、图案、颜色和背景色。
  - ➤ 类型：指定是创建预定义的填充图案、用户定义的填充图案，还是自定义的填充图案。
  - ➤ 图案：显示选择的 ANSI、ISO 和其他行业标准填充图案。选择"实体"可创建实体填充。只有将"类型"设置为"预定义""图案"选项才可用。
  - ➤ ⬚按钮：显示"填充图案选项板"对话框，在该对话框中可以预览所有预定义的图案。
  - ➤ 颜色：使用填充图案和实体填充的指定颜色替代当前颜色。
  - ➤ 背景色：为新图案填充对象指定背景色。选择"无"可关闭背景色。
  - ➤ 样例：显示选定图案的预览图像。单击样例可显示"填充图案选项板"对话框。
  - ➤ 自定义图案：列出可用的自定义图案。最近使用的自定义图案将出现在列表顶部。只有将"类型"设置为"自定义""自定义图案"选项才可用。
- 角度和比例：指定选定填充图案的角度和比例。
  - ➤ 角度：指定填充图案的角度（相对当前 UCS 坐标系的 X 轴）。
  - ➤ 比例：放大或缩小预定义或自定义图案。只有将"类型"设置为"预定义"或"自定义"，此选项才可用。
  - ➤ 双向：对于用户定义的图案，绘制与原始直线成 90°角的另一组直线，从而构成交叉线。只有将"类型"设置为"用户定义"，此选项才可用。
  - ➤ 相对图纸空间：相对于图纸空间单位缩放填充图案。使用此选项可以按适合于命名布局的比例显示填充图案。该选项仅适用于命名布局。
  - ➤ 间距：指定用户定义图案中的直线间距。只有将"类型"设置为"用户定义"，此选项才可用。
- 图案填充原点：控制填充图案生成的起始位置。某些图案填充（如砖块图案）需要与图案填充边界上的一点对齐。默认情况下，所有图案填充原点都对应于当前的UCS原点。

案例 10-5：图案填充

对如图 10-34 所示的图形采用图案进行填充，结果如图 10-35 所示。操作步骤如下：

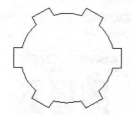

图 10-34　原始图形

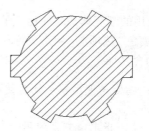

图 10-35　填充结果

步骤 1 填充。在命令行输入H→空格，在弹出的"图案填充创建"选项卡中单击"选项"面板右下角的 ⬎ 按钮，系统弹出"图案填充和渐变色"对话框，如图 10-36 所示。

步骤 2 设置图案。在"图案"选项右边单击▢按钮，系统弹出"填充图案选项板"对话框，在ANSI选项卡中选中ANSI31 作为填充图案，如图 10-37 所示。

图 10-36　"图案填充"选项卡

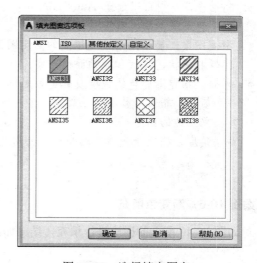

图 10-37　选择填充图案

步骤 3 定义边界。在"图案填充和渐变色"对话框中单击"添加：拾取点"⊞按钮，系统即进入绘图区选取点，在图形内任意单击一点，系统会向四周寻找边界，单击确认完成选取。再在"图案填充和渐变色"对话框中单击"确定"按钮，完成填充，结果如图 10-38 所示。

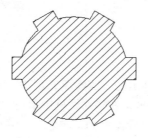

图 10-38　填充结果

10.3.2　渐变色填充

定义要应用的渐变填充的外观。在"图案填充和渐变色"对话框中单击"渐变色"选项卡，用来设置渐变色参数，如图 10-39 所示。各选项的含义如下。

- 颜色：指定是使用单色还是使用双色混合色填充图案填充边界。
  - ➢ 单色：指定填充是使用一种颜色与指定染色（颜色与白色混合）间的平滑转场还是使用一种颜色与指定着色（颜色与黑色混合）间的平滑转场。
  - ➢ 双色：指定在两种颜色之间平滑过渡的双色渐变填充。
- 颜色样例：指定渐变填充的颜色（可以是一种颜色，也可以是两种颜色）。单击"浏览"按钮 ，显示"选择颜色"对话框，从中可以选择 AutoCAD 颜色索引（ACI）颜色、真彩色或配色系统颜色。
- 渐变图案：显示用于渐变填充的固定图案。这些图案包括线性扫掠状、球状和抛物面状图案。
- 方向：指定渐变色的角度及其是否对称。
  - ➢ 居中：指定对称渐变色配置。如果没有选中此选项，渐变填充将朝左上方变化，创建光源在对象左边的图案。
  - ➢ 角度：指定渐变填充的角度。相对当前 UCS 指定角度。此选项与指定给图案填充的角度互不影响。

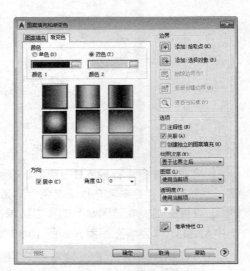

图 10-39　渐变色

案例 10-6：渐变色填充

对如图 10-40 所示的国旗进行填充，结果如图 10-41 所示。操作步骤如下：

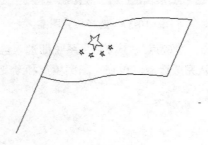

图 10-40　国旗

图 10-41　填充结果

步骤 1 填充。在命令行输入 H→空格，在弹出的"图案填充创建"选项卡中单击"选项"面板右下角的 按钮，系统弹出"图案填充和渐变色"对话框，在该对话框中单击"渐变色"选项卡，如图 10-42 所示。

步骤 2 修改颜色。在"渐变色"选项卡中选择颜色为"单色"，并将颜色修改为红色，将滑块调到正中间，如图 10-43 所示。

图 10-42 "渐变色"选项卡

图 10-43 设置颜色

步骤 3 定义边界。在"渐变色"选项卡的"边界"选项组单击"添加：拾取点"⊞按钮，选取国旗内五角星外任意一点，如图 10-44 所示。

步骤 4 完成渐变色填充。按空格键完成边界定义，系统回到"图案填充和渐变色"对话框，单击"确定"按钮，完成参数的设置，结果如图 10-45 所示。

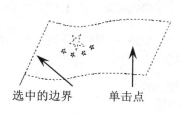

选中的边界　　单击点

图 10-44　定义边界

图 10-45　填充结果

10.4　本章小节

　　本章主要讲解面域和布尔运算操作。面域是二维实体，可以用来进行布尔运算，因此，将面域和布尔运算结合起来绘制某些二维图形，会获得意想不到的效果。图案填充主要用在制作工程图时的剖面填充，使图形表达更清晰。

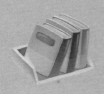

第 11 章
辅助绘图和查询工具

本章主要讲解辅助绘图工具，包括捕捉和栅格、极轴追踪、对象捕捉、三维对象捕捉及动态输入。捕捉和栅格主要用在绘图过程中进行精确捕捉定位；极轴追踪是在绘图过程中采用极轴角度追踪设置，方便绘制带有角度的倾斜线；对象捕捉是用来设置在绘图过程中捕捉点的类型。

此外，本章还讲解了查询工具，它主要用来在绘图过程中查看图形的相关信息，以获得设计所需要的辅助参考，包括坐标、距离、面积和周长、几何等。

学习目标

- 掌握捕捉的操作方式
- 掌握查询工具的操作方式
- 理解极轴追踪的含义

11.1 捕捉与栅格设置

捕捉与栅格主要是用来设置捕捉和栅格的显示设置。在命令行输入OS→空格，系统弹出"草图设置"对话框，在该对话框中单击"捕捉与栅格"选项卡，如图 11-1 所示。

图 11-1 "捕捉与栅格"选项卡

各选项的含义如下。

- 启用捕捉：打开或关闭捕捉模式。也可以通过单击状态栏上的"捕捉"、按 F9 键或使用 SNAPMODE 系统变量来打开或关闭捕捉模式。

- 捕捉间距：控制捕捉位置的不可见矩形栅格，以限制光标仅在指定的 X 和 Y 间隔内移动。
- 捕捉 X 轴间距：指定 X 方向的捕捉间距。间距值必须为正实数（SNAPUNIT 系统变量）。
- 捕捉 Y 轴间距：指定 Y 方向的捕捉间距。间距值必须为正实数（SNAPUNIT 系统变量）。
- X轴间距和 Y轴间距相等：为捕捉间距和栅格间距强制使用同一 X 和 Y 间距值。捕捉间距可以与栅格间距不同。
- 极轴间距：控制 PolarSnap增量距离。
- 极轴距离：选中"捕捉类型"下的"PolarSnap"单选按钮时，设置捕捉增量距离。如果该值为 0，则 PolarSnap 距离采用"捕捉 X 轴间距"的值。
- 捕捉类型：设置捕捉样式和捕捉类型。
  - 栅格捕捉：设置栅格捕捉类型。如果指定点，光标将沿垂直或水平栅格点进行捕捉（SNAPTYPE 系统变量）。
  - 矩形捕捉：将捕捉样式设置为标准"矩形"捕捉模式。当捕捉类型设置为"栅格捕捉"并且打开"捕捉"模式时，光标将捕捉矩形捕捉栅格（SNAPSTYL系统变量）。
  - 等轴测捕捉：将捕捉样式设置为"等轴测"捕捉模式。当捕捉类型设置为"栅格捕捉"并且打开"捕捉"模式时，光标将捕捉等轴测捕捉栅格（SNAPSTYL系统变量）。
  - PolarSnap：将捕捉类型设置为"PolarSnap"。如果启用了"捕捉"模式并在极轴追踪打开的情况下指定点，光标将沿在"极轴追踪"选项卡上相对于极轴追踪起点设置的极轴对齐角度进行捕捉（SNAPTYPE系统变量）。
- 启用栅格：打开或关闭栅格。也可以通过单击状态栏上的"栅格"、按F7功能键，或者使用GRIDMODE系统变量来打开或关闭栅格模式。
- 栅格样式：在二维上下文中设置栅格样式。也可以使用GRIDSTYLE系统变量设置栅格样式。
  - 二维模型空间：将二维模型空间的栅格样式设置为点栅格（GRIDSTYLE系统变量）。
  - 块编辑器：将块编辑器的栅格样式设置为点栅格（GRIDSTYLE系统变量）。
  - 图纸/布局：将图纸和布局的栅格样式设置为点栅格（GRIDSTYLE系统变量）。
- 栅格间距：控制栅格的显示，有助于直观显示距离。
  - 栅格 X轴间距：指定 X 方向上的栅格间距。如果该值为 0，则栅格采用"捕捉 X 轴间距"的数值集（GRIDUNIT系统变量）。
  - 栅格 Y轴间距：指定 Y 方向上的栅格间距。如果该值为 0，则栅格采用"捕捉 Y 轴间距"的数值集（GRIDUNIT系统变量）。
  - 每条主线之间的栅格数：指定主栅格线相对于次栅格线的频率（GRIDMAJOR系统变量）。
- 自适应栅格：缩小时，限制栅格密度。
- 显示超出界线的栅格：显示超出 LIMITS 命令指定区域的栅格。
- 遵循动态 UCS：更改栅格平面以跟随动态 UCS 的 XY平面（GRIDDISPLAY系统变量）。

11.2 极轴追踪

控制自动追踪设置。在命令行输入OS→空格，系统弹出"草图设置"对话框，在该对话框中单击"极轴追踪"选项卡，如图 11-2 所示。

各选项的含义如下。

图 11-2 "极轴追踪"选项卡

- 启用极轴追踪：打开或关闭极轴追踪。也可以通过按 F10 功能键或使用 AUTOSNAP 系统变量来打开或关闭极轴追踪。
- 极轴角设置：设置极轴追踪的对齐角度（POLARANG 系统变量）。
- 增量角：设置用来显示极轴追踪对齐路径的极轴角增量。可以输入任何角度，也可以从列表中选择 90、45、30、22.5、18、15、10 或 5 这些常用角度（POLARANG系统变量）。
- 附加角：对极轴追踪使用列表中的任何一种附加角度。"附加角"同样受 POLARMODE 和 POLARADDANG 系统变量控制。附加角度是绝对的，而非增量的。
  - ➤ 角度列表：如果选中"附加角"复选框，将列出可用的附加角度。要添加新的角度，可单击"新建"按钮；要删除现有的角度，可单击"删除"按钮。
  - ➤ 新建：最多可以添加 10 个附加极轴追踪对齐角度。
  - ➤ 删除：删除选定的附加角度。
- 对象捕捉追踪设置：设置对象捕捉追踪选项。
  - ➤ 仅正交追踪：当对象捕捉追踪打开时，仅显示已获得的对象捕捉点的正交（水平/垂直）对象捕捉追踪路径。
  - ➤ 用所有极轴角设置追踪：将极轴追踪设置应用于对象捕捉追踪。使用对象捕捉追踪时，光标将从获取的对象捕捉点起沿极轴对齐角度进行追踪。
- 极轴角测量：设置测量极轴追踪对齐角度的基准。
  - ➤ 绝对：根据当前用户坐标系（UCS）确定极轴追踪角度。
  - ➤ 相对上一段：根据上一个绘制线段确定极轴追踪角度。

11.3 对象捕捉 ▶

控制对象捕捉设置。使用执行对象捕捉设置（也称为对象捕捉），可以在对象上的精确位置指定捕捉点。选择多个选项后，将应用选定的捕捉模式，以返回距离靶框中心最近的点。按 Tab 键可以在这些选项之间循环。

在命令行输入OS→空格，系统弹出"草图设置"对话框，在该对话框中单击"对象捕捉"选项卡，结果如图 11-3 所示。

各主要选项的含义如下。

- 启用对象捕捉：打开或关闭执行对象捕捉。当对象捕捉打开时，在"对象捕捉模式"下选定的对象捕捉处于活动状态。

- 启用对象捕捉追踪：打开或关闭对象捕捉追踪。使用对象捕捉追踪，在命令中指定点时，光标可以沿基于其他对象捕捉点的对齐路径进行追踪。要使用对象捕捉追踪，必须打开一个或多个对象捕捉。

- 对象捕捉模式：列出可以在执行对象捕捉时打开的对象捕捉模式。

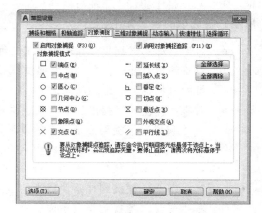

图 11-3 "对象捕捉"选项卡

  - ➢ 端点：捕捉到对象（如圆弧、直线、多线、多段线线段、样条曲线、面域或三维对象）的最近端点或角点。

  - ➢ 中点：捕捉到对象（如圆弧、椭圆、直线、多段线线段、面域、样条曲线、构造线或三维对象的边）的中点。

  - ➢ 圆心：捕捉到圆弧、圆、椭圆或椭圆弧的中心点。

  - ➢ 节点：捕捉到点对象、标注定义点或标注文字原点。

  - ➢ 象限点：捕捉到圆弧、圆、椭圆或椭圆弧的象限点。

  - ➢ 交点：捕捉到对象（如圆弧、圆、椭圆、直线、多段线、射线、面域、样条曲线或构造线）的交点。"延伸交点"不能用作执行对象捕捉模式。

  - ➢ 延长线：当光标经过对象的端点时，显示临时延长线或圆弧，以便用户在延长线或圆弧上指定点。

  - ➢ 插入点：捕捉到对象（如属性、块或文字）的插入点。

  - ➢ 垂足：捕捉到对象（如圆弧、圆、椭圆、椭圆弧、直线、多线、多段线、射线、面域、三维实体、样条曲线或构造线）的垂足。

  - ➢ 切点：捕捉到圆弧、圆、椭圆、椭圆弧或样条曲线的切点。当正在绘制的对象需要捕捉多个垂足时，将自动打开"递延垂足"捕捉模式。可以使用"递延切点"来绘制与圆弧、多段线圆弧或圆相切的直线或构造线。当光标经过"递延切点"捕捉点时，将显示标记和AutoSnap 工具提示。

  - ➢ 最近点：捕捉到对象（如圆弧、圆、椭圆、椭圆弧、直线、点、多段线、射线、样条曲线或构造线）的最近点。

  - ➢ 外观交点：捕捉在三维空间中不相交但在当前视图中看起来可能相交的两个对象的视觉交点。

  - ➢ 平行线：将直线段、多段线线段、射线或构造线限制为与其他线性对象平行。

  - ➢ 全部选择：打开所有对象捕捉模式。

  - ➢ 全部清除：关闭所有对象捕捉模式。

11.4 三维对象捕捉

控制三维对象的执行对象捕捉设置。使用执行对象捕捉设置（也称为对象捕捉），可以在对象上的精确位置指定捕捉点。选择多个选项后，将应用选定的捕捉模式，以返回距离靶框中心最近的点。按Tab键可以在这些选项之间循环。

在命令行输入OS→空格，系统弹出"草图设置"对话框，在该对话框中单击"三维对象捕捉"选项卡，如图11-4所示。各选项的含义如下。

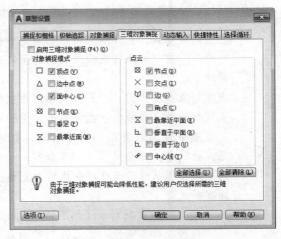

图11-4　"三维对象捕捉"选项卡

- 启用三维对象捕捉：打开和关闭三维对象捕捉。当对象捕捉打开时，在"对象捕捉模式"下选定的三维对象捕捉处于活动状态。
- 对象捕捉模式：列出三维对象捕捉模式。
  - ➢ 顶点：捕捉到三维对象的最近顶点。
  - ➢ 边中点：捕捉到面边的中点。
  - ➢ 面中心：捕捉到面的中心。
  - ➢ 节点：捕捉到样条曲线上的节点。
  - ➢ 垂足：捕捉到垂直于面的点。
  - ➢ 最靠近面：捕捉到最靠近三维对象面的点。
  - ➢ 全部选择：打开所有三维对象捕捉模式。
  - ➢ 全部清除：关闭所有三维对象捕捉模式。

11.5　动态输入

控制指针输入、标注输入、动态提示及绘图工具提示的外观。在命令行输入OS→空格，系统弹出"草图设置"对话框，在该对话框中单击"动态输入"选项卡，如图11-5所示。

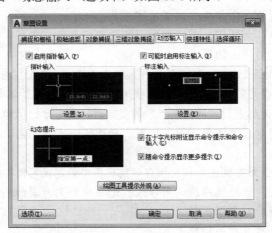

图11-5　"动态输入"选项卡

各选项的含义如下。

- 启用指针输入：打开指针输入。如果同时打开指针输入和标注输入，则标注输入在可用时将取代指针输入。
- 指针输入：工具提示中的十字光标位置的坐标值将显示在光标旁边。命令提示用户输入点时，可以在工具提示（非命令窗口）中输入坐标值。
  - ➢ 预览区域：显示指针输入的样例。

> ➢ 设置：显示"指针输入设置"对话框。
- 可能时启用标注输入：打开标注输入。标注输入不适用于某些提示输入第二个点的命令。
- 标注输入：当命令提示用户输入第二个点或距离时，将显示标注和距离值与角度值的工具提示。标注工具提示中的值将随光标移动而更改。可以在工具提示中输入值，而不用在命令行中输入值。
- 动态提示：需要时将在光标旁边显示工具提示中的提示，以完成命令。可以在工具提示中输入值，而不用在命令行中输入值。
  - ➢ 预览区域：显示动态提示的样例。
  - ➢ 在十字光标附近显示命令提示和命令输入：显示"动态输入"工具提示中的提示。
  - ➢ 随命令提示显示更多提示：控制是否显示使用 Shift 和 Ctrl 键进行夹点操作的提示。

11.6 查询工具

查询工具主要用于用户了解对象的属性信息，如几何属性、坐标点、长度、距离等。

11.6.1 查询坐标【ID】

显示指定位置的 UCS 坐标值。ID 列出了指定点的 X、Y 和 Z 值，并将指定点的坐标存储为最后一点。可以通过在要求输入点的下一个提示中输入 @ 来引用最后一点。

命令启用方式如下。

- 命令行：ID
- 功能区："默认"选项卡→"实用工具"面板→"点坐标 "
- 菜单："工具"→"查询"→"点坐标 "
- 命令条目：'id（用于透明使用）

命令行提示如下：

```
命令：ID                          //查询命令
指定点：                          //选取查询点
X = 297.3205  Y = -119.2773
Z = 0.0000                        //显示点的坐标信息
命令：*取消*                      //按 Esc 键退出
```

11.6.2 测量距离【DIST（DI）】

测量两点之间的距离和角度。通常DIST命令会报告模型空间中的三维距离及图纸空间中布局上的二维距离。

在模型空间中，X、Y 和 Z 组件距离和角度中的更改是在相对于当前 UCS 的三维空间中测量的。

在图纸空间中，距离通常以二维图纸空间单位进行报告。但是，在显示单个视口的模型空间中使用对象捕捉时，距离将报告为投影到与屏幕平行的平面上的二维模型空间距离。

DIST 命令提供关于点之间关系的几何信息：

- 它们之间的距离;
- XY 平面中两点之间的角度;
- 点与 XY 平面之间的角度;
- 增量或它们之间改变的 X、Y 和 Z 的距离。

命令行提示如下:

```
命令: DI DIST                        //测量距离命令
指定第一点:                          //选取第一点
指定第二个点或 [多个点(M)]:          //选取第二点
距离 = 100.7113, XY 平面中的倾角 = 340, 与 XY 平面的夹角 = 0
X 增量 = 94.7625, Y 增量 = -34.1005, Z 增量 = 0.0000   //显示测量信息
命令: *取消*                         //按 Esc 键退出
```

11.6.3　测量面积与周长【AREA】

计算对象或所定义区域的面积和周长。命令提示下和工具提示中将显示指定对象的面积和周长。

命令行提示如下:

```
命令:  AREA                        //测量命令
指定第一个角点或 [对象(O)/增加面积(A)/减少面积(S)] <对象(O)>:O    //指定类型
选择对象:                          //选取对象
区域 = 4049.4083, 圆周长 = 225.5801//系统显示测量结果
命令: *取消*                        //按 Esc 键退出
```

命令行各选项的含义如下。

- 指定一个角点:计算由指定点所定义的面积和周长。所有点必须都在与当前用户坐标系(UCS)的 XY 平面平行的平面上。将显示第一个指定的点与光标之间的橡皮线。指定第二个点后,将显示具有绿色填充的直线段和多段线。继续指定点以定义多边形,然后按 Enter 键完成周长定义。要计算的面积以绿色亮显。
- 对象:计算选定对象的面积和周长。可以计算类似圆、椭圆、样条曲线、多段线、多边形、面域和三维实体等对象的面积。
- 增加面积:打开"加"模式后,继续定义新区域时应保持总面积平衡。可以使用"增加面积"选项计算各个定义区域和对象的面积、周长,以及所有定义区域和对象的总面积,也可以进行选择以指定点,将显示第一个指定的点与光标之间的橡皮线。
- 减少面积:与"增加面积"选项类似,但减少面积和周长。可以使用"减少面积"选项从总面积中减去指定面积,也可以通过点指定要减去的区域,将显示第一个指定的点与光标之间的橡皮线。

11.6.4　详细列表【LIST(LI)】

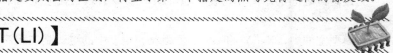

为选定对象显示特性数据。文本窗口将显示对象类型、对象图层、相对于当前用户坐标系(UCS)的X、Y、Z 位置及对象是位于模型空间还是图纸空间。

其命令启动方式如下。

- 命令行：LIST（LI）
- 功能区："默认"选项卡→"特性"选项板→"列表"
- 菜单："工具"→"查询"→"列表"

LIST 还报告以下信息：

- 颜色、线型、线宽和透明度信息（如果这些特性未设置为ByLayer）。
- 对象的厚度（如果不为零）。
- 标高（Z 坐标信息）。
- 拉伸方向（如果该拉伸方向与当前 UCS 的 Z 轴（0,0,1）方向不同）。
- 与特定对象类型相关的其他信息。例如，对于标注约束对象，LIST 将列出约束类型（注释约束或动态约束）、参照类型（是或否）、名称、表达式及值。

11.7　本章小节

　　本章主要讲解辅助绘图功能和属性分析查询功能等。在绘图过程中，除了常用的绘图工具外，还有很多辅助工具，虽然不参与绘图，但是在绘图中起到辅助作用，也是设计中不可缺少的工具，包括捕捉、栅格、极轴追踪等。另外，查询工具也是辅助绘图工具，主要用来辅助用户查看对象属性，包括外形尺寸等，给用户提供设计参考数据。

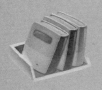

第12章

文字和表格

在使用 AutoCAD 设计时，不仅要绘制图形，而且还需要对文字进行创建和编辑，如标注说明和技术要求等。标注说明可以为图形内容提供更多的信息，增加图形的易懂性，表达出图形不易表达的信息。

表格是条理化处理文字数据的重要手段，字段可用于提供包含特定说明的文字，通过它可在图形中插入任意种类的文字数据（公差除外），包含表格与表格中的单元格，属性和属性定义中的文字，因此，学会定义与插入表格、字段也是AutoCAD中的重要应用。

学习目标

- 掌握文字样式的创建方法
- 掌握单行文字的创建方法
- 掌握多行文字的创建方法
- 掌握文字编辑的方法
- 掌握表格样式的创建方法
- 掌握表格的创建与编辑
- 掌握使用单行文字或多行文字创建图形标注的方法
- 掌握使用表格创建图形标题块的方法

12.1 文字样式【STYLE（ST）】

可以指定当前文字样式以确定所有新文字的外观。文字样式包含字体、字号、倾斜角度、方向和其他文字特征。

其命令启动方式如下。

- 命令行：STYLE（ST）
- 功能区："默认"选项卡→"注释"面板→"文字样式**A**"
- 菜单："格式"→"文字样式**A**"
- 命令条目：'style（用于透明使用）

在命令行输入ST→空格，系统弹出"文字样式"对话框，该对话框用来设置文字样式参数，如图 12-1所示。

图 12-1 "文字样式"对话框

各选项的含义如下。

- 当前文字样式：列出当前文字样式。
- 样式：显示图形中的样式列表。样式名前的 🔺 图标指示样式为注释性。样式名最长可达 255 个字符。名称中可包含字母、数字和特殊字符，如美元符号（$）、下画线（_）和连字符（-）。
- 样式列表过滤器：下拉列表指定所有样式还是仅使用中的样式显示在样式列表中。
- 预览：显示随着字体的更改和效果的修改而动态更改的样例文字。
- 字体：更改样式的字体。如果更改现有文字样式的方向或字体文件，当图形重生成时所有具有该样式的文字对象都将使用新值。
  - ➢ 字体名：列出 Fonts 文件夹中所有注册的 TrueType 字体和所有编译的形（SHX）字体的字体族名。从下拉列表中选择名称后，该程序将读取指定字体的文件。除非文件已经由另一个文字样式使用，否则将自动加载该文件的字符定义。可以定义使用同样字体的多个样式。
  - ➢ 字体样式：指定字体格式，比如斜体、粗体或常规字体。选中"使用大字体"复选框后，该选项变为"大字体"，用于选择大字体文件。
  - ➢ 使用大字体：指定亚洲语言的大字体文件。只有 SHX 文件可以创建"大字体"。
- 大小：更改文字的大小。
  - ➢ 注释性：指定文字为注释性。单击信息图标以了解关于注释性对象的详细信息。
  - ➢ 使文字方向与布局匹配：指定图纸空间视口中的文字方向与布局方向匹配。如果未选择"注释性"选项，则该选项不可用。
  - ➢ 高度：根据输入的值设置文字高度。如是输入大于 0.0 的高度，将自动为此样式设置文字高度；如果输入 0.0，则文字高度将默认为上次使用的文字高度，或者使用存储在图形样板文件中的值。在相同高度的设置下，TrueType 字体显示的高度可能会小于 SHX 字体。如果选择了"注释性"选项，则输入的值将设置图纸空间中的文字高度。
- 效果：修改字体的特性，如高度、宽度因子、倾斜角及是否颠倒显示、反向或垂直对齐。
  - ➢ 颠倒：颠倒显示字符。
  - ➢ 反向：反向显示字符。
  - ➢ 垂直：显示垂直对齐的字符。只有在选定字体支持双向时"垂直"才可用。TrueType字体的垂直定位不可用。
  - ➢ 宽度因子：设置字符间距。输入小于 1.0 的值将压缩文字；输入大于 1.0 的值则扩大文字。
  - ➢ 倾斜角度：设置文字的倾斜角。输入一个 -85 和 85 之间的值将使文字倾斜。
- 置为当前：将在"样式"下选定的样式设置为当前。

- 新建：显示"新建文字样式"对话框并自动为当前设置提供名称"样式 n"（其中 n 为所提供样式的编号）。
- 删除：删除未使用的文字样式。
- 应用：将对话框中所做的样式更改应用到当前样式和图形中具有当前样式的文字。

12.2 单行文字【DTEXT（DT）】 ▶

可以使用单行文字创建一行或多行文字，其中，每行文字都是独立的对象，可对其进行移动、格式设置或其他修改。在文本框中单击鼠标右键，可选择快捷菜单上的选项。

在 TEXT 命令中，可以在图形中的其他地方单击以启动单行文字的新行集，然后按 Tab 键或 Shift+Tab 组合键在单行文字集之间移动。可以通过按 Alt 键并单击一个文字对象来编辑文字行集。一旦退出 TEXT 命令，这些操作都不再可用。

如果上次输入的命令为 TEXT，则在"指定文字的起点"提示下按 Enter 键将跳过图纸高度和旋转角度的提示。用户在文本框中输入的文字将直接放置在前一行文字下。在该提示下指定的点也被存储为文字的插入点。

如果将 TEXTED 系统变量设置为 1，则使用 TEXT 创建的文字将显示"编辑文字"对话框。如果 TEXTED 设置为 2，将显示在位文字编辑器。

可以通过输入 Unicode 字符串和控制代码来输入特殊字符和格式文字。

其命令启动方式如下。

- 命令行：DTEXT（DT）
- 功能区："默认"选项卡→"注释"面板→"单行文字 A¹"
- 菜单："绘图"→"文字"→"单行文字 A¹"

12.2.1 设置单行文字对正方式【DT→J】

对正是控制文字的对应。也可在"指定文字的起点"提示下输入这些选项。在命令行输入DT→空格→J，系统提示对正选项如下：

指定文字的起点或 [对正(J)/样式(S)]：j 输入选项 [对齐(A)/布满(F)/居中(C)/中间(M)/右对齐(R)/左上(TL)/中上(TC)/右上(TR)/左中(ML)/正中(MC)/右中(MR)/左下(BL)/中下(BC)/右下(BR)]：

各选项的含义如下。

- 对齐：通过指定基线端点来指定文字的高度和方向。字符的大小根据其高度按比例调整。文字字符串越长，字符越矮。
- 布满：指定文字按照由两点定义的方向和一个高度值布满一个区域。只适用于水平方向的文字。高度以图形单位表示，是大写字母从基线开始的延伸距离。指定的文字高度是文字起点到用户指定的点之间的距离。文字字符串越长，字符越窄。字符高度保持不变。
- 居中：从基线的水平中心对齐文字，此基线是由用户给出的点指定的。旋转角度是指基线以中点为圆心旋转的角度，它决定了文字基线的方向。可通过指定点来决定该角度。文字基线的绘制方向为从起点到指定点。如果指定的点在圆心的左边，将绘制出倒置的文字。

- 中间：文字在基线的水平中点和指定高度的垂直中点上对齐。中间对齐的文字不保持在基线上。"中间"选项与"正中"选项不同，"中间"选项使用的中点是所有文字包括下行文字在内的中点，而"正中"选项使用的是大写字母高度的中点。
- 右对齐：在由用户给出的点指定的基线上右对正文字。
- 左上：以指定为文字顶点的点上左对正文字。只适用于水平方向的文字。
- 中上：以指定为文字顶点的点上居中对正文字。只适用于水平方向的文字。
- 右上：以指定为文字顶点的点上右对正文字。只适用于水平方向的文字。
- 左中：在指定为文字中间点的点上靠左对正文字。只适用于水平方向的文字。
- 正中：在文字的中心水平和垂直居中对正文字。只适用于水平方向的文字。
- 右中：以指定为文字中间点的点右对正文字。只适用于水平方向的文字。
- 左下：以指定为基线的点左对正文字。只适用于水平方向的文字。
- 中下：以指定为基线的点居中对正文字。只适用于水平方向的文字。
- 右下：以指定为基线的点靠右对正文字。只适用于水平方向的文字。

12.2.2　设置单行文字样式【DT→S】

当"指定文字的起点或 [对正(J)/样式(S)]："时输入S，即可设置当前使用的文字样式，选择该选项，命令行显示如下信息：

> 输入样式名或 ［?］ <a>: a
> 当前文字样式："a"　文字高度：2.5000　注释性：否

可以直接输入文字样式的名字，也可以输入"?"，在AutoCAD文本窗口中显示当前图形已有的文字样式，如图 12-2 所示。

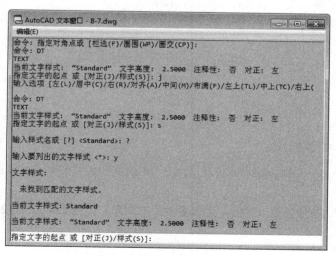

图 12-2　当前文字样式

案例 12-1：单行文字

绘制如图 12-3 所示的手机背胶泡棉工程图。

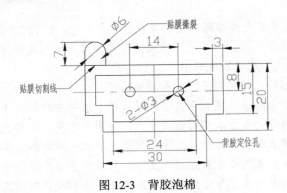

图 12-3　背胶泡棉

操作步骤如下：

步骤 **1** 绘制矩形。在命令行输入REC→空格，选取任意点为起点，再输入D，指定长为40，宽为20，单击鼠标左键，完成矩形的绘制，结果如图 12-4 所示。

步骤 **2** 绘制矩形。在命令行输入REC→空格，选取刚绘制的矩形左下角为起点，再输入D，指定长为5，宽为5，单击鼠标左键，完成矩形的绘制，结果如图 12-5 所示。

图 12-4　绘制矩形　　　　　　　　　　　　　　图 12-5　绘制矩形

步骤 **3** 镜像。在命令行输入MI→空格，首先在绘图区选取要镜像的小矩形，再单击要作为镜像轴的矩形上下边两中点，按默认保留源对象，完成的镜像结果如图 12-6 所示。

步骤 **4** 修剪。在命令行输入TR→空格→空格，选取要修剪的图素，修剪结果如图 12-7 所示。

图 12-6　镜像　　　　　　　　　　　　　　　　图 12-7　修剪

步骤 **5** 偏移。在命令行输入O→空格，输入偏移距离为3，再选取要偏移的图素，单击偏移侧向内，偏移结果如图 12-8 所示。

步骤 **6** 修剪。在命令行输入TR→空格→空格，选取要修剪的图素，修剪结果如图 12-9 所示。

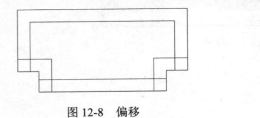

图 12-8　偏移

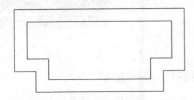

图 12-9　修剪

步骤7 绘制矩形。在命令行输入REC→空格，选取任意点为起点，再输入D，指定长为6，宽为7，单击鼠标左键，完成矩形的绘制，结果如图12-10所示。

步骤8 倒圆角。在命令行输入F→空格，再输入R，修改半径为3，单击要倒圆角的边，结果如图12-11所示。

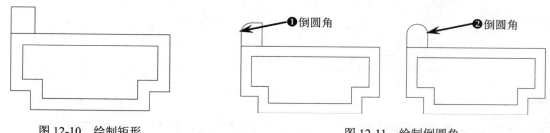

图12-10　绘制矩形　　　　　　　　　　　图12-11　绘制倒圆角

步骤9 绘制直线。在命令行输入L→空格，选取矩形中点为起点，指定大概长度，绘制结果如图12-12所示。

步骤10 修改线型。在绘图区选取中心线，再在线型栏中选中中心线，即可修改线型，结果如图12-13所示。

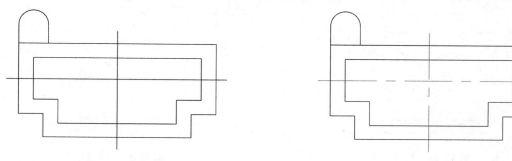

图12-12　绘制直线　　　　　　　　　　　图12-13　修改线型

步骤11 绘制圆。在命令行输入C→空格，选取任意点为圆心，输入半径值为1.5，绘制结果如图12-14所示。

步骤12 夹点移动。首先在绘图区选取要移动的圆，被选中的圆出现夹点，以圆心为基点，然后在命令行输入MO进入移动模式，输入C复制，向右和左分别移动7的距离，完成的移动结果如图12-15所示。

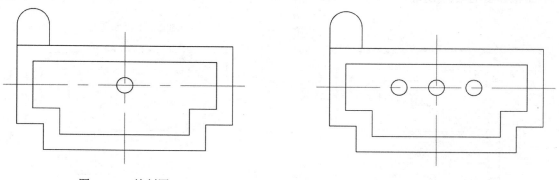

图12-14　绘制圆　　　　　　　　　　　图12-15　夹点移动

步骤13 删除圆。在命令行输入E→空格，选取中间圆为要删除的对象，再单击确认完成选取即可删除，结果如图12-16所示。

步骤14 标注线性。首先切换当前图层为"标注"层，在命令行输入DLI→空格，选取要标注的线性几何，拉出尺寸并放置，再输入DDI→空格，选取要标注的圆，拉出尺寸并放置，结果如图12-17所示。

步骤15 标注圆。在命令行输入DDI→空格，选取要标注的圆，拉出尺寸并放置，结果如图12-18所示。

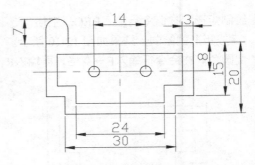

图 12-16　删除圆　　　　　　　　　　　　图 12-17　标注线性

步骤 16 修改尺寸。在命令行输入 ED→空格，选取要修改的尺寸，在弹出的编辑框中尺寸前添加 "2-"，结果如图 12-19 所示。

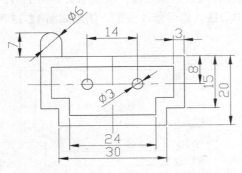

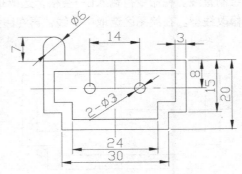

图 12-18　标注圆　　　　　　　　　　　　图 12-19　修改尺寸

步骤 17 标注引线。在命令行输入 LE→空格，输入 S（设置）后，将选项设为无，再单击绘图区要标注引线的位置，拉出引线，标注结果如图 12-20 所示。

步骤 18 标注单行文字。在命令行输入 DT→空格，单击要标注文字的起点，输入文字高度为 3，再输入要标注的文字，结果如图 12-21 所示。

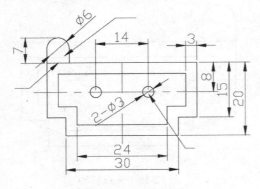

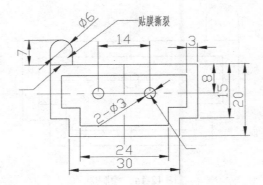

图 12-20　标注引线　　　　　　　　　　　　图 12-21　标注单行文字

步骤 19 复制文字。在命令行输入 CO→空格，选取刚标注的文字，再将文字移动到另外的引线旁边，结果如图 12-22 所示。

步骤 20 修改文字。在命令行输入 ED→空格，选取要修改的文字，再输入要标注的文字以替换，结果如图 12-23 所示。

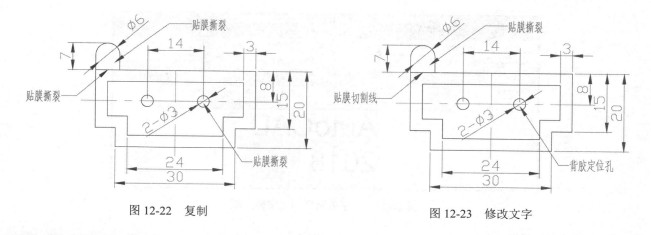

图 12-22　复制　　　　　　　　　　　　　　　　图 12-23　修改文字

12.3　多行文字【MTEXT（MT）】

多行文字又称为段落文字，是一种更易于管理的文字对象，可以由两行以上的文字组成，而且各行文字都是作为一个整体处理。在机械制图中，常使用多行文字创建较为复杂的文字说明，如图样的技术要求等。

可以将若干文字段落创建为单个多行文字对象。使用内置编辑器，可以格式化文字外观、列和边界。

如果功能区处于活动状态，指定对角点之后，将显示"文字编辑器"功能区上下文选项卡。如果功能区未处于活动状态，则将显示在位文字编辑器。

如果指定其他某个选项，或者在命令提示下输入"-MTEXT"，则MTEXT 将忽略在位文字编辑器，而是显示其他命令提示。

其命令启动方式如下。

- 命令行：MTEXT（MT）
- 功能区："默认"选项卡→"注释"面板→"多行文字**A**"
- 菜单："绘图"→"文字"→"多行文字**A**"

12.3.1　文字编辑器

文字编辑器用来创建或修改单行或多行文字对象。可以输入或粘贴其他文件中的文字以用于多行文字、设置制表符、调整段落和行距及创建和修改列。文字编辑器包括文字样式、文字格式、段落等选项。选定表格单元进行编辑时，文字编辑器将显示列字母和行号。

在命令行输入MT→空格，然后框选绘图区，系统弹出文字编辑器和文字输入框，如图 12-24 所示。

1."样式"面板

"样式"面板中的选项含义如下。

- 样式：向多行文字对象应用文字样式。默认情况下，"标准"文字样式处于活动状态。
- 注释性：打开或关闭当前多行文字对象的"注释性"。
- 文字高度：使用图形单位设置新文字的字符高度或更改选定文字的高度。如果当前文字样式没有固定高度，则文字高度是 TEXTSIZE 系统变量中存储的值。多行文字对象可以包含不同高度的字符。

图 12-24　文字编辑器和文字输入框

2．"格式"面板

"格式"面板中的选项含义如下。

- 粗体：打开和关闭新文字或选定文字的粗体格式。此选项仅适用于使用 TrueType 字体的字符。
- 斜体：打开和关闭新文字或选定文字的斜体格式。此选项仅适用于使用 TrueType 字体的字符。
- 下画线：打开和关闭新文字或选定文字的下画线。
- 上画线：为新建文字或选定文字打开和关闭上画线。
- 删除线：打开和关闭新文字或选定文字的删除线。
- 大写（下拉列表）：将选定文字更改为大写。
- 小写（下拉列表）：将选定文字更改为小写。
- 字体：为新输入的文字指定字体或更改选定文字的字体。TrueType 字体按字体族的名称列出。AutoCAD 编译的形（SHX）字体按字体所在文件的名称列出。自定义字体和第三方字体在编辑器中显示为 Autodesk 提供的代理字体。
- 颜色：指定新文字的颜色或更改选定文字的颜色。
- 背景遮罩：显示"背景遮罩"对话框（不适用于表格单元）。

3．"段落"面板

"段落"面板中的选项含义如下。

- 对正：显示"对正"菜单，并且有 9 个对齐选项可用。"左上"为默认。
- 段落：显示"段落"对话框。
- 行距：行距是多行段落中文字的上一行底部和下一行顶部之间的距离。此选项显示建议的行距选项或"段落"对话框。在当前段落或选定段落中设置行距。
- 项目符号和编号：显示"项目符号和编号"菜单。显示用于创建列表的选项。缩进列表以与第一个选定的段落对齐。

4．"插入"面板

"插入"面板中的选项含义如下。

- 符号：在光标位置插入符号或不间断空格。也可以手动插入符号。子菜单中列出了常用符号及其控制代码或 Unicode 字符串。单击"其他"将显示"字符映射表"对话框，其中包含系统中每种可用字体的整个字符集。选中所有要使用的字符后，单击"复制"关闭对话框。在编辑器中，单击鼠标右键并选择"粘贴"。不支持在垂直文字中使用符号。

- 字段：显示"字段"对话框，从中可以选择要插入到文字中的字段。关闭该对话框后，字段的当前值将显示在文字中。
- 列：显示栏弹出菜单，该菜单提供三个栏选项："不分栏""静态栏"和"动态栏"。

5. "拼写检查"面板

"拼写检查"面板中的选项含义如下。

- 拼写检查：确定输入时拼写检查处于打开还是关闭状态。
- 编辑词典：显示"词典"对话框，从中可添加或删除在拼写检查过程中使用的自定义词典。

6. "工具"面板

"工具"面板中的选项含义如下。

- 查找和替换：显示"查找和替换"对话框。
- 输入文字：显示"选择文件"对话框（"标准文件选择"对话框）。选择任意 ASCII 或 RTF 格式的文件。输入的文字保留原始字符格式和样式特性，但可以在编辑器中编辑输入的文字并设置其格式。选择要输入的文本文件后，可以替换选定的文字或全部文字，或者在文字边界内将插入的文字附加到选定的文字中。输入文字的文件必须小于 32 KB。编辑器自动将文字颜色设置为ByLayer。当插入黑色字符且背景色是黑色时，编辑器自动将其修改为白色或当前颜色。
- 自动大写：将所有新建文字和输入的文字转换为大写。自动大写不影响已有的文字。如果要更改现有文字的大小写，请选择文字并单击鼠标右键。

7. "选项"面板

"选项"面板中的选项含义如下。

- 放弃：放弃在"文字编辑器"功能区上下文选项卡中执行的动作，包括对文字内容或文字格式的更改。
- 重做：重做在"文字编辑器"功能区上下文选项卡中执行的动作，包括对文字内容或文字格式的更改。
- 标尺：在编辑器顶部显示标尺。拖动标尺末尾的箭头可更改多行文字对象的宽度。列模式处于活动状态时，还显示高度和列夹点。也可以从标尺中选择制表符。单击"制表符选择"按钮将更改制表符样式：左对齐、居中、右对齐和小数点对齐。进行选择后，可以在标尺或"段落"对话框中调整相应的制表符。

12.3.2　文字堆叠和堆叠特性

在尺寸标注或文字创建过程中经常需要将文字进行堆叠。要创建堆叠文字，则需要在堆叠文字分子和分母之间添加堆叠符号。堆叠符号可以用以下分隔符来代替：

- 斜杠（/）以垂直方式堆叠文字，由水平线分隔。
- 磅字符（#）以对角形式堆叠文字，由对角线分隔。
- 插入符号（^）创建公差堆叠，不用直线分隔。

然后将分子、分母及堆叠符号全部选中，再单击格式面板中的"堆叠"  堆叠 按钮，即可将文字进行堆叠。

选择堆叠文字，单击鼠标右键，然后在快捷菜单中选择"堆叠特性"选项，或者双击堆叠文字，直接弹出"堆叠特性"对话框，如图12-25所示。可以分别编辑上面和下面的文字。"外观"选项组控制堆叠文字的堆叠样式、位置和大小。

对话框中的选项含义如下。

图 12-25　"堆叠特性"对话框

- 文字：更改堆叠分数的分子和分母。
  - ➢ 上：编辑上面的数字或堆叠分数中的分子。
  - ➢ 下：编辑下面的数字或堆叠分数中的分母。
- 外观：编辑堆叠分数的样式、位置或字号。
  - ➢ 样式：指定堆叠文字的样式格式，如水平分数、斜分数、公差和小数。
    - ✓ 分数（水平）：堆叠选定文字，将第一个数字堆叠到第二个数字的上方，中间用水平线隔开。
    - ✓ 分数（斜）：第一个数字堆叠到第二个数字的上面，数字之间用斜线隔开。
    - ✓ 公差：堆叠选定文字，将第一个数字堆叠到第二个数字的上方，数字之间没有直线。
    - ✓ 小数：用于对齐选定文字的分子和分母的小数点的公差样式变化。
  - ➢ 位置：指定分数如何对齐，默认为居中对齐。同一个对象中的所有堆叠文字使用同一种对齐方式。
    - ✓ 上：分数的顶部与文字行的顶部对齐。
    - ✓ 中：文字行的中央对准分数的中央。
    - ✓ 下：分数的底部与文字的基线对齐。
  - ➢ 大小：控制堆叠文字的大小占当前文字样式大小的百分比（25%~125%）。
- 默认：将新设置另存为默认值或将之前的默认值恢复到当前堆叠文字。
- 自动堆叠：显示"自动堆叠特性"对话框。自动堆叠仅堆叠紧邻"^"、"/"或"#"前后的数字字符。如果要堆叠非数字字符或包含空格的文字，可选择要堆叠的文字，然后从文字编辑器快捷菜单中选择"堆叠"选项。

12.3.3　自动堆叠特性

选择文字编辑器中堆叠的文字，单击鼠标右键，然后选择快捷菜单中的"堆叠特性"选项，弹出"堆叠特性"对话框。在该对话框中单击"自动堆叠" 自动堆叠(A) 按钮，系统弹出"自动堆叠特性"对话框，如图12-26所示。

该对话框用来设置自动堆叠形式，各选项含义如下。

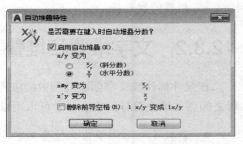

图 12-26　"自动堆叠特性"对话框

- 启用自动堆叠：自动堆叠在"^"、"/"或"#"前后输入的数字字符。例如，如果在非数字字符或空格之后输入 1#3，则输入的文字自动堆叠为斜分数。
- 删除前导空格：删除整数和分数之间的空格。
- 转换为斜分数形式：当启用自动堆叠时，把斜杠"/"字符转换成斜分数。

- 转换为水平分数形式：当启用自动堆叠时，把字符"-"转换成水平分数。

点拨

无论启用还是关闭自动堆叠，字符"#"始终被转换为斜分数，"^"始终被转换为公差格式。要执行自动堆叠，在输入数字和堆叠符号后按空格键即可执行自动堆叠功能。

12.3.4 文字符号参考

通过输入控制代码或 Unicode 字符串可以包含特殊字符和符号。使用文字编辑器，可以单击鼠标右键并选择快捷菜单中的"符号"选项，即可打开"符号"对话框。

控制代码和Unicode字符串对应符号如表 12.1 所示。

表 12.1　Unicode 字符串和控制代码

控制代码	Unicode 字符串	结果
%%d	U+00B0	度符号（°）
%%p	U+00B1	公差符号（±）
%%c	U+2205	直径符号（⌀）

要插入一些特殊符号，可以在展开的"文字格式"工具栏上单击"符号"，或者输入适当的 Unicode 字符串，对应关系如表 12.2 所示。

表 12.2　文字符号和 Unicode 字符串

名称	符号	Unicode 字符串
几乎相等	≈	U+2248
角度	∠	U+2220
边界线	℔	U+E100
中心线	℄	U+2104
增量	△	U+0394
电相位	φ	U+0278
流线	℡	U+E101
恒等于	≡	U+2261
初始长度	⌒	U+E200
界碑线	M	U+E102
不相等	≠	U+2260
欧姆	Ω	U+2126
欧米加	Ω	U+03A9
地界线	℗	U+214A
下标 2	₂	U+2082
平方	²	U+00B2

以上文字符号适用于TrueType（TTF）字体和 SHX字体，如Simplex*、Romans*、gdt*、amgdt*、Isocp、Isocp2、Isocp3、Isoct、Isoct2、Isoct3、Isocpeur（仅 TTF 字体）*、Isocpeur italic（仅 TTF 字体）、Isocteur（仅 TTF 字体）、Isocteur italic（仅 TTF 字体）。

点拨

文字可以水平、竖直、倾斜书写，但是所有符号都不支持在垂直文字中使用符号，只能在水平方向使用符号。

案例 12-2：多行文字

采用多行文字绘制如图 12-27 所示的隔热套筒。操作步骤如下：

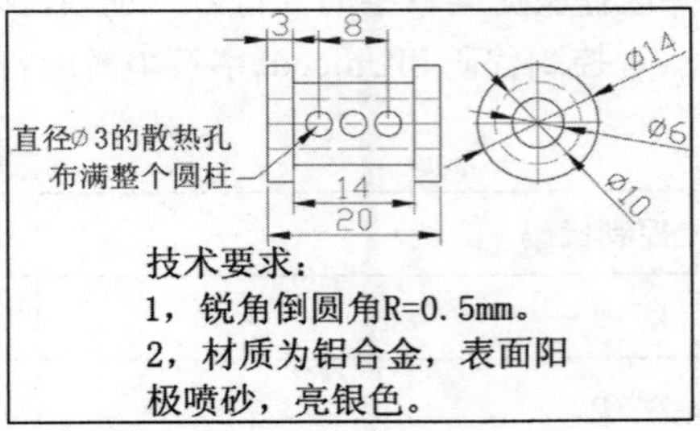

步骤1 绘制一个 14×10 的矩形。在命令行输入REC→空格，选取任意点为起点，再输入D，指定长为 14、宽为 10，单击鼠标左键，完成矩形的绘制，结果如图 12-28 所示。

步骤2 绘制一个 3×14 的矩形。在命令行输入REC→空格，选取任意点为起点，再输入D，指定长为 3、宽为 14，单击鼠标左键，完成矩形的绘制，结果如图 12-29 所示。

步骤3 夹点平移。首先在绘图区选取刚绘制的矩形，选中的图素出现夹点，再单击左中点为基点，在命令行输入MO进入移动模式，再选取大矩形右中点，完成的移动结果如图 12-30 所示。

图 12-27 隔热套筒

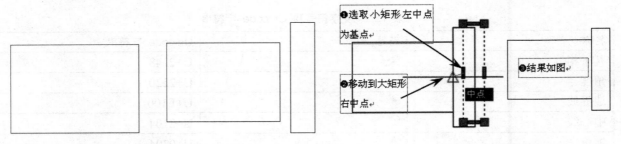

图 12-28 绘制矩形 1　　　　图 12-29 绘制矩形 2　　　　图 12-30 夹点平移

步骤4 镜像。在命令行输入MI→空格，首先在绘图区选取刚绘制的矩形，再单击要作为镜像轴的大矩形上下边中点，按默认保留源对象，完成的镜像结果如图 12-31 所示。

步骤5 绘制中心线。在命令行输入L→空格，选取左边线和右边线的中点进行连线，结果如图 12-32 所示。

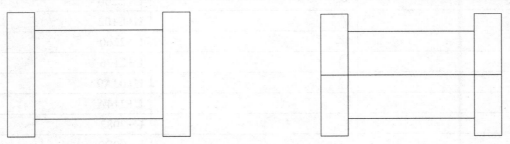

图 12-31 镜像　　　　　　　　　图 12-32 绘制中心线

步骤 6 偏移。在命令行输入O→空格，输入偏移距离为 3，再选取刚绘制的中心线，单击偏移侧为上侧和下侧，偏移结果如图 12-33 所示。

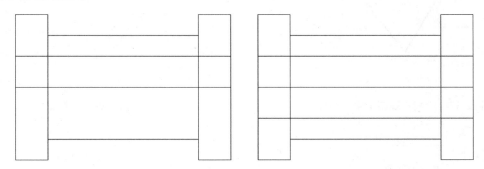

图 12-33　偏移

步骤 7 修改线型。在绘图区选取中心线，再单击线型栏选中中心线，即可将线型修改为中心线，再选取刚绘制的偏移线，然后在线型栏中选中虚线，即可将线型修改为虚线，结果如图 12-34 所示。

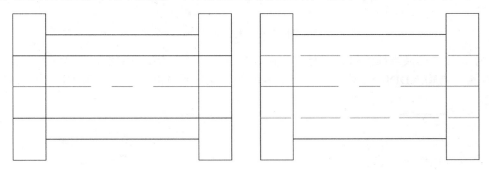

图 12-34　修改线型

步骤 8 绘制圆。在命令行输入C→空格，选取中心线中点为圆心，输入半径为 1.5，绘制结果如图 12-35 所示。

步骤 9 复制。在命令行输入C→空格，选取圆，再向左右各平移 4 的距离，结果如图 12-36 所示。

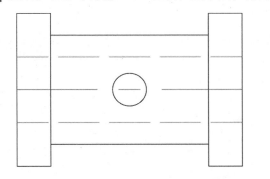

图 12-35　绘制圆

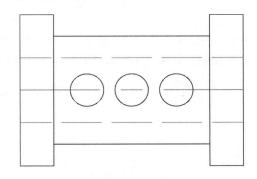

图 12-36　复制

步骤 10 绘制右视图十字中心线。在命令行输入L→空格，选取与主视图水平线平齐的右边任意点为起点，输入长度为 15，再绘制长度为 15 的竖直线，结果如图 12-37 所示。

步骤 11 绘制圆。在命令行输入C→空格，选取右边十字交点为圆心，输入半径为 3、5、7，绘制结果如图 12-38 所示。

步骤 12 格式刷修改线型。在命令行输入MA→空格，选取需要修改为的线型，再选取要修改的对象，修改结果如图 12-39 所示。

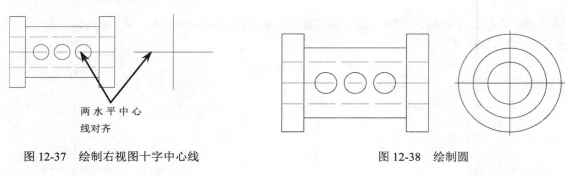

图 12-37　绘制右视图十字中心线　　　　　　图 12-38　绘制圆

两水平中心
线对齐

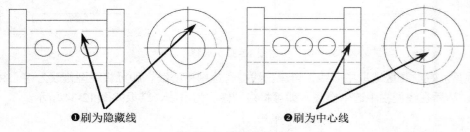

❶刷为隐藏线　　　　　　　　❷刷为中心线

图 12-39　修改线型

步骤 13 标注尺寸。首先切换当前图层为"标注"层，在命令行输入DLI→空格，选取要标注的线性几何，拉出尺寸并放置，再输入DDI→空格，选取要标注的圆，拉出尺寸并放置，结果如图 12-40 所示。

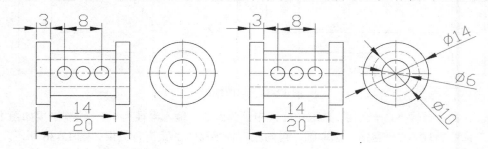

图 12-40　标注尺寸

步骤 14 多行文字标注。在命令行输入LE→空格，输入S（设置）后，选项设为多行文字，选取直径为 3 的小圆内部，拉出箭头并输入多行文字，结果如图 12-41 所示。

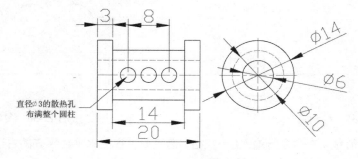

直径⌀3的散热孔
布满整个圆柱

图 12-41　多行文字标注

步骤 15 绘制技术要求。在命令行输入MT→空格，选取图形下方任意点，单击出现文字编辑器，修改文字样式，输入要修改的文字，结果如图 12-42 所示。

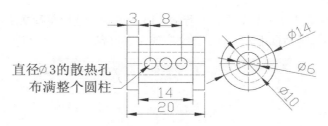

直径⌀3的散热孔
布满整个圆柱

技术要求：
1，锐角倒圆角R=0.5mm。
2，材质为铝合金，表面阳
极喷砂，亮银色。

图 12-42　技术要求

12.4　编辑文字【DDEDIT（ED）】

DDEDIT用于编辑单行文字、标注文字、属性定义和功能控制边框。
其命令启动方式如下。

- 命令行：DDEDIT（ED）
- 菜单："修改"→"对象"→"文字"→"编辑A"
- 右键快捷菜单：选择文字对象，在绘图区域中单击鼠标右键，然后在弹出的快捷菜单中选择"编辑"选项
- 快捷操作：双击文字对象

根据所选择的文字类型显示相应的编辑方法：

- 将 TEXTED 系统变量设置为 0（零）或 2 时，使用 TEXT 创建的文字将显示不具有"文字格式"工具栏和标尺的文字编辑器。单击鼠标右键以显示选项。
- 使用 MTEXT 创建的文字显示文字编辑器。
- 属性定义（不是块定义的一部分）显示"编辑属性定义"对话框。
- 特征控制框显示"形位公差"对话框。
- DDEDIT 将重复显示提示，直到按 Enter 键结束该命令。

12.4.1　单行文字编辑和 TEXTED 系统变量

TEXTED是指定编辑单行文字时显示的用户界面，只能设置为整数（可以设置为0、1和2这3个整数）。设置好的系统变量将保存在注册表中。
3 个整数的系统变量所代表含义如下。

- 0：创建或编辑单行文字时显示在位文字编辑器。
- 1：编辑单行文字时显示"编辑文字"对话框。
- 2：创建或编辑单行文字时显示在位文字编辑器。自动重复命令。

默认情况下，系统初始设置的值为 2，即创建或编辑单行文字时显示在位文字编辑器。自动重复命令。

将 TEXTED 系统变量设置为 1 时，在命令行输入ED→空格，选取单行文字，系统会弹出"编辑文字"对话框，如图 12-43 所示。该对话框用来编辑单行文字的文字内容。

图 12-43　"编辑文字"对话框

12.4.2　多行文字编辑

要编辑多行文字，同样输入ED→空格，选取多行文字，打开多行文字编辑器，然后在多行文字编辑器中设置多行文字参数，并修改文字内容即可。

也可以直接双击多行文字，打开多行文字编辑器，或者在多行文字上单击鼠标右键，从弹出的快捷菜单中选择"重复编辑多行文字"或者"编辑多行文字"选项，来打开多行文字的编辑窗口。

修改多行文字的文字编辑器和创建多行文字的文字编辑器相同。

案例 12-3：编辑文字

绘制如图 12-44 所示的模具日期章。

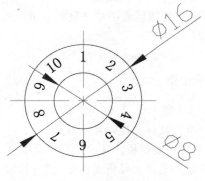

图 12-44　日期章

操作步骤如下：

步骤 1 绘制圆。在命令行输入C→空格，选取任意点为圆心，输入半径为 4 和 8，绘制结果如图 12-45 所示。

步骤 2 绘制十字中心线。在命令行输入L→空格，选取任意点为起点，输入长度为 20，绘制结果如图 12-46 所示。

步骤 3 夹点平移。首先在绘图区选取刚绘制的十字线，选中的图素出现夹点，再单击线中点为基点，在命令行输入MO进入移动模式，再单击圆心为终点，完成的移动结果如图 12-47 所示。

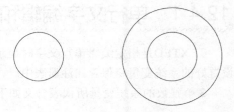

图 12-45　绘制圆

步骤 4 绘制多行文字。在命令行输入MT→空格，单击放置起点，系统弹出文字编辑器，修改文字高度为 1.5，设置文字字体为宋体，输入数字 1，结果如图 12-48 所示。

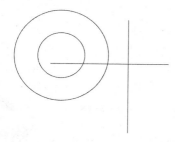

图 12-46　十字线

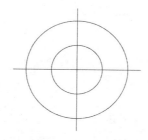

图 12-47　夹点移动

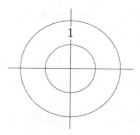

图 12-48　多行文字

步骤 5 旋转阵列文字。在命令行输入AR→空格，选取文字 1 为阵列对象，再输入PO→空格，启动极轴阵列，选取阵列基点为圆心，设置阵列总数为 10，结果如图 12-49 所示。

步骤 6 编辑多行文字。在命令行输入ED→空格，选取要修改的数字，在弹出的编辑框中输入替换数字，修改结果如图 12-50 所示。

步骤 7 修改线型。在绘图区选取中心线，再在线型栏中选中中心线，即可将线型修改为中心线，修改结果如图 12-51 所示。

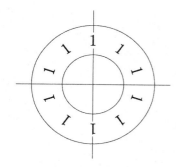

图 12-49　旋转阵列

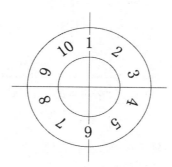

图 12-50　编辑文字

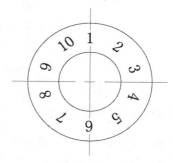

图 12-51　修改线型

步骤 8 标注尺寸。在命令行输入DDI→空格，选取要标注的圆弧，拉出尺寸并放置，结果如图 12-52 所示。

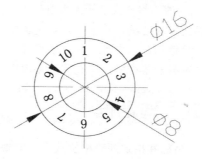

图 12-52　标注尺寸

12.5　创建表格样式【TABLESTYLE】

　　TABLESTYLE用来创建、修改或指定表格样式。可以指定当前表格样式以确定所有新表格的外观。表格样式包括背景颜色、页边距、边界、文字和其他表格特征的设置。

其命令启动方式如下。

- 命令行: TABLESTYLE
- 功能区: "注释"选项卡→"表格"→"表格样式 ➘"
- 菜单: "格式"→"表格样式▦"

12.5.1 "表格样式"对话框

在命令行输入TABLESTYLE→空格,系统弹出"表格样式"对话框,如图 12-53 所示。

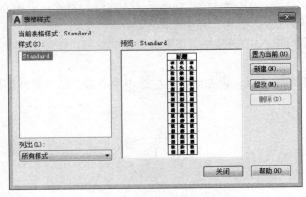

图 12-53 "表格样式"对话框

该对话框中的选项含义如下。

- 当前表格样式: 显示应用于所创建表格的表格样式的名称。
- 样式: 显示表格样式列表。当前样式被亮显。
- 列出: 控制"样式"列表的内容。
- 预览: 显示"样式"列表中选定样式的预览图像。
- 置为当前: 将"样式"列表中选定的表格样式设置为当前样式。所有新表格都将使用此表格样式创建。
- 新建: 显示"创建新的表格样式"对话框,从中可以定义新的表格样式。
- 修改: 显示"修改表格样式"对话框,从中可以修改表格样式。
- 删除: 删除"样式"列表中选定的表格样式。不能删除图形中正在使用的样式。

12.5.2 "新建表格样式"对话框

新建表格样式是指定新表格样式的名称并指定新表格样式基于的现有表格样式。在"表格样式"对话框中单击"新建"按钮,系统弹出"创建新的表格样式"对话框,如图 12-54 所示。

图 12-54 "创建新的表格样式"对话框

各选项的含义如下。

- 新样式名：命名新表格样式。
- 基础样式：指定新表格样式要采用其设置作为默认设置的现有表格样式。
- 继续：显示"新建表格样式"对话框，从中可以定义新的表格样式。

在"创建新的表格样式"对话框中单击"继续"按钮，系统弹出"新建表格样式：Standard副本"对话框，如图 12-55 所示。

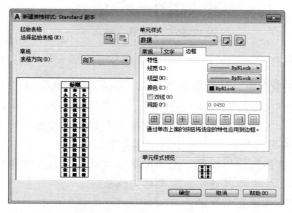

图 12-55 "新建表格样式：Standard 副本"对话框

对话框中的选项含义如下。

- 起始表格：使用户可以在图形中指定一个表格用作样例来设置此表格样式的格式。选择表格后，可以指定要从该表格复制到表格样式的结构和内容。单击"删除表格"图标，可以将表格从当前指定的表格样式中删除。
- 常规：定义新的表格样式或修改现有表格样式。
  - ➤ 表格方向：设置表格方向。"向下"将创建由上而下读取的表格。"向上"将创建由下而上读取的表格。
  - ➤ 向下：标题行和列标题行位于表格的顶部。单击"插入行"并单击"下"时，将在当前行的下面插入新行。
  - ➤ 向上：标题行和列标题行位于表格的底部。单击"插入行"并单击"上"时，将在当前行的上面插入新行。
- 预览：显示当前表格样式设置效果的样例。
  - ➤ 单元样式：定义新的单元样式或修改现有单元样式。可以创建任意数量的单元样式。
  - ➤ "单元样式"菜单：显示表格中的单元样式。
  - ➤ "创建单元样式"按钮：显示"创建新单元样式"对话框。
  - ➤ "管理单元样式"按钮：显示"管理单元样式"对话框。
  - ➤ "单元样式"选项组：包括"常规""文字"和"边框"选项卡。

1．"常规"选项卡

在"新建表格样式：Standard副本"对话框中单击"常规"选项卡，如图 12-56 所示。该选项卡用来设置表格特性和页边距。

图 12-56　"常规"选项卡

选项卡中各选项的含义如下。

- 填充颜色：指定单元的背景色。默认值为"无"。可以选择"选择颜色"以显示"选择颜色"对话框。
- 对齐：设置表格单元中文字的对正和对齐方式。文字相对于单元的顶部边框和底部边框进行居中对齐、上对齐或下对齐。文字相对于单元的左边框和右边框进行居中对正、左对正或右对正。有关这9个选项的图例，请参见《用户手册》中的"对正多行文字"。
- 格式：为表格中的"数据""列标题"或"标题"行设置数据类型和格式。单击该按钮将显示"表格单元格式"对话框，从中可以进一步定义格式选项。
- 类型：将单元样式指定为标签或数据。
- 水平：设置单元中的文字或块与左右单元边框之间的距离。
- 垂直：设置单元中的文字或块与上下单元边框之间的距离。
- 创建行/列时合并单元：将使用当前单元样式创建的所有新行或新列合并为一个单元。可以使用此选项在表格的顶部创建标题行。

2．"文字"选项卡

在"新建表格样式：Standard副本"对话框中单击"文字"选项卡，如图 12-57 所示。该选项卡用来设置文字特性参数。

选项卡中各选项的含义如下。

- 文字样式：列出可用的文本样式。
- "文字样式" […] 按钮：显示"文字样式"对话框，从中可以创建或修改文字样式（DIMTXSTY系统变量）。
- 文字高度：设置文字高度。数据和列标题单元的默认文字高度为 0.1800。表标题的默认文字高度为 0.25。
- 文字颜色：指定文字颜色。选择列表底部的"选择颜色"可显示"选择颜色"对话框。
- 文字角度：设置文字角度。默认的文字角度为 0°。可以输入-359°～+359° 之间的任意角度。

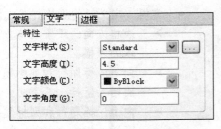

图 12-57　"文字"选项卡

3．"边框"选项卡

在"新建表格样式：Standard副本"对话框中单击"边框"选项卡，如图 12-58 所示。该选项卡用来设置边框特性参数。

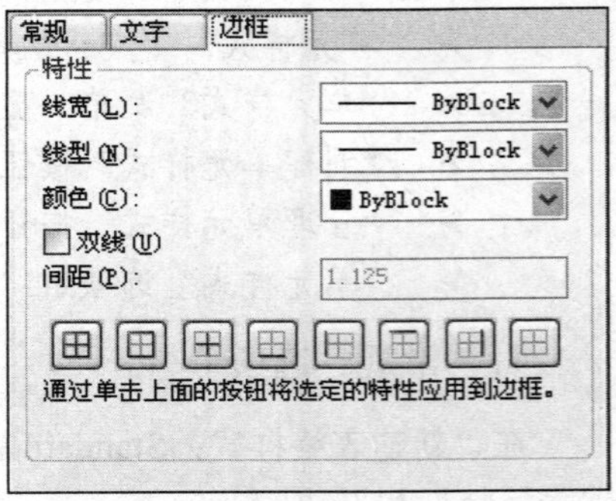

图 12-58　"边框"选项卡

选项卡中各选项的含义如下。

- 线宽：通过单击边界按钮，设置将要应用于指定边界的线宽。如果使用粗线宽，必须增加单元边距。
- 线型：设置要应用于用户所指定的边框线型。选择"其他"可加载自定义线型。
- 颜色：通过单击边界按钮，设置将要应用于指定边界的颜色。选择"选择颜色"可显示"选择颜色"对话框。
- 双线：将表格边界显示为双线。
- 间距：确定双线边界的间距。默认间距为 0.1800。
- 所有边界田：将边框特性设置应用于所有边框。
- 外部边界回：将边框特性设置应用于外边框。
- 内部边界田：将边框特性设置应用于内边框。
- 底部边界田：将边框特性设置应用于底部边框。
- 左边界田：将边框特性设置应用于左边框。
- 上边界田：将边框特性设置应用于上边框。
- 右边界田：将边框特性设置应用于右边框。
- 无边界田：隐藏边框。

12.6 创建表格【TABLE（TB）】

工作任务不同，对表格的具体要求也会不同。通过对表格样式进行新建或修改，可以对表格方向、单元格的常规特性、单元格内文字使用的文字样式，以及表格的边框类型等一系列内容进行设置，从而建立符合自己工作要求的表格。

其命令启动方式如下。

- 命令行：TABLE（TB）
- 功能区："默认"选项卡→"注释"面板→"表格田"
- 菜单："绘图" → "表格田"

12.6.1 从 Excel 导入表格

表格是在行和列中包含数据的复合对象。可以通过空的表格或表格样式创建空的表格对象。还可以将表格链接至 Microsoft Excel 电子表格中的数据。在命令行输入TB→空格，系统弹出"插入表格"对话框，在该对话框中选中"自数据链接"单选按钮，再单击右边的"启动数据连接管理器"图按钮，系统弹出"选择数据链接"对话框，选取Excel表格进行导入，如图 12-59 所示。Excel表格中的内容和表格将插入AutoCAD中。

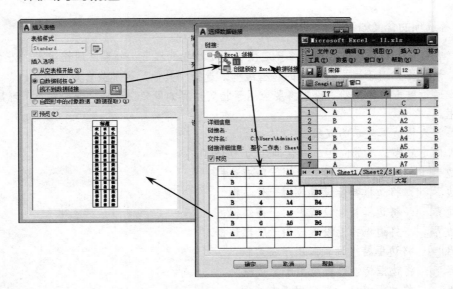

图 12-59　导入 Microsoft Excel 数据

12.6.2　"插入表格"对话框

"插入表格"对话框主要用来设置创建表格的相关参数。在命令行输入TB→空格，系统弹出"插入表格"对话框，如图 12-60 所示。

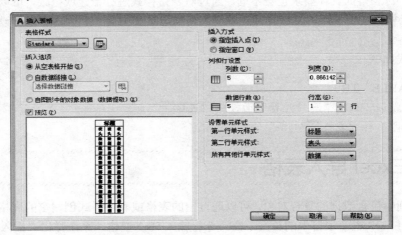

图 12-60　"插入表格"对话框

该对话框中各选项的含义如下。

- 表格样式：在要从中创建表格的当前图形中选择表格样式。通过单击下拉列表旁边的按钮，用户可以创建新的表格样式。
- 插入选项：指定插入表格的方式。
  - ➢ 从空表格开始：创建可以手动填充数据的空表格。
  - ➢ 自数据链接：从外部电子表格中的数据创建表格。
  - ➢ 自图形中的对象数据（数据提取）：启动"数据提取"向导。

- 预览：控制是否显示预览。如果从空表格开始，则预览将显示表格样式的样例。如果创建表格链接，则预览将显示结果表格。处理大型表格时，取消此选项以提高性能。
- 插入方式：指定表格位置。
  - ➤ 指定插入点：指定表格左上角的位置。可以使用定点设备，也可以在命令提示下输入坐标值。如果表格样式将表格的方向设置为由下而上读取，则插入点位于表格的左下角。
  - ➤ 指定窗口：指定表格的大小和位置。可以使用定点设备，也可以在命令提示下输入坐标值。选择此选项时，行数、列数、列宽和行高取决于窗口的大小及列和行设置。
- 列和行设置：设置列和行的数目和大小。
  - ➤ 列数：指定列数。选中"指定窗口"单选按钮并指定列宽时，"自动"选项将被选定，且列数由表格的宽度控制。如果已指定包含起始表格的表格样式，则可以选择要添加到此起始表格的其他列的数量。
  - ➤ 列宽：指定列的宽度。选中"指定窗口"单选按钮并指定列数时，则选定了"自动"选项，且列宽由表格的宽度控制。最小列宽为一个字符。
  - ➤ 数据行数：指定行数。选中"指定窗口"单选按钮并指定行高时，则选定了"自动"选项，且行数由表格的高度控制。带有标题行和表格头行的表格样式最少应有三行。最小行高为一个文字行。如果已指定包含起始表格的表格样式，则可以选择要添加到此起始表格的其他数据行的数量。
  - ➤ 行高：按照行数指定行高。文字行高基于文字高度和单元边距，这两项均在表格样式中设置。选中"指定窗口"单选按钮并指定行数时，则选定了"自动"选项，且行高由表格的高度控制。
- 设置单元样式：对于那些不包含起始表格的表格样式，请指定新表格中行的单元格式。
  - ➤ 第一行单元样式：指定表格中第一行的单元样式。默认情况下，使用标题单元样式。
  - ➤ 第二行单元样式：指定表格中第二行的单元样式。默认情况下，使用表头单元样式。
  - ➤ 所有其他行单元样式：指定表格中所有其他行的单元样式。默认情况下，使用数据单元样式。

12.6.3 使用表格单元中的公式

表格单元可以包含使用其他表格单元中的值进行计算的公式。选定表格单元后，可以从表格单元上下文功能区及快捷菜单中插入公式。也可以打开文字编辑器，然后在表格单元中手动输入公式。

1．插入公式

在公式中，可以通过单元的列字母和行号引用单元。例如，表格中左上角的单元为 A1。合并的单元使用左上角单元的编号。单元的范围由第一个单元和最后一个单元定义，并在它们之间添加一个冒号。例如，范围A5:C10 包括第 5 行到第 10 行 A、B 和 C 列中的单元。

公式必须以等号（=）开始。用于求和、求平均值和计数的公式将忽略空单元及未解析为数值的单元。如果在算术表达式中的任何单元为空，或者包含非数字数据，则其他公式将显示错误（#）。

使用"单元"选项可选择同一图形中其他表格中的单元。选择单元后，将打开在位文字编辑器，以便输入公式的其余部分。

2．复制公式

在表格中将一个公式复制到其他单元时，范围会随之更改，以反映新的位置。例如，如果 A10 中的公式对A1~A9求和，则将其复制到 B10 时，单元的范围发生更改，该公式将对B1~B9求和。

如果在复制和粘贴公式时不希望更改单元地址，请在地址的列或行处添加一个美元符号（$）。例如，如果输入 $A10，则列会保持不变，但行会更改。如果输入 A10，则列和行都保持不变。

3．自动插入数据

可以使用"自动填充"夹点在表格内的相邻单元中自动增加数据。例如，通过输入第一个必要日期并拖动"自动填充"夹点，包含日期列的表格将自动输入日期。

如果选定并拖动一个单元，则将以 1 为增量自动填充数字。同样，如果仅选择一个单元，则日期将以一天为增量进行解析。如果用以一周为增量的日期手动填充两个单元，则剩余的单元也会以一周为增量增加。

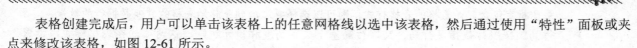

12.7　编辑表格【TABLEDIT】

可以编辑表格单元中的文字。执行该命令之后，命令行将提示选取表格单元，此时单击要编辑的单元格，即可进入文字编辑器，对该单元格中的内容进行编辑。

12.7.1　编辑表格

表格创建完成后，用户可以单击该表格上的任意网格线以选中该表格，然后通过使用"特性"面板或夹点来修改该表格，如图 12-61 所示。

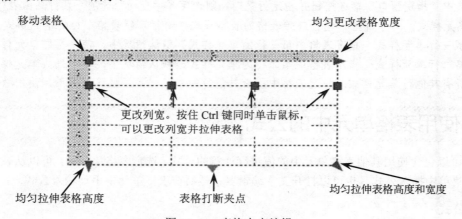

图 12-61　表格夹点编辑

1．更改行高或列宽

更改表格的高度或宽度时，只有与所选夹点相邻的行或列将会更改。表格的整体高度或宽度保持不变。更改第一列的列宽操作如图 12-62 所示。

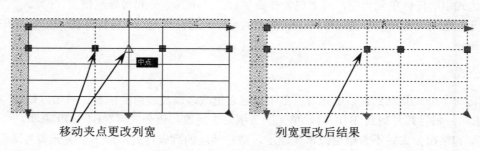

图 12-62　更改列宽

2. 等比例调整行高和列宽

要根据正在编辑的行或列的大小按比例更改表格的大小，可以使用列夹点时按Ctrl键进行等比例拉伸列或者使用行夹点时按Ctrl键进行等比例拉伸行，或者使用表格右下角斜三角符号夹点时按住Ctrl 键进行等比例同时拉伸行和列，如图 12-63 所示。

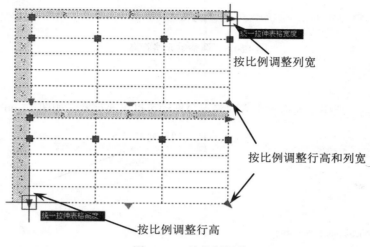

图 12-63　按比例调整

3. 将表格打断成多个部分

可以将包含大量数据的表格打断成主要和次要的表格片断。使用表格底部的表格打断夹点，可以使表格覆盖图形中的多列或操作已创建的不同的表格部分，如图 12-64 所示。

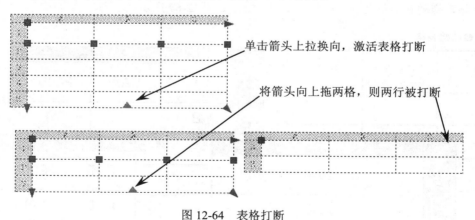

图 12-64　表格打断

12.7.2　编辑单元格

在单元格内单击以选中它，单元格边框的中央将显示夹点，使用夹点可以对单元格进行编辑操作。

1. 调整行高

单击单元格出现夹点，选中单元格竖直方向夹点，拖动可以更改行高，如图 12-65 所示。

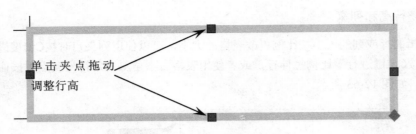

图 12-65　调整单元格行高

2．调整列宽

单击单元格出现夹点，选中单元格水平方向夹点，拖动可以更改列宽，如图 12-66 所示。

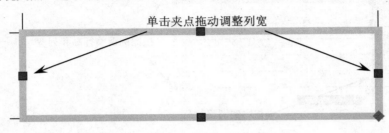

图 12-66　调整列宽

3．自动增加数据

单击单元格出现夹点后，单击右下角的夹点拖动，可以像Excel一样自动增加数据或复制文本。选中第一行中的单元格，拖动右下角夹点下拉至第 5 行，操作如图 12-67 所示。

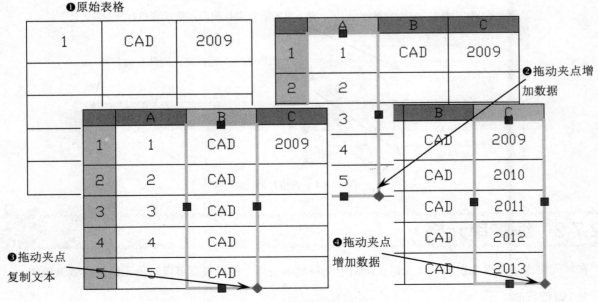

图 12-67　自动增加数据

点拨

　　在要编辑的单元格处双击，或者先选中要编辑的单元格，再在"编辑单元文字"上单击鼠标右键，也可以对单元格的内容进行编辑，这两种方法都比较常用，特别是双击编辑单元格，操作简单、快捷。

案例 12-4：编辑表格

采用表格创建标题栏，并制作A4 模板文件，如图 12-68 所示。操作步骤如下：

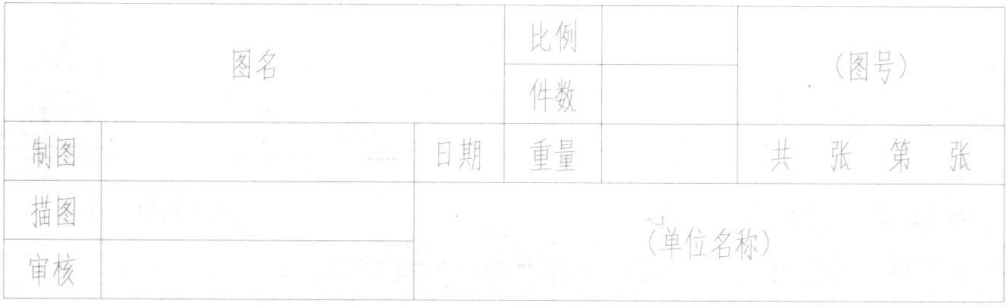

图名		比例		（图号）		
		件数				
制图		日期	重量	共　张　第　张		
描图				（单位名称）		
审核						

图 12-68　带标题栏模板

步骤 1 创建表格。在命令行输入**TB**→空格，系统弹出"插入表格"对话框，设置表格参数，如图 12-69 所示。

步骤 2 设置"常规"选项卡。在"插入表格"对话框中单击"表格样式"右边的"样式"按钮，系统弹出"修改表格样式"对话框，再单击"常规"选项卡，修改"对齐"为正中，"水平"和"垂直"页边距分别为1，如图 12-70 所示。

图 12-69　设置表格参数

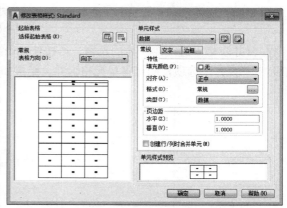

图 12-70　设置"常规"选项卡

步骤 3 设置完成后，在绘图区单击任意点放置表格，插入的表格如图 12-71 所示。

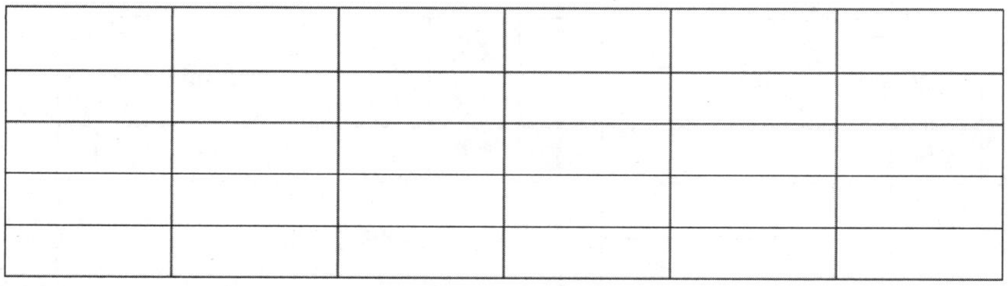

图 12-71　表格

步骤 4 绘制矩形图框。在命令行输入**REC**→空格，选取任意点为起点，再输入**D**，指定长为297、宽为210，单击鼠标左键，完成矩形的绘制；再以同样方式绘制长为130、宽为40的矩形，结果如图 **12-72** 所示。

步骤 5 平移表格。选中表格，单击表格左上角夹点，拖动到小矩形框内左上角点，结果如图 **12-73** 所示。

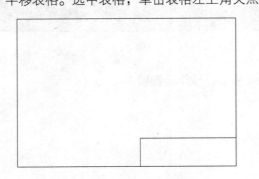

图 12-72　矩形 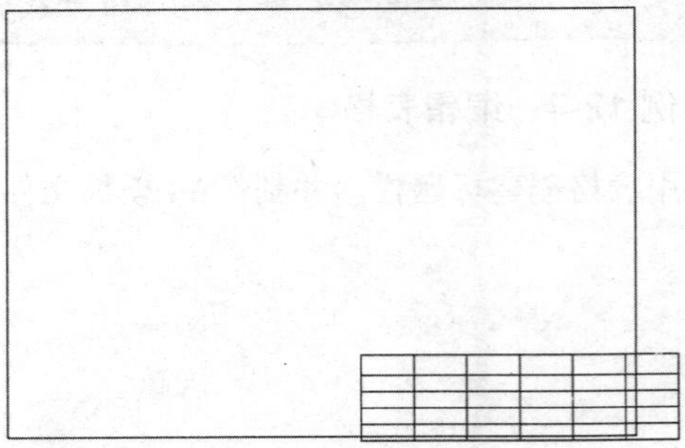　　　　　　　　　　　　　　　　　图 12-73　平移

步骤 6 编辑表格。选中表格，拖动把手，调整后表格如图 **12-74** 所示。

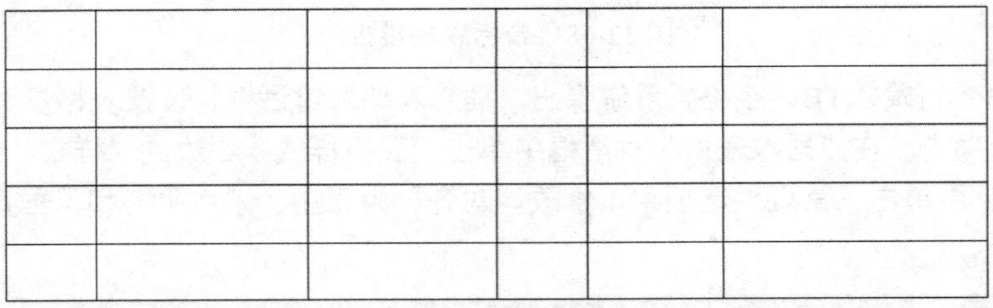

图 12-74　编辑表格

步骤 7 合并表格。选中要合并的表格，再按住Shift键选取要合并的单元格，然后按住鼠标右键，在快捷菜单中选中"合并"选项，即可将单元格合并，结果如图 **12-75** 所示。

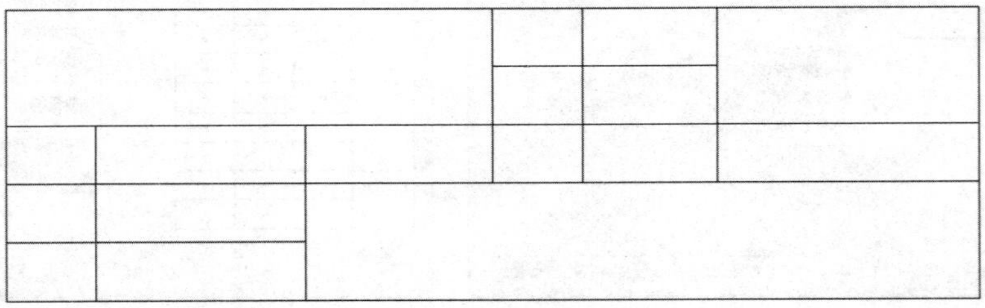

图 12-75　合并表格

步骤 8 输入文字。在表格单元格中双击，然后输入文字，结果如图 **12-76** 所示。

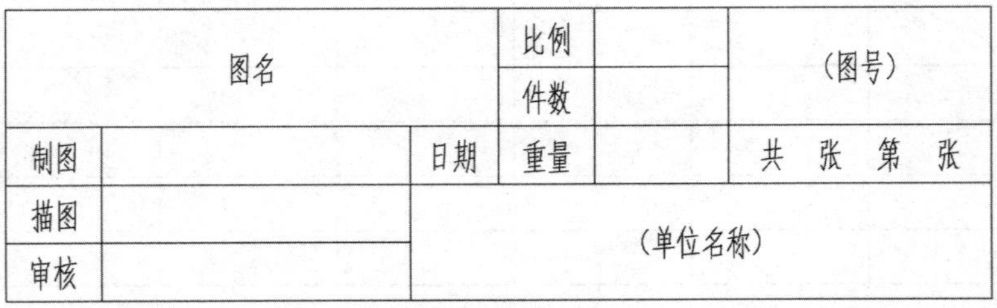

图名		比例		(图号)		
		件数				
制图		日期	重量		共　张　第　张	
描图		(单位名称)				
审核						

图 12-76　输入文字

步骤 9 保存模板。在"常用"面板中单击"另存为" 🔡 按钮，系统弹出"图形另存为"对话框，将"文件类型"修改为*.dwt模板格式，如图 12-77 所示。

图 12-77　保存模板

点拨

　　图框和图纸标题栏几乎是AutoCAD制图中的必备内容，一般这些样式是由公司统一制定的，每个公司都有些小差别。设计师都是把规定样式套用到设计图中，将绘制好的图框另存为.dwt格式，以后就可以直接调取.dwt格式模板文件了。

12.8　本章小节

　　添加到图形中的文字可以表达各种信息，可以是复杂的技术要求、标题栏信息、标签，甚至是图形的一部分。

　　对于简短的输入项，如标签，可使用单行文字。对于具有内部格式的较长条目，可使用多行文字，其中可以对段落中的单个字符、单词或短语应用下画线、字体、颜色和文字高度的更改。

　　虽然输入的所有文字均使用建立了默认字体和格式设置的当前文字样式，但是，用户也可以使用多种方法自定义文字外观。有几种可以执行此操作的工具：更改文字比例和对正方式、查找和替换文字及检查拼写错误。

　　标注或公差中包含的文字是使用标注命令创建的。还可以创建带引线的多行文字。

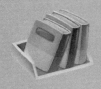

第13章

图块操作

　　图块也称块，是AutoCAD图形设计中非常重要的功能。如果图形中有大量相同或相似的内容，或者所绘制的图形与已有的图形文件相同，则可以把要重复绘制的图形创建成块，在需要时直接插入，也可以将已有的图形文件直接插入到当前图形中，从而提高绘图效率。此外，用户还可以根据需要为块创建属性，用来指定块的名称、用途及设计者等信息。还可以创建动态块，以及使用外部参照功能，把已有的图形文件以参照的形式插入到当前图形中。如果一个图形需要参照其他图形或图像来绘图，而不希望占用太多的存储空间时，就可以使用外部参照块功能。

学习目标

- 了解块的特点
- 掌握块的创建和存储方法
- 掌握块的插入方式
- 了解块的属性特点
- 掌握属性块定义方法
- 了解编辑块属性的方法
- 掌握在图形中附外部参照图形的方法
- 了解编辑与管理外部参照的方法

13.1　创建块　▶

　　块是一个或多个对象组成的集合，常用于绘制复杂、重复或类似的图形，一旦组合成块，就可以根据图形需要将图块对象直接插入到需要的图形中，可以任意指定位置和比例，包括任意角度。

13.1.1　块特点

　　AutoCAD中的块具有非常多的优点，可以提高绘图速度、节省存储空间、便于修改图形，并且还能添加属性。

1. 提高绘图效率

　　在设计过程中，需要绘制相同的图形时，可以将相同的图形创建成块后，再插入块，就可以很方便地大量使用相同的图形。或者经常要使用的某部分图形，也可以创建成块，在以后使用时随时可以插入块，而不需要重新绘制，这样就可以节省大量时间，提高绘图效率。

2. 节省空间

AutoCAD要保存图中每一个对象的相关信息，如类型、位置、图层、线型及颜色等。将相同的图形创建成块后，需要的存储空间也变小，系统只需要存储块的有关信息即可。

3. 便于修改

图纸往往需要进行不断地设计变更，对于有大量相同的块来说，修改也方便，只需要将块重新定义，所有具有此块的图形都会更改，方便、省时。

4. 添加属性

很多块基本上相同，或者有局部类似，就可以创建属性块，只需要将可变部分设置成可更改的属性，在插入块时定义可变部分的属性值，即可创建不一样的类似图形，非常方便，省去了重新绘制的麻烦。

13.1.2 创建块【BLOCK（B）】

BLOCK主要是从选定的对象创建成图块，把当前窗口中部分图形组合成一个整体，存储在当前图形文件内部。用户可以对其进行移动、复制、旋转、缩放及分解等操作。

其命令启动方式如下。

- 命令行：BLOCK（B）
- 功能区："插入"选项卡→"块定义"面板→"创建块 🔲"
- 菜单："绘图"→"块"→"创建 🔲"

在命令行输入B，按空格键后系统弹出"块定义"对话框，该对话框主要用来设置块创建的步骤，如图13-1所示。

图 13-1 "块定义"对话框

该对话框中各选项的含义如下。

- 名称：指定块的名称。名称最多可以包含 255 个字符，如字母、数字、空格，以及操作系统或程序未作他用的任何特殊字符。块名称及块定义保存在当前图形中。如果在"名称"下选择现有的块，将显示块的预览。

- 基点：指定块的插入基点。默认值是 (0,0,0)。
  - ➤ 在屏幕上指定：关闭对话框时，将提示用户指定基点。
  - ➤ "拾取点"按钮：暂时关闭对话框以使用户能在当前图形中拾取插入基点。
  - ➤ X、Y、Z：指定X、Y、Z坐标值。
- 对象：指定新块中要包含的对象，以及创建块之后如何处理这些对象，是保留还是删除选定的对象，或者将它们转换成块实例。
  - ➤ 在屏幕上指定：关闭对话框时，将提示用户指定对象。
  - ➤ 选择对象：暂时关闭"块定义"对话框，允许用户选择块对象。选择完对象后，按 Enter 键可返回到该对话框。
  - ➤ 快速选择：显示"快速选择"对话框，定义选择集。
  - ➤ 保留：创建块之后，将选定对象保留在图形中作为区别对象。
  - ➤ 转换为块：创建块之后，将选定对象转换成图形中的块实例。
  - ➤ 删除：创建块之后，从图形中删除选定的对象。
- 方式：指定块的行为。
  - ➤ 注释性：指定块为注释性。
  - ➤ 使块方向与布局匹配：指定在图纸空间视口中块参照的方向与布局的方向匹配。如果未选择"注释性"选项，则该选项不可用。
  - ➤ 按统一比例缩放：指定是否阻止块参照不按统一比例缩放。
  - ➤ 允许分解：指定块参照是否可以被分解。

案例 13-1：创建块

将如图 13-2 所示的图形创建成块。操作步骤如下：

步骤 1 启动命令。在命令行输入B→空格，系统弹出"块定义"对话框，如图 13-3 所示。

图 13-2　创建块　　　　　　　　　　图 13-3　"块定义"对话框

步骤 2 指定基点。在"块定义"对话框中单击"拾取点" 按钮，系统进入绘图区选取圆心基点，如图 13-4 所示。按空格键确定完成拾取。

步骤 3 选取对象。在"块定义"对话框中"对象"选项组中单击"选择对象" 按钮，系统进入绘图区，框选 10 个对象，按空格键确定，系统返回"块定义"对话框，显示已"选择" 10 个对象，如图 13-5 所示。

步骤 4 完成块。在"块定义"对话框选中"按统一比例缩放"复选框,在"名称"选项组中输入"三相交流电动机",并单击"确定"按钮,完成块定义,结果如图13-6所示。

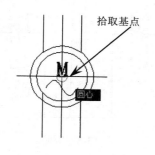

图13-4 拾取基点

图13-5 选取对象

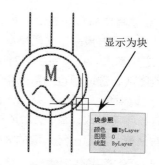

图13-6 完成块

13.2 写块【WBLOCK(W)】

将选定对象保存到指定的图形文件或将块转换为指定的图形文件。

其命令启动方式如下。

- 命令行:WBLOCK(W)
- 功能区:"插入"选项卡→"块定义"面板→"写块"

在命令行输入W→空格,系统弹出"写块"对话框,如图13-7所示。

该对话框中各选项的含义如下。

- 源:指定块和对象,将其另存为文件并指定插入点。
    - 块:指定要另存为文件的现有块。从列表中选择名称。
    - 整个图形:选择要另存为其他文件的当前图形。
    - 对象:选择要另存为文件的对象。指定基点并选择下面的对象。
- 基点:指定块的基点,默认值是(0,0,0)。
- 拾取点:暂时关闭对话框以使用户能在当前图形中拾取插入基点。
- 对象:设置用于创建块的对象上的块创建的效果。
    - 保留:将选定对象另存为文件后,在当前图形中仍保留它们。
    - 转换为块:将选定对象另存为文件后,在当前图形中将它们转换为块。
    - 从图形中删除:将选定对象另存为文件后,从当前图形中删除。
    - "选择对象"按钮:临时关闭该对话框,以便可以选择一个或多个对象以保存至文件。
    - "快速选择"按钮:打开"快速选择"对话框,从中可以过滤选择集。

图13-7 "写块"对话框

案例 13-2：写块

将如图 13-8 所示的唧咀图形定义为外部块。操作步骤如下：

步骤 1 启动写块命令。在命令行输入 W→空格，系统弹出"写块"对话框，该对话框用来定义写块参数，如图 13-9 所示。

步骤 2 定义基点。在"写块"对话框中单击"拾取点" 按钮，系统进入绘图区，选取唧咀的顶部中点为基点，如图 13-10 所示。

步骤 3 选取对象。在"写块"对话框中单击"选择对象" 按钮，系统进入绘图区选取对象，选取所有对象，按空格键确定，系统回到"写块"对话框，显示已经选取的 87 个对象，如图 13-11 所示。

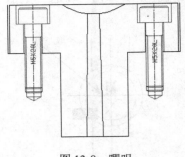

图 13-8 唧咀

图 13-9 "写块"对话框

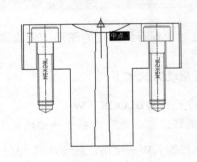

图 13-10 定义基点

步骤 4 完成写块。在"文件名和路径"文本框中将文件名修改为唧咀，并单击"确定" 确定 按钮，系统即完成写块操作，如图 13-12 所示。

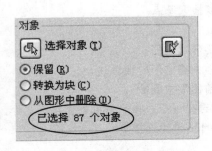

图 13-11 选取对象

图 13-12 完成写块

13.3　插入块【INSERT（I）】

将块或图形插入当前图形中。建议插入块库中的块。块库可以是存储相关块定义的图形文件，也可以是包含相关图形文件（每个文件均可作为块插入）的文件夹。无论使用何种方式，块均可标准化并供多个用户访问。

用户可以插入自己的块，也可以使用设计中心或工具选项板中提供的块。

其命令启动方式如下。

- 命令行：INSERT（I）
- 功能区："默认"选项卡→"块"面板→"插入🔲"
- 菜单："插入"→"块🔲"

在命令行输入I→空格，系统弹出"插入"对话框，该对话框用来设置插入块的相关参数，如图 13-13 所示。

图 13-13　"插入"对话框

该对话框中各选项的含义如下。

- 名称：指定要插入块的名称，或者指定要作为块插入的文件名称。
- 浏览：打开"选择图形文件"对话框（"标准文件选择"对话框），从中可选择要插入的块或图形文件。
- 路径：指定块的路径。
- 使用地理数据进行定位：插入将地理数据用作参照的图形。指定当前图形和附着的图形是否包含地理数据。此选项仅在这两个图形均包含地理数据时才可用。
- 插入点：指定块的插入点。可以在屏幕上指定，用定点设备指定块的插入点。也可以输入坐标，可以为块的插入点手动输入 X、Y 和 Z 坐标值。
- 比例：指定插入块的缩放比例。如果指定负的 X、Y 和 Z 缩放比例因子，则插入块的镜像图像。
- 旋转：在当前 UCS 中指定插入块的旋转角度。

案例 13-3：插入块

在如图 13-14 所示的静模组中插入M10 的螺丝，结果如图 13-15 所示。操作步骤如下：

步骤1 打开源文件。按键盘上的快捷键Ctrl+O，系统弹出"打开"对话框，选择"结果文件/CH13/13-3"并打开。

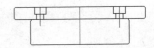

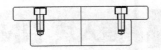

图 13-14　原图　　　　　　　　　　　　图 13-15　结果

步骤 2 插入块。在命令行输入 I→空格，系统弹出"插入"对话框，单击"名称"右侧的 ▼（下拉三角）按钮，选取预存的 M10 图块，如图 13-16 所示。

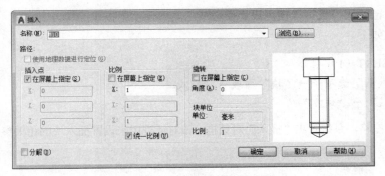

图 13-16　"插入"对话框

步骤 3 设置放置点。在"插入"对话框中单击"确定"按钮后，系统回到绘图区，在绘图区选取沉头孔的中点作为放置基点，如图 13-17 所示。

步骤 4 插入右边螺丝。采用以上步骤再插入右边的螺丝，结果如图 13-18 所示。

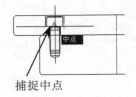

图 13-17　捕捉中点

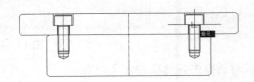

图 13-18　完成插入块

13.4　属性块

　　属性块是带有特殊属性的块图形，块属性是附属于块的非图形信息，是块的组成部分，可包含在块定义中的文字对象。在定义一个块时，属性必须预先定义而后选定。

　　通常属性用于在块的插入过程中进行自动注释。在创建带有附加属性的块时，需要同时选择块属性作为块的成员对象。

　　带有属性的块创建完成后，就可以使用"插入"对话框，在文档中插入该块。

　　其命令启动方式如下。

- 命令行：ATTDEF（ATT）
- 功能区："插入"选项卡→"块定义"面板→"定义属性✎"
- 菜单："绘图"→"块"→"定义属性✎"

13.4.1 属性

属性是将数据附着到块上的标签或标记。属性中可能包含的数据包括零件编号、价格、注释、物主的名称等。

从图形中提取的属性信息可用于电子表格或数据库，以生成明细表或 BOM 表。只要每个属性的标记都不相同，就可以将多个属性与块关联。

在定义属性时，可以指定：

- 标识属性的标记；
- 在插入块时显示的提示；
- 如果未在提示下输入变量值，将使用默认值。

通常，属性提示顺序与创建块时选择属性的顺序相同。但是，如果使用窗交选择或窗口选择选择属性，则提示顺序与创建属性的顺序相反。

13.4.2 "属性定义"对话框

在命令行输入ATT→空格，系统弹出"属性定义"对话框，如图 13-19 所示。该对话框用来定义属性模式、属性标记、属性提示、属性值、插入点和属性的文字设置。

该对话框中各选项的含义如下。

- 模式：在图形中插入块时，设置与块关联的属性值选项。默认值存储在 AFLAGS 系统变量中。更改 AFLAGS 设置，将影响新属性定义的默认模式，但不会影响现有属性定义。
  - 不可见：指定插入块时不显示或打印属性值。ATTDISP 将覆盖"不可见"模式。
  - 固定：在插入块时赋予属性固定值。
  - 验证：插入块时提示验证属性值是否正确。
  - 预设：插入包含预设属性值的块时，将属性设置为默认值。
  - 锁定位置：锁定块参照中属性的位置。解锁后，属性可以相对于使用夹点编辑的块的其他部分移动，并且可以调整多行文字属性的大小。
  - 多行：指定属性值可以包含多行文字。选中此选项后，可以指定属性的边界宽度。
- 属性：设置属性数据。
  - 标记：标识图形中每次出现的属性。使用任何字符组合（空格除外）输入属性标记。小写字母会自动转换为大写字母。
  - 提示：指定在插入包含该属性定义的块时显示的提示。如果不输入提示，属性标记将用作提示。
  - 默认：指定默认属性值。
- 插入点：指定属性位置。输入坐标值或者选择"在屏幕上指定"，并使用定点设备根据与属性关联的对象指定属性的位置。

图 13-19 "属性定义"对话框

> ➢ 在屏幕上指定：关闭对话框后将显示"起点"提示。使用定点设备相对于要与属性关联的对象指定属性的位置。
>
> ➢ X：指定属性插入点的 X 坐标。
>
> ➢ Y：指定属性插入点的 Y 坐标。
>
> ➢ Z：指定属性插入点的 Z 坐标。

- 文字设置：设置属性文字的对正、样式、高度和旋转。

  > ➢ 对正：指定属性文字的对正。关于"对正"选项的说明，请参见 TEXT。
  >
  > ➢ 文字样式：指定属性文字的预定义样式。显示当前加载的文字样式。
  >
  > ➢ 注释性：指定属性为注释性。如果块是注释性的，则属性将与块的方向相匹配。单击"信息"图标以了解有关注释性对象的详细信息。
  >
  > ➢ 文字高度：指定属性文字的高度。输入值，或选择"高度"用定点设备指定高度。此高度为从原点到指定的位置的测量值。如果选择有固定高度（任何非 0.0 值）的文字样式，或者在"对正"列表中选择了"对齐"，"高度"选项不可用。
  >
  > ➢ 旋转：指定属性文字的旋转角度。输入值，或者选择"旋转"用定点设备指定旋转角度。此旋转角度为从原点到指定的位置的测量值。如果在"对正"列表中选择了"对齐"或"调整"，"旋转"选项不可用。
  >
  > ➢ 边界宽度：换行至下一行前，指定多行文字属性中一行文字的最大长度。值为 0.000 表示对文字行的长度没有限制。此选项不适用于单行文字属性。

- 在上一个属性定义下对齐：将属性标记直接置于之前定义的属性下面。如果之前没有创建属性定义，则此选项不可用。

13.4.3　属性块编辑【EATTEDIT（EATTED）】

属性块编辑用来更改块中的属性信息。编辑块中每个属性的值、文字选项和特性。编辑对话框列出选定的块实例中的属性并显示每个属性的特性。

其命令启动方式如下。

- 命令行：EATTEDIT（EATTED）
- 功能区："默认"选项卡→"块"面板→"编辑属性 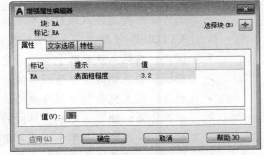"
- 菜单："修改"→"对象"→"属性"→"单个 "

在命令行输入EATTED→空格，系统弹出"增强属性编辑器"对话框，如图 13-20 所示。该对话框包含 3 个选项卡："属性""文字选项"和"特性"。

图 13-20　"增强属性编辑器"对话框

1."属性"选项卡

在命令行输入EATTED→空格，系统弹出"增强属性编辑器"对话框，单击"属性"选项卡，如图 13-21 所示。显示指定给每个属性的标记、提示和值。只能更改属性值。

"属性"选项卡主要用来编辑属性值，为选定的属性指定新值。多行文字属性包含带有省略号的按钮。单击"文字格式"工具栏中的标尺以打开"在位文字编辑器"。根据 ATTIPE 系统变量的设置，将显示缩略版或完整版的"文字格式"工具栏。

要将一个字段用作该值，请单击鼠标右键，然后选择快捷菜单中的"插入字段"选项，将显示"字段"对话框。

2. "文字选项"选项卡

可在"文字选项"选项卡中更改属性文字的颜色、对正等，如图 13-22 所示。

图 13-21 "属性"选项卡

图 13-22 "文字选项"选项卡

选项卡中各选项的含义如下。

- 文字样式：指定属性文字的文字样式。将文字样式的默认值指定给在此对话框中显示的文字特性。
- 对正：指定属性文字的对正方式（左对正、居中对正或右对正）。
- 高度：指定属性文字的高度。
- 旋转：指定属性文字的旋转角度。
- 注释性：指定属性为注释性。单击"信息"图标以了解有关注释性对象的详细信息。
- 反向：指定属性文字是否反向显示。对多行文字属性不可用。
- 倒置：指定属性文字是否倒置显示。对多行文字属性不可用。
- 宽度因子：设置属性文字的字符间距。输入小于 1.0 的值将压缩文字。输入大于 1.0 的值将扩大文字。
- 倾斜角度：指定属性文字自其垂直轴线倾斜的角度。对多行文字属性不可用。
- 边界宽度：换行至下一行前，指定多行文字属性中一行文字的最大长度。值 0.000 表示一行文字的长度没有限制。此选项不适用于单行文字属性。

3. "特性"选项卡

"特性"选项卡用于定义属性所在图层及属性文字的线宽、线型和颜色。

如果图形使用打印样式，可以在"特性"选项卡中为属性指定打印样式，如图 13-23 所示。

该选项卡中各选项的含义如下。

图 13-23 "特性"选项卡

- 图层：指定属性所在图层。
- 线型：指定属性的线型。
- 颜色：指定属性的颜色。
- 线宽：指定属性的线宽。如果 LWDISPLAY 系统变量关闭，将不显示对此选项所做的更改。
- 打印样式：指定属性的打印样式。如果当前图形使用颜色相关的打印样式，则"打印样式"不可用。

案例 13-4：表面粗糙度标注

采用定义属性块的方式绘制如图 13-24 所示的图形。操作步骤如下：

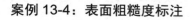

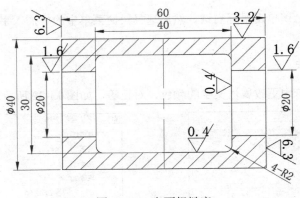

图 13-24　表面粗糙度

步骤 1 绘制矩形。在命令行输入REC→空格，选取任意点为起点，再输入D，指定长为60、宽为40，单击鼠标左键，完成矩形的绘制，结果如图13-25所示。

步骤 2 绘制十字中心线。在命令行输入L→空格，选取矩形相对边的中点并进行连线，绘制结果如图13-26所示。

步骤 3 偏移。在命令行输入O→空格，输入偏移距离为15，再选取要偏移的图素为水平中心线，单击偏移侧为上下两侧，偏移结果如图13-27所示。在命令行输入O→空格，输入偏移距离为10，再选取要偏移的图素为水平中心线，单击偏移侧为上下两侧，偏移结果如图13-28所示。

图 13-25　矩形　　　　　　　　图 13-26　中心线　　　　　　　　图 13-27　偏移

步骤 4 偏移。在命令行输入O→空格，输入偏移距离为20，再选取要偏移的图素为竖直中心线，单击偏移侧为左右两侧，偏移结果如图13-29所示。

步骤 5 修剪。在命令行输入TR→空格→空格，选取要修剪的图素，修剪结果如图13-30所示。

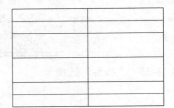

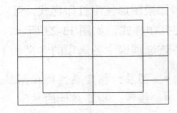

图 13-28　偏移　　　　　　　　图 13-29　偏移　　　　　　　　图 13-30　修剪

步骤 6 倒圆角。在命令行输入F→空格，再输入R，修改半径为2，单击要倒圆角的边，结果如图13-31所示。

步骤 7 填充。在命令行输入H→空格，先选取填充图案类型为ANSI31，再选取要填充的区域，结果如图13-32所示。

步骤 8 修改线型。在绘图区选取中心线，再在线型栏中选中中心线，即可将线型修改为中心线，修改结果如图13-33所示。

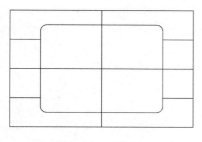
图13-31 倒圆角

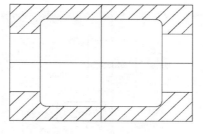
图13-32 填充图案

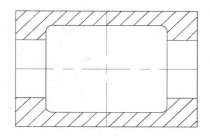
图13-33 修改线型

步骤9 标注尺寸。首先切换当前图层为"标注"层，在命令行输入DLI→空格，选取要标注的线性几何，拉出尺寸并放置，再输入DRA→空格，选取要标注的圆弧，拉出尺寸并放置，结果如图13-34所示。

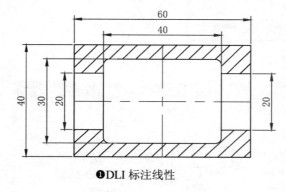
❶DLI标注线性

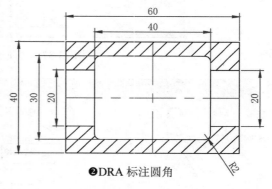
❷DRA标注圆角

图13-34 标注尺寸

步骤10 修改标注。在命令行输入ED→空格，选取要修改的尺寸R2，在弹出的编辑框中的尺寸前添加"4-"，修改结果如图13-35所示。再选取直径为40和20的尺寸，在其前添加符号"%%C"。

步骤11 绘制表面粗糙度符号。在命令行输入L→空格，绘制三角形边长为5的表面粗糙度符号，绘制结果如图13-36所示。

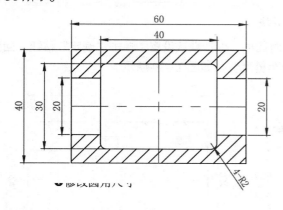
图13-35 修改标注

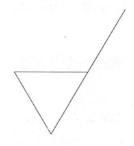
图13-36 表面粗糙度

步骤12 定义块属性。在命令行输入ATT→空格，系统弹出"属性定义"对话框，输入标记提示等参数，单击"确定"按钮后在绘图区选取放置点，操作如图13-37所示。

步骤13 创建块。在命令行输入B→空格，系统弹出"块定义"对话框，选取拾取点为下尖点，整个符号为块对象，单击"确定"按钮，系统弹出"编辑属性"对话框，单击"确定"按钮完成创建，结果如图13-38所示。

图 13-37 "属性定义"对话框

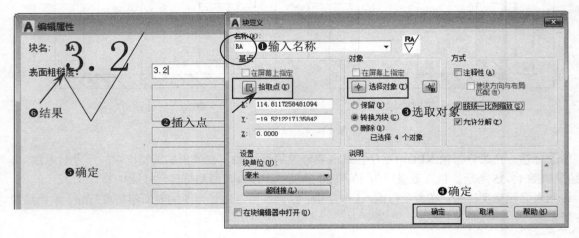

图 13-38 创建块

步骤14 插入块。在命令行输入I→空格,系统弹出"插入"对话框,保持默认设置,单击"确定"按钮,回到绘图区选取插入点,在弹出的提示框中输入要标注的表面粗糙度值,如图 13-39 所示。

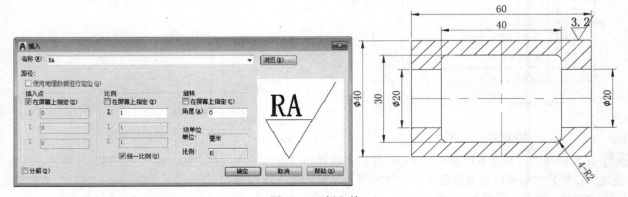

图 13-39 插入块

步骤15 插入块。在命令行输入I→空格，系统弹出"插入"对话框，保持默认设置，单击"确定"按钮，回到绘图区选取插入点，在弹出的提示中输入要标注的表面粗糙度值，完成其他表面粗糙度的标注，如图 13-40 所示。

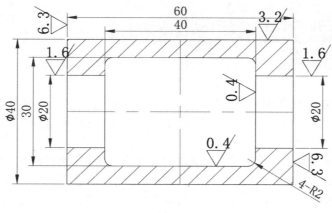

图 13-40 插入块

13.5 本章小节

　　本章主要讲解块，包括创建块、创建外部块即写块、插入块及创建块属性等操作。本章重点掌握创建块和块的插入操作，在此基础上理解创建块属性。在设计过程中，适时采用块操作辅助绘图，可以大大减少设计绘图的操作时间，并提高设计效率。

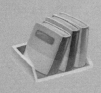

第 14 章
图层管理和视图控制

AutoCAD 中，所有的图形对象都具有图层、颜色、线型和线宽 4 个基本属性。可以使用不同的图层、不同的颜色、不同的线型、不同的线宽来绘制不同的对象元素，方便控制对象的显示和编辑，提高绘制复杂图形的效率和准确性。

AutoCAD 图形显示控制功能应用十分广泛，在二维绘图中，经常用到三视图，即主视图、侧视图、俯视图，同时还用到轴测图。在三维图形中，图形的显示控制就显得更加重要。在 AutoCAD 中，可以使用多种方法来观察绘图区中绘制的图形，如视图、视口、鸟瞰窗口等，以便灵活地观察图形的整体效果或局部细节。

学习目标

- 了解图层特性管理器
- 掌握创建新图层
- 掌握图层的颜色、线型、线宽的设置方法
- 了解图层的特性
- 掌握过滤图层的方法
- 了解图层的转换方法
- 掌握改变对象所在图层的方法
- 掌握使用图层辅助绘制图形的方法
- 了解重画和重生图形的方法
- 掌握缩放与平移视图的方法
- 掌握使用命名视图、平铺视图来观察图形方法
- 了解鸟瞰视图观察图形的方法
- 掌握控制绘图窗口中的课件元素显示的方法

14.1 图层设置

图层是 AutoCAD 提供的一个管理图形对象的工具，使一个 AutoCAD 图形放置在不同的图层中，可以根据图层来对图形几何对象、文字、标注等元素进行归类处理。

在机械、建筑等工程制图中，图形中主要包括基准线、轮廓线、虚线、剖面线、尺寸线以及文字说明等元素，采用图层来管理这些对象，可以使图形各种信息条理清晰、层次分明，操作起来非常方便。

14.1.1　图层特性管理器【LAYER（LA）】

使用图层控制对象的可见性及指定特性，如颜色和线型。图层上的对象通常采用该图层的特性。

用户可以替代对象的任何图层特性。例如，如果对象的颜色特性设置为ByLayer，则对象将显示该图层的颜色。如果对象的颜色设置为"红"，则不管指定给该图层的是什么颜色，对象都将显示为红色。

其命令启动方式如下。

- 命令行：LAYER（LA）
- 功能区："默认"选项卡→"图层"面板→"图层特性 ▣"
- 菜单："格式"→"图层 ▣"
- 命令条目：'LAYER（用于透明使用）

在命令行输入LA→空格，系统弹出"图层特性管理器"选项板，如图 14-1 所示。可以添加、删除和重命名图层，更改图层特性，设置布局视口的特性替代或添加图层说明并实时应用这些更改。

无须单击"确定"或"应用"按钮即可查看特性更改。图层过滤器控制将在列表中显示的图层，也可以用于同时更改多个图层。

图 14-1　"图层特性管理器"选项板

选项板中主要选项的含义如下。

- 新特性过滤器：显示"图层过滤器特性"对话框，从中可以根据图层的一个或多个特性创建图层过滤器。
- 新建组过滤器：创建图层过滤器，其中包含选择并添加到该过滤器的图层。
- 图层状态管理器：显示图层状态管理器，从中可以将图层的当前特性设置保存到一个命名图层状态中，以后可以再恢复这些设置。
- 新建图层：创建新图层。列表将显示名为 LAYER1 的图层。该名称处于选定状态，因此可以立即输入新图层名。新图层将继承图层列表中当前选定图层的特性（颜色、开或关状态等）。新图层将在最新选择的图层下进行创建。
- 所有视口中已冻结的新图层视口：创建新图层，然后在所有现有布局视口中将其冻结。可以在"模型"选项卡或"布局"选项卡上访问此按钮。
- 删除图层：删除选定图层。只能删除未被参照的图层。参照的图层包括图层 0 和 DEFPOINTS、包含对象（包括块定义中的对象）的图层、当前图层及依赖外部参照的图层。

- 置为当前：将选定图层设置为当前图层。将在当前图层上绘制创建的对象。
- 当前图层：显示当前图层的名称。
- 搜索图层：输入字符时，按名称快速过滤图层列表。关闭图层特性管理器时，不保存此过滤器。
- 状态行：显示当前过滤器的名称、列表视图中显示的图层数和图形中的图层数。
- 反转过滤器：显示所有不满足选定图层特性过滤器中条件的图层。
- 指示正在使用的图层：在列表视图中显示图标以指示图层是否正被使用。在具有多个图层的图形中，清除此选项可提高性能。
- 刷新：通过扫描图形中的所有图元来刷新图层使用信息。
- 设置：显示"图层设置"对话框，从中可以设置新图层通知、是否将图层过滤器更改应用于"图层"工具栏以及更改图层特性替代的背景色。
- 应用：应用对图层和过滤器所做的更改，但不关闭选项板。

14.1.2　"图层过滤器特性"对话框

在图层特性管理器的树状图中选定图层过滤器后，将在列表视图中显示符合过滤条件的图层，如图 14-2 所示。

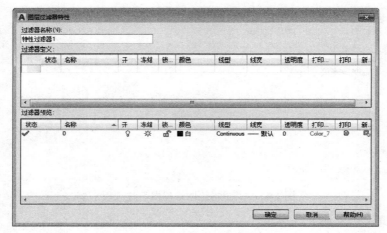

图 14-2　"图层过滤器特性"对话框

各选项的含义如下。

- 过滤器名称：提供用于输入图层特性过滤器名称的空间。
- 显示样例：将在图层过滤器样例中显示图层特性过滤器定义的样例。
- 过滤器定义：显示图层的特性。可以使用一个或多个特性来定义过滤器。例如，可以将过滤器定义为显示所有红或蓝并且正在使用的图层。若要包括多种颜色、线型或线宽，请在下一行复制该过滤器，然后选择其他设置。
- 状态：单击"正在使用"图标或"未使用"图标。
- 名称：在过滤器图层名中使用通配符。例如，输入 *mech*，以包括所有名称中带有 mech 的图层。所有通配符均已在《用户手册》中的"对图层列表进行过滤和排序"表中列出。
- 打开：单击"开"或"关"图标。
- 冻结：单击"冻结"或"解冻"图标。

- 锁定：单击"锁定"或"解锁"图标。
- 颜色：单击"..."按钮可显示"选择颜色"对话框。
- 线型：单击"..."按钮可显示"选择线型"对话框。
- 线宽：单击"..."按钮可显示"线宽"对话框。
- 透明度：单击该字段可显示"图层透明度"对话框。
- 打印样式：单击"..."按钮可显示"选择打印样式"对话框。
- 打印：单击"打印"图标或"不打印"图标。
- 视口颜色：单击"..."按钮可显示"选择颜色"对话框。
- 视口线型：单击"..."按钮可显示"选择线型"对话框。
- 视口线宽：单击"..."按钮可显示"线宽"对话框。
- 视口透明度：单击该字段可显示"图层透明度"对话框。
- 视口打印样式：单击"..."按钮可显示"选择打印样式"对话框。
- 过滤器预览：按照定义的方式显示过滤的结果。

14.1.3 "选择线型"对话框

在"图层特性管理器"选项板中单击"线型"栏，系统弹出"选择线型"对话框，如图 14-3 所示。

对话框中主要选项的含义如下。

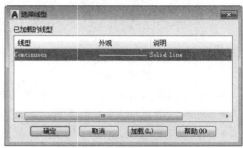

- 已加载的线型：显示当前图形中已加载的线型列表。
- 加载：显示"加载或重载线型"对话框，从中可以将选定的线型加载到图形中并将其添加到线型列表。
- 线型：显示已经加载的线的类型。
- 外观：显示已经加载的线，具体表现外观形式。
- 说明：线的相关解释。

图 14-3 "选择线型"对话框

14.1.4 "线宽"对话框

将线宽指定给图层。可以使用打印样式表编辑器来自定义按其他值打印的线宽。在"图层特性管理器"选项板中单击"线宽"栏，系统弹出"线宽"对话框，如图 14-4 所示。

各选项的含义如下。

- 线宽：显示要应用的可用线宽。可用线宽由图形中最常用的固定值组成。选择线宽以将其应用。
- 旧的：显示上一个线宽。创建图层时，指定的默认线宽为"默认"（按默认值 0.01 英寸或 0.25 毫米打印）。
- 新的：显示指定给图层的新线宽。

图 14-4 "线宽"对话框

14.1.5 "图层设置"对话框

在"图层特性管理器"选项板中单击"设置"按钮 ⚙ ，系统弹出"图层设置"对话框，如图 14-5 所示。该设置可以控制发出新图层通知的时间、在隔离某些图层时的图层行为、是否将图层过滤器应用到"图层"工具栏以及"图层特性管理器"选项板中视口替代的背景色。

各选项的含义如下。

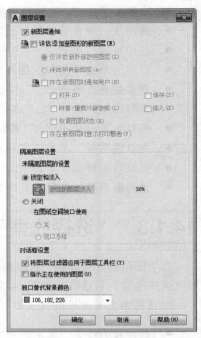

图 14-5　"图层设置"对话框

- 新图层通知：基于 DWG 文件中的 LAYEREVAL 设置控制新图层的计算和通知。
- 评估添加至图形的新图层：检查已添加至图形的新图层。
- 仅评估新外部参照图层：检查已添加至附着的外部参照的新图层。
- 评估所有新图层：检查已添加至图形的新图层（包括已添加至附着的外部参照的新图层）。
- 存在新图层时通知用户：打开新图层通知。
- 打开：使用 OPEN 命令时，如果存在新图层，则显示新图层通知。
- 附着/重载外部参照：附着或重载外部参照时，如果存在新图层，则显示新图层通知。
- 恢复图层状态：如果正在恢复图层状态，则将显示新图层通知。
- 保存：使用 SAVE 命令时，如果存在新图层，则显示新图层通知。
- 插入：使用 INSERT 命令时，如果存在新图层，则显示新图层通知。
- 存在新图层时显示打印警告：使用 PLOT 命令时，如果存在新图层，则显示新图层通知。
- 未隔离图层设置：控制尚未隔离的图层设置。
- 锁定和淡入：选择"锁定和淡入"作为隔离方法。
- 关闭：将非选定图层设置为"关"。
- 视口冻结：将非选定图层设置为"视口冻结"。
- 将图层过滤器应用于图层工具栏：通过应用当前图层过滤器，可以控制功能区上"图层"工具栏及"图层"面板上图层列表中图层的显示。
- 指示正在使用的图层：在列表视图中显示图标以指示图层是否正被使用。在具有多个图层的图形中，清除此选项可提高性能。
- 视口替代背景颜色：显示颜色列表和"选择颜色"对话框，从中可以为视口选择背景色。

14.2　视图控制 ▶

掌握视图的控制不仅给看图带来方便，对绘图效率的提高也有帮助，适时使用不同的视图方式控制视图，使操作更加流畅，下面将具体讲解视图的控制技巧。

14.2.1　重画和重生成

在绘图和编辑过程中，屏幕上经常留下对象的拾取标记，这些临时标记并不是图形中的对象，有时会使当前图形画面显得混乱，这时可以使用重画和重生成图形来清除这些临时标记。

1．重画图形【REDRAW】

在AutoCAD中，使用重画命令，系统将在显示内存中更新屏幕，消除临时标记。使用重画命令（REDRAW），可以更新用户使用的当前视区；使用全部重画命令（REDRAWALL）；可以同时更新多个视口。

使用删除命令删除图形时，屏幕上会出现一些杂乱的标记符号，这是在删除操作时临时拾取对象而留下的临时标记，这些标记符号实际上是不存在的，只是残留的重叠图像。因为AutoCAD使用背景色重画被删除的对象所在的区域时遗漏了一些区域，这就可以使用重画命令。

2．重生成图形【REGEN】

重生成图形和重画图形在本质上是不同的，利用重生成命令可以再生屏幕，此时系统从磁盘中调用当前的数据，比重画命令执行的速度慢，更新屏幕花费的时间长。在AutoCAD中，某些操作只有在使用重生成命令后才有效，如改变点的格式。如果一直使用某个命令修改编辑图形，但该图形似乎看不出什么变化，此时进行重生成后即可看到屏幕的显示变化了。

重生成命令如果采用REGEN可以更新当前视区，如果采用REGENALL命令可以同时更新多重视口。

14.2.2　缩放视图【ZOOM（Z）】

按一定的比例因子、观测位置和角度显示的图形称为视图。在AutoCAD中，可以通过缩放视图来观察图形对象。

缩放视图可以增加或减少图形对象的屏幕显示尺寸，但对象的真实尺寸保持不变，通过改变显示区域和图形对象的大小，可以更准确、更详细地绘图。

其命令启动方式如下。

- 命令行：ZOOM（Z）
- 功能区："视图"选项卡→"导航"面板→"实时🔍"
- 菜单："视图"→"缩放"→"实时🔍"
- 快捷菜单：没有选定对象时，在绘图区域单击鼠标右键并选择"缩放"选项进行实时缩放

缩放有多种方式，可以在命令行输入Z→空格，命令行出现的提示缩放选项如下：

```
命令：Z  ZOOM
指定窗口的角点，输入比例因子（nX 或 nXP），或者
[全部(A)/中心(C)/动态(D)/范围(E)/上一个(P)/比例(S)/窗口(W)/对象(O)] <实时>：
```

也可以在导航面板中单击"缩放"按钮，系统弹出缩放下拉列表，如图 14-6 所示。此外在绘图区导航器上单击"缩放"图标，也可以进行快速缩放，如图 14-7 所示。

图 14-6 缩放下拉列表

图 14-7 缩放

下面将详细讲解缩放的操作和含义。

- 全部：缩放以显示所有可见对象和视觉辅助工具。调整绘图区域，以适应图形中所有可见对象的范围，或者适应视觉辅助工具（如栅格界限LIMITS命令）的范围，取两者中较大者。
- 动态：使用矩形视图框进行平移和缩放。视图框表示视图，可以更改它的大小，或者在图形中移动。移动视图框或调整它的大小，将其中的视图平移或缩放，以充满整个视口。在透视投影中不可用。
- 范围：缩放以显示所有对象的最大范围。计算模型中每个对象的范围，并使用这些范围来确定模型应填充窗口的方式。
- 上一个：缩放显示上一个视图。最多可恢复此前的 10 个视图。
- 比例：使用比例因子缩放视图以更改其比例。
- 窗口：缩放显示矩形窗口指定的区域。使用光标，可以定义模型区域以填充整个窗口。
- 对象：缩放以便尽可能大地显示一个或多个选定的对象并使其位于视图的中心。可以在启动 ZOOM 命令前后选择对象。
- 实时：交互缩放以更改视图的比例。光标将变为带有加号（+）和减号（-）的放大镜。在窗口的中点按住拾取键并垂直移动到窗口顶部则放大 100%。反之，在窗口的中点按住拾取键并垂直向下移动到窗口底部则缩小 100%。达到放大极限时，光标上的加号将消失，表示将无法继续放大。达到缩小极限时，光标上的减号将消失，表示将无法继续缩小。释放拾取键时缩放终止。可以在释放拾取键后将光标移动到图形的另一个位置，然后按住拾取键便可从该位置继续缩放显示。

14.2.3 平移视图【PAN（P）】

改变视图而不更改查看方向或比例。用户可以实时平移图形显示。

其命令启动方式如下。

- 命令行：PAN（P）
- 功能区："视图"选项卡 → "导航"面板 → "平移🖐"
- 菜单："视图" → "平移" → "实时🖐"
- 右键快捷菜单：不选定任何对象，在绘图区域单击鼠标右键并选择"平移"选项还可以直接单击绘图区导航器上的"平移"按钮，然后按住鼠标左键直接进行平移操作，如图 14-8 所示。

图 14-8　导航器平移

14.2.4　动态观察

动态观察是在空间上进行多方向任意看图，有动态观察、自由动态观察和连续动态观察 3 种方式。

1．动态观察【3DORBIT（3DO）】

在三维空间中旋转视图，但仅限于水平动态观察和垂直动态观察。启动此命令之前选择多个对象中的一个可以限制为仅显示此对象。

命令处于激活状态时，单击鼠标右键，可以显示快捷菜单中的其他选项。

3DORBIT 在当前视口中激活三维动态观察视图。启动命令之前，可以查看整个图形，或者选择一个或多个对象。

其命令启动方式如下。

- 命令行：3DORBIT（3DO）
- 功能区："视图"选项卡→"导航"面板→"动态观察"下拉列表→"动态观察✛"
- 菜单："视图"→"动态观察"→"受约束的动态观察✛"
- 定点设备：按住Shift 键并单击鼠标滚轮可临时进入"三维动态观察"模式
- 右键快捷菜单：启动任意三维导航命令，在绘图区域中单击鼠标右键，然后依次选择"其他导航模式"和"受约束的动态观察"选项

2．自由动态观察【3DFORBIT（3DF）】

在三维空间中旋转视图而不约束。启动此命令之前，选择多个对象中的一个可以限制为仅显示此对象。命令处于激活状态时，单击鼠标右键可以显示快捷菜单中的其他选项。

其命令启动方式如下。

- 命令行：3DFORBIT（3DF）
- 功能区："视图"选项卡→"导航"面板→"动态观察"下拉列表→"自由动态观察🪐"
- 菜单："视图"→"动态观察"→"自由动态观察🪐"
- 定点设备:按住 Shift＋Ctrl 组合键，然后单击鼠标滚轮暂时进入 3DFORBIT 模式
- 右键快捷菜单：启动任意三维导航命令，在绘图区域中单击鼠标右键，然后依次选择"其他导航模式"和"自由动态观察"选项

3. 连续动态观察【3DCORBIT（3DC）】

其命令启动方式如下。

- 命令行：3DCORBIT（3DC）
- 功能区："视图"选项卡→"导航"面板→"动态观察"下拉列表→"连续动态观察 ❐"
- 菜单："视图" → "动态观察" → "连续动态观察 ❐"
- 右键快捷菜单：启动任意三维导航命令，在绘图区域中单击鼠标右键，然后依次选择"其他导航模式"和"连续动态观察"选项

14.2.5 视图管理器（VIEW）

视图管理器是用来创建、设置、重命名、修改和删除命名视图（包括模型命名视图）、相机视图、布局视图和预设视图。

其命令启动方式如下。

- 命令行：VIEW
- 功能区："视图"选项卡→"视图"面板→"视图管理器 ❐"
- 菜单："视图" → "命名视图 ❐"

在"视图"面板中单击"视图 "→❐按钮，系统弹出"视图管理器"对话框，如图 14-9 所示。

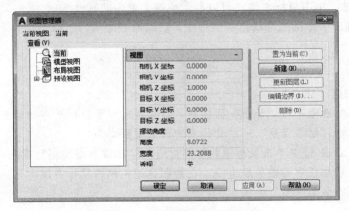

图 14-9 "视图管理器"对话框

对话框中主要选项的含义如下。

- 视图：显示可用视图的列表。可以展开每个节点（"当前"节点除外）以显示该节点的视图。
- 当前：显示当前视图及其"查看"和"剪裁"特性。
- 模型视图：显示命名视图和相机视图列表，并列出选定视图的"常规""查看"和"剪裁"特性。
- 布局视图：在定义视图的布局上显示视口列表，并列出选定视图的"常规"和"查看"特性。
- 预设视图：显示正交视图和等轴测视图列表，并列出选定视图的"常规"特性。
- 新建：显示"新建视图/快照特性"对话框或"新建视图"对话框。
- 更新图层：更新与选定的视图一起保存的图层信息，使其与当前模型空间和布局视口中的图层可见性匹配。

- 编辑边界: 显示选定的视图, 绘图区域的其他部分以较浅的颜色显示, 从而显示命名视图的边界。
- 删除: 删除选定的视图。

14.2.6 视觉样式【VISUALSTYLES】

创建和修改视觉样式, 并将视觉样式应用于视口。视觉样式是一组自定义设置, 用来控制当前视口中三维实体和曲面的边、着色、背景和阴影的显示。

其命令启动方式如下。

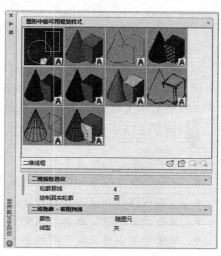

- 命令行: VISUALSTYLES
- 菜单: "工具" → "选项板" → "视觉样式⊗"

视觉样式控制边、光源和着色的显示。可通过更改视觉样式的特性控制其效果。应用视觉样式或更改其设置时, 关联的视口会自动更新以反映这些更改。"视觉样式管理器"选项板将显示图形中可用的所有样式。选定样式的设置将显示在样例图像下方的面板中。

系统提供的预定义视觉样式如图14-10所示。

主要预定义样式含义如下。

图14-10　"视觉样式管理器"选项板

- 二维线框: 通过使用直线和曲线表示边界的方式显示对象。
- 概念: 使用平滑着色和古氏面样式显示对象。古氏面样式在冷暖颜色而不是明暗效果之间转换。效果缺乏真实感, 但可以更方便地查看模型的细节。
- 隐藏: 使用线框表示法显示对象, 而隐藏表示背面的线。
- 真实: 使用平滑着色和材质显示对象。
- 着色: 使用平滑着色显示对象。
- 带边缘着色: 使用平滑着色和可见边显示对象。
- 灰度: 使用平滑着色和单色灰度显示对象。
- 勾画: 使用线延伸和抖动边修改器显示手绘效果的对象。
- 线框: 通过使用直线和曲线表示边界的方式显示对象。
- X 射线: 以局部透明度显示对象。

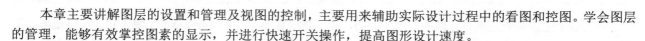

14.3 本章小节

本章主要讲解图层的设置和管理及视图的控制, 主要用来辅助实际设计过程中的看图和控图。学会图层的管理, 能够有效掌控图素的显示, 并进行快速开关操作, 提高图形设计速度。

另外, 在设计过程中, 图形的全方位观察和操控, 对提高设计效率有非常大的帮助。

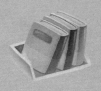

第 15 章

三维基础和三维实体

在工程设计和绘图过程中，三维图形应用越来越广泛，在工程领域，虚拟制造技术、工艺过程数值模拟和仿真技术等，都是以三维图形为基础。在机械行业，大量的加工采用现代数控三维精确成型加工，都是在三维的基础上进行。因此，三维造型应用越来越广泛。

学习目标

- 了解三维绘图的基本术语
- 掌握三维坐标系下的坐标表示方法
- 了解视图观测点的设置方法
- 掌握通过消隐、着色及改变系统变量观测三维图形的方法
- 掌握绘制简单三维空间线条的方法
- 掌握三维实体的绘制技巧
- 掌握使用标高和厚度绘制三维图形的方法

15.1 坐标系

三维空间是建立在三维坐标系基础之上的，坐标系的每两根轴相互垂直，组成坐标面，三个坐标面将空间分成 8 个象限，空间上的任何点都与坐标系的点一一对应。因此，掌握好坐标系，对理解三维造型有很大的帮助。

15.1.1 世界坐标系【WCS】

世界坐标系WCS，又称通用坐标系，在未指定用户坐标系UCS之前，系统将以世界坐标系为默认的坐标系。世界坐标系是系统固定的原始坐标系，是永远不能改变的。

15.1.2 坐标系轴向——右手定则

应用右手定则判断三维坐标轴的位置和方向，在三维坐标系中，如果已知X和Y轴方向，可以使用右手法则确定Z轴的正方向，将右手手背靠近屏幕，让大拇指、食指和中指两两相互垂直。大拇指指向X轴的正方向，伸出食指和中指，食指指向Y轴正方向，中指指向的方向即Z轴正方向，如图 15-1 所示。

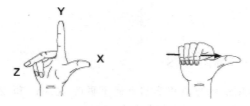

图 15-1　右手定则

15.1.3　用户坐标系【UCS】

用户坐标系UCS为坐标输入、操作平面和视窗提供了一种可变坐标。对象绘制始终在当前UCS的XY平面上进行。

UCS 是处于活动状态的坐标系，用于建立图形和建模的 XY 平面（工作平面）和 Z 轴方向。控制 UCS 原点和方向，可在指定点、输入坐标和使用绘图辅助工具（如正交模式和栅格）时更便捷地处理图形。

如果视口的 UCSVP 系统变量设置为 1，则 UCS 可与视口一起存储。

用户坐标系（UCS）是可移动的坐标系。通过 UCS 图标，可以看到当前 UCS 的位置和方向。通过单击 "UCS" 图标并使用其夹点，可以操纵 UCS。使用 UCSICON 命令可以显示 UCS 图标的选项。

默认情况下，"坐标" 面板在 "草图与注释" 工作空间中处于隐藏状态。要显示 "坐标" 面板，可单击 "视图" 选项卡，再单击鼠标右键并选择 "显示面板" → "坐标" 选项，如图 15-2 所示。

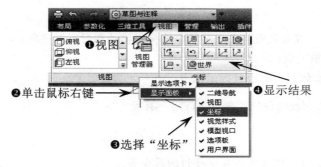

图 15-2　显示 "坐标" 面板

其命令启动方式如下。

- 命令行：UCS
- 功能区："视图" 选项卡→ "坐标" 面板→ "UCS∠"
- 菜单："工具" → "新建 UCS∠"
- 右键快捷菜单：在 UCS 图标上单击鼠标右键，然后选择对应的选项

在命令行输入UCS→空格，启动用户坐标系，命令行提示如下：

```
命令：UCS
当前 UCS 名称：*世界*
指定 UCS 的原点或 [面(F)/命名(NA)/对象(OB)/上一个(P)/视图(V)/世界(W)/X/Y/Z/Z 轴(ZA)]<世界>：
```

UCS提供了多种定义的方式

1．指定 UCS 的原点

使用一点、两点或三点定义一个新的 UCS。

- 如果指定单个点，当前 UCS 的原点将会移动而不更改 X、Y 和 Z 轴的方向。
- 如果指定第二个点，则 UCS 旋转将绕正 X 轴通过该点。
- 如果指定第三个点，则 UCS 绕新的 X 轴旋转来定义正 Y 轴。

这三点可以指定原点、正 X 轴上的点及Y轴上的点，如图 15-3 所示。

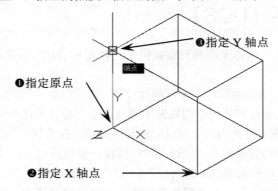

图 15-3　指定三点定义 UCS

2．面（F）

选择并拖动 UCS 图标（或者从原点夹点菜单中选择"移动和对齐"选项），将 UCS 与面动态对齐。将 UCS 动态对齐到三维对象的面。

在命令行输入F并选择实体面，命令行提示如下：

> 输入选项 ［下一个(N)/X 轴反向(X)/Y 轴反向(Y)］ <接受>：

各选项的含义如下。

- 下一个：将 UCS 定位于邻接的面或选择边的后向面。
- X 轴反向：将 UCS 绕 X 轴旋转 180°。
- Y 轴反向：将 UCS 绕 Y 轴旋转 180°。
- 接受：接受更改，然后放置 UCS。

3．命名【NA】

保存或恢复命名 UCS 定义。也可以在该 UCS 图标上单击鼠标右键并选择"命名 UCS"选项来保存或恢复命名 UCS 定义。

在命令行输入NA→空格，命令行提示如下：

> 输入选项 ［恢复(R)/保存(S)/删除(D)/?］：

各选项的含义如下。

- 恢复：恢复已保存的 UCS 定义，使它成为当前 UCS。

- 保存：把当前 UCS 按指定名称保存。
- 删除：从已保存的定义列表删除指定的 UCS 定义。
- ?：列出保存的 UCS 定义，显示每个保存的 UCS 定义相对于当前 UCS 的原点和 X、Y 和 Z 轴。输入星号以列出所有 UCS 定义。如果当前 UCS 与世界坐标系（WCS）相同，则作为"世界"列出。如果它是自定义的但未命名，则作为"无名称"列出。

4. 对象【OB】

将 UCS 与选定的二维或三维对象对齐。UCS 可与任何对象类型对齐（除了参照线和三维多段线）。

将光标移到对象上，以查看UCS如何对齐的预览，并单击以放置 UCS。大多数情况下，UCS 的原点位于离指定点最近的端点，X 轴将与边对齐或与曲线相切，并且 Z 轴垂直于对象对齐。

5. 上一个【P】

恢复上一个 UCS。可以在当前任务中逐步返回最后 10 个 UCS 设置。对于模型空间和图纸空间，UCS 设置单独存储。

6. 视图【V】

将 UCS 的 XY 平面与垂直于观察方向的平面对齐。原点保持不变，但 X 轴和 Y 轴分别变为水平和垂直。

7. 世界【W】

将 UCS 与世界坐标系（WCS）对齐。也可以单击 UCS 图标并从原点夹点菜单中选择"世界"选项。

8. X、Y、Z【X、Y、Z】

绕指定轴旋转当前 UCS。

输入X，则UCS绕X轴旋转，将右手拇指指向 X 轴的正向，卷曲其余四指。其余四指所指的方向即绕轴的正旋转方向。

输入Y，则UCS绕Y轴旋转，将右手拇指指向 Y 轴的正向，卷曲其余四指。其余四指所指的方向即绕轴的正旋转方向。

输入Z，则UCS绕Z轴旋转，将右手拇指指向 Z 轴的正向，卷曲其余四指。其余四指所指的方向即绕轴的正旋转方向。

9. Z 轴【ZA】

将 UCS 与指定的正 Z 轴对齐。UCS 原点移动到第一个点，其正 Z 轴通过第二个点。

案例 15-1：采用新建 UCS 绘图

采用新建UCS绘制如图 15-4 所示的图形。操作步骤如下：

步骤1 设置视图。单击绘图区左上角视图控件，弹出视图控件下拉列表，在列表中选择"西南等轴测"视图，如图 15-5 所示。

步骤2 绘制矩形。在命令行输入REC→空格，选取任意点为起点，再输入D，指定长为 108，宽为 78，单击鼠标左键，完成矩形的绘制，结果如图 15-6 所示。

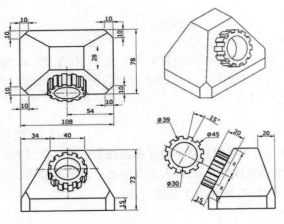

图 15-4　新建 UCS 绘图　　　　　　图 15-5　设置视图　　　　　　图 15-6　绘制矩形

步骤 **3** 复制矩形。在命令行输入CO→空格，选取刚绘制的矩形，再任意单击一点为起点，输入向上平移距离为 15，结果如图 15-7 所示。

步骤 **4** 绘制矩形。在命令行输入REC→空格，选取任意点为起点，再输入D，指定长为 40，宽为 28，单击鼠标左键，完成矩形的绘制，结果如图 15-8 所示。

步骤 **5** 平移矩形。在命令行输入M→空格，选取平移起点为刚绘制的矩形上中点，输入from后，捕捉上一步平移后的矩形上中点，输入（@0,-20,58），结果如图 15-9 所示。

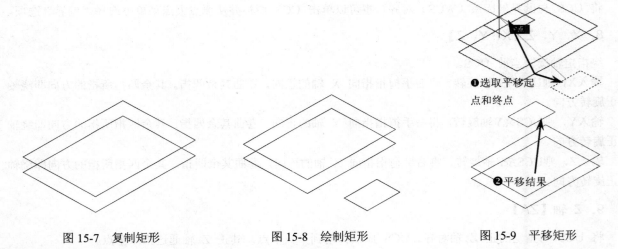

图 15-7　复制矩形　　　　　　图 15-8　绘制矩形　　　　　　图 15-9　平移矩形

步骤 **6** 创建拉伸实体。在命令行输入EXT→空格，选取底部矩形，输入高度为 15，结果如图 15-10 所示。

步骤 **7** 创建放样实体。在命令行输入LOFT→空格，选取要进行放样的对象，结果如图 15-11 所示。

步骤 **8** 布尔合并。在命令行输入UNI→空格，选取所有实体并确认，系统将所有实体进行合并，结果如图 15-12 所示。

步骤 **9** 绘制线。在命令行输入L→空格，选取侧边的中点进行连线，绘制结果如图 15-13 所示。

步骤 **10** 新建UCS。在命令行输入UCS→空格，选取刚绘制的线中点为原点，侧边线中点为X轴上的点，线上端点为Y轴上的点，结果如图 15-14 所示。

步骤 **11** 绘制圆。在命令行输入C→空格，选取任意点为圆心，输入直径值为 39 和 45，绘制结果如图 15-15 所示。

图 15-10　拉伸

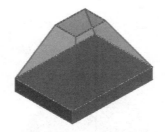

图 15-11　创建放样实体

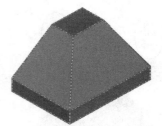

图 15-12　布尔合并

图 15-13　绘制线

图 15-14　新建 UCS

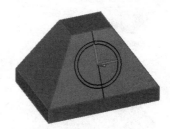

图 15-15　绘制圆

步骤 12 旋转。在命令行输入RO→空格，选取之前绘制的竖直连线，再输入C进入复制模式，旋转中心为圆心，旋转角度为 15°，结果如图 15-16 所示。

步骤 13 修剪。在命令行输入TR→空格→空格，选取要修剪的图素，修剪结果如图 15-17 所示。

步骤 14 创建面域。在命令行输入REG→空格，选取刚绘制的二维对象，单击以确认创建两个面域，结果如图 15-18 所示。

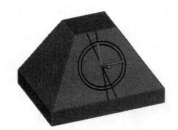

图 15-16　旋转

图 15-17　修剪

图 15-18　创建面域

步骤 15 极轴阵列。在命令行输入AR→空格，选取矩形为阵列对象，再输入PO→空格，启动极轴阵列，选取阵列基点为圆心，设置项目数为 12，操作如图 15-19 所示。

步骤 16 面域布尔合并。在命令行输入UNI→空格，选取所有面域并确认，系统将所有面域进行合并，结果如图 15-20 所示。

步骤 17 创建拉伸实体。在命令行输入EXT→空格，选取刚创建的面域，输入高度为 15，结果如图 15-21 所示。

步骤 18 实体布尔合并。在命令行输入UNI→空格，选取所有实体并确认，系统将所有实体进行合并，结果如图 15-22 所示。

步骤 19 绘制圆。在命令行输入C→空格，选取刚绘制的凸台顶面圆心，输入半径值为 15，绘制结果如图 15-23 所示。

步骤 20 创建拉伸实体。在命令行输入EXT→空格，选取刚创建的圆，输入高度为-20，结果如图 15-24 所示。

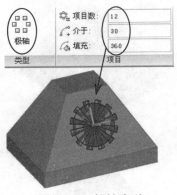

图 15-19　极轴阵列

图 15-20　面域布尔合并

图 15-21　拉伸

图 15-22　实体布尔运算

图 15-23　绘制圆

图 15-24　创建拉伸实体

步骤 21 创建布尔减操作。在命令行输入SU→空格，选取之前绘制的实体，再选取刚创建的实体，确认后即可进行布尔减运算，结果如图 15-25 所示。

步骤 22 三维倒角。在命令行输入CHA→空格，再输入D，设置倒角矩形为D1=D2=10，分别选取参考面和要倒角的边，结果如图 15-26 所示。

图 15-25　创建布尔减操作

❶ 先以此面为参考面倒两条边

❷ 再以此面为参考面倒另外两条边

图 15-26　三维倒角

15.2　ViewCube 控件

　　ViewCube 是用户在二维模型空间或三维视觉样式中处理图形时显示的导航工具。通过 ViewCube，用户可以在标准视图和等轴测视图间切换。

ViewCube是持续存在的、可单击和可拖动的界面，它可用于在模型的标准与等轴测视图之间切换。显示ViewCube时，它将显示在模型上绘图区域中的一个角上，且处于非活动状态。

ViewCube 工具将在视图更改时提供有关模型当前视点的直观反映。当光标放置在 ViewCube 工具上时，它将变为活动状态。用户可以拖动或单击ViewCube、切换至可用预设视图之一、滚动当前视图或更改为模型的主视图。

15.2.1　ViewCube 重定向视图

用户可以通过单击 ViewCube上的预定义区域或拖动 ViewCube工具来重定向模型的当前视图。

ViewCube提供了 26 个已定义部分，用户可以单击这些部分来更改模型的当前视图。这 26 个已定义部分按类别分为三组：角、边和面。在这 26 个预定义部分中，有 6 个代表模型的标准正交视图：上、下、前、后、左、右。通过单击 ViewCube 上的一个面设置正交视图。

使用其他 20 个预定义部分可以访问模型的带角度视图。单击 ViewCube 上的一个角，可以基于模型三个侧面所定义的视点，将模型的当前视图重定向为四分之三视图。单击一条边，可以基于模型的两个侧面，将模型的视图重定向为半视图。

ViewCube的轮廓有助于识别其所处方向的形式：标准形式或固定形式。当 ViewCube 处于标准形式的方向且其方向未调整到 26 个预定义部分之一时，其轮廓将显示为虚线。在被约束到一个预定义的视图时，ViewCube 的轮廓将显示为连续的实线。

可以通过单击ViewCube的立方体边、角点、面来控制模型视图，如图 15-27 所示。

通过**边**控制　　　　通过**角点**控制　　　　通过**面**控制

图 15-27　视图控制

15.2.2　ViewCube 自定义视图

用户还可以单击并拖动 ViewCube，将模型视图重定向为除 26 个预定义部分以外的自定义视图。

如果将 ViewCube 拖动到靠近其中一个预设方向的位置，且设置为捕捉到最近的视图，则 ViewCube 将旋转到最近的预设方向。

ViewCube 围绕选择集轴心点重定向视图。

- 如果未选择对象，则轴点位于视图的中心。
- 如果选择了对象，则轴点位于选定对象的中心。
- 如果选择了多个对象，则轴点位于选定对象的范围的中心。

15.2.3　ViewCube 滚动面视图

ViewCube除了以上操控动作外，在ViewCube旁边还有控制滚动按钮。单击这些滚动按钮可以很方便地控制视图定向旋转。

从一个面视图查看模型时，ViewCube 附近将显示两个滚动箭头按钮。使用滚动箭头可将当前视图围绕视图中心顺时针或逆时针旋转 90°，如图 15-28 所示。

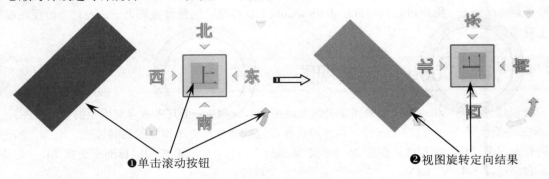

图 15-28　滚动旋转视图

15.2.4　ViewCube 切换至相邻面

若在 ViewCube 处于活动状态时，从一个面视图查看模型，则四个正交三角形会显示在 ViewCube 附近。可以使用这些三角形切换到其中一个相邻面视图。

在俯视图上单击右侧的正交三角形后，视图翻转，结果如图 15-29 所示。

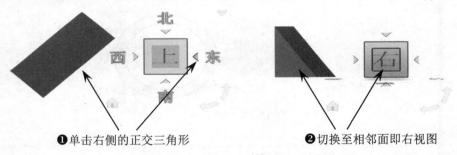

图 15-29　切换至相邻面

15.2.5　ViewCube 外观控制设置

ViewCube 以不活动状态或活动状态显示。当处于非活动状态时，默认情况下会显示为部分透明，以便不会遮挡模型的视图。当处于活动状态时，它是不透明的，可能会遮挡模型当前视图中的对象视图。

除了可以控制 ViewCube 处于非活动状态时的不透明度级别，还可以控制 ViewCube 的以下特性：

- 大小；
- 位置；
- UCS 菜单的显示；
- 默认方向；
- 指南针显示。

在ViewCube控件上单击鼠标右键,在弹出的快捷菜单中选择"ViewCube设置"选项,系统弹出"ViewCube
设置"对话框,如图15-30所示。在"ViewCube设置"对话框中可以设置大小、位置、UCS菜单显示及方向
和指南针的显示。

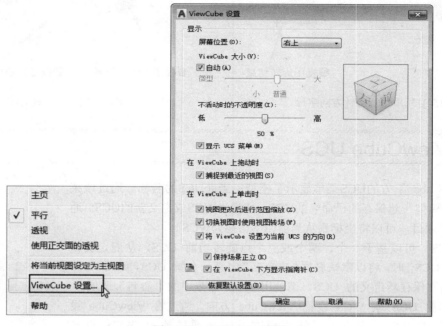

图 15-30　ViewCube 设置

"ViewCube设置"对话框中主要选项的含义如下。

- 屏幕位置: 标识显示 ViewCube 视口中的角点。
- ViewCube大小: 指定ViewCube的大小。选择"自动"可根据活动视口的当前大小、活动布局的缩放
  比例或图形窗口调整ViewCube工具的大小。
- 不活动时的不透明度: 控制未激活ViewCube 时ViewCube的不透明度。
- 预览缩略图: 根据当前设置,显示ViewCube的实时预览。
- 显示UCS菜单: 控制 ViewCube下的UCS下拉菜单的显示。
- 捕捉到最近的视图: 指定通过拖动ViewCube更改视图时,是否将当前视图调整为最接近的预设视图。
- 视图更改后进行范围缩放: 指定在更改视图后,是否强制模型布满当前视口。
- 切换视图时使用视图转场: 在视图间切换时控制平滑视口转场的使用。
- 将 ViewCube 设置为当前UCS的方向: 控制ViewCube 是反映当前UCS还是反映WCS。
- 保持场景正立: 指定是否可以颠倒模型的视点。
- 在ViewCube 下方显示指南针: 控制是否在ViewCube工具下方显示指南针。
- 恢复默认设置: 应用ViewCube工具的默认设置。

15.2.6　ViewCube 指南针操控

指南针显示在ViewCube下方,用于指示为模型定义的北向。可以单击指南针上的基本方向字母以旋转
模型,如图15-31所示。

也可以单击并拖动指南针环以交互方式围绕轴心点旋转模型，如图 15-32 所示。

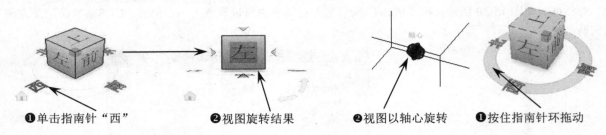

❶单击指南针"西"　　　❷视图旋转结果　　　❷视图以轴心旋转　　❶按住指南针环拖动

图 15-31　单击指南针方向字母　　　　　　　图 15-32　指南针旋转

15.2.7　ViewCube UCS

位于 ViewCube 下方的UCS菜单显示了模型中当前UCS的名称。通过该菜单，可以恢复随模型一起保存的已命名的UCS、切换为WCS或定义新的UCS。通过菜单上的WCS项目，可以将坐标系从当前UCS切换为WCS。

通过新 UCS，可以基于一个、两个或三个点旋转当前 UCS，从而定义新 UCS。选择"新 UCS"时，将以默认名称"未命名"定义一个新 UCS，如图 15-33 所示。若要以名称保存新定义的 UCS，请使用 UCS 命令中的"命名"选项。

可以使用当前 UCS 或 WCS 设置 ViewCube 方向。通过将 ViewCube 设置为当前 UCS 的方向，用户可了解建模的方向。通过使用 WCS 设置 ViewCube 方向，用户可以基于模型的北向和向上方导航模型。用于控制 ViewCube 方向的设置在"ViewCube 设置"中提供。

图 15-33　ViewCube UCS

15.3　导航栏 ▶

导航栏是一种用户界面元素,用户可以从中访问通用导航工具和特定于产品的导航工具,如图 15-34 所示。

通用导航工具是指那些可在多种 Autodesk 产品中找到的工具。产品特定的导航工具为该产品所特有。导航栏在当前绘图区域的一个边上方沿该边浮动。

通过单击导航栏中的按钮,或者选择在单击分割按钮的较小部分时显示的列表中的某个工具,均可启动导航工具。

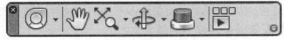

图 15-34　导航栏

导航栏中提供了以下通用导航工具:

- ViewCube。指示模型的当前方向,并用于重定向模型的当前视图。
- SteeringWheels。提供在专用导航工具之间快速切换的控制盘集合。
- ShowMotion。用户界面元素,可提供用于创建和回放以便进行设计查看、演示和书签样式导航的屏幕显示。

- 3Dconnexion。一组导航工具，用于通过 3Dconnexion 三维鼠标重新确定模型当前视图的方向。

导航栏中提供了以下特定于产品的导航工具：

- 平移。平行于屏幕移动视图。
- "缩放"工具。一组导航工具，用于增大或缩小模型当前视图的比例。
- 动态观察工具。用于旋转模型当前视图的导航工具集。

15.4 绘制基本实体

基本实体即是AutoCAD系统开发的将常用的一些基本的实体模型集合在一起，通过输入参数即可创建实体的工具。无须绘制截面和线条。基本实体包括长方体、球体、圆柱体、圆锥体、楔体、圆环体、多段体等。

15.4.1 长方体【BOX】

长方体即六面体，是最基本的实体，由 6 个平面组成。
其命令启动方式如下。

- 命令行：BOX
- 功能区："常用"选项卡→"建模"面板→"长方体 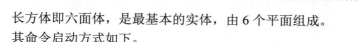"
- 菜单："绘图"→"建模"→"长方体 "

命令行提示如下：

命令：BOX
指定第一个角点或 [中心(C)]：
指定其他角点或 [立方体(C)/长度(L)]：
指定高度或 [两点(2P)]：20

命令行中各选项的含义如下。

- 第一角点：通过设置第一个角点开始绘制长方体。
- 指定其他角点：设置长方体底面的对角点和高度。
- 立方体：创建一个长、宽、高相同的长方体。
- 长度：按照指定长宽高创建长方体。长度与 X 轴对应，宽度与 Y 轴对应，高度与 Z 轴对应。输入正值将沿当前 UCS 的 Z 轴正方向绘制高度。输入负值将沿 Z 轴负方向绘制高度。始终将长方体的底面绘制为与当前 UCS 的 XY 平面（工作平面）平行。在 Z 轴方向上指定长方体的高度，可以为高度输入正值和负值。
- 中心点：使用指定的中心点创建长方体。
- 两点：指定长方体的高度为两个指定点之间的距离。

案例 15-2：长方体

采用长方体绘制如图 15-35 所示的图形。操作步骤如下：

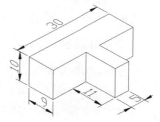

图 15-35 凸型块

步骤 **1** 设置视图为东南等轴测。在绘图区单击视图控件，弹出视图下拉列表，选择"东南等轴测"视图，如图 15-36 所示。

步骤 **2** 绘制 9×30×10 的长方体。在命令行输入BOX→空格，在绘图区指定任意点，然后输入（@9,30,10）后按空格键确定，绘制出长方体，如图 15-37 所示。

步骤 **3** 绘制 11×5×10 的长方体。采用上面的步骤，在任意点绘制 11×5×10 的长方体，结果如图 15-38 所示。

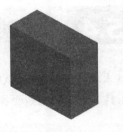

图 15-36　切换视图　　　　　图 15-37　绘制长方体　　　　　图 15-38　绘制长方体

步骤 **4** 平移长方体。在命令行输入M→空格，选取 9×30×10 的长方体，系统提示选取平移起点，选取 9×30×10 的长方体顶面左中点，移动到 11×5×10 的长方体顶面右中点，结果如图 15-39 所示。

步骤 **5** 布尔合并。在命令行输入UNI→空格，框选所有实体并确认，即可完成合并，如图 15-40 所示（鼠标悬停在上面，显示只有一个实体预选状态，表明已经合并成功）。

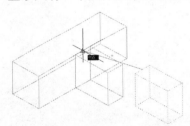
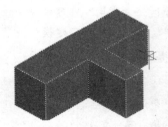

图 15-39　平移长方体　　　　　　　　　　图 15-40　布尔合并

15.4.2　球体【SPHERE（SPH）】

可以通过指定圆心和半径上的点创建球体。可以通过 FACETRES 系统变量控制着色或隐藏视觉样式的曲线式三维实体（如球体）的平滑度。

其命令启动方式如下。

- 命令行：SPHERE（SPH）
- 功能区："常用"选项卡→"建模"面板→"球体⚪"
- 菜单："绘图"→"建模"→"球体⚪"

命令行提示如下：

命令：SPHERE
指定中心点或 [三点(3P)/两点(2P)/切点、切点、半径(T)]:
指定半径或 [直径(D)]:

命令行中各选项的含义如下。

- 中心点：指定球体的圆心。指定圆心后，将放置球体，使其中心轴与当前用户坐标系（UCS）的 Z 轴平行。纬线与 XY 平面平行。
- 半径：定义球体的半径。
- 直径：定义球体的直径
- 三点（3P）：通过在三维空间的任意位置指定 3 个点来定义球体的圆周。3 个指定点也可以定义圆周平面。
- 两点（2P）：通过在三维空间的任意位置指定两个点来定义球体的圆周。第一点的 Z 值定义圆周所在平面。
- 切点、切点、半径(T)：通过指定半径定义可与两个对象相切的球体。指定的切点将投影到当前 UCS。

案例 15-3：球体

采用球体绘制如图 15-41 所示的图形。操作步骤如下：

步骤1 设置视角。单击绘图区左上角视图控件，弹出"视图控件"下拉列表，选择"西南等轴测"视图，如图 15-42 所示。

步骤2 绘制正方体。在命令行输入BOX→空格，指定任意点为中心，然后输入（@20,20,20），结果如图 15-43 所示。

图 15-41 绘制球体

步骤3 绘制直线。在命令行输入L→空格，选取正方体顶面边的中点进行连线，绘制结果如图 15-44 所示。

图 15-42 切换视图

图 15-43 绘制正方体

图 15-44 绘制直线

步骤4 新建UCS。在命令行输入UCS→空格，将UCS坐标系原点移动到刚绘制线的中点，结果如图 15-45 所示。

步骤5 绘制球体。在命令行输入SPH→空格，指定线中点为球心，输入半径为 3，结果如图 15-46 所示。

步骤6 绘制直线。在命令行输入L→空格，选取正方形左面边的中点进行连线，绘制结果如图 15-47 所示。

图 15-45 新建 UCS

图 15-46 绘制球体

图 15-47 绘制直线

步骤 **7** 新建UCS。在命令行输入UCS→空格，将UCS坐标系原点移动到刚绘制线的中点，结果如图 15-48 所示。

步骤 **8** 绘制球体。在命令行输入SPH→空格，指定点坐标为（-3,0,0）和（3,0,0），输入半径为 2，结果如图 15-49 所示。

步骤 **9** 绘制线。在命令行输入L→空格，选取正方形前面对角点进行连线，绘制结果如图 15-50 所示。

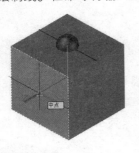

图 15-48　新建 UCS

图 15-49　绘制球体

图 15-50　绘制线

步骤 **10** 新建UCS。在命令行输入UCS→空格，将UCS坐标系原点移动到刚绘制线的中点，结果如图 15-51 所示。

步骤 **11** 绘制球体。在命令行输入SPH→空格，指定点坐标为（0,0,0）、（-,5,0,0）和（5,0,0），输入半径为 2，结果如图 15-52 所示。

步骤 **12** 创建布尔减操作。在命令行输入SU→空格，先选取之前绘制的立方体，再选取刚创建的所有球体，确认后即可进行布尔减运算，结果如图 15-53 所示。

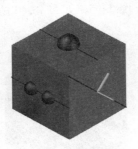

图 15-51　新建 UCS

图 15-52　绘制球体

图 15-53　创建布尔减操作

步骤 **13** 删除线。在命令行输入E→空格，选取所有辅助线为要删除的对象，确认即可删除，结果如图 15-54 所示。

步骤 **14** 倒圆角。在命令行输入F→空格，选取边并输入半径为 1，然后单击其他要倒圆角的边，结果如图 15-55 所示。

步骤 **15** 倒圆角。在命令行输入F→空格，选取边并输入半径为 0.5，然后单击其他要倒圆角的边，结果如图 15-56 所示。

图 15-54　删除线

图 15-55　倒圆角

图 15-56　倒圆角

15.4.3 圆柱体【CYLINDER(CYL)】

使用圆心 、半径上的一点和表示高度的一点创建圆柱体。圆柱体的底面始终位于与工作平面平行的平面上。可以通过 FACETRES 系统变量控制着色或隐藏视觉样式的三维曲线式实体（如圆柱体）的平滑度。执行绘图任务时，底面半径的默认值始终是之前输入的底面半径值。

其命令启动方式如下。

- 命令行：CYLINDER（CYL）
- 功能区："常用"选项卡→"建模"面板→"圆柱体▣"
- 菜单："绘图"→"建模"→"圆柱体▣"

命令行提示如下：

```
命令：CYL CYLINDER
指定底面的中心点或 [三点(3P)/两点(2P)/切点、切点、半径(T)/椭圆(E)]：
指定底面半径或 [直径(D)] <998.3990>：
指定高度或 [两点(2P)/轴端点(A)] <20.0000>：
```

命令行中各选项的含义如下。

- 三点（3P）：通过指定 3 个点来定义圆柱体的底面周长和底面。定义高度有两个选项：两点和轴端点。两点（2P），指定圆柱体的高度为两个指定点之间的距离。轴端点（A），指定圆柱体轴的端点位置。此端点是圆柱体的顶面圆心。轴端点可以位于三维空间的任意位置。轴端点定义了圆柱体的长度和方向。
- 两点（2P）：通过指定两个点来定义圆柱体的底面直径。定义高度有两个选项：两点和轴端点。
- 切点、切点、半径：定义具有指定半径，且与两个对象相切的圆柱体底面。有时会有多个底面符合指定的条件。程序将绘制具有指定半径的底面，其切点与选定点的距离最近。定义高度有两个选项：两点和轴端点。
- 椭圆：指定圆柱体的椭圆底面。
- 直径：指定圆柱体的底面直径。定义高度有两点和轴端点两个选项。

案例 15-4：圆柱体

采用圆柱体绘制如图 15-57 所示的图形。操作步骤如下：

步骤1 绘制 φ100 圆柱体H=5.3。在命令行输入CYL→空格，在屏幕上指定任意一点，然后输入直径为100、高度为5.3，结果如图 15-58 所示。

步骤2 绘制 φ58 圆柱体H=21。在命令行输入CYL→空格，在命令行输入坐标@，然后输入直径为58、高度为21，结果如图 15-59 所示。

步骤3 绘制 φ36 圆柱体=H28。在命令行输入CYL→空格，在命令行输入坐标@，然后输入直径为36、高度为28，结果如图 15-60 所示。

步骤4 绘制 φ32 圆柱体H=47。在命令行输入CYL→空格，在命令行输入坐标@，然后输入直径为32、高度为47，结果如图 15-61 所示。

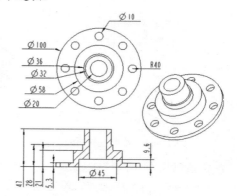

图 15-57 绘制圆柱体

图 15-58　φ100 圆柱体

图 15-59　φ58 圆柱体

图 15-60　φ36 圆柱体

步骤 5 布尔合并。在命令行输入UNI→空格，选取所有实体，确认后即可全部合并，结果如图 15-62 所示（鼠标悬停后显示为整体预亮）。

步骤 6 绘制φ20 圆柱体H=50。在命令行输入CYL→空格，输入CEN后捕捉圆柱的底面圆心，然后输入直径为20、高度为 50，结果如图 15-63 所示。

图 15-61　φ32 圆柱体

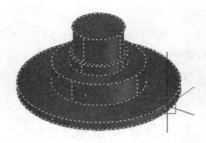

图 15-62　合并

图 15-63　φ20 圆柱体

步骤 7 绘制φ45 圆柱体H=9.6。在命令行输入CYL→空格，输入圆柱中心定位点坐标@，然后输入直径为45、高度为 9.6，结果如图 15-64 所示。

步骤 8 布尔减运算。在命令行输入SU→空格，先选取先前合并的实体并确认，再选取φ20 圆柱体和φ45 圆柱体，确认后即可进行减运算，结果如图 15-65 所示。

步骤 9 绘制φ10 圆柱体H=10。在命令行输入CYL→空格，输入圆柱中心定位点时输入from捕捉自圆心，再输入（@40,0），然后输入直径为 10、高度为 10，结果如图 15-66 所示。

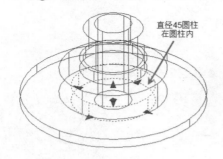

图 15-64　φ45 圆柱体

图 15-65　布尔减运算

图 15-66　φ10 圆柱体

步骤 10 旋转阵列小圆柱体。选中刚绘制的小圆柱体，然后在命令行输入AR→空格→PO→空格，再选取圆柱底面圆心作为阵列中心点，设置项目数为 8，为否关联，结果如图 15-67 所示。

步骤 11 布尔减运算。在命令行输入SU→空格，选取之前合并的实体，再选取小圆柱体后确认，即可进行减运算，结果如图 15-68 所示。

图 15-67　阵列 φ10 圆柱体

图 15-68　布尔减

15.4.4　圆锥体【CONE】

创建一个三维实体，该实体以圆或椭圆为底面，以对称方式形成锥体表面，最后交于一点，或交于一个圆或椭圆平面。可以通过 FACETRES 系统变量控制着色或隐藏视觉样式的三维曲线式实体（如圆锥体）的平滑度。

其命令启动方式如下。

- 命令行：CONE
- 功能区："常用"选项卡→"建模"面板→"圆锥体△"
- 菜单："绘图"→"建模"→"圆锥体△"

命令行提示如下：

```
命令：CONE
指定底面的中心点或 ［三点(3P)/两点(2P)/切点、切点、半径(T)/椭圆(E)］：
指定底面半径或 ［直径(D)］<641.9995>：
指定高度或 ［两点(2P)/轴端点(A)/顶面半径(T)］<1402.7757>：
```

命令行中各选项的含义如下。

- 底面的中心点：指定圆锥底面圆的圆心放置点。
- 两点：指定圆锥体的高度为两个指定点之间的距离。
- 轴端点：指定圆锥体轴的端点位置。轴端点是圆锥体的顶点或圆锥体平截面顶面的中心点（"顶面半径"选项）。轴端点可以位于三维空间的任意位置。轴端点定义了圆锥体的长度和方向。
- 顶面半径：指定创建圆锥体平截面时圆锥体的顶面半径。最初，默认顶面半径未设置任何值。执行绘图任务时，顶面半径的默认值始终是先前输入的任意实体图元的顶面半径值。
- 直径：指定圆锥体的底面直径。最初，默认直径未设置任何值。执行绘图任务时，直径的默认值始终是先前输入的任意实体图元的直径值。
- 三点（3P）：通过指定 3 个点来定义圆锥体的底面周长和底面。
- 两点（2P）：通过指定两个点来定义圆锥体的底面直径。
- 切点、切点、半径（T）：定义具有指定半径，且与两个对象相切的圆锥体底面。
- 椭圆：指定圆锥体的椭圆底面。

案例 15-5：圆锥体

采用圆锥体命令绘制刷牙杯，结果如图 15-69 所示。操作步骤如下：

步骤 1 设置视图。单击绘图区左上角视图控件，弹出视图控件下拉列表，在列表中选择"西南等轴测"视图，操作如图 15-70 所示。

步骤 2 绘制圆锥体。在命令行输入 CONE→空格，选取任意点为圆锥中点，输入底面半径为 45、顶面半径为 50、高度为 125，结果如图 15-71 所示。

图 15-69　刷牙杯　　　　　　　图 15-70　设置视图　　　　　　图 15-71　圆锥体

步骤 3 新建 UCS。在命令行输入 UCS→空格，选取底面圆心为原点，底面圆上点为 X 轴上的点，顶面圆心为 Y 轴上的点，结果如图 15-72 所示。

步骤 4 切换到正面视角。在绘图区 VIEWCUB 控件上单击"上"，系统将 UCS 坐标系正面对正屏幕，结果如图 15-73 所示。

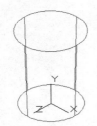
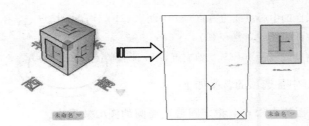

图 15-72　新建 UCS　　　　　　　　　　　图 15-73　切换视角

步骤 5 绘制把手扫描线。在命令行输入 L→空格，输入起点坐标为（40,25），再输入水平长度为 50、竖直长度为 75、水平长度为 50，结果如图 15-74 所示。

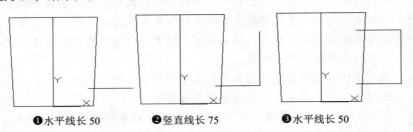

❶水平线长 50　　　　❷竖直线长 75　　　　❸水平线长 50

图 15-74　绘制扫描线

步骤 6 倒圆角。在命令行输入 F→空格，输入半径为 20，单击要倒圆角的边，结果如图 15-75 所示。

步骤 7 切换视图到西南等轴测视图。单击绘图区左上角视图控件，弹出视图控件下拉列表，选择"西南等轴测"视图，如图 15-76 所示。

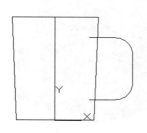

图 15-75　倒圆角

图 15-76　设置视图

步骤 8 合并线。在命令行输入J→空格，选取刚绘制的把手线，确认后即可合并成整条多段线，结果如图 15-77 所示。

步骤 9 绘制矩形。在命令行输入REC→空格，选取任意点为起点，输入D后，指定长为 5、宽为 15，单击鼠标左键，完成矩形的绘制，结果如图 15-78 所示。

步骤 10 创建扫描实体。在命令行输入SW→空格，选取矩形为扫描截面，上一步绘制的线为扫描轨迹线，结果如图 15-79 所示。

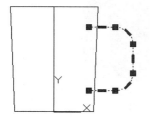

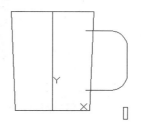

图 15-77　合并

图 15-78　绘制矩形

图 15-79　创建扫描实体

步骤 11 布尔合并。在命令行输入UNI→空格，选取所有实体并确认，系统将所有实体合并在一起，结果如图 15-80 所示。

步骤 12 抽壳。在命令行输入SOLIDED→空格→B→空格→S→空格，选取整个实体，再选取顶面为移除面，设置抽壳厚度为 5，结果如图 15-81 所示。

图 15-80　合并

图 15-81　抽壳

步骤 13 三维倒圆角。在命令行输入F→空格，输入R，设置圆角为 2，再选取要倒圆角的边，结果如图 15-82 所示。

❶选取倒圆角边

❷结果

图 15-82　倒圆角

步骤 14 三维倒圆角。在命令行输入F→空格，输入R，设置圆角为 3，再选取要倒圆角的边，结果如图 15-83 所示。

❶选取倒圆角边　　❷倒圆角结果

图 15-83　倒圆角

15.4.5　圆环体【TORUS（TOR）】

可以通过指定圆环体的圆心、半径或直径及围绕圆环体的圆管的半径或直径创建圆环体。可以通过 FACETRES系统变量控制着色或隐藏视觉样式的曲线式三维实体（如圆环体）的平滑度。

其命令启动方式如下。

- 命令行：TORUS（TOR）
- 功能区："常用"选项卡→"建模"面板→"圆环体◎"
- 菜单："绘图"→"建模"→"圆环体◎"

命令行提示如下：

```
命令：TOR
指定中心点或［三点(3P)/两点(2P)/切点、切点、半径(T)］：
指定半径或［直径(D)］<728.6739>：
```

指定圆管半径或 ［两点(2P)/直径(D)］：

命令行中各选项的含义如下。

- 指定中心点：指定圆心后，将放置圆环体使其中心轴与当前用户坐标系（UCS）的 Z 轴平行。圆环体与当前工作平面的 XY 平面平行且被该平面平分。
- 三点（3P）：用指定的 3 个点定义圆环体的圆周。3 个指定点也可以定义圆周平面。
- 两点（2P）：用指定的两个点定义圆环体的圆周。第一点的 Z 值定义圆周所在平面。
- 切点、切点、半径（T）：使用指定半径定义可与两个对象相切的圆环体。指定的切点将投影到当前 UCS。

案例 15-6：圆环体

采用圆环体绘制如图 15-84 所示的图形。操作步骤如下：

步骤 1 设置视图。单击绘图区左上角视图控件，弹出视图控件下拉列表，在列表中选择"西南等轴测"视图，操作如图 15-85 所示。

步骤 2 创建圆柱体。在命令行输入CYL→空格，选取任意点为圆柱底面中心，输入半径为 20、高度为 40，结果如图 15-86 所示。

图 15-84　圆环体图形

图 15-85　设置视图

图 15-86　创建圆柱体

步骤 3 创建圆球。在命令行输入SPH→空格，选取圆柱顶面圆心为圆球放置点，输入球半径为 20，结果如图 15-87 所示。

步骤 4 新建UCS。在命令行输入UCS→空格，选取刚绘制的线中点为原点，输入X，以X轴旋转 90°，结果如图 15-88 所示。

步骤 5 创建圆柱体。在命令行输入CYL→空格，选取先前圆柱底面中心，输入半径为 20、高度为 80，结果如图 15-89 所示。

图 15-87　创建圆球

图 15-88　创建 UCS

图 15-89　创建圆柱体

步骤 6 布尔合并。在命令行输入UNI→空格，选取所有实体并确认，系统将所有实体合并在一起，结果如图15-90所示。

步骤 7 绘制线。在命令行输入L→空格，选取圆柱体的象限点连线，绘制结果如图15-91所示。

步骤 8 切割。在命令行输入PRES→空格，选取圆柱端面下半部分，向后拉伸切割，结果如图15-92所示。

图 15-90　合并　　　　　　　　　图 15-91　绘制线　　　　　　　　　图 15-92　切割

步骤 9 抽壳。在命令行输入SOLIDED→空格→B→空格→S→空格，选取整个实体，再选取底面为移除面，设置抽壳厚度为5，结果如图15-93所示。

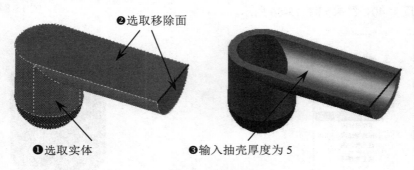

❷选取移除面

❶选取实体　　　　　❸输入抽壳厚度为5

图 15-93　抽壳

步骤 10 创建圆环。在命令行输入TOR→空格，选取圆柱端面的圆心为圆环中心，输入圆环半径为20，圆环截面半径为5，结果如图15-94所示。

步骤 11 剖切圆环。在命令行输入SL→空格，选取圆环中心所在的三点，指定上部分点作为要保留部分，剖切后的结果如图15-95所示。

步骤 12 实体布尔合并。在命令行输入UNI→空格，选取所有实体并确认，系统将所有实体合并在一起，结果如图15-96所示。

图 15-94　创建圆环　　　　　　　图 15-95　剖切圆环　　　　　　　图 15-96　实体布尔合并

15.4.6　多段体【POLYSOLID（PSOLID）】

可以创建具有固定高度和宽度的直线段和曲线段的墙。通过 POLYSOLID 命令，用户可以将现有直线、二维多行段、圆弧或圆转换为具有矩形轮廓的实体。多实体可以包含曲线段，但默认情况下轮廓始终为矩形。

可以使用 POLYSOLID命令绘制实体。PSOLWIDTH系统变量设置实体的默认宽度。PSOLHEIGHT系统变量设置实体的默认高度。

其命令启动方式如下。

- 命令行：POLYSOLID（PSOLID）
- 功能区："常用"选项卡→"建模"面板→"多段体 🗊"
- 菜单："绘图"→"建模"→"多段体 🗊"

命令行提示如下：

```
命令：PSOLID
    指定起点或 [对象(O)/高度(H)/宽度(W)/对正(J)] <对象>：j 输入对正方式 [左对正(L)/居中(C)/右对
正(R)] <居中>：l 高度 = 80.0000，宽度 = 5.0000，对正 = 左对齐
    指定起点或 [对象(O)/高度(H)/宽度(W)/对正(J)] <对象>：w 指定宽度 <5.0000>：10 高度 = 80.0000，
宽度 = 10.0000，对正 = 左对齐
    指定起点或 [对象(O)/高度(H)/宽度(W)/对正(J)] <对象>：h 指定高度 <80.0000>：50 高度 =
50.0000，宽度 = 10.0000，对正 = 左对齐
    指定起点或 [对象(O)/高度(H)/宽度(W)/对正(J)] <对象>：
    指定下一个点或 [圆弧(A)/放弃(U)]：
    指定下一个点或 [圆弧(A)/放弃(U)]：
    指定下一个点或 [圆弧(A)/闭合(C)/放弃(U)]：
```

命令行中各选项的含义如下。

- 对象：指定要转换为实体的对象。可以转换直线、圆弧、二维多段线、圆等二维对象成三维多段体。
- 高度：指定实体的高度。高度默认设置为当前 PSOLHEIGHT设置。
- 宽度：指定实体的宽度。宽度默认设置为当前 PSOLWIDTH设置。
- 对正：使用命令定义轮廓时，可以将实体的宽度和高度设置为左对正、右对正或居中。对正方式由轮廓的第一条线段的起始方向决定。
- 圆弧：将圆弧段添加到实体中。圆弧的默认起始方向与上次绘制的线段相切。可以使用"方向"选项指定不同的起始方向。闭合，通过从指定的实体最后一点到起点创建直线段或圆弧段来闭合实体。必须至少指定两个点才能使用该选项。
- 闭合：通过从指定的实体的上一点到起点创建直线段或圆弧段来闭合实体。必须至少指定三个点才能使用该选项。
- 放弃：删除最后添加到实体的圆弧段。

案例 15-7：多段体

采用多段体绘制如图 15-97 所示的图形。操作步骤如下：

步骤 **1** 设置视图为俯视图。在绘图区右上侧WCS控件上单击"上",快速将构图面设置为俯视图,如图15-98所示。

步骤 **2** 绘制矩形。在命令行输入REC→空格,分别绘制 18×29 和 9×19 的矩形,如图 15-99 所示。

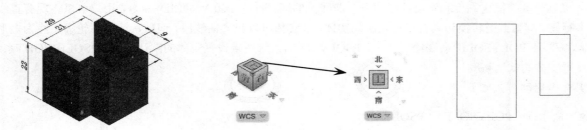

图 15-97　多段体　　　　　　　图 15-98　设置视图　　　　　　　图 15-99　绘制矩形

步骤 **3** 平移。在命令行输入M→空格,选取 9×19 的矩形,平移起点为左中点,平移终点为 18×29 的矩形的右中点,结果如图 15-100 所示。

步骤 **4** 切换视图到东南等轴测视图。在绘图区右上角WCS控件单击东南角,将视图切换到"东南等轴测"视图,如图 15-101 所示。

步骤 **5** 绘制多段体。在命令行输入PSOLID→空格,设置高度为22、宽度为4,对正为右对正,以此选取转折点,结果如图 15-102 所示。

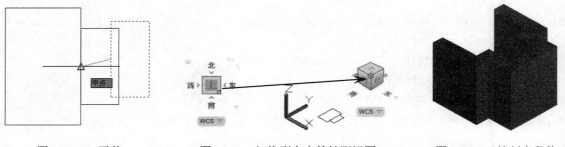

图 15-100　平移　　　　　图 15-101 切换到东南等轴测视图　　　　　图 15-102　绘制多段体

15.4.7　楔体【WEDGE(WE)】

创建三维实体楔体,倾斜方向始终沿 UCS 的 X 轴正方向。

其命令启动方式如下。

- 命令行:WEDGE(WE)
- 功能区:"常用"选项卡→"建模"面板→"楔体◢"
- 菜单:"绘图"→"建模"→"楔体◢"

命令行提示如下:

```
命令:WE
指定第一个角点或 [中心(C)]:
指定其他角点或 [立方体(C)/长度(L)]:
指定高度或 [两点(2P)] <1402.7757>:
```

命令行中各选项的含义如下。

- 指定第一个角点：指定楔体第一角点。
- 指定其他角点：指定楔体的另一角点。如果使用与第一个角点不同的 Z 值指定楔体的其他角点，那么将不显示高度提示。
- 指定高度或 [两点(2P)]：输入高度或选取 2 点指定高度。输入正值将沿当前 UCS 的 Z 轴正方向绘制高度。输入负值将沿 Z 轴负方向绘制高度。
- 中心：使用指定的中心点创建楔体。
- 立方体：创建等边楔体。
- 长度：按照指定长宽高创建楔体。长度与 X 轴对应，宽度与 Y 轴对应，高度与 Z 轴对应。如果拾取点以指定长度，则还要指定在 XY 平面上的旋转角度。
- 两点：指定楔体的高度为两个指定点之间的距离。

案例 15-8：楔体

采用楔体命令绘制如图 15-103 所示的图形。操作步骤如下：

步骤 1 设置视图。单击绘图区左上角视图控件，弹出视图控件下拉列表，选择"西南等轴测"视图，如图 15-104 所示。

步骤 2 绘制长方体。在命令行输入BOX→空格，选取任意点为放置点，再输入（@30,20,10）后即可确定长方体的形状，结果如图 15-105 所示。

步骤 3 新建UCS。在命令行输入UCS→空格，输入Z后输入-90°，结果如图 15-106 所示。

步骤 4 创建楔体。在命令行输入WE→空格，选取任意点为放置点，再输入（@-10,-9-10），结果如图 15-107 所示。

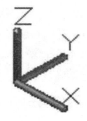

图 15-103　斜体

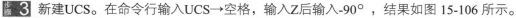

图 15-104　设置视图　　　　图 15-105　绘制长方体　　　　图 15-106　新建 UCS

步骤 5 平移。在命令行输入M→空格，选取刚绘制的矩形，选取平移起点和平移终点，结果如图 15-108 所示。

图 15-107　楔体

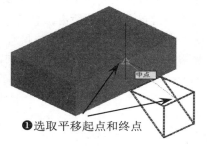

图 15-108　平移

步骤 6 实体布尔减运算。在命令行输入SU→空格，先选取之前绘制的实体，再选取刚创建的实体，确认后即可进行布尔减运算，结果如图 15-109 所示。

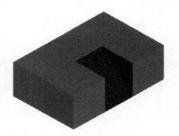

图 15-109　实体布尔减运算

15.4.8　棱锥体【PYRAMID（PYR）】

默认情况下，使用基点的中心、边的中点和可确定高度的另一个点来定义棱锥体。最初，默认底面半径未设置任何值。执行绘图任务时，底面半径的默认值始终是之前输入的任意实体图元的底面半径值。

使用"顶面半径"选项来创建棱锥体平截面。

其命令启动方式如下。

- 命令行：PYRAMID（PYR）
- 功能区："常用"选项卡→"建模"面板→"棱锥体◁"
- 菜单："绘图"→"建模"→"棱锥体◁"

命令行提示如下：

命令：PYR
指定底面的中心点或 [边(E)/侧面(S)]：
指定底面半径或 [内接(I)] <1183.3083>：
指定高度或 [两点(2P)/轴端点(A)/顶面半径(T)] <14.5705>：

命令行中各选项的含义如下。

- 边：指定棱锥体底面的一条边的长度，拾取两个点。
- 侧面：指定棱锥体的侧面数。可以输入 3～32 之间的数字。最初棱锥体的侧面数设置为4。执行绘图任务时，侧面数的默认值始终是先前输入的侧面数值。
- 内接：指定内接于（在内部绘制）棱锥体底面半径的棱锥体底面。
- 两点：指定棱锥体的高度为两个指定点之间的距离。
- 轴端点：指定棱锥体轴的端点位置。该端点是棱锥体的顶点。轴端点可以位于三维空间的任意位置。轴端点定义了棱锥体的长度和方向。
- 顶面半径：指定创建棱锥体平截面时棱锥体的顶面半径。

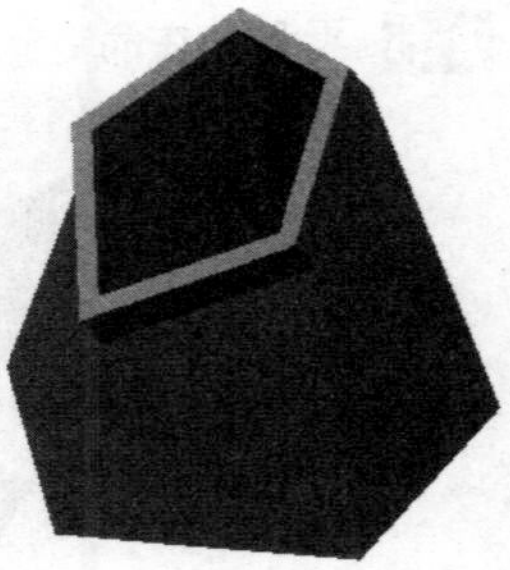

案例 15-9：棱锥体

采用棱锥体绘制如图 15-110 所示的图形。操作步骤如下：

图 15-110　棱锥体

步骤 1 绘制五棱锥。在命令行输入PYR→空格，输入S，设置侧面数为5，即五棱锥，再单击任意点为底面中心，输入底面半径为20，再输入T，定义顶面半径为10、高度为40，结果如图15-111所示。

步骤 2 剖切。在命令行输入SL→空格，选取棱锥上的三点，指定下部分点作为要保留部分，剖切操作如图15-112所示。

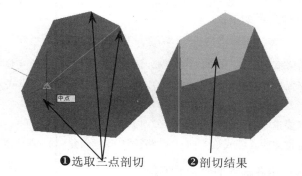

❶选取三点剖切　　❷剖切结果

图 15-111　五棱锥　　　　　　　　　图 15-112　剖切

步骤 3 按住并拖动。在命令行输入PRES→空格，选取剖切平面，向上拉伸距离为5，结果如图15-113所示。

步骤 4 抽壳。在命令行输入SOLIDED→空格→B（实体）→空格→S（抽壳）→空格，选取整个实体，再选取剖切面为移除面，设置抽壳厚度为2，结果如图15-114所示。

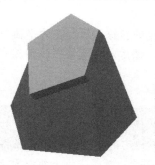

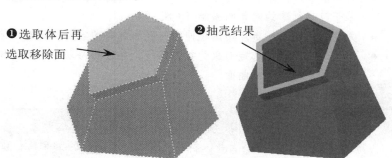

❶选取体后再
选取移除面

❷抽壳结果

图 15-113　按住并拖动　　　　　　　图 15-114　抽壳

15.5　绘制二维转换实体

本节主要讲解通过绘制二维图形，并通过一定的操作转化成三维实体的工具，包括拉伸实体、旋转实体、扫掠实体、举升实体等。

15.5.1　拉伸实体【EXTRUDE（EXT）】

拉伸可以在 Z 方向延伸或被设置为"锥角"或跟随路径。可以拉伸开放或闭合的对象以创建三维曲面或实体。

DELOBJ 系统变量控制创建实体或曲面时，是自动删除对象和路径（如果已选定），还是提示用户删除对象和路径。

其命令启动方式如下。

- 命令行：EXTRUDE（EXT）
- 功能区："常用"选项卡→"建模"→"拉伸🔲"
- 菜单："绘图"→"建模"→"拉伸🔲"

命令行提示如下：

```
命令：EXT
当前线框密度： ISOLINES=4，闭合轮廓创建模式 = 实体
选择要拉伸的对象或 [模式(MO)]：mo 闭合轮廓创建模式 [实体(SO)/曲面(SU)] <实体>：so
选择要拉伸的对象或 [模式(MO)]：找到 1 个
选择要拉伸的对象或 [模式(MO)]：
指定拉伸的高度或 [方向(D)/路径(P)/倾斜角(T)/表达式(E)] <17.3459>：
```

命令行中各选项的含义如下。

- 要拉伸的对象：指定要拉伸的对象。
- 模式：控制拉伸对象是实体还是曲面。曲面会被拉伸NURBS曲面或程序曲面，具体取决于 SURFACEMODELINGMODE 系统变量。
- 拉伸的高度：沿正或负 Z 轴拉伸选定对象。方向基于创建对象时的 UCS，或者（对于多个选择）基于最近创建的对象的原始 UCS。
- 方向：用两个指定点指定拉伸的长度和方向（方向不能与拉伸创建的扫掠曲线所在的平面平行）。
- 路径：指定基于选定对象的拉伸路径。路径将移动到轮廓的质心，然后沿选定路径拉伸选定对象的轮廓以创建实体或曲面。

点拨

路径不能与对象处于同一平面，也不能具有高曲率的部分。

拉伸始于对象所在平面并保持其方向相对于路径。如果路径包含不相切的线段，那么程序将沿每个线段拉伸对象，然后沿线段形成的角平分面斜接接头。如果路径是封闭的，对象应位于斜接面上。这允许实体的起点截面和端点截面相互匹配。如果对象不在斜接面上，将旋转对象直到其位于斜接面上。

将拉伸具有多个环的对象，以便所有环都显示在拉伸实体端点截面这一相同平面上。

案例 15-10：拉伸实体

采用拉伸绘制如图 15-115 所示的图形。操作步骤如下：

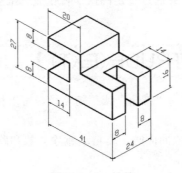

图 15-115　拉伸

步骤 1 绘制一个 41×24 的矩形。在命令行输入REC→空格，指定任意点，输入D，再输入长为 41、宽为 24，单击一点绘制矩形，结果如图 15-116 所示。

步骤 2 绘制一个 41×24×27 的拉伸体。在命令行输入EXT→空格，选取刚绘制的矩形，输入高度为 27，确定后如图 15-117 所示。

步骤 3 绘制一个 21×30 的矩形。在命令行输入REC→空格，指定任意点，输入D，再输入长为 21、宽为 30，单击一点绘制矩形，结果如图 15-118 所示。

步骤 4 绘制一个 21×30×11 的拉伸体。在命令行输入EXT→空格，选取刚绘制的矩形，输入高度为 11，结果如图 15-119 所示。

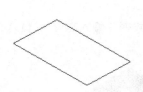  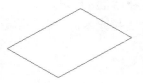 

图 15-116　绘制矩形　　　图 15-117　绘制拉伸体　　　图 15-118　绘制矩形　　　图 15-119　绘制拉伸体

步骤 5 平移。在命令行输入M→空格，选取刚绘制的实体顶面边线中点，再选取之前实体顶面边线中点，操作如图 15-120 所示。

步骤 6 布尔减运算。在命令行输入SU→空格，选取实体 1 后再选取实体 2，结果如图 15-121 所示。

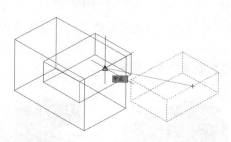 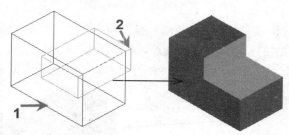

图 15-120　平移　　　　　　　　　　　　　　图 15-121　布尔减运算

步骤 7 绘制一个 14×8 的矩形。在命令行输入REC→空格，指定任意点，输入D，再输入长为 14、宽为 8，单击一点绘制矩形，结果如图 15-122 所示。

步骤 8 绘制一个 14×8×20 的拉伸体。在命令行输入EXT→空格，选取刚绘制的矩形，输入高度为 20，结果如图 15-123 所示。

图 15-122　绘制矩形　　　　　　　　　　　图 15-123　绘制拉伸体

步骤 9 平移实体。在命令行输入M→空格，选取刚绘制的实体，平移起点为顶面右端点，平移终点为 41×24×27 的长方体切割后的顶面右端点，结果如图 15-124 所示。

步骤 10 布尔减运算。在命令行输入SU→空格，选取实体 1 后再选取实体 2，结果如图 15-125 所示。

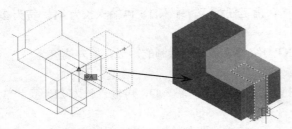

图 15-124 平移

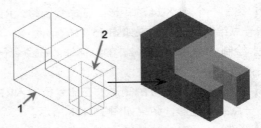

图 15-125 布尔减运算

步骤 11 绘制一个 14×30 的矩形。在命令行输入REC→空格，指定任意点，输入D，再输入长为 14、宽为 30，单击一点绘制矩形，结果如图 15-126 所示。

步骤 12 绘制一个 14×30×11 的拉伸体。在命令行输入EXT→空格，选取刚绘制的矩形，输入高度为 11，结果如图 15-127 所示。

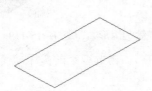

图 15-126 绘制矩形

图 15-127 绘制拉伸体

步骤 13 平移实体。在命令行输入M→空格，选取刚绘制的实体，平移起点为前面左端点，平移终点为 41×24×27 的长方体前面左端点，结果如图 15-128 所示。

步骤 14 布尔减运算。在命令行输入SU→空格，选取实体 1 后再选取实体 2，结果如图 15-129 所示。

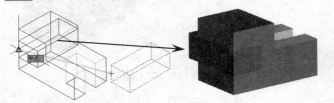

图 15-128 平移实体

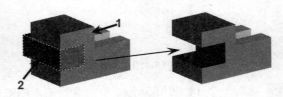

图 15-129 布尔减运算

15.5.2 按住并拖动【PRESSPULL（PRES）】

通过拉伸和偏移动态修改对象。在选择二维对象以及由闭合边界或三维实体面形成的区域后，在移动光标时可获取视觉反馈。

如果打开二维对象（如圆弧），PRESSPULL可以创建曲面。如果是闭合的二维对象（例如圆），或者在有边界区域的内部，以及三维实体面和偏移面，PRESSPULL可以创建或压缩三维实体。该命令会自动重复，直到按 Esc 键、Enter键或空格键结束。

其命令启动方式如下。

- 命令行：PRESSPULL（PRES）
- 键盘：Ctrl+Alt组合键

- 功能区："常用"选项卡→"建模"面板→"按住并拖动🖰"

命令行提示如下：

命令：PRESSPULL
选择对象或边界区域：
指定拉伸高度或［多个(M)］：
已创建 1 个拉伸

命令行中各选项的含义如下。

- 对象或有边界区域：选择要修改的对象、有边界区域、三维实体面或三维实体边。选择面可拉伸面，而不影响相邻面。如果按住 Ctrl 键并单击面，该面将发生偏移，而且更改也会影响相邻面，如图 15-130 所示。

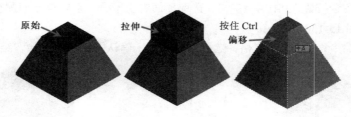

图 15-130　不同操作区别

- 多个：指定要进行多个选择。也可以按住 Shift 键并单击以选择多个。
- 拉伸高度：如果选定了二维对象或单击闭合区域内部，可通过移动光标或输入距离指定拉伸高度。平面对象的拉伸方向垂直于平面对象，并处于非平面对象的当前 UCS 的 Z 方向。

案例 15-11：按住并拖动

采用按住并拖动功能绘制如图 15-131 所示的图形。操作步骤如下：

步骤 1 切换视图为"东南等轴测"视图。在绘图区右上角WCS控件上单击东南角点，将视图切换到东南等轴测，如图 15-132 所示。

步骤 2 绘制一个 28×47 的矩形。在命令行输入REC→空格，任意单击一点，输入D，再输入长为 28、宽为 47，单击一点绘制矩形，结果如图 15-133 所示。

步骤 3 采用按住并拖动绘制实体。在命令行输入PRES→空格，选取矩形，输入高度为 31，结果如图 15-134 所示。

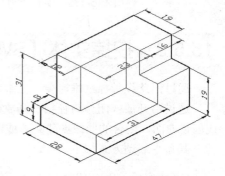

图 15-131　按住并拖动

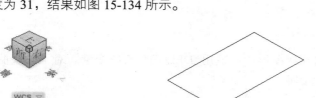

图 15-132　切换视图　　　　　图 15-133　绘制矩形　　　　　图 15-134　绘制实体

步骤 4 绘制直线。在命令行输入直线L→空格，选取顶面左下点为起点，依次输入长度为 8、12、23、20，结果如图 15-135 所示。

步骤 **5** 绘制实体切割。在命令行输入PRES→空格，选取顶面右下部分，系统自动侦测被线分割的部分，并输入拖动值为-22，结果如图 15-136 所示。

步骤 **6** 绘制直线。在命令行输入直线L→空格，选取顶面左上点为起点，依次输入长度为 19 和 16，结果如图 15-137 所示。

图 15-135　绘制直线

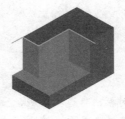
图 15-136　绘制切割

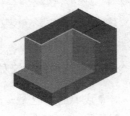
图 15-137　绘制线

步骤 **7** 绘制实体切割。在命令行输入PRES→空格，选取顶面右上部分，系统自动侦测被线分割的部分，并输入拖动值为-12，结果如图 15-138 所示。

步骤 **8** 删除多余的线。在命令行输入E→空格，选取所有的线，确认即可将线删除，结果如图 15-139 所示。

图 15-138　绘制切割

图 15-139　最终结果

15.5.3　扫掠实体【SWEEP（SW）】

通过沿路径扫掠二维对象、三维对象或子对象来创建三维实体或曲面。

通过沿开放或闭合路径扫掠开放或闭合的平面曲线或非平面曲线（轮廓），创建实体或曲面。开放的曲线创建曲面，闭合的曲线创建实体或曲面（具体取决于指定的模式）。

其命令启动方式如下。

- 命令行：SWEEP（SW）
- 功能区："实体"选项卡→"实体"面板→"扫掠🔲"
- 菜单："绘图"→"建模"→"扫掠🔲"

若要自动删除用于创建对象的原始几何图形，请使用 DELOBJ 系统变量。对于关联曲面，会忽略 DELOBJ 系统变量，且不会删除原始几何图形。

命令行提示如下：

```
命令：SWEEP
当前线框密度：ISOLINES=4，闭合轮廓创建模式 = 实体
选择要扫掠的对象或 [模式(MO)]：找到 1 个
```

选择要扫掠的对象或 [模式(MO)]：

选择扫掠路径或 [对齐(A)/基点(B)/比例(S)/扭曲(T)]：

命令行中各选项的含义如下。

- 要扫掠的对象：指定要用作扫掠截面轮廓的对象。
- 扫掠路径：基于选择的对象指定扫掠路径。
- 模式：控制扫掠动作是创建实体还是创建曲面。会将曲面扫掠为 NURBS 曲面或程序曲面，具体取决于 SURFACEMODELINGMODE 系统变量。
- 对齐：指定是否对齐轮廓以使其作为扫掠路径切向的法向。
- 基点：指定要扫掠对象的基点。
- 比例：指定比例因子以进行扫掠操作。从扫掠路径的开始到结束，比例因子将统一应用到扫掠的对象。
- 参照：通过拾取点或输入值来根据参照的长度缩放选定的对象。
- 扭曲：设置正被扫掠的对象的扭曲角度。扭曲角度指定沿扫掠路径全部长度的旋转量。

案例 15-12：扫掠

采用扫掠绘制如图 15-140 所示的弹簧。操作步骤如下：

步骤 1 绘制螺旋线。在命令行输入HELIX→空格，再任意单击一点，输入底面半径为 10，顶面半径为 10，高度为 60，圈数默认，结果如图 15-141 所示。

步骤 2 绘制圆。在命令行输入C→空格，再任意单击一点，输入半径为 4，结果如图 15-142 所示。

图 15-140　弹簧　　　　　　图 15-141　绘制螺旋线　　　　　　图 15-142　绘制圆

步骤 3 绘制扫掠弹簧。在命令行输入SW→空格，先选取圆作为扫掠截面，再选取螺旋线作为扫掠路径，确认后即生成实体，如图 15-143 所示。

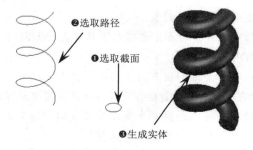

图 15-143　扫掠实体

15.5.4 旋转【REVOLVE(REV)】

通过绕轴扫掠对象创建三维实体或曲面。开放轮廓可创建曲面，闭合轮廓则可创建实体或曲面。"模式"选项控制是否创建曲面实体。创建曲面时，SURFACEMODELINGMODE系统变量控制是创建程序曲面还是NURBS曲面。

旋转路径和轮廓曲线可以是：

- 开放的或闭合的；
- 平面或非平面；
- 实体边和曲面边；
- 单个对象（为了拉伸多条线，使用 JOIN 命令将其转换为单个对象）；
- 单个面域（为了拉伸多个面域，使用 REGION 命令将其转换为单个对象）。

若需要自动删除轮廓，可以使用 DELOBJ 系统变量。如果已启用关联性，则将忽略 DELOBJ 系统变量，且不会删除原始几何图形。

不能旋转包含在块中的对象或将要自交的对象。REVOLVE 忽略多段线的宽度，并从多段线路径的中心处开始旋转。根据右手定则判定旋转的正方向。

其命令启动方式如下。

- 命令行：REVOLVE（REV）
- 功能区："常用"选项卡→"建模"面板→"旋转"
- 菜单："绘图"→"建模"→"旋转"

命令行提示如下：

命令：REV
当前线框密度：ISOLINES=4，闭合轮廓创建模式 = 实体
选择要旋转的对象或［模式(MO)］：找到 1 个
选择要旋转的对象或［模式(MO)］：
指定轴起点或根据以下选项之一定义轴［对象(O)/X/Y/Z］<对象>：
选择对象：
指定旋转角度或［起点角度(ST)/反转(R)/表达式(EX)］<360>：

命令行中各选项的含义如下。

- 要旋转的对象：指定要绕某个轴旋转的对象。
- 模式：控制旋转动作是创建实体还是曲面。会将曲面延伸为 NURBS 曲面或程序曲面，具体取决于 SURFACEMODELINGMODE 系统变量。
- 轴起点：指定旋转轴的第一个点。轴的正方向从第一点指向第二点。
- 起点角度：为从旋转对象所在平面开始的旋转指定偏移。可以拖动光标以指定和预览对象的起点角度。
- 旋转角度：指定选定对象绕轴旋转的距离。正角度将按逆时针方向旋转对象。负角度将按顺时针方向旋转对象。还可以拖动光标以指定和预览旋转角度。
- 对象：指定要用作轴的现有对象。轴的正方向从该对象的最近端点指向最远端点。可以将直线、线性多段线线段以及实体或曲面的线性边用作轴。

- X（轴）：将当前 UCS 的 X 轴正向设置为轴的正方向。
- Y（轴）：将当前 UCS 的 Y 轴正向设置为轴的正方向。
- Z（轴）：将当前 UCS 的 Z 轴正向设置为轴的正方向。
- 反转：更改旋转方向，类似于输入–（负）角度值。右侧的旋转对象显示按照与左侧对象相同的角度旋转，但使用反转选项的样条曲线。
- 表达式：输入公式或方程式以指定旋转角度。

案例 15-13：旋转

将如图 15-144 所示的图形采用旋转命令创建成实体，结果如图 15-145 所示。操作步骤如下：

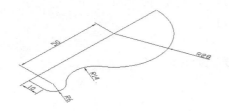

图 15-144　旋转二维 图 15-145　旋转结果

步骤 1 打开源文件。按键盘上的Ctrl+O组合键，系统弹出"打开"对话框，选择"结果文件/第 15 章/15-13"，即可调用文件。

步骤 2 创建面域。在命令行输入REG→空格，选取二维图形，确认后即可创建成面域，结果如图 15-146 所示。

步骤 3 旋转实体。在命令行输入REV→空格，选取面域，再选取竖直边的两点作为轴，旋转 360°，结果如图 15-147 所示。

图 15-146　创建面域 图 15-147　旋转实体

15.5.5　放样【LOFT】

在若干横截面之间的空间中创建三维实体或曲面。通过指定一系列横截面来创建三维实体或曲面。横截面定义了结果实体或曲面的形状。至少指定两个横截面。

放样轮廓可以是开放或闭合的平面或非平面，也可以是边子对象。使用模式选项可选择是创建曲面还是创建实体。

若要自动删除横截面、导向和路径，请使用 DELOBJ。如果已启用曲面关联性，则将忽略 DELOBJ，且不会删除原始几何图形。

其命令启动方式如下。

- 命令行：LOFT
- 功能区："常用"选项卡→"建模"面板→"放样 "
- 菜单："绘图"→"建模"→"放样 "

命令行提示如下：

```
命令：LOFT
当前线框密度： ISOLINES=4，闭合轮廓创建模式 = 实体
按放样次序选择横截面或 [点(PO)/合并多条边(J)/模式(MO)]：找到 1 个
按放样次序选择横截面或 [点(PO)/合并多条边(J)/模式(MO)]：找到 1 个，总计 2 个
按放样次序选择横截面或 [点(PO)/合并多条边(J)/模式(MO)]：找到 1 个，总计 3 个
按放样次序选择横截面或 [点(PO)/合并多条边(J)/模式(MO)]：
选中了 3 个横截面
输入选项 [导向(G)/路径(P)/仅横截面(C)/设置(S)] <仅横截面>：s
```

命令行中各选项的含义如下。

- 按放样次序选择横截面：按曲面或实体将通过曲线的次序指定开放或闭合曲线。
- 点：如果选择"点"选项，还必须选择闭合曲线。
- 合并多条边：将多个端点相交边合并为一个横截面。
- 模式：控制放样对象是实体还是曲面。
- 导向：指定控制放样实体或曲面形状的导向曲线。可以使用导向曲线来控制点如何匹配相应的横截面以防止出现不希望看到的效果（例如结果实体或曲面中的皱褶）。
- 路径：指定放样实体或曲面的单一路径。
- 仅横截面：在不使用导向或路径的情况下，创建放样对象。

案例 15-14：放样

采用放样创建三维图形，如图 15-148 所示。操作步骤如下：

步骤 1 设置视图。单击绘图区左上角视图控件，弹出视图控件下拉列表，在列表中选择"西南等轴测"视图，操作如图 15-149 所示。

步骤 2 绘制圆。在命令行输入C→空格，选取任意点为圆心，输入半径为 20，绘制结果如图 15-150 所示。

图 15-148 放样

步骤 3 设置点型。在命令行输入DDPT→空格，系统弹出"点样式"对话框，选取点型为X，单击"确定"按钮完成设置，结果如图 15-151 所示。

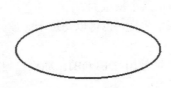

图 15-149 设置视图   图 15-150 绘制圆   图 15-151 设置点型

步骤 4 绘制点。在命令行输入PO→空格，选取圆心，绘制点，结果如图15-152所示。

步骤 5 平移。在命令行输入M→空格，选取刚绘制的点，向Z轴向上平移15，结果如图17-153所示。

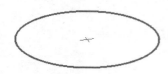

图15-152　绘制点

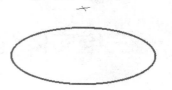

图15-153　平移

步骤 6 创建放样实体。在命令行输入LOFT→空格，选取要进行放样的圆和点，再选取实体，出现圆点后单击圆点进行调控，操作如图15-154所示。

❶选取圆和点　　　　❷拖动把手调节凸度　　　　❸调节结果

图15-154　放样

15.6　本章小节

　　本章主要讲解三维基本实体如长方体、球体、圆柱体、圆环体、多段体等，以及通过二维截面操作成三维图形如拉伸、按住并拖动、扫掠、旋转、放样等操作。

　　绘图的主要思路是将图形分解成基本实体并通过布尔运算操作即可完成，或者分解成如拉伸、旋转、扫掠和放样等基本操作，再进行布尔运算。因此，用户掌握好基本的实体操作是关键。

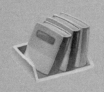

第16章

三维实体编辑

实体编辑是对实体进行局部的修改、移动、变换、布尔运算等操作，产生新的实体或是新的位置变化等。

 学习目标

- 掌握实体的编辑方式
- 掌握实体面和体编辑的操作方法
- 掌握实体布尔运算的操作和含义
- 掌握实体倒圆角和实体倒角的操作方式

16.1 实体编辑【SOLIDEDIT(SOLIDED)】▶

实体编辑是对实体的体、面、边进行修改操作，可以拉伸、移动、旋转、偏移、倾斜、复制、删除面、为面指定颜色以及添加材质，也可以复制边以及为其指定颜色，还可以对整个三维实体对象（体）进行压印、分割、抽壳、清除，以及检查其有效性。

> **点拨**
>
> 不能对网格对象使用 SOLIDEDIT 命令。但是，如果选择了闭合网格对象，系统将提示用户将其转换为三维实体。

16.1.1 拉伸面(E)

拉伸面是对实体面进行拉伸操作，可以加实体也可以减实体，向实体外正值即是加实体，向实体内负值即是减实体。

其命令启动方式如下。

- 命令行：SOLIDED→F→E
- 功能区："常用"选项卡→"实体编辑"面板→"拉伸面 ⬛拉伸面"
- 菜单："修改"→"实体编辑"→"拉伸面 ⬛拉伸面"

案例 16-1：拉伸面

将如图 16-1 所示的图形采用拉伸面命令进行操作，结果如图 16-2 所示。

图 16-1　原图

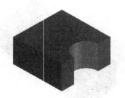

图 16-2　拉伸面

操作步骤如下：

步骤 1 打开源文件。按键盘上的快捷键Ctrl+O，选择 "/源文件/第 16 章/16-1"。

步骤 2 拉伸面。在命令行输入SOLIDED→F→E，系统提示选取要拉伸的面，输入高度和倾斜角，命令行提示如下：

命令：SOLIDEDIT	//实体编辑命令
输入实体编辑选项 [面(F)/边(E)/体(B)/放弃(U)/退出(X)] <退出>: f	//面编辑
[拉伸(E)/移动(M)/旋转(R)/偏移(O)/倾斜(T)/删除(D)/复制(C)/颜色(L)/	
材质(A)/放弃(U)/退出(X)] <退出>: e	//拉伸
选择面或 [放弃(U)/删除(R)]: 找到一个面	//选取面
选择面或 [放弃(U)/删除(R)/全部(ALL)]:	//确定结束面选择
指定拉伸高度或 [路径(P)]: -5	//高度向下 5mm
指定拉伸的倾斜角度 <0>:	//倾斜角 0°

步骤 3 拉伸面最终结果如图 16-3 所示。

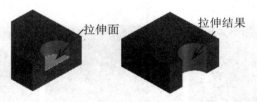

拉伸面　拉伸结果

图 16-3　拉伸面

16.1.2　移动面（M）

移动面是将三维实体上的面沿指定的方向移动指定的距离，移动面可以改变实体的原来形状，常用于实体内的面进行微调。

其命令启动方式如下。

- 命令行：SOLIDED→F→M
- 功能区："常用"选项卡→"实体编辑"面板→"移动面 移动面"
- 菜单："修改"→"实体编辑"→"移动面 移动面"

案例 16-2：移动面

将如图 16-4 所示的实体采用移动面命令进行操作，结果如图 16-5 所示。

图 16-4 原图　　　　　　　　　　　　　　　　　图 16-5 结果

操作步骤如下：

步骤 1 打开源文件。按键盘上的快捷键Ctrl+O，选择"源文件/第 16 章/16-2"。

步骤 2 移动面。在命令行输入SOLIDED→F→M，系统提示选取要移动的面，再指定移动的距离，命令行提示如下：

```
命令：solided                                                    //实体编辑
输入实体编辑选项 [面(F)/边(E)/体(B)/放弃(U)/退出(X)] <退出>：      //面编辑
[拉伸(E)/移动(M)/旋转(R)/偏移(O)/倾斜(T)/删除(D)/复制(C)/颜色(L)/材质(A)/放弃(U)/退出(X)]
<退出>：m                                                        //面移动
选择面或 [放弃(U)/删除(R)]：找到一个面。                          //选取一个面
选择面或 [放弃(U)/删除(R)/全部(ALL)]：                            //确定结束选择
指定基点或位移：                                                 //指定移动起点
指定位移的第二点：                                               //指定移动终点
```

操作结果如图 16-6 所示。

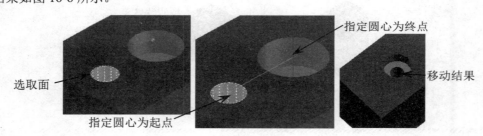

图 16-6 操作步骤

步骤 3 继续移动面。采用上述相同的步骤，将另外一个圆移动到大圆的圆心，结果如图 16-5 所示。

16.1.3 偏移面(O)

按指定的距离偏移三维实体选定的面，从而改变其形状。正值会增大实体的大小，负值会减小其大小，相邻面将被拉伸，但保持其相对于偏移面的角度。

其命令启动方式如下。

- 命令行：SOLIDED→F→O
- 功能区："常用"选项卡→"实体编辑"面板→"偏移面 □ 偏移面"
- 菜单："修改"→"实体编辑"→"偏移面 □ 偏移面"

案例16-3：偏移

将如图 16-7 所示的实体采用偏移面命令进行操作，结果如图 16-8 所示。操作步骤如下：

图 16-7　原图　　　　　　　　　　　　　　　　　图 16-8　结果

步骤 1 打开源文件。按键盘上的快捷键Ctrl+O，选择"/源文件/第 16 章/16-3"。

步骤 2 偏移面。在命令行输入SOLIDED→F→O，系统提示选取要偏移的面，再指定偏移的距离，命令行提示如下：

```
命令:SOLIDED                                                          //实体编辑
输入实体编辑选项 [面(F)/边(E)/体(B)/放弃(U)/退出(X)] <退出>: f          //面编辑
[拉伸(E)/移动(M)/旋转(R)/偏移(O)/倾斜(T)/删除(D)/复制(C)/颜色(L)/材质(A)/放弃(U)/退出(X)]
<退出>: o                                                            //偏移面
选择面或 [放弃(U)/删除(R)]: 找到一个面                                 //选取一个面
选择面或 [放弃(U)/删除(R)/全部(ALL)]:                                 //确定完成选取
指定偏移距离: 2                                                      //指定偏移距离
```

操作结果如图 16-9 所示。

选取面——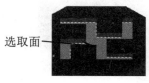——偏移后

图 16-9　偏移结果

16.1.4　删除面（D）

删除三维实体上的面，包括圆角或倒角。使用此选项可删除圆角和倒角边，并在稍后进行修改。如果更改生成无效的三维实体，将不删除面。

其命令启动方式如下。

- 命令行：SOLIDED→F→D
- 功能区："常用"选项卡→"实体编辑"面板→"删除面 删除面"
- 菜单："修改"→"实体编辑"→"删除面 删除面"

案例16-4：删除面

将如图 16-10 所示的实体采用删除面命令进行操作，结果如图 16-11 所示。操作步骤如下：

图 16-10　原图　　　　　　　　　　　　　　图 16-11　结果

步骤 **1** 打开源文件。按键盘上的快捷键Ctrl+O，选择 "/源文件/第 16 章/16-4"。

步骤 **2** 删除面。在命令行输入SOLIDED→F→D，系统提示选取要删除的面，命令行提示如下：

```
命令: SOLIDED SOLIDEDIT                                    //实体编辑
输入实体编辑选项 [面(F)/边(E)/体(B)/放弃(U)/退出(X)] <退出>:F    //面编辑
[拉伸(E)/移动(M)/旋转(R)/偏移(O)/倾斜(T)/删除(D)/复制(C)/颜色(L)/材质(A)/放弃(U)/退出(X)]
<退出>: D                                                  //删除面
选择面或 [放弃(U)/删除(R)]: 找到一个面                      //选取一个面
选择面或 [放弃(U)/删除(R)/全部(ALL)]: 找到一个面            //选取第二个面
选择面或 [放弃(U)/删除(R)/全部(ALL)]: 找到一个面            //选取第三个面
选择面或 [放弃(U)/删除(R)/全部(ALL)]:                       //确定选取并删除选取的面
```

操作结果如图 16-12 所示。

图 16-12　删除结果

16.1.5　旋转面（R）

绕指定的轴旋转三维实体上选定的面，可以通过旋转面来更改对象的形状。可以应用于拔模面的创建。
其命令启动方式如下。

- 命令行：SOLIDED→F→R
- 功能区："常用"选项卡→"实体编辑"面板→"旋转面 旋转面"
- 菜单："修改"→"实体编辑"→"旋转面 旋转面"

点拨

　　旋转角度的正负采用右手定则确定，大拇指从轴起点指向终点，四指指向为旋转正方向。

案例 16-5：旋转面

将如图 16-13 所示的实体采用删除面命令进行操作，结果如图 16-14 所示。操作步骤如下：

图 16-13　原图

图 16-14　结果

步骤 1 打开源文件。按键盘上的快捷键Ctrl+O，选择 "/源文件/第 16 章/16-5"。

步骤 2 旋转面。在命令行输入SOLIDED→F→R，系统提示选取要旋转的面，命令行提示如下：

```
命令：SOLIDED                                                      //实体编辑
输入实体编辑选项 [面(F)/边(E)/体(B)/放弃(U)/退出(X)] <退出>:F      //面编辑
   [拉伸(E)/移动(M)/旋转(R)/偏移(O)/倾斜(T)/删除(D)/复制(C)/颜色(L)/材质(A)/放弃(U)/退出(X)]
<退出>:R                                                           //旋转面
   选择面或 [放弃(U)/删除(R)]：找到一个面              //选取面，如图 16-15 所示
   选择面或 [放弃(U)/删除(R)/全部(ALL)]：             //确定完成选取
   指定轴点或 [经过对象的轴(A)/视图(V)/X 轴(X)/Y 轴(Y)/Z 轴(Z)] <两点>：  //选取第一轴点
   在旋转轴上指定第二个点：                            //选取第二轴点，如图 16-16 所示
   指定旋转角度或 [参照(R)]：25                        //指定旋转角度25°
```

操作结果如图 16-17 所示。

图 16-15　选取面

图 16-16　选取第二轴点

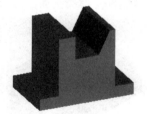

图 16-17　旋转结果

步骤 3 旋转面。采用上述步骤重复旋转面，旋转结果如图 16-13 所示。

16.1.6　倾斜面（T）

按指定的角度倾斜实体面，正角度向内倾斜，负角度向外倾斜，默认为 0°，可以垂直于平面拉伸面，选择集中所有选定的面将倾斜相同的角度。

其命令启动方式如下。

● 命令行：SOLIDED→F→T

- 功能区："常用"选项卡 → "实体编辑"面板 → "倾斜面 📐 倾斜面"
- 菜单："修改" → "实体编辑" → "倾斜面 📐 倾斜面"

案例 16-6：倾斜面

将如图 16-18 所示的实体采用删除面命令进行操作，结果如图 16-19 所示。操作步骤如下：

图 16-18　原图

图 16-19　结果

步骤 1 打开源文件。按键盘上的快捷键Ctrl+O，选择"/源文件/第 16 章/16-6"。

步骤 2 旋转面。在命令行输入SOLIDED→F→T，系统提示选取要倾斜的面，命令行提示如下：

```
命令：SOLIDED SOLIDEDIT                                    //实体编辑
输入实体编辑选项 [面(F)/边(E)/体(B)/放弃(U)/退出(X)] <退出>:F    //面编辑
[拉伸(E)/移动(M)/旋转(R)/偏移(O)/倾斜(T)/删除(D)/复制(C)/颜色(L)/材质(A)/放弃(U)/退出(X)]
<退出>：T                                                 //倾斜面
选择面或 [放弃(U)/删除(R)]：找到一个面                       //选取面，如图 16-20 所示
选择面或 [放弃(U)/删除(R)/全部(ALL)]：                       //确定完成选取
指定基点：                                                //指定旋转基点
指定沿倾斜轴的另一个点：                                    //指定旋转方向点，如图 16-21 所示
指定倾斜角度：15                                          //指定旋转角度
```

步骤 3 倾斜面。继续上面的步骤，选取对面的平面进行倾斜面操作，操作结果如图 16-22 所示。

图 16-20　选取面

图 16-21　选取旋转基点和方向点

图 16-22　倾斜面

16.1.7　复制面（C）

通过面的原始方向和轮廓创建面域或实体，可将结果用作创建新三维实体的参照。
其命令启动方式如下。

- 命令行：SOLIDED→F→C
- 功能区："常用"选项卡 → "实体编辑"面板 → "复制面 🗇 复制面"

- 菜单："修改"→"实体编辑"→"复制面 复制面"

案例 16-7：复制面

将如图 16-23 所示的实体采用复制面命令进行操作，结果如图 16-24 所示。操作步骤如下：

步骤 1 打开源文件。按键盘上的快捷键Ctrl+O，选择 "/源文件/第 16 章/16-7"。

步骤 2 复制面。在命令行输入SOLIDED→F→C，先选取要复制的面，再指定平移距离，命令行提示如下：

命令：SOLIDEDIT	//实体编辑
输入实体编辑选项 ［面(F)/边(E)/体(B)/放弃(U)/退出(X)］ <退出>：F	//面编辑
［拉伸(E)/移动(M)/旋转(R)/偏移(O)/倾斜(T)/删除(D)/复制(C)/颜色(L)/材质(A)/放弃(U)/退出(X)］ <退出>：C	//复制
选择面或 ［放弃(U)/删除(R)］：找到一个面。	//选取一个面
……	//继续选取其他面，如图 16-24 所示
选择面或 ［放弃(U)/删除(R)/全部(ALL)］：	//确定完成选取
指定基点或位移：0,0,10	//输入位移 Z 方向 10
指定位移的第二点：	//确定平移，结果如图 16-25 所示

图 16-23　原图

图 16-24　选取面

图 16-25　复制面

16.1.8　着色面(L)

着色面可用于亮显复杂三维实体模型内的细节，更改三维实体上选定的面的颜色。其命令启动方式如下。

- 命令行：SOLIDED→F→L
- 功能区："常用"选项卡→"实体编辑"面板→"着色面 着色面"
- 菜单："修改"→"实体编辑"→"着色面 着色面"

案例 16-8：着色面

将如图 16-26 所示的实体采用着色面命令进行操作，结果如图 16-27 所示。操作步骤如下：

步骤 1 打开源文件。按键盘上的快捷键Ctrl+O，选择 "/源文件/第 16 章/16-8"。

步骤 2 着色面。在命令行输入SOLIDED→F→L，系统提示选取要着色的面后即可选取颜色，命令行提示如下如下：

命令：SOLIDEDIT	//实体编辑
输入实体编辑选项 ［面(F)/边(E)/体(B)/放弃(U)/退出(X)］ <退出>：F	//面编辑

[拉伸(E)/移动(M)/旋转(R)/偏移(O)/倾斜(T)/删除(D)/复制(C)/颜色(L)/材质(A)/放弃(U)/退出(X)]

<退出>:L　　　　　　　　　　　　　　　　　　　　　　//颜色设置

　　选择面或 [放弃(U)/删除(R)]:找到 1 个面。　　　　//找到一个面,如图 16-27 所示

　　选择面或 [放弃(U)/删除(R)]:　　　　　　　　　　//确定完成选择并选颜色

操作结果如图 16-28 所示。

图 16-26　原图

图 16-27　选取面

图 16-28　结果

16.2　实体圆角【FILLET(F)】

FILLET命令除了可以对圆弧、圆、椭圆、椭圆弧、直线、多段线、射线、样条曲线和构造线执行二维圆角操作外,还可以对三维实体和曲面执行圆角操作。如果选择网格对象执行圆角操作,可以选择在继续操作之前将网格转换为实体或曲面。

其命令启动方式如下。

- 命令行:FILLET(F)
- 功能区:"常用"选项卡→"修改"面板→"圆角🔲"
- 菜单:"修改"→"🔲圆角"

案例 16-9:实体倒圆角

将如图 16-29 所示的实体采用倒圆角命令进行操作,结果如图 16-30 所示。操作步骤如下:

图 16-29　原图

图 16-30　倒圆角

步骤 1 打开源文件。按键盘上的快捷键Ctrl+O,选择"/源文件/第 16 章/16-9"。

步骤 2 倒全圆角。在命令行输入F→空格,对长方体上顶面两条对边倒圆角,命令行提示如下:

命令:F　　　　　　　　　　　　　　　　　　　　　　　　//倒圆角

选择第一个对象或 [放弃(U)/多段线(P)/半径(R)/修剪(T)/多个(M)]:　　//选取边

输入圆角半径或 ［表达式(E)］<3.0000>: 10	//输入半径值
选择边或 ［链(C)/环(L)/半径(R)］:	//选取第二条边
选择边或 ［链(C)/环(L)/半径(R)］:	//确定完成选取
已选定 2 个边用于圆角。	//2 条边倒圆角

步骤 3 结果如图 16-31 所示。

步骤 4 边链倒圆角。选取侧边链倒圆角，命令行提示如下：

命令: F	//倒圆角
选择第一个对象或 ［放弃(U)/多段线(P)/半径(R)/修剪(T)/多个(M)］:	//选取边
输入圆角半径或 ［表达式(E)］<10.0000>: 5	//输入半径
选择边或 ［链(C)/环(L)/半径(R)］: C	//选取链方式
选择边链或 ［边(E)/半径(R)］:	//选取链上的一条边
选择边链或 ［边(E)/半径(R)］:	//确定完成链选取
已选定 3 个边用于圆角。	//链上的三条边完成倒圆角

步骤 5 结果如图 16-32 所示。

步骤 6 倒圆角。重复上面的步骤，倒圆角结果如图 16-30 所示。

图 16-31　倒全圆角

图 16-32　倒圆角

16.3　倒角【CHAMFER(CHA)】

CHAMFER命令除了可以对直线、多段线、射线和构造线倒角外，还可以对三维实体和曲面进行倒角。如果选择网格进行倒角，则可以先将其转换为实体或曲面，然后完成此操作。

其命令启动方式如下。

- 命令行：CHAMFER（CHA）
- 功能区："常用"选项卡→"修改"面板→"倒角◢"
- 菜单："修改"→"倒角◢"

案例 16-10：倒角

将如图 16-33 所示的实体采用倒角命令进行操作，结果如图 16-34 所示。操作步骤如下：

步骤 1 打开源文件。按键盘上的快捷键Ctrl+O，选择"源文件/第 16 章/16-10"。

图 16-33　原图

图 16-34　结果

步骤 2 倒角。在命令行输入CHA→空格，命令行提示如下：

命令：CHA　　　　　　　　　　　//倒角
选择第一条直线或 [放弃(U)/多段线(P)/距离(D)/角度(A)/修剪(T)/方式(E)/多个(M)]：　　//选取边
基面选择...　　　　　　　　　//选中倒角基面，如图 16-35 所示
输入曲面选择选项 [下一个(N)/当前(OK)]　　　　//确定按默认当前面
指定基面倒角距离或 [表达式(E)]：50//指定基面倒角距离
指定其他曲面倒角距离或 [表达式(E)] <50.0000>：52.5　　　　　//指定非基面倒角距离
选择边或 [环(L)]：　　　　　　//再选取倒角边

步骤 3 操作结果如图 16-36 所示。

图 16-35　选取基面

图 16-36　倒角

步骤 4 再以同样的步骤单击背面作为基面，顶部交线为倒角线，输入D1 为 50，D2 为 52.5，结果如图 16-37 所示。

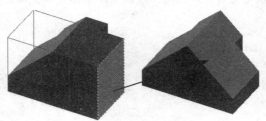

图 16-37　结果

步骤 5 倒圆角。在命令行输入F→空格，对图形进行倒圆角，结果如图 16-34 所示。

16.4 抽壳【SHELL】

将实体对象转换为壳体时，可以通过将现有面朝其原始位置的内部或外部偏移来创建新面。连续相切面处于偏移状态时，可以将其看作一个面。

其命令启动方式如下。

- 命令行：SOLIDED→B→S
- 功能区："常用"选项卡→"实体编辑"面板→"抽壳 图抽壳"
- 菜单："修改"→"实体编辑"→"抽壳 图抽壳"

案例 16-11：抽壳

将如图 16-38 所示的实体采用抽壳命令进行操作，结果如图 16-39 所示。操作步骤如下：

步骤 1 打开源文件。按键盘上的快捷键Ctrl+O，选择"/源文件/第 16 章/16-11"。

步骤 2 抽壳。在命令行输入SOLIDED→B→S→空格，先选取实体，再选取要删除的面，如图 16-40 所示，输入抽壳距离为 5，结果如图 16-41 所示。

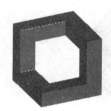

图 16-38 原图   图 16-39 抽壳   图 16-40 删除面   图 16-41 抽壳结果

步骤 3 抽壳。在命令行输入SOLIDED→B→S→空格，先选取实体，再选取要删除的面，输入抽壳距离为 5，结果如图 16-42 所示。

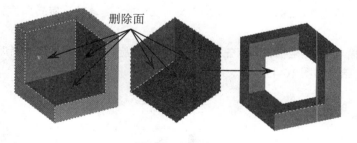

删除面

图 16-42 抽壳

16.5 实体布尔运算

实体和面域一样，也可以执行布尔运算。实体布尔运算包括实体布尔加运算、实体布尔减运算、实体布尔交运算。

布尔加运算UNION（UNI）即是将多个实体进行叠加成为一个实体，结果是所有实体之和。

布尔减运算 SUBTRACT（SU）可以通过从另一个重叠集中减去一个现有的三维实体集来创建三维实体。

布尔交运算INTERSECT（IN）可以从两个或两个以上现有三维实体的公共体积创建三维实体。如果选择网格，则可以先将其转换为实体或曲面，然后完成此操作。

案例 16-12：布尔运算

采用布尔运算绘制如图 16-43 所示的图形。操作步骤如下：

步骤1 设置视图。单击绘图区左上角视图控件，弹出视图控件下拉列表，在列表中选择"西南等轴测"视图，操作如图 16-44 所示。

步骤2 绘制球体。在命令行输入SPH→空格，指定任意点为球心，输入半径为 20，结果如图 16-45 所示。

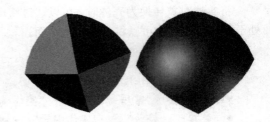

图 16-43　布尔交集运算

步骤3 剖切。在命令行输入SL→空格，选取球体中心所在的XY平面，指定上部分点为要保留的部分，剖切后结果如图 16-46 所示。

图 16-44　设置视图

图 16-45　球体

图 16-46　剖切

步骤4 绘制线。在命令行输入L→空格，选取球心为起点，鼠标放置在Z正轴上，输入长度为 30，结果如图 16-47 所示。

步骤5 新建UCS。在命令行输入UCS→空格，再输入X，以X轴为旋转轴，旋转角度为 90°，结果如图 16-48 所示。

步骤6 旋转。在命令行输入RO→空格，选取先前绘制的直线，旋转中心为直线的端点，旋转角度为 45°，向两边各旋转一条直线，结果如图 16-49 所示。

图 16-47　绘制线

图 16-48　新建 UCS

图 16-49　旋转

步骤7 剖切。在命令行输入SL→空格，选取刚绘制的线所在的平面三点，指定中间部分为要保留的部分，剖切后的结果如图 16-50 所示。

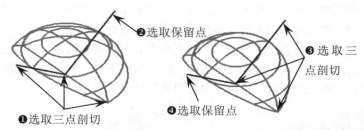

图 16-50　剖切

步骤 8 切换坐标系。在命令行输入UCS→空格→空格，将相对坐标系切换到绝对坐标系。

步骤 9 旋转。在命令行输入RO→空格，选取剖切后的球，输入C，进入复制模式，旋转中心为球心，旋转角度为 90°，结果如图 16-51 所示。

步骤 10 布尔交运算。在命令行输入IN→空格，框选所有实体，确认后即求交集，结果如图 16-52 所示。

图 16-51　旋转

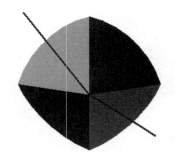

图 16-52　布尔交运算

16.6　三维小控件

　　三维小控件可以帮助用户沿三维轴或平面移动、旋转或缩放一组对象。小控件的使用方式有以下 3 种类型：

- 三维移动小控件。沿轴或平面重新定位选定的对象。
- 三维旋转小控件。绕指定轴旋转选定的对象。
- 三维缩放小控件。沿指定平面或轴或沿全部三条轴统一缩放选定的对象。

三种类型的小控件如图 16-53 所示。

❶移动小控件

❷旋转小控件

❸缩放小控件

图 16-53　三维小控件

默认情况下，选择视图中具有三维视觉样式的对象或子对象时，会自动显示小控件。由于小控件沿特定平面或轴约束所做的修改，因此，它们有助于确保获得更理想的结果。

默认情况下，小控件最初置于选择集的中心位置。但是，可以将其重新定位在三维空间中的任意位置。小控件的中心框（或基准夹点）用于设置修改的基点。此行为相当于在用户移动或旋转选定的对象时临时更改 UCS 的位置。小控件上的轴控制柄将移动或旋转约束到轴或平面上。

16.7　本章小节

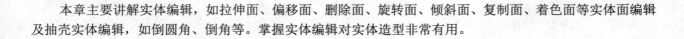

本章主要讲解实体编辑，如拉伸面、偏移面、删除面、旋转面、倾斜面、复制面、着色面等实体面编辑及抽壳实体编辑，如倒圆角、倒角等。掌握实体编辑对实体造型非常有用。

第17章

三维曲面设计

　　曲面是一张零厚度、零体积的薄片。曲面由于具有很多实体特征无法具备的特性，因此，曲面造型往往比实体造型更加简单和方便。

　　本章将主要讲解曲面的基本操作，包括创建由二维转换到三维的曲面操作，以及曲面编辑操作。掌握曲面的编辑对于更好地进行曲面造型设计有很大的帮助。

学习目标

- 掌握平面曲面的创建方式
- 掌握拉伸曲面、旋转曲面的创建方式
- 掌握曲面放样和曲面扫描的创建方式
- 熟练掌握曲面边界条件约束的操作方法
- 掌握曲面修剪方式

17.1　平面曲面【PLANESURF】　▶

　　平面曲面顾名思义是创建平面型的曲面，相当于采用某一封闭外形将平面进行修剪所得的曲面。平面曲面的创建可以是指定矩形的对角点快速创建，也可以是选取封闭的轮廓进行创建，轮廓形状可以是矩形、多边形，也可以是圆或曲线封闭轮廓，如图17-1所示。

图 17-1　平面曲面

　　通过命令指定曲面的角点时，将创建平行于工作平面的曲面。

　　其命令启动方式如下。

- 命令行：PLANESURF
- 功能区："曲面"选项卡→"创建"面板→"平面▱"
- 菜单："绘图"→"建模"→"曲面"→"平面▱"

通过对象选择来创建平面曲面或修剪曲面。可以选择构成封闭区域的一个闭合对象或多个对象。有效对象包括直线、圆、圆弧、椭圆、椭圆弧、二维多段线、平面三维多段线和二维样条曲线。

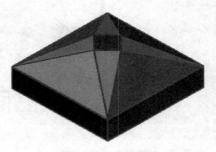

图 17-2 平面曲面

案例 17-1：创建平面曲面

采用平面曲面绘制如图 17-2 所示的图形。操作步骤如下：

步骤 1 设置视图。单击绘图区左上角视图控件，在弹出的下拉列表中选择"东南等轴测"视图，如图 17-3 所示。

步骤 2 设置视觉样式。单击绘图区左上角视觉样式控件，在弹出的下拉列表中选择"着色"样式，如图 17-4 所示。

图 17-3 设置视图

图 17-4 设置视觉样式

步骤 3 绘制一个 50×50 的矩形。在命令行输入 L→空格，以任意点为起点，输入直线长度为 50，绘制矩形，如图 17-5 所示。

步骤 4 夹点平移矩形。首先在绘图区选取要移动的矩形，选中的图素出现夹点，再单击直线端点为基点，输入 MO 进入移动模式，再输入 C 进入复制模式，再输入相对坐标为（@0,0,10），向上移动复制 10，结果如图 17-6 所示。

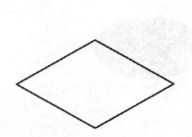

图 17-5 绘制矩形

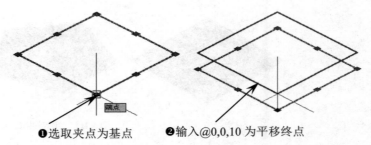

❶选取夹点为基点　❷输入@0,0,10 为平移终点

图 17-6 夹点平移

步骤 5 连线。在命令行输入 L→空格，连接两矩形和底部矩形的对角线，结果如图 17-7 所示。

步骤 6 绘制矩形。在命令行输入 REC→空格，输入 from 后，选取矩形对角线中点为捕捉点，输入相对位移（@-5,-5）作为矩形起点，再输入@指定长宽为（10，10），完成矩形的创建，结果如图 17-8 所示。

步骤 7 平移。在命令行输入 M→空格，选取刚绘制的矩形，向 Z 轴平移 21，结果如图 17-9 所示。

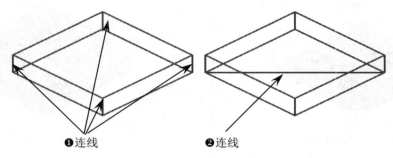

图 17-7　连线

步骤 **8** 旋转。在命令行输入RO→空格，选取刚平移后的矩形，旋转中心为底部矩形的对角线中点，旋转角度为 45°，结果如图 17-10 所示。

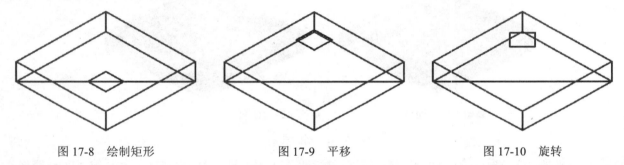

图 17-8　绘制矩形　　　　　　　　　图 17-9　平移　　　　　　　　　图 17-10　旋转

步骤 **9** 分解。在命令行输入X→空格，选取刚旋转的矩形，确认后完成分解，矩形被分解成线段，如图 17-11 所示。

步骤 **10** 连线。在命令行输入L→空格，连接两矩形端点成线，结果如图 17-12 所示。

步骤 **11** 创建底部平面曲面。在命令行输入PLANES→空格→空格，选取底部的四条线，单击以确认完成曲面边界的选取，生成的曲面结果如图 17-13 所示。

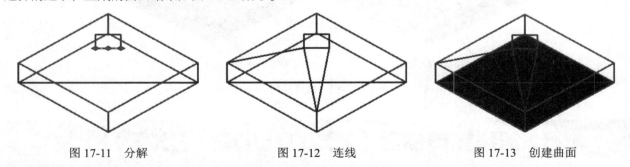

图 17-11　分解　　　　　　　　　图 17-12　连线　　　　　　　　　图 17-13　创建曲面

步骤 **12** 创建前侧平面曲面。在命令行输入PLANES→空格→空格，选取前侧的四条线，单击以确认完成曲面边界的选取，生成的曲面结果如图 17-14 所示。

步骤 **13** 极轴阵列。在命令行输入AR→空格，选取刚绘制的曲面为阵列对象，再输入PO→空格，启动极轴阵列，选取阵列基点为底部矩形对角线的中点，设置阵列个数为 4，操作如图 17-15 所示。

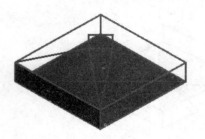

图 17-14　绘制曲面

图 17-15　阵列曲面

步骤 14 创建上部分的平面曲面。在命令行输入PLANES→空格→空格，选取上部分的三条线及顶面四边形边线，单击以确认完成曲面边界的选取，生成的曲面结果如图 17-16 所示。

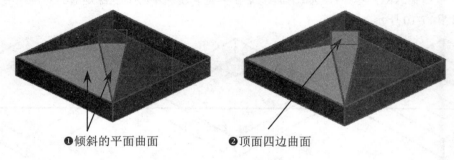

❶倾斜的平面曲面　　　　❷顶面四边曲面

图 17-16　平面曲面

步骤 15 极轴阵列。在命令行输入AR→空格，选取刚绘制的倾斜部分曲面为阵列对象，然后输入PO→空格，启动极轴阵列，再选取阵列基点为底部矩形对角线的中点，设置阵列个数为 4，操作如图 17-17 所示。

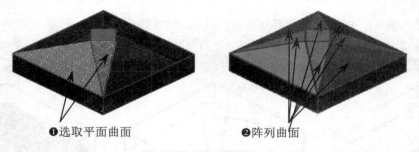

❶选取平面曲面　　　　❷阵列曲面

图 17-17　极轴阵列

17.2　创建拉伸曲面【EXTRUDE（EXT）】

创建拉伸曲面和创建拉伸实体操作基本上一样，只不过EXTRUDE默认的是创建拉伸实体，要创建曲面需要设置创建模式，操作步骤为EXT（拉伸）→MO（模式）→SU（曲面）。

创建拉伸曲面与拉伸实体不同的地方是：拉伸实体截面需要创建成面域，而拉伸曲面不需要创建面域。另外，拉伸实体只能拉伸封闭的截面，拉伸曲面截面可以开放。

案例 17-2：拉伸曲面

采用拉伸曲面绘制如图 17-18 所示的图形。操作步骤如下：

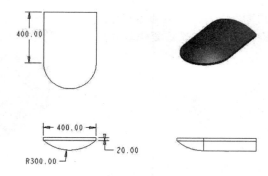

图 17-18　拉伸曲面

步骤 1 设置视图。在绘图区右上角单击VIEWCUB控件上的前视图，切换到前视图，结果如图 17-19 所示。

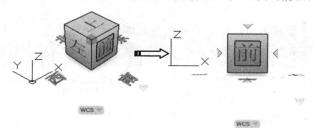

图 17-19　设置视图

步骤 2 新建UCS。在命令行输入UCS→空格，再输入V以当前视图创建UCS，结果如图 17-20 所示。

步骤 3 绘制截面。在命令行输入L→空格，选取任意点为起点，绘制 400×20 的矩形，结果如图 17-21 所示。

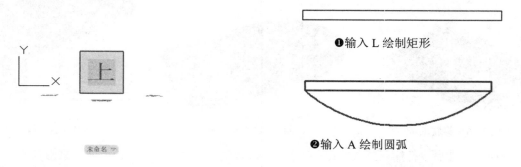

❶输入 L 绘制矩形

❷输入 A 绘制圆弧

图 17-20　新建 UCS　　　　　　　　　　　图 17-21　绘制截面

步骤 4 删除多余线。在命令行输入E→空格，选取水平线为要删除的对象，确认选取后即可删除，结果如图 17-22 所示。

步骤 5 创建拉伸曲面。在命令行输入EXT→MO→SU→空格，选取刚绘制的截面，输入高度为−400，结果如图 17-23 所示。

图 17-22　删除

图 17-23　拉伸曲面

步骤 **6** 绘制直线。切换到前视图，再输入L→空格，选取线的中点和圆弧的中点进行连线，结果如图 **17-24** 所示。

步骤 **7** 修剪。在命令行输入TR→空格→空格，选取要修剪的图素，修剪结果如图 **17-25** 所示。

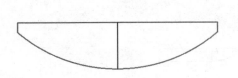

图 17-24　绘制线

图 17-25　修剪

点拨

　　此处修剪生成曲面的线要注意的是，如果先前在绘制曲面时采用的是关联创建，则此步骤导致曲面也被删除，因为与先前创建的线是关联的，所以在创建线时需要设置成非关联创建。

步骤 **8** 绘制旋转曲面。在命令行输入REV→MO→SU→空格，选取刚绘制的截面，再选取竖直线的上端点为旋转轴起点，下端点为旋转轴终点，结果如图 **17-26** 所示。

步骤 **9** 绘制线。在命令行输入L→空格，选取拉伸曲面的两角点绘制直线，绘制结果如图 **17-27** 所示。

步骤 **10** 拉伸曲面。在命令行输入EXT→MO→SU→空格，选取刚绘制的直线，输入高度为–200，结果如图 **17-28** 所示。

图 17-26　旋转曲面

图 17-27　绘制线

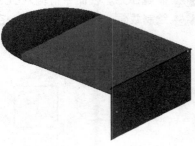

图 17-28　拉伸曲面

步骤 **11** 修剪曲面。在命令行输入SURFTR→空格，先选取要修剪的曲面，再选取要用来修剪的曲面，然后单击曲面要删除的部分，操作如图 **17-29** 所示。

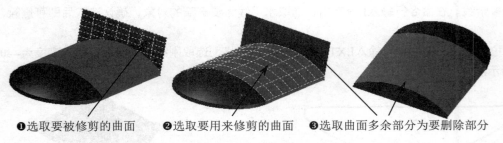

❶选取要被修剪的曲面　　❷选取要用来修剪的曲面　　❸选取曲面多余部分为要删除部分

图 17-29　修剪曲面

17.3 旋转曲面【REVOLVE（REV）】

旋转曲面创建与旋转实体创建类似，只是REVOLVE默认的创建模式为实体，因此，要创建曲面需要设置创建模式，操作步骤为REV（旋转）→MO（模式）→SU（曲面）。

旋转曲面与旋转实体不同的地方是：旋转实体的旋转截面需要封闭，并且需要创建面域才能旋转，而旋转曲面的截面不需要封闭，也不需要创建面域，可以旋转成开放的曲面。

案例17-3：旋转曲面

采用旋转曲面绘制如图17-30所示的漏斗图形。操作步骤如下：

步骤1 设置视图。在绘图区单击VIEWCUB上的前视图，即切换到前视图，如图17-31所示。

步骤2 新建UCS。在命令行输入UCS→空格，再输入V以当前视图为UCS，结果如图17-32所示。

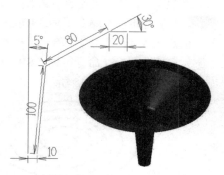

图17-30 旋转曲面

步骤3 绘制截面。在命令行输入L→空格，选取任意点为起点，绘制如图17-33所示的截面。

步骤4 绘制旋转曲面。在命令行输入REV→MO→SU→空格，先选取旋转母线，再选取竖直的旋转轴，角度为360°，结果如图17-34所示。

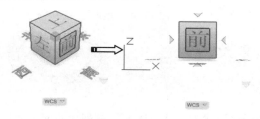

图17-31 切换视图

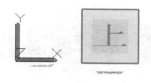

图17-32 新建UCS

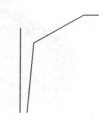

图17-33 绘制截面

图17-34 绘制旋转曲面

17.4 扫掠曲面【SWEEP（SW）】

扫掠曲面创建与扫掠实体创建类似，只是SWEEP默认的创建模式为实体，因此，要创建曲面需要设置创建模式，操作步骤为SW（扫掠）→MO（模式）→SU（曲面）。

扫掠曲面与扫掠实体不同的地方是：扫掠实体的扫掠截面需要封闭，并且需要创建面域才能扫掠，而扫掠曲面的截面不需要封闭，也不需要创建面域，可以扫掠成开放的曲面。

案例 17-4：扫掠曲面

采用扫掠曲面绘制如图 17-35 所示的图形。操作步骤如下：

图 17-35　扫掠曲面

步骤 1 绘制螺旋线。在命令行输入 HELIX→空格，选取任意点为起点，输入底面半径为 5，顶面半径 50，圈数为 5，高度为 0，结果如图 17-36 所示。

步骤 2 绘制矩形。在命令行输入 REC→空格，选取任意点为起点，再输入 D，指定长为 4、宽为 2，单击鼠标左键，完成矩形的绘制，结果如图 17-37 所示。

步骤 3 扫掠曲面。在命令行输入 SW→MO→SU→空格，选取矩形为扫掠截面，以上一步绘制的螺旋线为扫掠轨迹线，结果如图 17-35 所示。

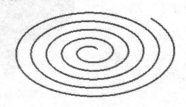

图 17-36　螺旋线

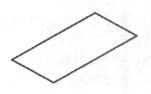

图 17-37　矩形

17.5　放样曲面【LOFT】

放样曲面创建与放样实体创建类似，只是 LOFT 默认的创建模式为实体，因此，要创建曲面需要设置创建模式，操作步骤为 LOFT（放样）→MO（模式）→SU（曲面）。

放样曲面与放样实体不同的地方是：放样实体的放样截面需要封闭，并且需要创建面域才能放样，而放样曲面的截面不需要封闭，也不需要创建面域，可以放样成开放的曲面。

案例 17-5：放样曲面

采用放样曲面绘制如图 17-38 所示的图形。操作步骤如下：

步骤 1 绘制圆。在命令行输入 C→空格，选取任意点为圆心，输入半径为 30，绘制结果如图 17-39 所示。

步骤 2 绘制矩形。在命令行输入 REC→空格，输入 FRO 后选取圆心为捕捉点，输入（@-17,-17）指定偏移点作为圆心，再输入（@34,34）完成矩形的创建，结果如图 17-40 所示。

步骤 3 绘制圆。在命令行输入 C→空格，选取任意点为圆心，输入半径为 10，绘制结果如图 17-41 所示。

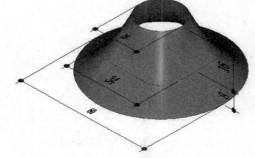

图 17-38　放样曲面

步骤 4 倒圆角。在命令行输入 F→空格，输入 R，修改半径为 10，再单击要倒圆角的边，结果如图 12-42 所示。

步骤 5 平移。在命令行输入 M→空格，选取刚倒圆角的矩形，向 Z 轴平移 8，结果如图 17-43 所示。

步骤 6 平移。在命令行输入 M→空格，选取先前绘制的圆，向 Z 轴平移 24，结果如图 17-44 所示。

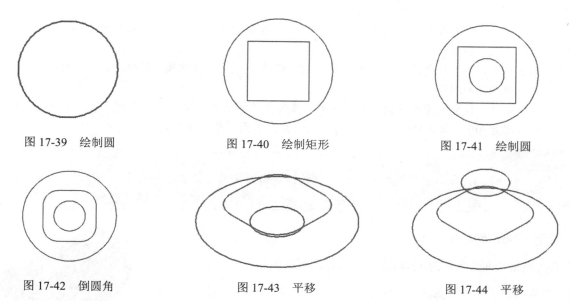

图 17-39　绘制圆　　　　　　图 17-40　绘制矩形　　　　　　图 17-41　绘制圆

图 17-42　倒圆角　　　　　　图 17-43　平移　　　　　　图 17-44　平移

步骤 7 创建放样曲面。在命令行输入LOFT→MO→SU→空格，依次选取三条边界，结果如图 17-45 所示。

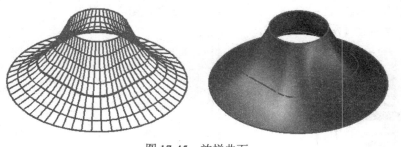

图 17-45　放样曲面

17.6　网格曲面【SURFNETWORK（SURFN）】

　　网格曲面是在曲面的 U 方向和 V 方向的几条曲线之间的空间中创建曲面。可以在曲线网络之间或在其他三维曲面或实体的边之间创建网络曲面。

　　其命令启动方式如下。

- 命令行：SURFNETWORK（SURFN）
- 功能区："曲面"选项卡→"创建"面板→"网格🖱"
- 菜单："绘图"→"建模"→"曲面"→"网格🖱"

命令行提示如下：

沿第一个方向选择曲线或曲面边
沿第二个方向选择曲线或曲面边
凸度幅值

各选项的含义如下。

- 沿第一个方向选择曲线或曲面边：沿 U 或 V 方向选择开放曲线、开放曲面边或面域边（而不是曲面或面域）的网络。
- 沿第二个方向选择曲线或曲面边：沿 U 或 V 方向选择开放曲线、开放曲面边或面域边（而不是曲面或面域）的网络。
- 凸度幅值：设置网络曲面边与其原始曲面相交处该网络曲面边的圆度。有效值介于 0 和 1 之间，默认值为 0.5。仅当放样边属于三维实体或曲面（而不是曲线）时，此选项才显示。

点拨

使用SURFNETWORK创建的网络曲面与放样曲面的相似之处在于，它们都在U和V方向几条曲线之间的空间中创建。曲线可以是曲面或实体边。创建曲面时，可指定切点和凸度幅值。

案例 17-6：网格曲面

采用网格曲面绘制如图 17-46 所示的图形。操作步骤如下：

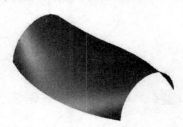

图 17-46　网格曲面

步骤 1 切换视图。单击绘图区左上角视图控件，弹出视图控件下拉列表，在列表中选择“前视”，操作如图 17-47 所示。

步骤 2 绘制直线。在命令行输入L→空格，选取任意点为起点，输入长度为10、40、10，绘制结果如图 17-48 所示。

[-][前视][着色]
自定义模型视图
俯视
仰视
左视
右视
前视
后视
西南等轴测
东南等轴测
东北等轴测
西北等轴测
视图管理器...
平行
透视
Y
X

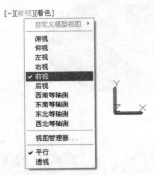

图 17-47　切换到前视图

图 17-48　绘制直线

步骤 3 绘制圆弧。切换视图到前视图，绘制半径为 20 的圆弧和半径为 50 的圆弧，操作如图 17-49 所示。

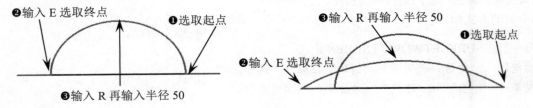

❷输入 E 选取终点
❶选取起点
❸输入 R 再输入半径 50
❸输入 R 再输入半径 50
❶选取起点
❷输入 E 选取终点

图 17-49　绘制圆弧

步骤 4 复制平移。在命令行输入CO→空格，选取刚绘制的半径为 20 的圆弧，再任意单击一点为起点，向Z向复制-40 和 40，结果如图 17-50 所示。

步骤 5 删除多余的辅助线。在命令行输入E→空格，选取刚绘制的辅助直线为要删除的对象，再确认完成选取即可删除，结果如图 17-51 所示。

图 17-50　复制

图 17-51　删除

要删除的线和弧　　结果

步骤6 切换视图到俯视图。单击绘图区左上角视图控件，弹出视图控件下拉列表，在列表中选择"俯视"，如图 17-52 所示。

步骤7 绘制圆弧。在命令行输入A→空格，选取三点绘制圆弧，结果如图 17-53 所示。

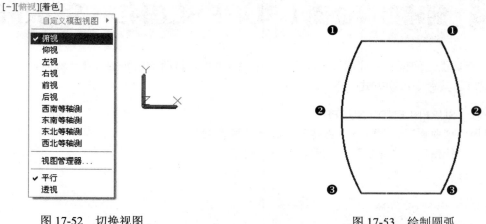

图 17-52　切换视图

图 17-53　绘制圆弧

步骤8 切换视图到左视图。单击绘图区左上角视图控件，弹出视图控件下拉列表，在列表中选择"左视"，如图 17-54 所示。

步骤9 绘制圆弧。在命令行输入A→空格，选取三点绘制圆弧，结果如图 17-55 所示。

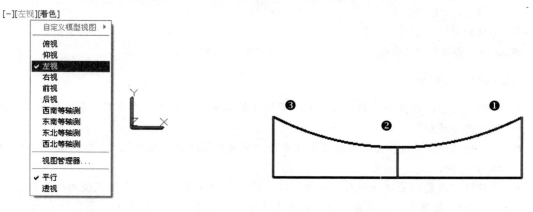

图 17-54　切换左视图

图 17-55　绘制圆弧

步骤10 绘制网格曲面。在命令行输入SURFN→空格，先选取第一方向的三条圆弧，再选取第二方向的三条圆弧，结果如图 17-56 所示。

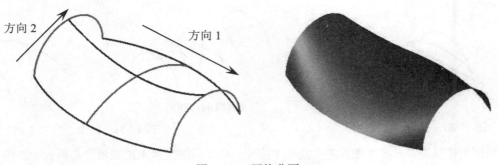

图 17-56　网格曲面

17.7 创建过渡曲面【SURFBLEND（SURFB）】▶

在两个现有曲面之间创建连续的过渡曲面，也称混合曲面。将两个曲面融合在一起时，可以指定曲面连续性和凸度幅值。其命令启动方式如下。

- 命令行：SURFBLEND（SURFB）
- 功能区："曲面"选项卡→"创建"面板→"过渡👆"
- 菜单："绘图"→"建模"→"曲面"→"过渡👆"

命令行提示如下：

```
命令：SURFB SURFBLEND
连续性 = G1 - 相切，凸度幅值 = 0.5
选择要过渡的第一个曲面的边或 [链(CH)]：找到 1 个
选择要过渡的第二个曲面的边或 [链(CH)]：找到 1 个
按 Enter 键接受过渡曲面或 [连续性(CON)/凸度幅值(B)]：con
第一条边的连续性 [G0(G0)/G1(G1)/G2(G2)] <G1>：g2
第二条边的连续性 [G0/G1/G2] <G1>：g0
按 Enter 键接受过渡曲面或 [连续性(CON)/凸度幅值(B)]：
```

各选项的含义如下。

- 选择曲面边：选择边子对象或曲面或面域（而不是曲面本身）作为第一条边和第二条边。
- 链：选择连续的连接边。
- 凸度幅值：设置过渡曲面边与其原始曲面相交处该过渡曲面边的圆度。默认值为 0.5。有效值介于 0 和 1 之间。
- 连续性：测量曲面彼此融合的平滑程度。默认值为 G0。选择一个值或使用夹点来更改连续性。
  - ➢ G0（位置）。仅测量位置。如果各个曲面的边共线，则曲面的位置在边曲线处是连续的(G0)。请注意，两个曲面能以任意角度相交并且仍具有位置连续性，如图 17-57 所示。
  - ➢ G1（相切）。包括位置连续性和相切连续性(G0 + G1)。对于相切连续的曲面，各端点切向在公共边一致。两个曲面看上去在合并处沿相同方向延续，但它们显现的"速度"（也称为方向变化率或曲率）可能大不相同，如图 17-58 所示。

➤ G2（曲率）。包括位置、相切和曲率连续性(G0+G1+G2)。两个曲面具有相同曲率，如图17-59所示。

图 17-57　G0

图 17-58　G1

图 17-59　G2

案例 17-7：过渡曲面

采用过渡曲面绘制如图 17-60 所示的图形。操作步骤如下：

步骤 1 绘制圆。在命令行输入C→空格，选取任意点为圆心，输入半径为 10，绘制结果如图 17-61 所示。

步骤 2 绘制直线。在命令行输入L→空格，选取任意点为起点，沿Y方向输入长度为 50，绘制结果如图 17-62 所示。再采用直线连接圆的直径，绘制结果如图 17-63 所示。

图 17-60　过渡曲面

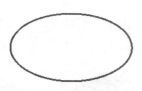

图 17-61　绘制圆

图 17-62　绘制直线

图 17-63　绘制直线

步骤 3 修剪。在命令行输入TR→空格→空格，选取要修剪的图素（圆弧和直线），修剪结果如图 17-64 所示。

步骤 4 扫掠曲面。在命令行输入SW→MO→SU→空格，选取圆弧为扫描截面，以上一步绘制的直线为扫描轨迹线，结果如图 17-65 所示。

步骤 5 删除圆弧。在命令行输入E→空格，选取对角线为要删除的圆弧，确认选取后即可删除，结果如图 17-66 所示。

图 17-64　修剪

图 17-65　扫掠曲面

图 17-66　删除圆弧

步骤 6 旋转复制。在命令行输入RO→空格，选取刚绘制的曲面，旋转中心为扫掠轨迹中点，再输入C，进入复制模式，旋转角度为 90°，结果如图 17-67 所示。

步骤 7 平移。在命令行输入M→空格，选取刚复制的曲面，向X轴平移 50，结果如图 17-68 所示。

图 17-67　旋转复制

图 17-68　平移

步骤 8 修剪曲面。在命令行输入SURFTR→空格，选取要修剪的曲面，再选取要修剪的曲线，然后单击曲面要删除的部分，操作如图 17-69 所示。

图 17-69　修剪曲面

步骤 9 删除线。在命令行输入E→空格，选取扫掠轨迹线作为要删除的对象，确认选取后即可删除，结果如图 17-70 所示。

步骤 10 偏移曲面。在命令行输入SURFOFFSET→空格，选取要延伸的曲面，输入向外延伸距离为 10，结果如图 17-71 所示。

图 17-70　删除线

图 17-71　偏移曲面

步骤 11 创建过渡面。在命令行输入SURFB→空格，选取过渡曲线，系统即生成过渡曲面预览，在弹出的菜单上选择"曲率"选项，如图 17-72 所示。

图 17-72　过渡曲面

步骤12 删除面。在命令行输入E→空格，选取扫掠曲面为要删除的对象，确认选取后即可删除，结果如图 17-73 所示。

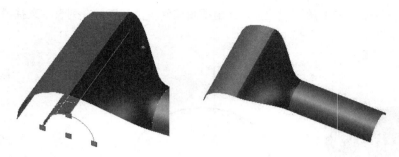

图 17-73　删除面

17.8　修补曲面【SURFPATCH（SURFP）】

修补曲面主要是对曲面内部的破孔进行修补，通过在形成闭环的曲面边上拟合一个封口来创建新曲面。也可以通过闭环添加其他曲线以约束和引导修补曲面。创建修补曲面时，可以指定曲面连续性和凸度幅值。其命令启动方式如下。

- 命令行：SURFPATCH（SURFP）
- 功能区："曲面"选项卡→"创建"面板→"修补"
- 菜单："绘图"→"建模"→"曲面"→"修补"

在命令行输入SURFP→空格，进入曲面修补模式，命令行提示如下：

```
命令：SURFPATCH
连续性 = G0 - 位置，凸度幅值 = 0.5
选择要修补的曲面边或 [链(CH)/曲线(CU)] <曲线>：找到 1 个
选择要修补的曲面边或 [链(CH)/曲线(CU)] <曲线>：
按 Enter 键接受修补曲面或 [连续性(CON)/凸度幅值(B)/导向(G)]：
```

各选项的含义如下：

- 曲面边：选择个别曲面边并将它们添加到选择集中。
- 链：选择连接的且单独的曲面对象的连续边。
- 曲线：选择曲线而不是边。
- 连续性：测量曲面彼此融合的平滑程度。默认值为 G0。选择一个值或使用夹点来更改连续性。
- 凸度幅值：为获得最佳效果，可输入一个介于 0 和 1 之间的值，以设置修补曲面边与原始曲面相交处修补曲面边的圆度，默认值为 0.5。
- 导向：使用其他导向曲线以塑造修补曲面的形状。导向曲线可以是曲线，也可以是点。

案例 17-8：修补曲面

采用修补曲面绘制如图 17-74 所示的图形。操作步骤如下：

步骤 1 绘制椭圆。在命令行输入EL→空格，输入C，以中心定位，再输入长半轴为20、短半轴为15，结果如图 17-75 所示。

步骤 2 设置视角。单击绘图区左上角视图控件，弹出视图控件下拉列表，在列表中选择"西南等轴测"视图，操作如图 17-76 所示。

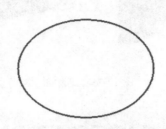

图 17-74　曲面修补　　　　　图 17-75　绘制椭圆　　　　　图 17-76　设置视图

步骤 3 绘制拉伸曲面。在命令行输入EXT→MO→SU→空格，选取刚绘制的截面，输入T，指定角度为-30°、高度为 30，结果如图 17-77 所示。

步骤 4 切换视图到前视图。单击绘图区左上角视图控件，弹出视图控件下拉列表，在列表中选择"前视"，操作如图 17-78 所示。

步骤 5 移动UCS原点。在命令行输入UCS→空格，选取椭圆圆心为坐标系放置点，结果如图 17-79 所示。

图 17-77　拉伸曲面　　　　　图 17-78　切换视图　　　　　图 17-79　移动坐标系原点

步骤 6 绘制圆弧。在命令行输入A→空格，输入三点坐标分别为（45,27）、（0,22）、（-45,27），结果如图 17-80 所示。

步骤 7 修剪曲面。在命令行输入SURFTR→空格，选取要修剪的曲面，再选取要修剪的曲线，然后单击曲面要删除的部分，操作如图 17-81 所示。

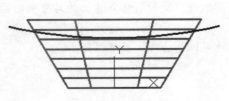

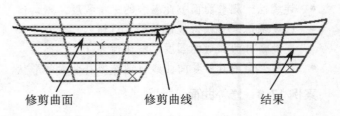

修剪曲面　　　修剪曲线　　　结果

图 17-80　绘制圆弧　　　　　　　　图 17-81　修剪曲面

步骤 8 曲面修补。在命令行输入SURFP→空格，选取曲面边线，即出现曲面修补预览，在曲面边线上单击 按钮，弹出约束条件下拉菜单，选取约束条件为"曲率（G2）"，结果如图 17-82 所示。

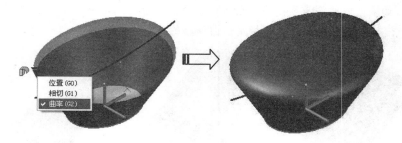

图 17-82　曲面修补

步骤 9 删除线。在命令行输入E→空格，选取圆弧为要删除的对象，确认选取后即可删除，结果如图 17-83 所示。

图 17-83　删除线

17.9　偏移曲面【SURFOFFSET】

创建与原始曲面相距指定距离的平行曲面。采用"翻转方向"选项可以反转偏移的方向。
其命令启动方式如下。

- 命令行：SURFOFFSET
- 功能区："曲面"选项卡→"创建"面板→"偏移 "
- 菜单："绘图" → "建模" → "曲面→ "偏移 "

在命令行输入SURFOFFSET→空格，系统进入偏移曲面模式，命令行提示如下：

```
命令： _SURFOFFSET
连接相邻边 = 否
选择要偏移的曲面或面域：找到 1 个
选择要偏移的曲面或面域：
指定偏移距离或［翻转方向（F）/两侧（B）/实体（S）/连接（C）/表达式（E）］<0.0000>: 5
```

各选项的含义如下。

- 指定偏移距离：指定偏移曲面和原始曲面之间的距离。如图 17-84（A）所示为向下偏移 10 后的结果。
- 翻转方向（F）：反转箭头显示的偏移方向，如图 17-84（B）所示。

- 两侧（B）：沿两个方向偏移曲面（创建两个新曲面而不是一个），如图 17-84（C）所示。
- 实体（S）：从偏移创建实体。这与 THICKEN 命令类似，如图 17-84（D）所示。
- 连接（C）：如果原始曲面是连接的，则连接多个偏移曲面。
- 表达式（E）：输入公式或方程式来指定曲面偏移的距离。

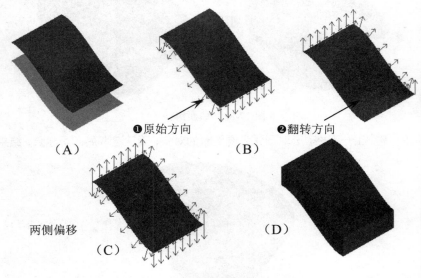

❶原始方向　❷翻转方向

（A）　（B）

两侧偏移

（C）　（D）

图 17-84　偏移

17.10　曲面圆角【SURFFILLET（SURFF）】

在两个其他曲面之间创建圆角过渡曲面。圆角曲面具有固定半径轮廓且与原始曲面相切。会自动修剪原始曲面，以连接圆角曲面的边。

圆角曲面使用在 FILLETRAD 系统变量中设置的半径值。可在创建曲面时使用半径选项或在创建圆角后通过拖放圆角夹点来更改半径。可在"特性"选项板中更改现有的圆角半径或通过数学表达式导出半径。

其命令启动方式如下。

- 命令行：SURFFILLET（SURFF）
- 功能区："曲面"选项卡→"编辑"面板→"圆角 🔄"
- 菜单："绘图"→"建模"→"曲面"→"圆角 🔄"

在命令行输入SURFF→空格，系统进入圆角模式，命令行提示如下：

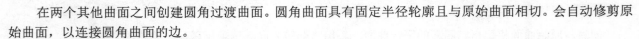

```
命令：SURFF
SURFFILLET
半径 = 5.0000，修剪曲面 = 是
选择要圆角化的第一个曲面或面域或者 [半径(R)/修剪曲面(T)]:
选择要圆角化的第二个曲面或面域或者 [半径(R)/修剪曲面(T)]:
按 Enter 键接受圆角曲面或 [半径(R)/修剪曲面(T)]:
```

各选项的含义如下：

- 第一个和第二个曲面或面域：指定第一个和第二个曲面或面域。
- 半径：指定圆角半径。使用圆角夹点或输入值来更改半径。输入的值不能小于曲面之间的间隙。如果未输入半径值，将使用 FILLETRAD3D 系统变量的值。
- 修剪曲面：将原始曲面或面域修剪到圆角曲面的边。

案例 17-9：曲面圆角

图 17-85　曲面圆角

采用曲面圆角命令绘制如图 17-85 所示的图形。操作步骤如下：

步骤 1 绘制线。在命令行输入L→空格，选取任意点为起点，输入长度为 50，绘制结果如图 17-86 所示。

步骤 2 绘制圆。在命令行输入C→空格，选取任意点为圆心，输入半径为 5，绘制结果如图 17-87 所示。

步骤 3 创建扫描曲面。在命令行输入SW→MO→SU→空格，选取圆为扫描截面，以上一步绘制的直线为扫描轨迹线，结果如图 17-88 所示。

图 17-86　绘制线

图 17-87　绘制圆

图 17-88　扫描曲面

步骤 4 旋转曲面。在命令行输入RO→空格，选取刚创建的曲面，旋转中心为直线的中点，输入C，进入复制模式，指定旋转角度为 90°，结果如图 17-89 所示。

步骤 5 曲面圆角。在命令行输入SURFF→空格，依次选取先前扫掠曲面和旋转后的曲面，再输入半径为 2，结果如图 17-90 所示。

图 17-89　旋转

图 17-90　曲面圆角

17.11　曲面修剪【SURFTRIM】

修剪与其他曲面或其他类型的几何图形相交的曲面部分。可以采用曲面、曲线及面域修剪与曲线、面域或另一曲面相交或将其平分的曲面部分。

其命令启动方式如下。

- 命令行：SURFTRIM
- 功能区："曲面"选项卡→"编辑"面板→"修剪⊕"
- 菜单："修改"→"曲面编辑"→"修剪⊕"

在命令行输入SURFTRIM→空格，系统进入曲面修剪模式，命令行提示如下：

```
命令：SURFTRIM
延伸曲面 = 是，投影 = 自动
选择要修剪的曲面或面域或者 ［延伸(E)/投影方向(PRO)］：找到 1 个
选择要修剪的曲面或面域或者 ［延伸(E)/投影方向(PRO)］：
选择剪切曲线、曲面或面域：找到 1 个
选择剪切曲线、曲面或面域：
选择要修剪的区域 ［放弃(U)］：
```

各主要选项的含义如下。

- 选择要修剪的曲面或面域：选择要修剪的一个或多个曲面或面域。
- 选择剪切曲线、曲面或面域：可用作修剪边的曲线包含直线、圆弧、圆、椭圆、二维多段线、二维样条曲线拟合多段线、二维曲线拟合多段线、三维多段线、三维样条曲线拟合多段线、样条曲线和螺旋，还可以使用曲面和面域作为修剪边界。
- 选择要修剪的区域：选择曲面上要删除的一个或多个面域。
- 延伸：控制是否修剪剪切曲面以与修剪曲面的边相交。

投影方向提示选项有以下 3 种：

```
指定投影方向 ［自动(A)/视图(V)/UCS(U)/无(N)］ <自动>
```

各选项的含义如下。

- 自动：采用自动方式选取投影方向，有以下 3 种情况。
  - ➤ 在平面平行视图（如默认的俯视图、前视图和右视图）中修剪曲面或面域时，剪切几何图形将沿视图方向投影到曲面上。
  - ➤ 使用平面曲线在角度平行视图或透视视图中修剪曲面或面域时，剪切几何图形将沿与曲线平面垂直的方向投影到曲面上。
  - ➤ 使用三维曲线在角度平行视图或透视视图（如默认的透视视图）中修剪曲面或面域时，剪切几何图形将沿与当前 UCS 的 Z 方向平行的方向投影到曲面上。
- 视图：基于当前视图投影几何图形。
- UCS：沿当前 UCS 的 +Z 和 –Z 轴投影几何图形。

案例 17-10：曲面修剪

采用曲面修剪绘制如图 17-91 所示的图形。操作步骤如下：

图 17-91　曲面修剪

步骤1 绘制直线。在命令行输入L→空格，选取任意点为起点，输入竖直长度为150，绘制结果如图17-92所示。

步骤2 偏移线。在命令行输入O→空格，输入偏移距离为35，再选取要偏移的图形，单击偏移侧为右侧，偏移结果如图17-93所示。继续选取刚偏移的线，输入偏移距离为250，结果如图17-94所示。

步骤3 绘制圆。在命令行输入C→空格，选取偏移线端点为圆心，输入半径为250，绘制结果如图17-95所示。

图17-92　绘制线　　　　图17-93　偏移　　　　图17-94　偏移　　　　图17-95　绘制圆

步骤4 绘制线。在命令行输入L→空格，选取偏移线端点绘制水平线与圆相交，结果如图17-96所示。

步骤5 修剪。在命令行输入TR→空格→空格，选取要修剪的圆，修剪结果如图17-97所示。

步骤6 删除线。在命令行输入E→空格，选取线作为要删除的对象，确认选取后即可删除，结果如图17-98所示。

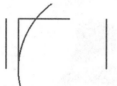 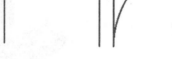

图17-96　绘制线　　　　　图17-97　修剪　　　　　图17-98　删除线

步骤7 绘制圆。在命令行输入C→空格，选取任意点为圆心，输入半径为25，绘制结果如图17-99所示。

步骤8 绘制扫掠曲面。在命令行输入SW→MO→SU→空格，选取圆为扫掠截面，直线为扫掠轨迹线，结果如图17-100所示。采用同样的步骤，选取圆为扫掠截面，圆弧为扫掠轨迹线，结果如图17-101所示。

图17-99　绘制圆　　　　　图17-100　扫掠　　　　　图17-101　结果

步骤9 修剪曲面。在命令行输入SURFTR→空格，选取圆柱曲面作为要修剪的曲面，再选取圆弧扫掠曲面作为修剪的曲面，然后单击曲面要删除的部分，操作如图17-102所示。

要修剪的曲面　　　　　　　修剪曲面　　　　　　　　结果

图17-102　修剪

步骤 10 修剪曲面。在命令行输入SURFTR→空格，选取扫掠路径为圆弧的扫掠曲面作为要修剪的曲面，再选取扫掠路径为直线的扫掠曲面作为修剪曲面，然后单击曲面要删除的部分，操作如图 17-103 所示。

要修剪的曲面

修剪工具曲面

结果

图 17-103　修剪

步骤 11 曲面倒圆角。在命令行输入SURFF→空格，选取第一组要倒圆角的面，再选取第二组要倒圆角的面，输入半径为 5，结果如图 12-104 所示。

步骤 12 删除圆。在命令行输入E→空格，选取圆，确认后即可删除，结果如图 17-105 所示。

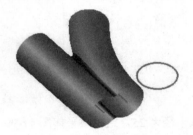
图 17-104　倒圆角

图 17-105　删除圆

17.12　取消曲面修剪【SURFUNTRIM】

取消曲面修剪用于恢复使用SURFTRIM 命令删除的曲面区域。如果修剪边依赖于另一条也已被修剪的曲面边，则用户可能无法完全恢复修剪区域。类似于将影片投影到屏幕上，用户可以将几何体从不同方向投影到三维实体、曲面和面域上，以创建修剪边。

其命令启动方式如下。

- 命令行：SURFUNTRIM
- 功能区："曲面"选项卡→"编辑"面板→"取消修剪⊞"
- 菜单："修改"→"曲面编辑"→"取消修剪⊞"

在命令行输入SURFUNTRIM→空格，系统进入取消曲面修剪模式，命令行提示如下：

```
命令：SURFUNTRIM
选择要取消修剪的曲面边或 [曲面(SUR)]：找到 1 个
选择要取消修剪的曲面边或 [曲面(SUR)]：
```

各选项的含义如下。

- 选择要取消修剪的曲面边或[曲面(SUR)]: 选择修剪区域的边以进行替换, 或者输入 SUR 以取消修剪曲面。
- 选择要取消修剪的曲面边或[页面(SUR)]: 选择曲面, 以替换所有的修剪区域。

17.13 曲面延伸【SURFEXTEND】▶

曲面延伸命令是将曲面的边界沿某方向延伸一定的距离。可以将延伸曲面合并为原始曲面的一部分, 也可以将其附加为与原始曲面相邻的第二个曲面。

其命令启动方式如下。

- 命令行: SURFEXTEND
- 功能区: "曲面"选项卡→"编辑"面板→"延伸💾"
- 菜单: "修改"→"曲面编辑"→"延伸💾"

在命令行输入SURFEXTEND→空格, 系统进入延伸曲面模式, 命令行提示如下:

命令: SURFEXTEND
模式 = 延伸, 创建 = 附加
选择要延伸的曲面边: 找到 1 个
选择要延伸的曲面边:
指定延伸距离 [表达式(E)/模式(M)]: 10

各主要选项的含义如下。

- 指定延伸距离: 指定延伸长度。
- 表达式: 输入公式或方程式来指定曲面延伸的长度。
- 模式: 指定延伸模式, 有延伸和拉伸两种。延伸是以尝试模仿并延续曲面形状的方式拉伸曲面。拉伸是拉伸曲面, 以线性的方式直接延续曲面形状。

17.14 曲面造型【SURFSCULPT(SURFS)】▶

SURFSCULPT 命令自动合并与修剪用于封闭无间隙区域的曲面的集合以创建实体。被曲面封闭的区域必须无间隙, 且曲面必须具有 G0 连续性, 否则 SURFSCULPT 命令无法完成。SURFSCULPT 命令还可与实体对象和网格对象配合使用。

其命令启动方式如下。

- 命令行: SURFSCULPT(SURFS)
- 功能区: "曲面"选项卡→"编辑"面板→"造型"
- 菜单: "修改"→"曲面编辑"→"造型"

在命令行输入SURFS→空格, 系统进入曲面造型模式。

```
命令：SURFSCULPT
网格转换设置为：平滑处理并优化。
选择要造型为一个实体的曲面或实体：指定对角点：找到 4 个
选择要造型为一个实体的曲面或实体： 已过滤 1 个
>_ ▾ 键入命令
```

案例 17-11：曲面综合案例

采用曲面造型命令绘制如图 17-106 所示的图形。操作步骤如下：

步骤 1 切换到前视图。单击绘图区左上角视图控件，弹出视图控件下拉列表，在列表中选择"前视"，操作如图 17-107 所示。

步骤 2 绘制截面。在命令行输入L→空格，选取任意点为起点，输入长度为 5、10、7、12，绘制结果如图 17-108 所示。

图 17-106　曲面造型

图 17-107　切换视图

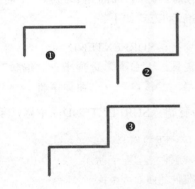

图 17-108　绘制截面

步骤 3 偏移。在命令行输入O→空格，输入偏移距离为 3，再选取要偏移的竖直线，单击偏移侧为左侧，偏移结果如图 17-109 所示。

步骤 4 绘制旋转曲面。在命令行输入REV→MO→SU→空格，选取刚绘制的截面，再选取偏移后的竖直线的上端点为旋转轴起点，下端点为旋转轴终点，旋转角度为 360°，结果如图 17-110 所示。

步骤 5 切换到前视图。单击绘图区左上角视图控件，弹出视图控件下拉列表，在列表中选择"前视"，操作如图 17-111 所示。

图 17-109　偏移　　　　　　　图 17-110　绘制旋转曲面　　　　　　　图 17-111　切换视图

步骤 6 绘制竖直线。在命令行输入L→空格，选取先前截面的右端点为起点，输入竖直向下长度为 12、水平线长度为 9，绘制结果如图 17-112 所示。

步骤7 绘制圆弧。在命令行输入A→空格，选取刚绘制的竖直线下端点为起点，上端点为终点，输入半径为8；再以水平线右端点为起点，竖直线上端点为终点，输入半径值为10，绘制结果如图17-113所示。

步骤8 删除辅助线。在命令行输入E→空格，选取直线为要删除的对象，确认选取后即可删除，结果如图17-114所示。

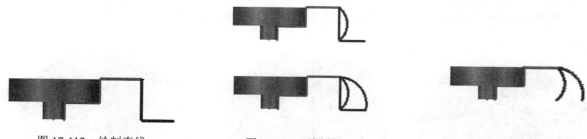

图 17-112 绘制直线　　　　　　图 17-113 绘制圆弧　　　　　　图 17-114 删除线

步骤9 旋转。在命令行输入RO→空格，选取刚绘制的半径为8的圆弧，选取步骤3偏移后的直线端点为旋转中心，旋转角度为60°，结果如图17-115所示。

步骤10 绘制圆弧。在命令行输入A→空格，选取刚绘制的半径为10的圆弧上端点为起点，半径为8的圆弧上端点为终点，输入半径为25，如图17-116所示。再以半径为10的圆弧下端点为起点，半径为8的圆弧下端点为终点，输入半径为58，绘制结果如图17-117所示。

图 17-115 旋转　　　　　　图 17-116 绘制圆弧　　　　　　图 17-117 绘制圆弧

步骤11 创建网格曲面。在命令行输入SURFN→空格，先选取第一方向的两条圆弧，再选取第二方向的两条圆弧，结果如图17-118所示。

步骤12 阵列曲面。在命令行输入AR→空格，选取曲面为阵列对象，再输入PO→空格，启动极轴阵列，选取阵列基点为旋转中心，设置阵列个数为6，操作如图17-119所示。

步骤13 绘制放样曲面。在命令行输入LOFT→MO→SU→空格，选取要进行放样的两条边对象，操作如图17-120所示。

图 17-118 网格曲面　　　　　　图 17-119 阵列　　　　　　图 17-120 放样

步骤 14 阵列。在命令行输入AR→空格，选取刚绘制的曲面为阵列对象，再输入PO→空格，启动极轴阵列，选取旋转终点为阵列轴中心，设置阵列个数为6，结果如图17-121所示。

步骤 15 抽取边线。在工具栏单击"抽取"按钮👌，选取要抽取的曲面，拉到边界并确认，完成抽取，结果如图17-122所示。

步骤 16 阵列。在命令行输入AR→空格，选取刚绘制的抽取曲线为阵列对象，再输入PO→空格，启动极轴阵列，选取旋转终点为阵列轴中心，设置阵列个数为6，结果如图17-123所示。

抽取边线

图 17-121 阵列　　　　　　　图 17-122 抽取边线　　　　　　　图 17-123 阵列

步骤 17 绘制平面曲面。在命令行输入SURF→空格→空格，选取刚阵列的圆弧和直线，确认后即可完成绘制，结果如图17-124所示。

步骤 18 修剪曲面。在命令行输入SURFTR→空格，先选取要修剪的曲面，再选取要修剪的曲线，然后单击曲面要删除的部分，如图17-125所示。

图 17-124 平面曲面　　　　　　　　　　　图 17-125 修剪曲面

17.15 本章小节 ▶

本章主要讲解三维曲面造型。AutoCAD 2018在曲面造型功能上越来越强大，支持多种曲面造型方式，包括网格、拉伸、旋转、扫描、放样、过渡、修补、偏移等，灵活地运用这些曲面造型，可以创建出非常复杂的曲面造型对象。

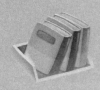

第18章

三维操作和三维渲染

在三维空间中，可以通过不同的坐标系来快速绘制二维图形，并通过二维转换成三维图形。但需要频繁操作UCS进行转换，因此，本章提供了三维操作方式，可以不需要转换UCS坐标系，而是直接对对象在三维上进行操作，非常方便直观。

学习目标

- 掌握三维镜像操作方法
- 掌握三维平移的操作方式
- 掌握三维旋转的操作方法
- 掌握三维阵列的应用
- 掌握光源的定义
- 掌握渲染的基本操作

18.1 三维操作

三维操作主要是在空间上对选取的对象进行三维转换，如三维镜像、三维移动、三维旋转、三维阵列、三维对齐等。对三维对象直接操控，不受UCS坐标系的影响，比二维相对应的操作要方便很多。

18.1.1 三维镜像【MIRROR3D】

创建镜像平面上选定三维对象的镜像副本。可以通过将对象与指定平面对齐或指定三个点来确定镜像平面。

其命令启动方式如下。

- 命令行：**MIRROR3D**
- 功能区："常用"选项卡→"修改"面板→"三维镜像❏"
- 菜单："修改"→"三维操作"→"三维镜像❏"

在命令行输入 **3DMIRROR**→空格，系统进入 3D镜像模式，命令行提示如下：

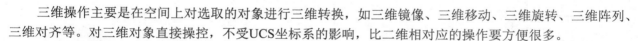

```
命令: 3DMIRROR MIRROR3D
选择对象: 找到 1 个
```

选择对象：指定镜像平面（三点）的第一个点或[对象(O)/最近的(L)/Z 轴(Z)/视图(V)/XY 平面(XY)/YZ 平面(YZ)/ZX 平面(ZX)/三点(3)] <三点>：

在镜像平面上指定第二点：

在镜像平面上指定第三点：

是否删除源对象？[是(Y)/否(N)] <否>：

各主要选项的含义如下。

- 选择对象：选择要镜像的对象，然后按 Enter 键。
- 对象：使用选定平面对象的平面作为镜像平面。
- 删除源对象：如果输入 y，反映的对象将置于图形中并删除原始对象。如果输入 n 或按 Enter 键，反映的对象将置于图形中并保留原始对象。
- Z 轴：根据平面上的一个点和平面法线上的一个点定义镜像平面。
- 视图：将镜像平面与当前视口中通过指定点的视图平面对齐。
- XY/YZ/ZX平面：将镜像平面与一个通过指定点的标准平面（XY、YZ 或 ZX）对齐。
- 三点：通过三个点定义镜像平面。如果通过指定点来选择此选项，将不显示"在镜像平面上指定第一点"的提示。

案例 18-1：三维镜像

采用三维镜像绘制如图 18-1 所示的图形。操作步骤如下：

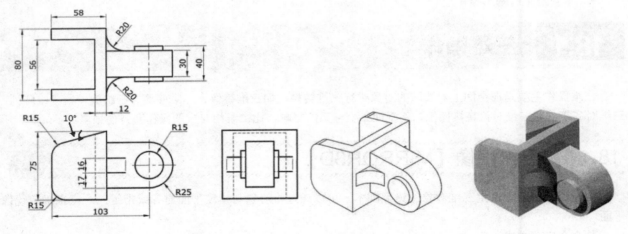

图 18-1 三维镜像

步骤 1 设置视角。单击绘图区左上角视图控件，弹出视图控件下拉列表，在列表中选择"西南等轴测"视图，操作如图 18-2 所示。

步骤 2 绘制长方体。在命令行输入BOX→空格，指定任意点为起点，然后输入（@80,58,75），结果如图 18-3 所示。

步骤 3 绘制旋转面。在命令行输入SOLIDED→F（面）→R（旋转）→空格，选取顶面作为要旋转的面，选取边作为轴的两个点，结果如图 18-4 所示。

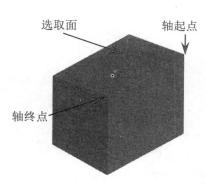

图 18-2　设置视图　　　　　　　　图 18-3　绘制长方体　　　　　　　图 18-4　旋转面

步骤4 抽壳。在命令行输入SOLIDED→空格→B→空格→S→空格，选取整个实体，再单击顶面、底面和背面为移除面，抽壳厚度为 12，结果如图 18-5 所示。

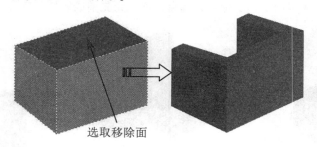

图 18-5　抽壳

步骤5 绘制长方体。在命令行输入BOX→空格，指定任意点为起点，然后输入（@30,45,50），结果如图 18-6 所示。

步骤6 平移。在命令行输入M→空格，选取刚绘制的矩形顶面的边中点作为起点，再输入from，捕捉实体边中点，输入（@0,0,-12.5）后结果如图 18-7 所示。

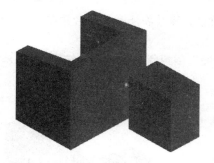

图 18-6　绘制长方体　　　　　　　　　　　　图 18-7　平移

步骤7 绘制圆柱体。在命令行输入CYL→空格，选取刚绘制的长方体左侧面的右边中点为圆柱底面中心，输入半径为 25、高度为-30，结果如图 18-8 所示。

步骤8 绘制圆柱体。在命令行输入CYL→空格，选取刚绘制的圆柱体顶面的圆心为圆柱底面中心，输入半径为 15、高度为 5，结果如图 18-9 所示。

步骤9 三维镜像。在命令行输入 3DMIRROR→空格，选取刚绘制的圆柱体，再选取三点为镜像平面，结果如图 18-10 所示。

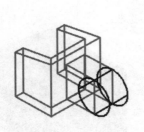

图 18-8　绘制圆柱体

图 18-9　绘制圆柱体

选取三点

图 18-10　镜像圆柱

步骤 10　绘制二维截面。在命令行输入L→空格，绘制直线，再输入A→空格，采用圆弧绘制如图 18-11 所示的二维截面。

步骤 11　按住并拖动。在命令行输入PRES→空格，选取刚绘制的图形，输入向上拉伸高度为 16，结果如图 18-12 所示。

步骤 12　平移。选取刚绘制实体背面的边的中点为起点，终点为先前绘制块的中点，结果如图 18-13 所示。

图 18-11　绘制截面

图 18-12　按住并拖动

图 18-13　平移

步骤 13　三维镜像。在命令行输入 3DMIRROR→空格，选取刚绘制的实体，再选取三点为镜像平面，结果如图 18-14 所示。

步骤 14　布尔合并。在命令行输入UNI→空格，选取所有实体并确认，系统将所有实体合并在一起，结果如图 18-15 所示。

步骤 15　倒圆角。在命令行输入F→空格，选取要倒圆角的边，再输入倒圆角半径为 15，结果如图 18-16 所示。

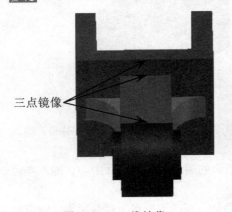

三点镜像

图 18-14　三维镜像

图 18-15　布尔合并

图 18-16　倒圆角

18.1.2　三维移动【3DMOVE(3M)】

创建三维空间上选定三维对象的平移操作。可以通过制定空间位移或空间上的两点来指定平移距离。其命令启动方式如下。

- 命令行：3DMOVE（3M）
- 功能区："常用"选项卡→"修改"面板→"三维移动🔶"
- 菜单："修改"→"三维操作"→"三维移动🔶"

在命令行输入 3M→空格，系统即进入三维移动操作模式，命令行提示如下：

```
命令：3M 3DMOVE
选择对象：找到 1 个
选择对象：
指定基点或 [位移(D)] <位移>：
指定第二个点或 <使用第一个点作为位移>：10
```

各选项的含义如下。

- 选择对象：选择要移动的三维对象然后，按 Enter 键。
- 基点：指定要移动的三维对象的基点。
- 第二个点：指定要将三维对象拖动到的位置，也可以移动光标指示方向，然后输入距离。
- 位移：使用在命令提示下输入的坐标值指定选定三维对象位置的相对距离和方向。

案例 18-2：三维移动

采用三维移动命令绘制如图 18-17 所示的图形。操作步骤如下：

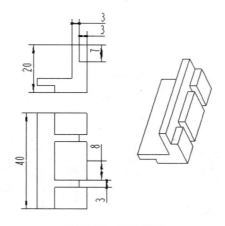

图 18-17　三维移动

步骤 1 设置视图为前视图。单击绘图区左上角视图控件，弹出视图控件下拉列表，在列表中选择"前视"，操作如图 18-18 所示。

步骤 2 绘制截面。在命令行输入L→空格，选取任意点为起点，输入每段线长度，绘制结果如图 18-19 所示。

步骤 3 按住并拖动。在命令行输入PRES→空格，选取刚绘制的截面，输入拉伸的高度为 40，结果如图 18-20 所示。

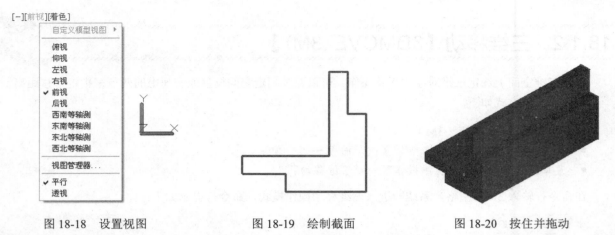

图 18-18 设置视图　　　　图 18-19　绘制截面　　　　图 18-20　按住并拖动

步骤 4 绘制长方体。将坐标系切换到世界坐标系，再输入BOX→空格，选取任意点，输入（@3,3,20），结果如图 18-21 所示。

步骤 5 三维移动。在命令行输入 3M→空格，选取移动对象为长方体，选取长方体右下角点为起点，再选取先前拉伸实体的右下角点，结果如图 18-22 所示。

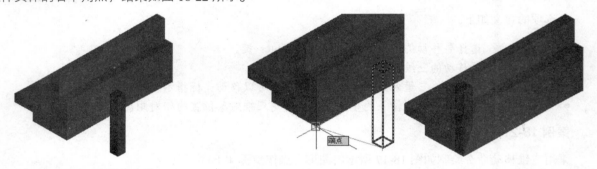

图 18-21　绘制长方体　　　　　　　　　图 18-22　三维移动

步骤 6 三维移动。在命令行输入 3M→空格，选取长方体为移动对象，长方体上出现三维移动小控件，再选取Y轴，输入距离为 9，结果如图 18-23 所示。

步骤 7 三维移动复制。在命令行输入 3M→空格，选取长方体为移动对象，长方体上出现三维移动小控件，再选取Y轴，输入C，进入复制模式，输入距离为 19，结果如图 18-24 所示。

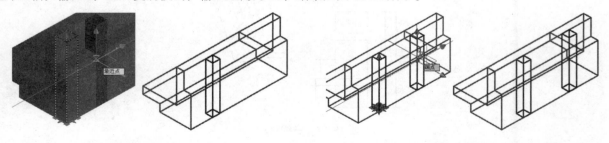

图 18-23　移动　　　　　　　　　　　图 18-24　三维移动复制

步骤 8 三维镜像。在命令行输入 3DMIRROR→空格，选取刚绘制平移复制的实体（包含复制之前的实体），再选取三点为镜像平面，结果如图 18-25 所示。

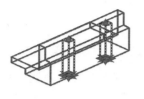  

❶选取要镜像实体　　　　　❷选取镜像点　　　　　❸镜像结果

图 18-25　镜像

步骤 9 创建布尔减操作。在命令行输入SU→空格，先选取先前的原始实体，再选取刚平移和镜像后的长方体实体，确认后即可进行布尔减运算，结果如图 18-26 所示。

图 18-26　布尔减操作

18.1.3　三维旋转【3DROTATE（3R）】

在三维空间上将选取的对象沿空间上选取的轴线或两点进行旋转。旋转轴向和角度满足右手定则，即大拇指指向轴向，四指弯曲的方向为旋转方向。

其命令启动方式如下。

- 命令行：3DROTATE（3R）
- 功能区："常用"选项卡→"修改"面板→"三维旋转⊕"
- 菜单："修改"→"三维操作"→"三维旋转⊕"

在命令行输入 3R→空格，系统即进入三维旋转操作模式，命令行提示如下：

```
命令：3R 3DROTATE
UCS 当前的正角方向：ANGDIR=逆时针  ANGBASE=0
选择对象：找到 1 个
选择对象：
指定基点：
拾取旋转轴：
指定角的起点或输入角度：45
```

各选项的含义如下。

- 选择对象：指定要旋转的对象。
- 基点：设置旋转的中心点。
- 拾取旋转轴：在三维旋转小控件上，指定旋转轴。移动鼠标直至要选择的轴轨迹变为黄色，然后单击以选择此轨迹。
- 指定角度的起点或输入角度：设置旋转的相对起点，也可以输入角度值。

18.1.4　三维阵列【3DARRAY（3A）】

3DARRAY 功能已替换为增强的 ARRAY 命令，该命令允许创建关联或非关联、二维或三维、矩形、路径或环形阵列。3DARRAY 保留传统操作。

对于三维矩形阵列，除行数和列数外，还可以指定 Z 方向的层数。对于三维环形阵列，用户可以通过空间中的任意两点指定旋转轴。整个选择集将被视为单个阵列元素。

其命令启动方式如下。

- 命令行：3DARRAY（3A）
- 菜单："修改" → "三维操作" → "三维阵列"⊞

在命令行输入 3A→空格，系统即进入三维阵列操作模式，命令行提示如下：

```
命令：3A 3DARRAY
选择对象：找到 1 个
选择对象：
输入阵列类型 [矩形(R)/环形(P)] <矩形>：
输入行数 (---) <1>: 2
输入列数 (|||) <1>: 2
输入层数 (...) <1>: 2
指定行间距 (---): 20
指定列间距 (|||): 25
指定层间距 (...): 15 _.COPY
```

各选项的含义如下。

- 矩形：在行（X 轴）、列（Y 轴）和层（Z 轴）矩形阵列中复制对象。一个阵列必须具有至少两个行、列或层。如果只指定一行，就需指定多列，反之亦然。只指定一层则创建二维阵列。输入正值将沿 X、Y、Z 轴的正向生成阵列。输入负值将沿 X、Y、Z 轴的负向生成阵列。
- 环形：绕指定轴进行环形阵列，如果指定一层则创建二维极轴阵列，多层则进行三维空间环形阵列。

其他参数和二维阵列相同。在此不再讲述。

案例 18-3：三维旋转和阵列

采用三维旋转和阵列命令绘制如图 18-27 所示的图形。操作步骤如下：

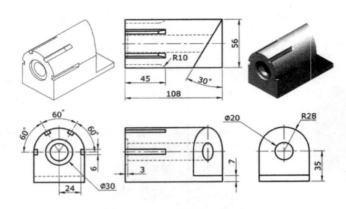

图 18-27　三维旋转和阵列

步骤 **1** 绘制长方体。在命令行输入BOX→空格，选取任意点，输入（@108,56,63），结果如图 18-28 所示。

步骤 **2** 三维倒圆角。在命令行输入F→空格，先选取要倒圆角的边，再输入倒圆角半径为 28，结果如图 18-29 所示。

步骤 **3** 绘制长方体。在命令行输入BOX→空格，选取刚绘制的长方体的底面左上角点为起点，再输入（@60,-70,70），结果如图 18-30 所示。

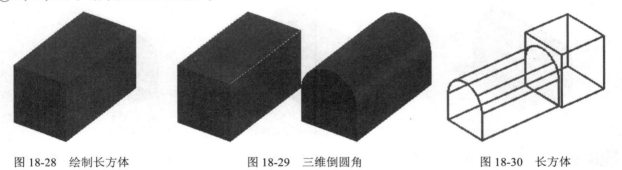

图 18-28　绘制长方体　　　　　　　　图 18-29　三维倒圆角　　　　　　　　图 18-30　长方体

步骤 **4** 三维旋转。在命令行输入 3R→空格，选取刚绘制的长方体，系统出现旋转小控件，再选取旋转基点，然后选取旋转轴，输入旋转角度为-30°，结果如图 18-31 所示。

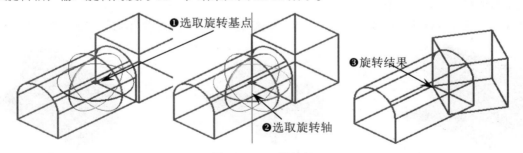

图 18-31　三维旋转

步骤 **5** 三维平移。在命令行输入 3M→空格，选取移动对象为长方体，系统出现移动小控件，选取移动轴为向上Z轴，并输入距离为 7，结果如图 18-32 所示。

步骤 **6** 创建布尔减操作。在命令行输入SU→空格，选取先前绘制的实体，再选取刚旋转的实体，确认后即可进行布尔减运算，结果如图 18-33 所示。

步骤 7 切换视图到左视图。单击绘图区左上角视图控件，弹出视图控件下拉列表，在列表中选择"左视"，操作如图 18-34 所示。

图 18-32　三维平移　　　　　图 18-33　布尔减运算　　　　　图 18-34　切换视图

步骤 8 绘制圆。在命令行输入C→空格，选取半圆圆心为圆心，输入半径为 10 和 15，绘制结果如图 18-35 所示。

步骤 9 按住并拖动。在命令行输入PRES→空格，选取小圆内的部分，向后拖动鼠标拉伸切割，结果如图 18-36 所示。

步骤 10 创建拉伸实体。在命令行输入EXT→空格，选取大圆，输入高度为-3，结果如图 18-37 所示。

图 18-35　绘制圆　　　　　图 18-36　按住并拖动　　　　　图 18-37　拉伸

步骤 11 创建布尔减操作。在命令行输入SU→空格，选取先前绘制的实体，再选取刚创建的圆柱实体，确认后即可进行布尔减运算，结果如图 18-38 所示。

步骤 12 创建矩形。在命令行输入REC→空格，选取任意点为起点，输入长为 6、宽为 6，再将矩形移动到圆心向右偏移 24 的距离，结果如图 18-39 所示。

步骤 13 拉伸实体。在命令行输入EXT→空格，选取刚创建的矩形，输入高度为-45，结果如图 18-40 所示。

图 18-38　布尔减运算　　　　　图 18-39　绘制矩形　　　　　图 18-40　拉伸实体

步骤 14 三维阵列。在命令行输入 3A→空格，输入P（环形阵列），选取刚绘制的长方体，再选取圆心为旋转中心，然后选取旋转轴另一点，输入阵列个数为 4，阵列填充角度为-180，结果如图 18-41 所示。

步骤 15 创建布尔减操作。在命令行输入SU→空格，选取先前绘制的实体，再选取刚创建的实体，确认后即可进行布尔减运算，结果如图 18-42 所示。

步骤16 三维倒圆角。在命令行输入F→空格，选取要倒圆角的边，再输入倒圆角半径为 10，结果如图 18-43 所示。

图 18-41　三维阵列

图 18-42　布尔减运算

图 18-43　三维倒圆角

18.1.5　三维对齐【3DALIGN（3AL）】

在源对象上指定 1～3 个点和目标对象上的目标点进行对齐。操作方式类似于二维对齐操作。
其命令启动方式如下。

- 命令行：3DALIGN（3AL）
- 功能区："常用"选项卡→"修改"面板→"三维对齐 📇"
- 菜单："修改"→"三维操作"→"三维对齐 📇"

在命令行输入 3AL→空格，系统即进入三维对齐操作模式，命令行提示如下：

```
命令：3AL
选择对象：找到 1 个
选择对象：
指定源平面和方向 ...
指定基点或 [复制(C)]：
指定第二个点或 [继续(C)] <C>：
指定第三个点或 [继续(C)] <C>：
指定目标平面和方向 ...
指定第一个目标点：
指定第二个目标点或 [退出(X)] <X>：
指定第三个目标点或 [退出(X)] <X>：
```

各选项的含义如下。

- 指定源平面和方向：将移动和旋转选定的对象，使三维空间中的源和目标的基点、X 轴和 Y 轴对齐。3DALIGN 用于动态 UCS (DUCS)，因此可以动态地拖动选定对象并使其与实体对象的面对齐。
- 指定基点或 [复制(C)]：源对象的基点将被移动到目标的基点。
- 指定第二个点或 [继续(C)] <C>：第二个点在平行于当前 UCS 的 XY 平面的平面内指定新的 X 轴方向。如果按 Enter 键而没有指定第二个点，将假设 X 轴和 Y 轴平行于当前 UCS 的 X 和 Y 轴。
- 指定第三个点或 [继续(C)] <C>：第三个点将完全指定源对象的 X 轴和 Y 轴的方向，这两个方向将与目标平面对齐。

案例 18-4：三维对齐

采用三维对齐命令绘制如图 18-44 所示的图形。操作步骤如下：

步骤 1 设置视图。单击绘图区左上角视图控件，弹出视图控件下拉列表，在列表中选择"西南等轴测"视图，操作如图 18-45 所示。

步骤 2 绘制长方体。在命令行输入 BOX→空格，选取任意点，输入（@60,40,12），结果如图 18-46 所示。

步骤 3 绘制截面。在命令行输入 L→空格，选取任意点为起点，输入相应的长度，绘制结果如图 18-47 所示。

步骤 4 按住并拖动。在命令行输入 PRES→空格，选取刚绘制的截面内部，输入向上拉伸高度为 70，结果如图 18-48 所示。

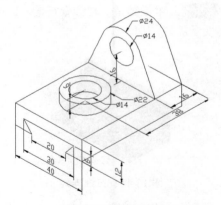

图 18-44 三维对齐

图 18-45 设置视图

图 18-46 绘制长方体

图 18-47 绘制截面

步骤 5 绘制直线。在实体的前侧面绘制，在命令行输入 L→空格，选取底边中点，输入竖直向上长度为 6、向右水平长度为 15，用于对齐目标点，结果如图 18-49 所示。

步骤 6 三维对齐。在命令行输入 3AL→空格，选取三个源点，再选取三个对应的目标点，操作结果如图 18-50 所示。

图 18-48 按住并拖动

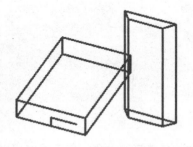

图 18-49 绘制直线

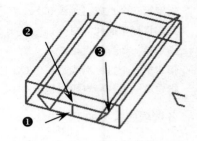

图 18-50 三维对齐

步骤 7 创建布尔减操作。在命令行输入 SU→空格，选取先前绘制的实体，再选取刚对齐的实体，确认后即可进行布尔减运算，结果如图 18-51 所示。

步骤 8 绘制截面。采用直线和圆命令绘制如图 18-52 所示的截面。

步骤 9 按住并拖动。在命令行输入 PRES→空格，选取刚绘制的截面内部，输入向上拉伸高度为 16，结果如图 18-53 所示。

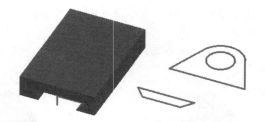

图 18-51 布尔减运算　　　　　　　　　　　　　　　　图 18-52 绘制截面

步骤10 三维对齐。在命令行输入 3AL→空格，选取三个源点，再选取三个对应的目标点，操作结果如图 18-54 所示。

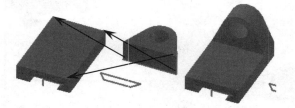

图 18-53 按住并拖动　　　　　　　　　　　　　　　　图 18-54 三维对齐

步骤11 绘制截面。在命令行输入C→空格，选取任意点，绘制两圆半径分别为 7 和 11，结果如图 18-55 所示。

步骤12 按住并拖动。在命令行输入PRES→空格，选取两圆内部分，输入向上拉伸高度为 6，结果如图 18-56 所示。

步骤13 绘制直线。在命令行输入L→空格，选取顶面下边线中点，输入长度为 22，绘制结果如图 18-57 所示。

图 18-55 绘制截面　　　　　图 18-56 按住并拖动　　　　　图 18-57 绘制直线

步骤14 三维对齐。在命令行输入 3AL→空格，选取圆心作为源点，再选取刚绘制的直线端点，操作结果如图 18-58 所示。

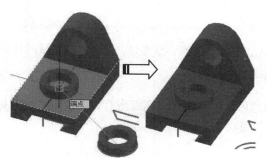

图 18-58 三维对齐

步骤15 删除辅助线。在命令行输入E→空格，选取所有截面线为要删除的对象，确认选取后即可删除，结果如图 18-59 所示。

步骤16 布尔合并。在命令行输入UNI→空格，选取所有实体并确认，系统将所有实体合并在一起，结果如图 18-60 所示。

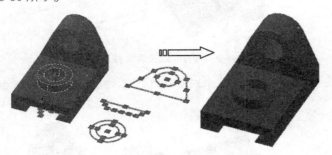

图 18-59　删除　　　　　　　　　　　　　　　　　图 18-60　布尔合并

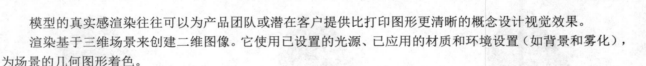

　　三维对齐（3AL）用来指定 3 个源点和目标点。同样，它也可以只指定一个源点和目标点或者两个源点和目标点，这样，三维对齐的效果就和二维对齐的效果一样。

18.2　渲染

　　模型的真实感渲染往往可以为产品团队或潜在客户提供比打印图形更清晰的概念设计视觉效果。

　　渲染基于三维场景来创建二维图像。它使用已设置的光源、已应用的材质和环境设置（如背景和雾化），为场景的几何图形着色。

　　渲染器是一种通用渲染器，它可以生成真实准确的模拟光照效果，包括光线跟踪反射和折射及全局照明。

　　一系列标准渲染预设、可重复使用的渲染参数均可以使用。某些预设适用于相对快速的预览渲染，而其他预设则适用于质量较高的渲染。

　　最终目标是创建一个可以表达用户想象的真实照片级演示质量图像，而在此之前则需要创建许多渲染。基础水平的用户可以使用 RENDER 命令来渲染模型，而不应用任何材质、添加任何光源或设置场景。渲染新模型时，渲染器会自动使用"与肩齐平"的虚拟平行光。这个光源不能移动或调整。

18.2.1　光源

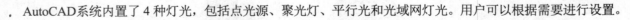

　　AutoCAD系统内置了 4 种灯光，包括点光源、聚光灯、平行光和光域网灯光。用户可以根据需要进行设置。

1. 点光源【POINTLIGHT（POINTL）】

　　点光源即光源是一点，是创建可从所在位置向四周所有方向发射光线的光源。类似人造的白炽灯光源。可以使用点光源来获得基本照明效果。

　　其命令启动方式如下。

- 命令行：POINTLIGHT（POINTL）

- 功能区："可视化"选项卡 → "光源"面板 → "点💡"
- 菜单："视图" → "渲染" → "光源" → "新建点光源💡"

在命令行输入POINTL→空格，系统即进入添加点光源模式，命令行提示如下：

命令：POINTLIGHT
指定源位置 <0,0,0>：
输入要更改的选项 [名称(N)/强度因子(I)/状态(S)/光度(P)/阴影(W)/衰减(A)/过滤颜色(C)/退出(X)]
<退出>：

各主要选项的含义如下。

- 名称：指定光源名。名称中可以使用大小写字母、数字、空格、连字符（-）和下画线（_）。最大长度为 256 个字符。
- 强度因子：设置光源的强度或亮度。取值范围为 0.00 到系统支持的最大值。
- 状态：打开和关闭光源。如果图形中没有启用光源，则该设置没有影响。
- 光度：当 LIGHTINGUNITS 系统变量设置为 1 或 2 时，光度可用。光度是指测量可见光源的照度。在光度中，照度是指对光源沿特定方向发出的可感知能量的测量。光通量是每单位立体角中可感知的能量。一盏灯的总光通量为沿所有方向发射的可感知的能量。亮度是指射到每单位面积表面上的总光通量。
- 阴影：使光源投射阴影。
- 衰减：控制光线如何随距离增加而减弱。对象距点光源越远，则越暗。
- 过滤颜色：控制光源的颜色。

2. 聚光灯【SPOTLIGHT（SPOTL）】

创建可发射定向圆锥形光柱的聚光灯。聚光灯类似摄影师使用的灯光，如闪光灯、剧场中的跟踪聚光灯或前灯，分布投射一个聚焦光束。它也是人造灯光的一种。

其命令启动方式如下。

- 命令行：SPOTLIGHT（SPOTL）
- 功能区："可视化"选项卡 → "光源"面板 → "聚光灯🔦"
- 菜单："视图" → "渲染" → "光源" → "新建聚光灯🔦"

在命令行输入SPOTL→空格，系统即进入添加聚光灯光源模式，命令行提示如下：

命令：SPOTL
指定源位置 <0,0,0>：
指定目标位置 <0,0,-10>：
输入要更改的选项 [名称(N)/强度因子(I)/状态(S)/光度(P)/聚光角(H)/照射角(F)/阴影(W)/衰减(A)/
过滤颜色(C)/退出(X)] <退出>：

各主选项的含义如下。

- 名称：指定光源名。名称中可以使用大小写字母、数字、空格、连字符（-）和下画线（_）。
- 强度因子：设置光源的强度或亮度。取值范围为 0.00 到系统支持的最大值。

- 聚光角：指定定义最亮光锥的角度，也称为光束角。聚光角的取值范围为 0 ~ 160° 或基于AUNITS 的等效值。
- 照射角：指定定义完整光锥的角度，也称为现场角。照射角的取值范围为 0~160° ，默认值为 50° 或基于AUNITS的等效值。照射角角度必须大于或等于聚光角角度。
- 状态：打开和关闭光源。
- 阴影：使光源投射阴影。
- 衰减：控制光线如何随距离增加而减弱。距离聚光灯越远，对象显得越暗。

3．平行光【DISTANTLIGHT（DISTANTL）】

平行光是创建光线平行的光源。类似于太阳光，相当于环境光源，也属于人造光源的范畴。其命令启动方式如下。

- 命令行：DISTANTLIGHT（DISTANTL）
- 功能区："可视化"选项卡→"光源"面板→"平行光⚙"
- 菜单："视图" → "渲染" → "光源" → "平行光⚙"

4．光域灯光【WEBLIGHT（WEBL）】

光域灯光（光域）是光源光强度分布的三维表示。光域灯光可用于表示各向异性（非统一）光分布，此分布来源于现实中的光源制造商提供的数据。与聚光灯和点光源相比，它提供了更加精确的渲染光源表示。要描述光源发出光的方向分布，则通过置于光源的光度控制中心的点光源近似光源。使用此近似，将仅分布描述为发出方向的功能。提供用于水平角度和垂直角度预定组的光源照度，并且系统可以通过插值计算沿任意方向的照度。

光域网是灯光分布的三维表示。它将测角图扩展到三维，以便同时检查照度对垂直角度和水平角度的依赖性。光域网的中心表示光源对象的中心。

任何给定方向中的照度与光域网和光度控制中心之间的距离成比例，沿离开中心的特定方向的直线进行测量。

其命令启动方式如下。

- 命令行：WEBLIGHT（WEBL）
- 功能区："可视化"选项卡→"光源"面板→"创建光源"→"光域灯光🔦"

5．太阳光【SUNPROPERTIES】

太阳光用来模拟自然太阳的环境进行渲染。

其命令启动方式如下。

- 命令行：SUNPROPERTIES
- 功能区："可视化"选项卡→"阳光和位置"面板→"阳光特性↘"。
- 菜单： "视图" → "渲染" → "光源" → "阳光特性↘"

在命令行输入SUNPROPERTIES→空格，系统弹出"阳光特性"选项板，如图 18-61 所示。

图 18-61 "阳光特性"选项板

在"阳光特性"选项板中设置地理位置和太阳角度计算所需的日期和时间，即可进行阳光环境下的渲染。

18.2.2 材质浏览器【MATBROWSEROPEN】

用户可以使用材质浏览器导航和管理材质。管理由 Autodesk 提供的材质库，或为特定的项目创建自定义库。使用"过滤器"按钮来更改要显示的材质、缩略图的大小和显示的信息数量，如图 18-62 所示。

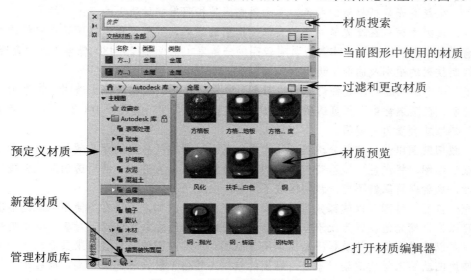

材质搜索
当前图形中使用的材质
过滤和更改材质
预定义材质
材质预览
新建材质
打开材质编辑器
管理材质库

图 18-62 "材质浏览器"选项板

其命令启动方式如下。

- 命令行：MATBROWSEROPEN
- 功能区："可视化"选项卡→"材质"面板→"材质浏览器 "
- 菜单："视图"→"渲染"→"材质浏览器 "

18.2.3 新建和修改材质

在"材质浏览器"选项板中单击"打开材质编辑器"按钮，系统弹出"材质编辑器"选项板，如图 18-63 所示，在此对材质进行编辑新建，即可创建用户自定义材质库。

各主要选项的含义如下。

- 颜色：对象上材质的颜色在该对象的不同区域各不相同。例如，如果观察红色球体，它并不显现出统一的红色。远离光源的面显现出的红色比正对光源的面显现出的红色暗。反射高光区域显示最浅的红色。事实上，如果红色球体非常有光泽，其高亮区域可能显现出白色。可以指定颜色或自定义纹理，该纹理可以是图像或程序纹理。
- 图像：控制材质的基础漫射颜色贴图。漫射颜色是指直射日光或人造光源照射下对象反射的颜色。

图 18-63 "材质编辑器"选项卡

- 图像褪色：控制基础颜色和漫射图像之间的组合。图像淡入度特性仅在使用图像时才可编辑。
- 光泽度：材质的反射质量定义光泽度或粗糙度。若要模拟有光泽的曲面，材质应具有较小的高亮区域，并且其镜面颜色较浅，甚至可能是白色。较粗糙的材质具有较大的高亮区域，并且高亮区域的颜色更接近材质的主色。
- 高光：控制用于获取材质的镜面高光的方法。金属设置将根据灯光在对象上的角度发散光线（各向异性）。金属高光是指材质的颜色。非金属高光是指照射在材质上的灯光的颜色。
- 反射率：反射率模拟在有光泽对象的表面上反射的场景。要使反射率贴图获得较好的渲染效果，材质应有光泽，而且反射图像本身应具有较高的分辨率（至少 512×480 像素）。"直接"和"倾斜"滑块控制反射的级别及曲面上镜面高光的强度。
- 透明度：完全透明的对象允许灯光穿过对象。值为 1.0 时，该材质完全透明；值为 0.0 时，材质完全不透明。在图案背景下预览透明效果最佳。仅当"透明度"值大于 0（零）时，"半透明"和"折射率"特性才会变为可编辑。
- 剪切：裁切贴图以使材质部分透明，从而提供基于纹理灰度转换的穿孔效果。可以选择图像文件以用于裁切贴图。将浅色区域渲染为不透明，深色区域渲染为透明。使用透明度以实现磨砂或半透明效果时，反射率将保持不变。裁切区域不反射。
- 自发光：自发光贴图可以使部分对象呈现出发光效果。例如，若要在不使用光源的情况下模拟霓虹灯，可以将自发光值设置为大于零。没有光线投射到其他对象且自发光对象不接收阴影。
- 凹凸：可以选择图像文件或程序贴图以用于贴图。凹凸贴图使对象看起来具有起伏的或不规则的表面。使用凹凸贴图材质渲染对象时，贴图的较浅（较白）区域看起来升高，而较深（较黑）区域看起来降低。如果图像是彩色图像，将使用每种颜色的灰度值。凹凸贴图会显著增加渲染时间，同时增加真实感。凹凸贴图滑块可以调整凹凸的程度。用于渲染的值越高，则凸度越高，使用负值则会使对象凹下。
- 染色：设置与白色混合的颜色的色调和饱和度值。

18.2.4 材质贴图【MATERIALMAP】

通过更改对齐或贴图来调整纹理环绕不同形状的方式。可以指定与使用纹理的形状相似的贴图形状，然后使用纹理贴图小控件来手动调整对齐。

其命令启动方式如下。

- 命令行：MATERIALMAP
- 功能区："可视化"选项卡→"材质"面板→"平面 ◀》"

在命令行输入MATERIALMAP→空格，命令行提示如下：

命令：MATERIALMAP
选择选项 [长方体(B)/平面(P)/球面(S)/柱面(C)/复制贴图至(Y)/重置贴图(R)] <长方体>：

各选项的含义如下。

- 长方体：用于环绕正方形的盒状形状。
- 平面：将纹理与单个平面对齐而无环绕。
- 柱面：将纹理与圆柱体形状对齐。

- 球面：将纹理与球体形状对齐。
- 复制贴图至：将贴图从对象或面应用到选定对象。这可以复制纹理贴图以及对其他对象所做的所有调整。
- 重置贴图：将 UV 坐标重置为贴图的默认坐标。使用此选项可反转先前通过贴图小控件对贴图的位置和方向所做的所有调整。

案例 18-5：渲染

对如图 18-64 所示的图形进行渲染，渲染结果如图 18-65 所示。操作步骤如下：

图 18-64　渲染实例

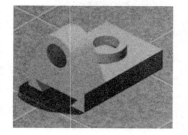

图 18-65　渲染结果

步骤 1 打开源文件。按键盘上的快捷键Ctrl+O，选择"源文件/第 18 章/18-5"。

步骤 2 添加点光源 1。在"光源"面板中单击"点光源"按钮💡，选取任意点作为点光源的放置点，操作结果如图 18-66 所示。

步骤 3 修改点光源 1 坐标。选中点光源 1，在命令行输入PR→空格，打开"特性"选项板，修改点光源的位置坐标为（400,80,250），"灯的强度"为 100Cd，开启阴影，如图 18-67 所示。

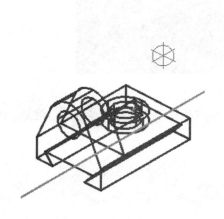

图 18-66　创建点光源

图 18-67　修改光源

步骤 4 添加点光源 2。在"光源"面板中单击"点光源"按钮💡，选取任意点作为点光源的放置点，操作结果如图 18-68 所示。

步骤 5 修改点光源 2 坐标。选中点光源 2，在命令行输入PR→空格，打开"特性"选项板，修改点光源的位置坐标为（700,100,50），"灯的强度"为 50Cd，关闭阴影，如图 18-69 所示。

步骤 **6** 打开材质管理器。在"材质"面板中单击"材质浏览器"按钮 🗔，系统弹出"材质浏览器"选项板，如图 18-70 所示。

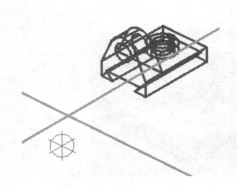

图 18-68 创建点光源

图 18-69 修改光源

图 18-70 "材质浏览器"选项板

步骤 **7** 添加材质到对象。在"材质浏览器"选项板中添加大理石-玫瑰红材质到文档材质中，并直接拖动大理石材质到背景曲面上，相应对象立即呈现材质特性，如图 18-71 所示。

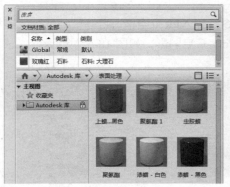

图 18-71 添加材质到对象

步骤 **8** 渲染。在"渲染"面板中单击"渲染到尺寸"按钮 🖼，系统根据用户设置的参数进行渲染，渲染结果如图 18-65 所示。

18.3 本章小节

　　本章主要讲解三维转换操作，包括三维平移、三维旋转、三维镜像、三维阵列和三维对齐等。在三维设计过程中，采用这些三维操作，给用户带来很大的方便，可以免去频繁调整UCS坐标系的麻烦。通过二维转换三维操作成实体或者曲面，再通过三维转换操作在空间上进行平移、旋转、阵列和对齐即可。

　　渲染主要用来做效果图，通过灯光、材质、贴图、纹理等设置，模拟实际环境和材质效果，达到直观逼真的感觉。在建筑设计中使用比较多。

第19章
AutoCAD 与机械设计

　　机械制图即是在一张图纸上采用机械语言将三维空间中的实物投影到平面上形成二维机械平面图纸。机械绘图和建筑绘图及电气绘图不同的是，机械绘图要求准确表达物件的投影细节，反应实际尺寸，绘图精度要求高。

　　机械绘图一般有平面图、零件三视图、轴测图、三维实体图等。

学习目标

- 掌握机械制图的含义
- 掌握机械平面图、轴测图、立体图的绘制
- 掌握立体图的设计思维方法

19.1　平面图绘制

平面图主要是采用前面讲到的点、线、圆、矩形等命令绘制物体某一个投影面的形状。

案例 19-1：平面图

采用基本绘图命令绘制如图 19-1 所示的图形。操作步骤如下：

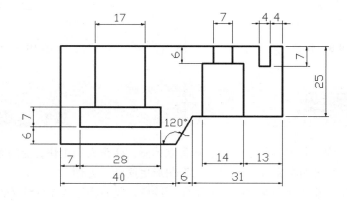

图 19-1　平面图

步骤 1 绘制线。在命令行输入 L→空格，选取任意点绘制线，如图 19-2 所示。

步骤 2 绘制一个 28×7 的矩形。在命令行输入矩形REC→空格，采用from（捕捉自）功能，捕捉左下角点，输入相对坐标为（@7,6），确定矩形左下角点，再输入坐标为（@28,7），即可绘制矩形，结果如图 19-3 所示。

步骤 3 绘制一个 17×25 的矩形。再继续矩形命令，以刚才绘制的矩形上中点为起点，输入坐标为（@-8.5,0），确定矩形左下角点，再输入坐标为（@17,25），即可绘制矩形，结果如图 19-4 所示。

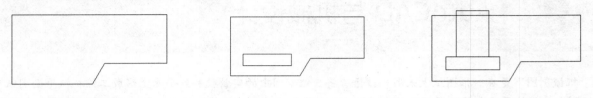

图 19-2　绘制线　　　　　　　　图 19-3　绘制矩形　　　　　　　图 19-4　绘制矩形

步骤 4 绘制一个 14×19 的矩形。再继续矩形命令，以右下点为起点，输入坐标为（@-13,0），确定矩形右下角点，再输入坐标为（@-14,19），即可绘制矩形，结果如图 19-5 所示。

步骤 5 绘制线。在命令行输入L→空格，绘制线如图 19-6 所示。

步骤 6 偏移。将刚绘制的线双向偏移 3.5，结果如图 19-7 所示。

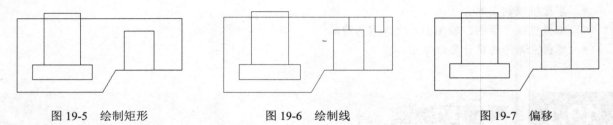

图 19-5　绘制矩形　　　　　　　图 19-6　绘制线　　　　　　　　图 19-7　偏移

步骤 7 删除。在命令行输入E→空格，选取多余的线并进行删除，结果如图 19-8 所示。

步骤 8 修剪。在命令行输入TR后按两次空格键，选取要修剪的边，结果如图 19-9 所示。

图 19-8　删除　　　　　　　　　　　　　　图 19-9　结果

19.2　轴测图

　　轴测图是反映物体三维形状的二维图形，它富有立体感，能帮人们更快、更清楚地认识产品结构。绘制一个零件的轴测图是在二维平面中完成的，相对三维图形更简洁、方便。

　　一个实体的轴测投影只有 3 个可见平面，为了便于绘图，我们将这 3 个面作为画线、找点等操作的基准平面，并称它们为轴测平面，根据其位置的不同，分别称为左轴测面、右轴测面和顶轴测面。当激活轴测模式之后，就可以分别在这 3 个面之间进行切换。如一个长方体在轴测图中的可见边与水平线夹角分别是 30°、90° 和 120°。

1．激活轴测投影模式

- 方法一：经典模式，工具→草图设置→捕捉和栅格→捕捉类型→等轴测捕捉→确定，如图 19-10 所示。
- 方法二：OS→捕捉和栅格→捕捉类型→等轴测捕捉→确定。
- 方法三：在命令行输入：SNAP(SN)→样式:(S)→等轴测：I→输入垂直间距：1→确定完成。
- 方法四：在状态栏栅格按钮上单击鼠标右键→设置，即可打开如图 19-10 所示的对话框，再依上面步骤进行设置。

图 19-10　捕捉设置

2．等轴测平面

等轴测平面有 3 个绘图平面，分别是：

- 等轴测平面俯视；
- 等轴测平面右视；
- 等轴测平面左视。

等轴测平面切换方法：按F5 键或Ctrl+E组合键依次切换上、右、左 3 个平面。

3．在轴测投影模式下绘制直线

输入极坐标角度的绘制方法：

- 与X轴平行的线，极坐标角度应输入 30°，如@50<30。
- 与Z轴平行的线，极坐标角度应输入 90°，如@50<90。
- 与Y轴平行的线，极坐标角度应输入 150°，如@50<150。

可以打开极轴追踪，将"增量角"设置为 30，这样遇到 30°、90°和 150°时都能出现极轴追踪捕捉，如图 19-11 所示。

所有不与轴测轴平行的线，则必须先找出直线上的两个点，然后连线。也可以打开正交状态进行画线，即通过正交在水平与垂直间进行切换而绘制出来。

4．轴测面内绘制平行线

轴测面内绘制平行线，不能直接使用OFFSET命令，因为OFFSET中的偏移距离是两线之间的垂直距离，而沿 30°方向之间的距离却不等于垂直距离。

为了避免操作出错，在轴测面内绘制平行线，一般采用COPY命令或OFFSET中的"T"选项；也可以结合自动捕捉、自动追踪及正交状态来作图，这样可以保证所绘制直线与轴测轴的方向一致。

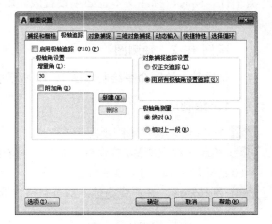

图 19-11　极轴追踪

5．轴测圆

圆的轴测投影是椭圆，当圆位于不同的轴测面时，投影椭圆长、短轴的位置是不同的。

绘圆之前一定要利用面转换工具，切换到与圆所在的平面对应的轴测面，这样才能使椭圆看起来像是在轴测面内，否则将显示不正确。

在轴测图中经常要画线与线间的圆滑过渡，如倒圆角，此时过渡圆弧也需要变为椭圆弧。方法是：在相应的位置上绘制一个完整的椭圆，然后使用修剪工具剪除多余的线段。

6．在轴测图中书写文本

为了使某个轴测面中的文本看起来像是在该轴测面内，必须根据各轴测面的位置特点将文字倾斜某个角度值，以使它们的外观与轴测图协调起来，否则立体感不强。

（1）文字倾斜角度设置

格式→文字样式→倾斜角度→确定。最好的办法是新建两个倾斜角分别为30°和-30°的文字样式。

（2）在轴测面上各文本的倾斜规律是：

- 在左轴测面上，文本需采用-30°倾斜角，同时旋转-30°。
- 在右轴测面上，文本需采用30°倾斜角，同时旋转30°。
- 在顶轴测面上，平行于X轴时，文本需采用-30°倾斜角，旋转角为30°；平行于Y轴时需采用30°倾斜角，旋转角为-30。

点拨

文字的倾斜角与文字的旋转角是不同的两个概念，前者是在水平方向左倾（0～-90°）或右倾（0～90°）的角度，后者是绕以文字起点为原点进行0～360°的旋转，也就是在文字所在的轴测面内旋转。

7．标注尺寸

为了让某个轴测面内的尺寸标注看起来像是在这个轴测面中，就需要将尺寸线、尺寸界线倾斜某一个角度，以使它们与相应的轴测平行。同时，标注文本也必须设置成倾斜某一角度的形式，才能使文本的外观具有立体感。

案例19-2：轴测图

采用基本绘图命令绘制如图19-12所示的图形。操作步骤如下：

1．绘制底座

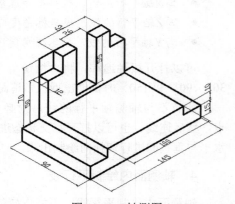

图 19-12 轴测图

步骤1 按F5键切换轴测图视图为右视图。

步骤2 绘制右视图矩形。在命令行输入L→空格，绘制145×15和100×10的矩形，如图19-13所示。

步骤3 平移矩形。在命令行输入M→空格，选中小矩形，采用中点到中点，平移结果如图19-14所示。

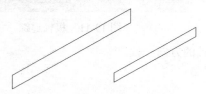

图 19-13 绘制矩形

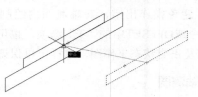

图 19-14 平移矩形

步骤 4 删除并修剪。先删除重复的线，再在命令行输入TR，按两次空格键，选取要修剪的线，结果如图 19-15 所示。

步骤 5 复制。输入CO→空格，选取所有图素，沿轴测轴Y轴平移 90，结果如图 19-16 所示。

步骤 6 连接。在命令行输入L→空格，连接两截面对应点，如图 19-17 所示。

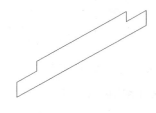

图 19-15　删除修剪

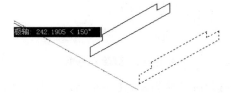

图 19-16　平移

步骤 7 删除和修剪多余图素。先删除重复的线，再在命令行输入TR，按两次空格键，选取要修剪的线，结果如图 19-18 所示。

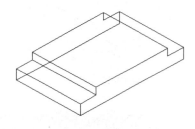

图 19-17　连接

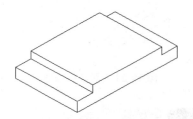

图 19-18　修剪和删除

2．绘制靠板

步骤 1 绘制截面。采用直线和平移、修剪等命令绘制截面，如图 19-19 所示。

步骤 2 复制平移。在命令行输入CO→空格，选取刚绘制的截面，沿 150° 方向平移 12，结果如图 19-20 所示。

步骤 3 连线。在命令行输入L→空格，连接对应点，结果如图 19-21 所示。

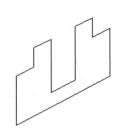

图 19-19　绘制截面

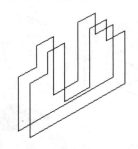

图 19-20　复制平移

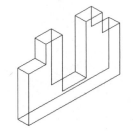

图 19-21　连线

步骤 4 删除和修剪。先删除多余的线，再在命令行输入TR，按两次空格键，单击需要修剪的位置，结果如图 19-22 所示。

步骤 5 平移。在命令行输入M→空格，选取刚绘制的靠板，选取左下点为起点，对应点为终点，结果如图 19-23 所示。

步骤 6 删除和修剪。先删除多余的线，再在命令行输入TR，按两次空格键，单击需要修剪的位置，结果如图 19-24 所示。

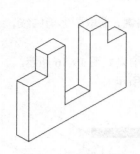

图 19-22　删除和修剪

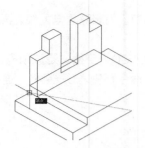

图 19-23　平移

步骤 7 连线。在命令行输入L→空格，选取交线位置的交点，绘制结果如图 19-25 所示。

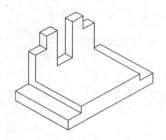

图 19-24　删除和修剪

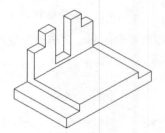

图 19-25　结果

19.3　立体图

立体图即三维图形，通过一定的实体操作，将二维转换成三维，富有立体感。下面将以案例来说明。

案例 19-3：立体图

将如图 19-26 所示的三维零件平面图绘制成立体图。操作步骤如下：

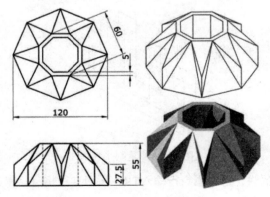

图 19-26　立体图

步骤 1 绘制圆。在命令行输入C→空格，选取任意点为圆心，输入半径为 60，绘制结果如图 6-27 所示。

步骤 2 绘制 8 边形。在命令行输入POL→空格，输入边数为 8，选取圆心为中心，多边形类型为内接于圆，选取半径为 60 的圆象限点，结果如图 19-28 所示。

步骤 3 绘制多边形。在命令行输入POL→空格，输入边数为 8，选取圆心为中心，多边形类型为内接于圆，输入内接圆半径为 30，结果如图 19-29 所示。

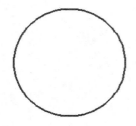

图 19-27 绘制圆

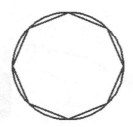

图 19-28 绘制 8 边形

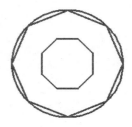

图 19-29 绘制多边形

步骤 4 连接线。在命令行输入L→空格，选取两多边形的顶点并进行连接，结果如图 19-30 所示。

步骤 5 设置视角。单击绘图区左上角视图控件，弹出视图控件下拉列表，在列表中选择"西南等轴测"视图，操作如图 19-31 所示。

步骤 6 按住并拖动。在命令行输入PRES→空格，选取连线三角形内部，输入向上拉伸高度为 55，结果如图 19-32 所示。

[−][西南等轴测][二维线框]

自定义模型视图 ▶

俯视
仰视
左视
右视
前视
后视
✓ 西南等轴测
东南等轴测
东北等轴测
西北等轴测

视图管理器...

✓ 平行
透视

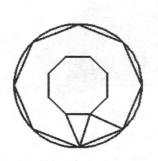

图 19-30 绘制连接线

图 19-31 设置视图

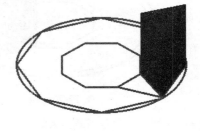

图 19-32 按住并拖动

步骤 7 剖切。在命令行输入SL→空格，选取刚创建的实体，再选取刚拉伸的实体的三个角点，指定下部分点作为要保留的部分，剖切后的结果如图 19-33 所示。

步骤 8 按住并拖动。在命令行输入PRES→空格，选取另外一连线三角形内部，输入向上拉伸高度为55，结果如图 19-34 所示。

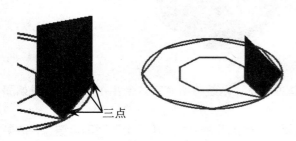

三点

图 19-33 剖切

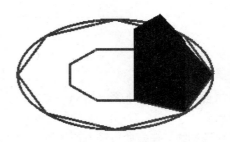

图 19-34 按住并拖动

步骤 9 剖切。在命令行输入SL→空格,选取刚创建的实体为剖切对象,再选取刚拉伸的实体顶面的两个角点和侧边中点,指定下部分点作为要保留的部分,剖切后的结果如图 19-35 所示。

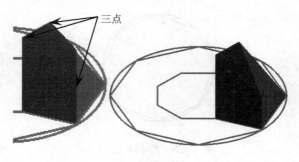

三点

图 19-35 剖切

步骤 10 偏移。在命令行输入O→空格,输入偏移距离为 5,再选取要偏移的内部小 8 边形,单击偏移侧为内侧,偏移结果如图 19-36 所示。

步骤 11 按住并拖动。在命令行输入PRES→空格,选取两偏移小多边形内部区域,输入上拉伸高度为 55,结果如图 19-37 所示。

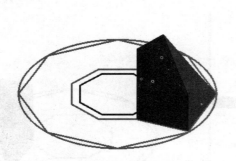

图 19-36 偏移

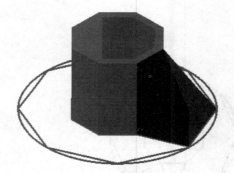

图 19-37 按住并拖动

步骤 12 阵列。在命令行输入AR→空格,选取类型为极轴,选取刚绘制的剖切后的实体,再选取圆心为阵列中心,输入项目数为 8,填充为 360,结果如图 19-38 所示。

图 19-38 阵列

步骤 13 布尔合并。在命令行输入UNI→空格,选取所有实体并确认,系统将所有实体合并在一起,结果如图 19-39 所示。

步骤 14 删除辅助线。在命令行输入E→空格,选取绘制的截面线为要删除的对象,确认选取后即可删除,结果如图 19-40 所示。

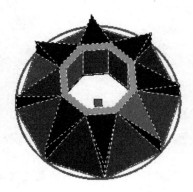

图 19-39　布尔合并

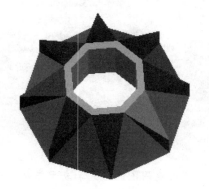

图 19-40　删除

19.4　本章小结

  本章主要讲解机械制图操作，机械制图是工程技术语言，是工程师之间交流的工具，反映的是物体实际大小和形状，因此，机械制图要求绘制时严格依据物体实际的比例尺寸和形状大小。

  本章主要通过平面图、轴测图和立体图的案例来全方位向读者展示机械制图的操作技巧和方法。用户要多多练习，并融会贯通，举一反三，提高操作水平。

第 20 章
AutoCAD 与电气设计

电气工程图是用图的形式来表示信息的一种技术文件，主要用图形符号、简化外形的电气设备、线框等表示系统中有关组成部分的关系，是一种简图。

由于电气工程图的使用非常广泛，几乎遍布工业生产和日常生活的各个环节。为了表示清楚电气工程的功能、原理、安装和使用方法，需要有不同种类的电气图进行说明。

学习目标

- 掌握电气制图的特点
- 掌握一般电气图的绘制方法
- 掌握电气制图的分析方法

20.1 电气制图的分类

电气制图在分类上显得较为复杂。可以根据功能和使用场合将电气工程图分为不同类型。下面具体介绍分类及其特点。

电气工程图是应用广泛的电气图，而且种类较多，用来表达电气工程的构成和功能，描述电气装置的工作原理，提供安装接线和维护使用信息。一般电气工程图通常包含如下组成部分。

1. 电气系统和框图

电气系统和框图主要表示整个工程或某一单项项目工程的供电方式和电能输送关系，也可以表示某一装置组成部分（如电气主接线图、建筑供配电系统图、控制原理框图等）的关系。

2. 电工、电子线路图

电工、电子线路图主要表示某一系统或装置（如电动机控制回路、继电器保护电路）的工作原理。

3. 安装接线图

安装接线图主要表示各种电气装置内部各元件之间及其他装置之间的关系，便于设备的安装、调试及维护。

4. 设备布置图

设备布置图主要表示各种电气设备的布置方式、安装方式及相互间的尺寸关系，包括平面布置图、立体布置图、断面图、纵横剖面图等。

5．设备、元件及材料表

设备、元件及材料表是把某一电气工程所需的主要设备、元件、材料的有关参数列成表格、包括序号、型号及规格、符号、单位、数量等。

6．大样图

大样图主要用来表示电气工程图中某一部件及构件的结构，用于指导加工或安装，其中一部分大样图是国家标准图。

7．产品使用说明电气图

电气工程图选用的设备或装置，其生产厂家往往随产品的使用说明书附上电气图，此电气图同样属于电气工程图。

8．电气平面图

电气平面图表示电气工程中电气设备、装置和线路的平面布置，一般在建筑平面图中绘制出来。

9．其他电气图

电气系统图、电路图、接线图、平面图是最主要的电气工程图。但是在一些复杂的电气工程中，为了补充和详细说明某一局部工程，还需使用一些特殊电气图，如功能图、逻辑图、印刷板电路图、曲线图等。

20.2 电气工程图的特点

电气工程图与其他工程图有着本质的区别，主要用来表示电气与系统或装置的关系，具有独特的一面，主要有以下特点：

1．简洁

电气图中没必要绘出电气元器件的外形结构，采用标准的图形符号和带注释的框，或者简化外形表示系统或设备中组成部分。

2．主要组成部分是元件和连接线

电气设备主要由电气元件和连接线组成。因此，无论电路图、接线图还是平面图都是以电子元件和连接线作为描述的主要内容。

3．电气工程图的独特要素

一个电气系统或装置通常由许多部件、组件构成，这些部件、组件或功能模块称为项目。项目一般由简单的图形符号表示。通常每个图形符号都有相应的文字符号。设备编号和文字符号一起构成项目代号，设备编号是为了区别相同的设备。

4．电气工程图主要采用功能布局法和位置布局法

功能布局法是指在绘图时，图中各元件的位置只考虑元件之间的功能关系，而不考虑元件实际位置的一种布局方法。电气中的系统图、电路图采用的就是这种方法。位置布局法是指电气工程图中的元件位置对应

于元件实际位置的一种布局方法。接线图、设备布局图采用的就是这种方法。

5．电气工程图的表现形式具有多样性

可用不同的描述方法，如能量流、逻辑流、信息流、功能流等，形成不同的电气工程图。系统图、电路图、框图、接线图就是描述能量流和信息流的电气工程图。逻辑图是描述逻辑流的电气工程图。辅助说明的功能表图、程序框图描述的是功能流。

20.3 电气制图综合运用

下面将根据前面所讲解的基础来绘制电气图纸。

案例 20-1：绘制电感线圈

采用基本绘图命令绘制半圆半径为 1 的电感线圈图形，如图 20-1 所示。操作步骤如下：

图 20-1　电感线圈

步骤 1 绘制R1 的圆。在命令行输入C→空格，选取任意点为圆心，输入半径值为 1，创建结果如图 20-2 所示。

步骤 2 复制圆。在命令行输入CO→空格，选取圆为复制源对象，复制基点为圆的左象限点，距离指定为圆的直径，数量为 3 次，结果如图 20-3 所示。

图 20-2　绘制圆

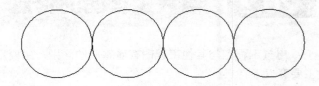

图 20-3　复制圆

步骤 3 绘制线。在命令行输入L→空格，选取最左边圆的左象限点，输入竖直线长度为 4，再选取最右边圆的右象限点，输入竖直线长度为 4，结果如图 20-4 所示。

步骤 4 修剪圆。在命令行输入TR→空格→空格，框选圆的下半部分并进行修剪，结果如图 20-5 所示。

图 20-4　绘制线

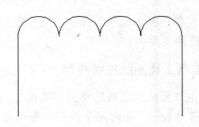

图 20-5　修剪圆

案例 20-2：绘制晶体二极管符号

采用多边形和直线命令绘制晶体二极管符号，结果如图 20-6 所示。操作步骤如下：

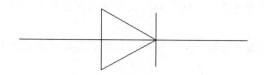

图 20-6　晶体二极管

步骤1 绘制三角形。在命令行输入POL→空格，输入多边形边数为 3，选取任意点为放置点，类型为内接于圆，使捕捉方向水平向右输入（@4,0），即可绘制如图 20-7 所示的内接圆半径为 4 的三角形。

步骤2 绘制直线。在命令行输入L→空格，输入水平线长为 25、竖直线长为 6，绘制结果如图 20-8 所示。

步骤3 平移。在命令行输入M→空格，选取所有直线，指定平移基点为十字交点，平移终点为三角形右角点，如图 20-9 所示。

图 20-7　绘制三角形　　　　　图 20-8　绘制线　　　　　图 20-9　平移

案例 20-3：扬声器绘制

采用基本绘图命令绘制如图 20-10 所示的扬声器图形。操作步骤如下：

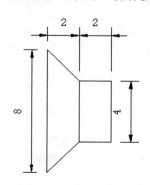

图 20-10　扬声器

步骤1 绘制矩形。在命令行输入REC→空格，选取任意点为基点，输入（@2,4），绘制结果如图 20-11 所示。

步骤2 复制矩形。在命令行输入CO→空格，选取矩形作为复制源，复制基点为右下角点，终点为左下角点，结果如图 20-12 所示。

图 20-11　绘制矩形　　　　　　　图 20-12　复制矩形

步骤 3 拉伸左下角。在命令行输入S→空格，从右向左交叉框选左边矩形的下角点，输入向下拉伸长度为2，结果如图 20-13 所示。

步骤 4 拉伸左上角。在命令行输入S→空格，从右向左交叉框选左边矩形的上角点，输入向上拉伸长度为2，结果如图 20-14 所示。

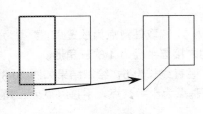

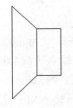

图 20-13 拉伸左下角   图 20-14 拉伸左上角

案例 20-4：绘制自动洗衣机控制系统

本节主要通过自动洗衣机控制系统图的绘制来讲述电气设计的一般过程。

采用前面所学内容绘制如图 20-15 所示的全自动洗衣机的控制系统图。

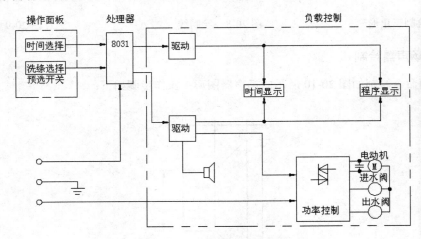

图 20-15 洗衣机控制系统

根据图形，可以将该图形划分为如下三个部分：

- 操作面板；
- 处理器；
- 负载控制。

在操作面板上设置动作要求，处理器进行分析、发出指令，电动机进行具体执行操作，阀门等元器件辅助执行动作。

具体操作步骤如下：

1. 绘制功率控制器

步骤 1 绘制一个 20×25 的矩形。在命令行输入REC→空格，选取任意点，输入（@20,25），确认后即可绘制矩形，结果如图 20-16 所示。

步骤 2 复制半导体二极管。在常用元器件符号库中复制一个半导体二极管符号，方向为水平放置，如图 20-17 所示。

步骤 3 分解块。在命令行输入 **X**→空格，选取二极管，确认后即可分解，结果如图 20-18 所示。

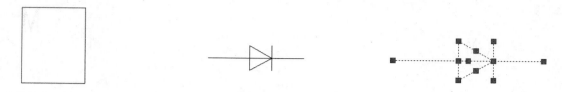

图 20-16 绘制矩形　　　　图 20-17 复制二极管　　　　图 20-18 分解块

步骤 4 旋转复制。在命令行输入 **RO**→空格，选取二极管，指定旋转中心，再输入 **C**（复制），指定角度为 180°，结果如图 20-19 所示。

图 20-19 旋转复制

步骤 5 平移。在命令行输入 **M**→空格，选取旋转后的二极管，操作如图 20-20 所示。

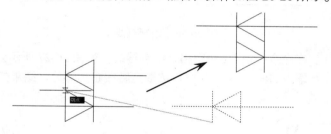

图 20-20 平移操作

步骤 6 拉伸直线段夹点。选取两条水平直线段，选中端点夹点进行拉伸，结果如图 20-21 所示。

步骤 7 平移。选取上一步绘制的图形作为平移对象，平移到矩形内，结果如图 20-22 所示。

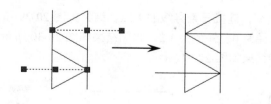 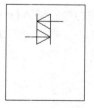

图 20-21 拉伸　　　　　　　　　　　　　　图 20-22 平移

2．添加电动机与阀门

步骤 1 绘制电动机符号。采用圆和文字 M 绘制电动机符号，圆直径为 D5，结果如图 20-23 所示。

步骤 2 复制圆。在命令行输入 **CO**→空格，选取圆为复制对象，复制两次，间距为 9，结果如图 20-24 所示。

步骤 3 绘制电容符号。采用矩形（3×1）和线（长 4）快速绘制电容符号，并将其放置在电动机左边，如图 20-25 所示。

图 20-23 电动机符号   图 20-24 复制圆   图 20-25 电容符号

步骤4 绘制直线。在命令行输入L→空格，选取圆的象限点，绘制直线，结果如图 20-26 所示。

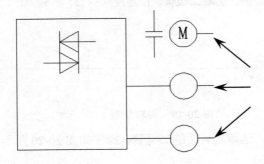

图 20-26 绘制直线

步骤5 绘制连接电动机导线。在命令行输入L→空格，绘制导线，如图 20-27 所示。

步骤6 修剪电容线。在命令行输入TR→空格→空格，选取电容线超出部分，结果如图 20-28 所示。

图 20-27 绘制电动机导线   图 20-28 修剪电容线

步骤7 连接导线。在命令行输入L→空格，选取右侧导线端点，连接三条导线的端点，结果如图 20-29 所示。

步骤8 添加导线连接点。在命令行输入DO→空格，输入内径为 0、外径为 1.2，绘制结果如图 20-30 所示。

步骤9 添加说明文字。在命令行输入MT→空格，输入文字结果如图 20-31 所示。

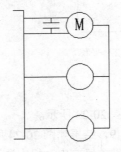
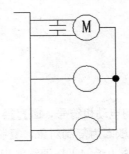
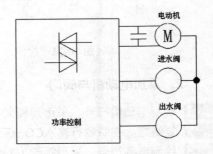

图 20-29 连接导线   图 20-30 添加导线连接点   图 20-31 添加文字说明

3．绘制处理器等

步骤1 绘制矩形。在命令行输入REC→空格，指定任意点，输入（@10,20），结果如图 20-32 所示。

步骤2 添加文字。在命令行输入MT→空格，输入文字 8031 和处理器，结果如图 20-33 所示。

图 20-32　绘制矩形　　　　　　　　　　　　　　　　图 20-33　添加文字

4．绘制操作面板

步骤1 绘制一个 15×5 的矩形。在命令行输入REC→空格，选取任意点，绘制 15×5 的矩形，如图 20-34 所示。

步骤2 复制矩形。在命令行输入CO→空格，选取矩形，输入向下复制距离为 9，结果如图 20-35 所示。

步骤3 添加文字。在命令行输入MT→空格，添加文字如图 20-36 所示。

图 20-34　绘制矩形　　　　　　图 20-35　复制矩形　　　　　　图 20-36　添加文字

5．绘制其他辅助模块

步骤1 复制矩形。复制上一步骤中绘制的 15×5 矩形到右边适当的位置，并修改尺寸，结果如图 20-37 所示。

步骤2 添加说明文字。将左边文字复制进矩形后双击鼠标对文字进行修改，结果如图 20-38 所示。

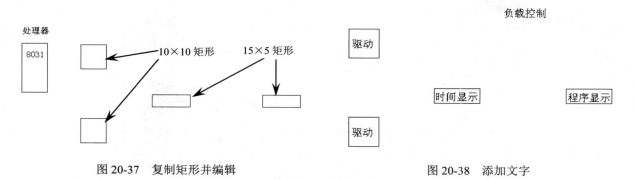

图 20-37　复制矩形并编辑　　　　　　　　　　　　图 20-38　添加文字

6．连接整个系统

步骤1 连接线。在命令行输入L→空格，连接整个元器件形成一个整体，并绘制接地线，结果如图 20-39 所示（如果部分位置不对，在连接之前进行平移）。

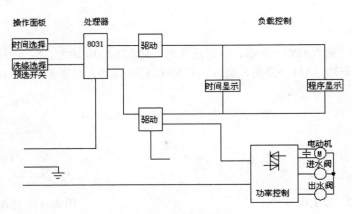

图 20-39　连接

步骤 2 复制扬声器。在元器件符号库中插入扬声器，并将扬声器放置在驱动下方导线上，结果如图 20-40 所示。

步骤 3 绘制导线端点。在命令行输入 **C**→空格，选取左下角导线端点，绘制半径为 1 的圆，结果如图 20-41 所示。

步骤 4 修剪。在命令行输入 **TR**→空格→空格，将圆内多余的部分进行修剪，结果如图 20-42 所示。

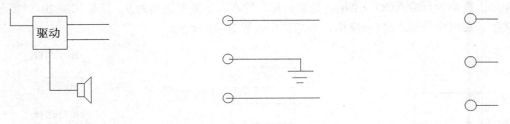

图 20-40　扬声器　　　　　　　图 20-41　添加导线端点　　　　　　图 20-42　修剪直线

步骤 5 绘制矩形。在命令行输入 **REC**→空格，绘制矩形框，尺寸不限，并将矩形框线型修改为点画线（如果点画线没有加载请进行加载），结果如图 20-43 所示。

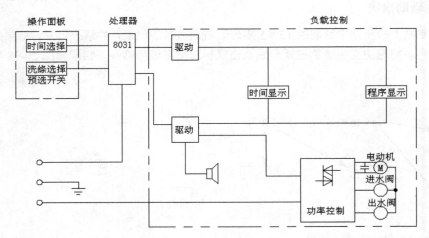

图 20-43　绘制矩形

步骤 6 添加导线连接点。在命令行输入 **DO**→空格，输入内径为 0、外径为 1.2，结果如图 20-44 所示。

步骤 7 绘制箭头。在绘图区任意绘制水平和竖直尺寸，并在命令行输入 **X**，打断分解尺寸，只保留箭头，结果如图 20-45 所示。

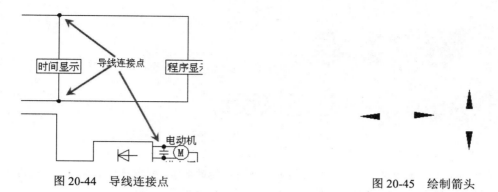

图 20-44　导线连接点　　　　　　　　　图 20-45　绘制箭头

步骤 8 复制平移箭头。在命令行输入CO→空格，将箭头复制到直线端点，结果如图 20-46 所示。

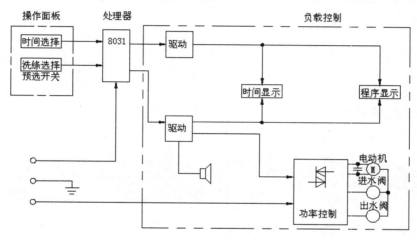

图 20-46　复制箭头

20.4　本章小节

　　本章主要讲解电气工程图的分类和特点，以及基本元器件符号的绘制，并结合典型的控制工程实例来逐步阐述控制电气设计的一般过程。通过对本章内容的学习，用户可以掌握控制工程设计的一般思考方法和步骤，并且进一步熟悉绘图操作和基本元件的应用。

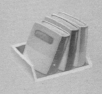

第 21 章

AutoCAD 与建筑设计

建筑设计是指为满足一定建造目的（包括人们对其使用功能的要求、视觉感受的要求等）而进行的设计，它使具体的物质材料在技术、经济等可行条件下形成能够成为审美对象的产物。

在广义上，建筑设计包括了形成建筑物的各相关设计。在狭义上，建筑设计是指建筑的方案设计、初步设计和施工图设计。

学习目标

- 掌握建筑制图的分类
- 掌握建筑制图的绘制方法
- 理解建筑制图的特点

21.1　建筑图

建筑设计图在识图、读图与绘图时都遵循以下 3 个方向的原则。

1. 建筑平面图

建筑平面图是表示建筑物在水平方向上房屋各部分的组合关系。在建筑平面设计中，需要紧密联系建筑剖面和立面，分析剖面、立面的合理性。通常平面图的尺寸单位为毫米（mm）。

在建筑平面设计中，平面图一般是由墙体、柱、门、窗、楼梯、阳台、台阶、厨卫洁具、室内布置、散水、雨篷、花台、尺寸标注、轴线和说明文字等辅助图素组成的。

建筑平面图是建筑施工图的基本图样，它是假想用一水平的剖切面沿门窗洞位置将房屋剖切后，对剖切面以下部分所做的水平投影图。它反映出房屋的平面形状、大小和布置、墙和柱的位置、尺寸和材料、门窗的类型和位置等。

2. 建筑立面图

建筑立面图是平行于建筑物各方向外墙面的正投影图，简称立面图。

建筑立面图主要包括：建筑物的外观特征及凹凸变化；建筑物各主要部分的标高及高度关系，如室内外地面、窗台、门窗顶、阳台、雨篷、檐口等处完成面的标高，及门窗等洞口的高度尺寸；立面图两端或分段定位轴线及编号；建筑立面所选用的材料、色彩和施工要求等。

按投影原理，立面图上应将立面方向所有看得见的细节全都表现出来。但由于立面图的比例小，所以门窗扇、檐口构造、阳台栏杆和墙面复杂的装饰等细节往往只能用图例表示。它们的构造和做法，都应该另有详图或文字说明。

3．建筑剖面图

建筑剖面图是表示建筑物在垂直方向房屋各部分的组成关系。

剖面设计图主要应表示出建筑各部分的高度、层数、建筑空间的组合利用，以及建筑剖面中的结构、构造关系、层次、做法等。剖面图的剖视位置应选在层高不同、层数不同、内外部空间比较复杂且有代表性的部分。

剖面图的数量是根据房屋的具体情况和施工实际需要而决定的。剖切面一般为横向，即平行于侧面，必要时也可以纵向，即平行于正面。其位置应选择在能反映出房屋内部构造比较复杂或典型的部位，并应通过门窗洞的位置。

21.2 建筑制图综合运用

下面将详细讲解建筑制图的综合案例运用。将结合建筑图中一些局部的结构案例来讲解AutoCAD的一些重要命令在建筑图中的运用。

案例 21-1：建筑平面图

采用多线命令绘制如图 21-1 所示的建筑平面图。操作步骤如下：

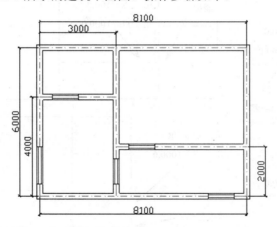

图 21-1　建筑平面图

步骤 1 绘制一个 8100×6000 的矩形。在命令行输入REC→空格，选取任意点为起点，再输入D，指定长为 8100、宽为 6000，单击鼠标左键，完成矩形的绘制，结果如图 21-2 所示。

步骤 2 分解矩形。在命令行输入X→空格，选取刚绘制的矩形，确认后即可完成分解，矩形被分解成线段，结果如图 21-3 所示。

步骤 3 偏移3000。在命令行输入O→空格，输入偏移距离为3000，再选取左边线为要偏移的图素，单击偏移侧为右侧，偏移结果如图 21-4 所示。

步骤 4 继续偏移。输入偏移距离为2000，再选取下边线为要偏移的图素，单击偏移侧为上侧，偏移结果如图 21-5 所示。

步骤 5 继续偏移。输入偏移距离为2000，再选取刚偏移的线为要偏移的图素，单击偏移侧为上侧，偏移结果如图 21-6 所示。

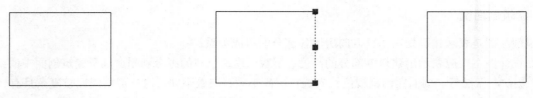

图 21-2　绘制矩形	图 21-3　分解矩形	图 21-4　偏移

步骤 6 修剪。在命令行输入TR→空格→空格，选取要修剪的图素，修剪结果如图 21-7 所示。

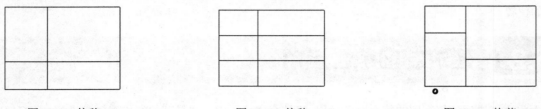

图 21-5　偏移	图 21-6　偏移	图 21-7　修剪

步骤 7 打断。在命令行输入BR→空格，选取要打断的线，再输入F，指定第一点和第二点，确认后即可完成打断，结果如图 21-8 所示。

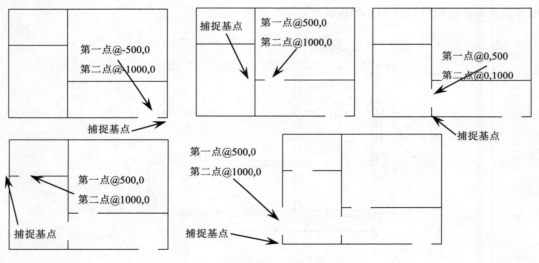

图 21-8　打断

步骤 8 绘制多线。在命令行输入ML→空格，选取先前绘制的轮廓线，依次选取各点，绘制结果如图 21-9 所示。

步骤 9 设置多线样式为 4 条线。在命令行输入MLST→空格，系统弹出"多线样式"对话框，单击"新建"按钮，进行新建样式，设置新建样式名为 4，并添加偏移距离，操作如图 21-10 所示。

步骤 10 绘制多段线。将刚才新建的多线样式置为当前，在命令行输入ML→空格，选取先前绘制的轮廓线打断的断点，依次选取各点，绘制结果如图 21-11 所示。

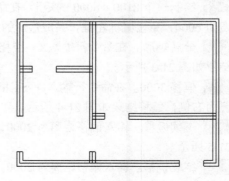

图 21-9　绘制多线

图 21-10　新建多线样式

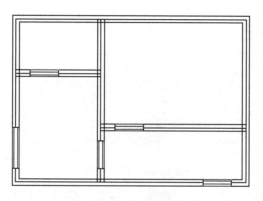

图 21-11　绘制多段线

步骤 11 多线编辑T型合并。在命令行输入MLED→空格，选取编辑类型为T型合并，并选取要合并的多线，合并结果如图 21-12 所示。

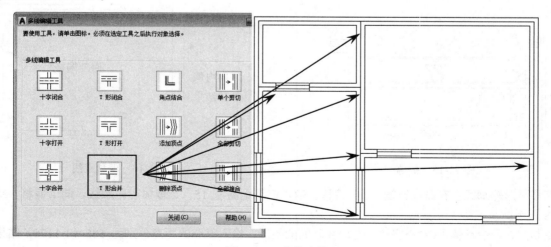

图 21-12　合并多线

步骤 12 修改线型。在绘图区选取多线中的轴线，将线型修改为点画线，修改结果如图 21-13 所示。

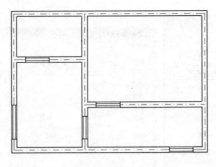

图 21-13 最终结果

案例 21-2：护墙结构绘制

采用偏移和复制命令绘制如图 21-14 所示的护墙结构。操作步骤如下：

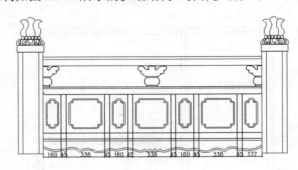

图 21-14 护墙结构

步骤 1 打开源文件。按键盘上的快捷键 Ctrl+O，选择"结果文件/第 21 章/21-2"，打开结果如图 21-15 所示。

步骤 2 偏移多段线。在命令行输入 O→偏移，输入偏移距离为 10，偏移结果如图 21-16 所示。

步骤 3 偏移直线。在命令行输入 O→偏移，输入偏移距离为 45、338 和 45，偏移结果如图 21-17 所示。

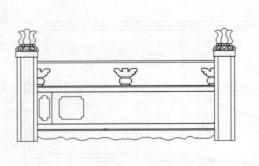

图 21-15 护墙

向内偏移结果

向外偏移结果

图 21-16 偏移直线

步骤 4 偏移弧形轮廓线。在命令行输入 O→偏移，输入偏移距离为 15，选取弧形轮廓线，向上偏移，结果如图 21-18 所示。

步骤 5 复制。在命令行输入 CO→空格，选取要复制的图形，输入复制的距离分别为 588 和 1176，结果如图 21-19 所示。

步骤 6 继续复制。在命令行输入 CO→空格，选取要复制的图形，复制从点到点，操作如图 21-20 所示。

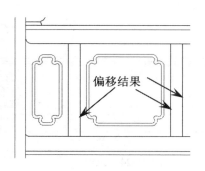

图 21-17　偏移

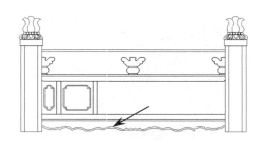

图 21-18　偏移轮廓

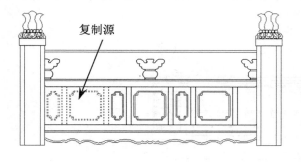

图 21-19　复制结果

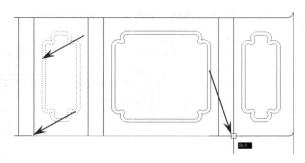

图 21-20　复制

步骤7 偏移。在命令行输入O→空格，输入类型为T（通过点），选取要偏移的线和通过的点，结果如图 21-21 所示。

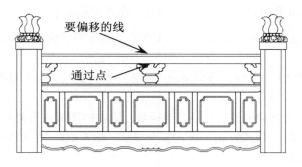

图 21-21　偏移结果

案例 21-3：阳台均布结构绘制

采用阵列等命令绘制图 21-22 所示的阳台均布结构图形。操作步骤如下：

步骤1 打开源文件。按键盘上的快捷键Ctrl+O，选择"结果文件/第 21 章/21-3"，打开结果如图 21-23 所示。

步骤2 拉伸。在命令行输入S→空格，从右向左交叉框选右边墩子，任意指定基点，输入水平向右拉伸距离为2300，结果如图 21-24 所示。

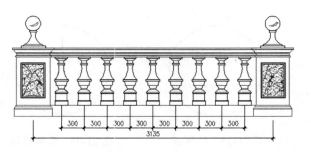

21-22　阳台均布结构

图 21-23 源文件

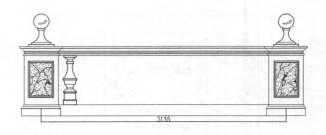

图 21-24 拉伸

步骤 3 阵列撑柱。在命令行输入AR→空格，选取撑柱为阵列源对象，阵列类型为矩形阵列，指定行数为 1、列数为 9、列偏移为 300，结果如图 21-25 所示。

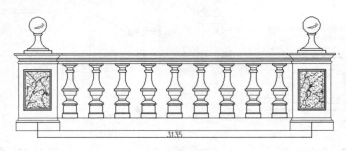

图 21-25 阵列撑柱

案例 21-4：绘制地拼

采用基本绘图命令绘制如图 21-26 所示的地拼图样。操作步骤如下：

步骤 1 绘制圆。在命令行输入C→空格，选取任意点为圆心，输入半径值为 450，绘制结果如图 21-27 所示。

步骤 2 绘制直线。在命令行输入L→空格，选取象限点和圆心进行连线，绘制结果如图 21-28 所示。

步骤 3 夹点旋转。首先在绘图区选取要旋转的竖直半径线，选中的图素出现夹点，

图 21-26 地拼

再单击竖直半径上端点为基点，然后输入C、进入复制模式，输入RO、进入移动模式，再输入角度为 20°和-20°，结果如图 21-29 所示。

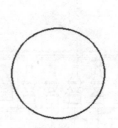

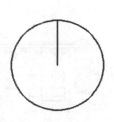

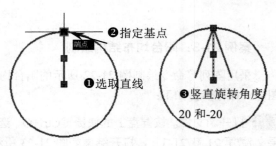

图 21-27 绘制圆　　　　图 21-28 绘制直线　　　　图 21-29 夹点旋转

步骤 4 夹点旋转。首先在绘图区选取要旋转的竖直半径线，选中的图素出现夹点，再单击竖直半径下端点基点，然后输入C进入复制模式，输入RO进入移动模式，再输入角度为 45°，结果如图 21-30 所示。

步骤 5 旋转。在命令行输入RO→空格，选取先前夹点旋转结果，旋转中心为圆心，再输入C进入复制模式，指定旋转角度为-45°，结果如图 21-31 所示。

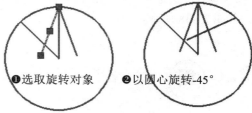

图 21-30　夹点旋转　　　　　　　　　　　　　　　图 21-31　旋转

步骤 6 修剪。在命令行输入TR→空格→空格，选取要修剪的图素，修剪结果如图 21-32 所示。

步骤 7 删除。在命令行输入E→空格，选取刚旋转后的结果，确认选取后即可删除，结果如图 21-33 所示。

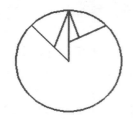

图 21-32　修剪　　　　　　　　　　　　　　　　图 21-33　删除

步骤 8 极轴阵列。在命令行输入AR→空格，选取刚绘制的直线对象为阵列对象，然后输入PO→空格，启动极轴阵列，再选取阵列基点为圆心，设置项目个数为 8，操作如图 21-34 所示。

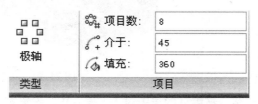

图 21-34　极轴阵列

步骤 9 绘制多边形。在命令行输入POL→空格，输入边数为 4，选取圆心为中心，多边形类型为内接于圆，输入内接圆半径为 700，结果如图 21-35 所示。

步骤 10 旋转。在命令行输入RO→空格，选取刚绘制的矩形，旋转中心为圆心，输入C，进入复制模式，输入旋转角度为 45°，结果如图 21-36 所示。

图 21-35　绘制多边形　　　　　　　　　　　　　图 21-36　旋转

步骤 **11** 填充。在命令行输入H→空格,选取填充图案类型为SOLID。选取要填充的区域,完成后结果如图21-37所示。

步骤 **12** 修改特性。选取两矩形框,并在命令行输入PR→空格,系统弹出"特性"选项板,设置"全局宽度"为20,如图21-38所示。

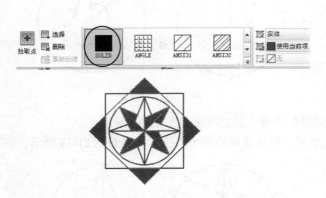

图 21-37　填充图案

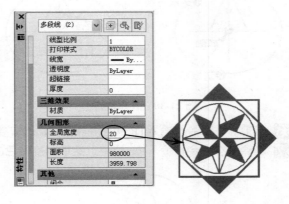

图 21-38　修改特性

案例 21-5：制作墙体

将如图21-39所示的平面图形采用基本绘图命令绘制如图21-40所示的立体墙体。操作步骤如下:

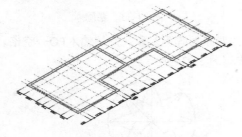

图 21-39　平面图

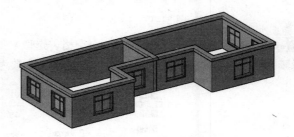

图 21-40　立体图

步骤 **1** 绘制墙体。在命令行输入PSOLID→空格,按默认的居中对齐,输入W,设置宽度为240,再输入H,设置高度为2400,然后依次选取墙体经过点,最后输入C(闭合),绘制的墙体如图21-41所示。

步骤 **2** 绘制墙体。在命令行输入PSOLID→空格,按默认的居中对齐,输入W,设置宽度为400,再输入H,设置高度为200,然后依次选取墙体经过点,最后输入C(闭合),绘制墙体如图21-42所示。

步骤 **3** 平移。在命令行输入M→空格,选取刚绘制的墙体,向Z轴平移2400,结果如图21-43所示。

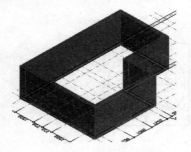

图 21-41　绘制墙体

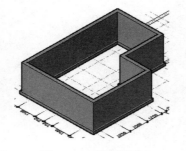

图 21-42　绘制墙体

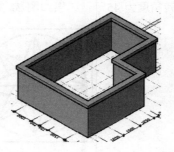

图 21-43　平移墙体

步骤 4 绘制长方体。在命令行输入BOX→空格，再输入FRO→空格，再捕捉窗户实体底面右下角点，然后输入（@0,0,600），再输入长方体外形尺寸（@240,1500,1400），结果如图 21-44 所示。

步骤 5 平移复制。在命令行输入CO→空格，选取刚绘制的长方体，再选取窗户实体底面右下角点，然后选取对应位置的基点作为终点，结果如图 21-45 所示。

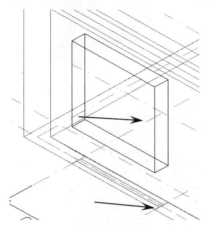

图 21-44 绘制长方体

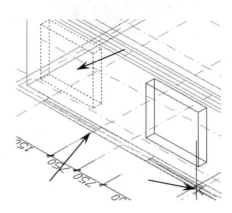

图 21-45 平移复制

步骤 6 旋转复制。在命令行输入RO旋转，选取任意点为旋转中心，输入C，进入复制模式，输入旋转角度为90°，结果如图 21-46 所示。

步骤 7 平移复制。在命令行输入CO→空格，选取刚绘制的长方体，再选取窗户实体底面右下角点，然后选取对应位置的基点作为终点，结果如图 21-47 所示。

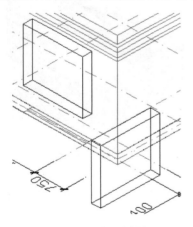

图 21-46 复制旋转

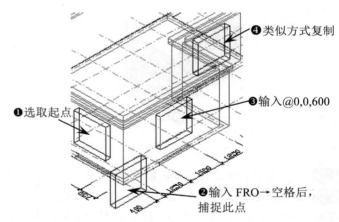

图 21-47 平移复制

步骤 8 创建布尔减操作。在命令行输入SU→空格，先选取墙体，再选取刚创建的长方体，确认后即可进行布尔减运算，结果如图 21-48 所示。

步骤 9 打开图层。打开图层下拉列表，在图层栏打开"玻璃"层和"窗户"层，窗户显示如图 21-49 所示。

步骤 10 夹点移动。首先在绘图区选取窗体，选中的图素出现夹点，再单击基点，然后输入MO进入移动模式，输入C进入复制模式，选取移动终点，完成的移动结果如图 21-50 所示。

步骤 11 旋转复制。在命令行输入RO（旋转），选取任意点为旋转中心，输入C进入复制模式，输入旋转角度为90°，结果如图 21-51 所示。

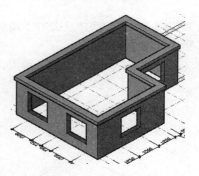

图 21-48　布尔减运算

图 21-49　打开图层

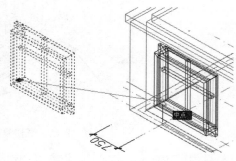

图 21-50　夹点平移复制

步骤 12 夹点移动。首先在绘图区选取窗体，选中的图素出现夹点，再单击基点，然后输入MO进入移动模式，再输入C进入复制模式，选取移动终点，完成的移动结果如图 21-52 所示。

图 21-51　旋转复制

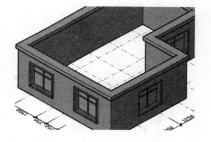

图 21-52　夹点移动

步骤 13 删除多余窗体。在命令行输入E→空格，选取多余的窗体，确认选取后即可删除。

步骤 14 镜像。在命令行输入MI→空格，首先在绘图区选取要镜像的所有实体，再单击要作为镜像轴的两点，按默认保留源对象，完成的镜像结果如图 21-53 所示。

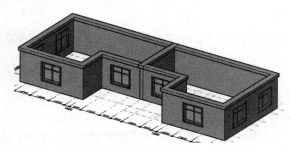

图 21-53　镜像

步骤 15 关闭图层。在图层栏将辅助的图层关闭，操作如图 21-54 所示。

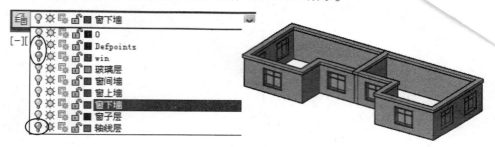

图 21-54 关闭图层

21.3 本章小节

　　本章主要讲解建筑绘图的基础知识、简单的建筑结构平面图及简单的建筑大样图绘制，用户可以通过这些简单的实例进一步了解AutoCAD绘图命令在建筑图中的运用技巧。